全国中等职业学校机械类专业通用教材

全国技工院校机械类专业通用教材（中级技能层级）

焊工工艺学

（第五版）

人力资源社会保障部教材办公室组织编写

中国劳动社会保障出版社

简介

本书主要内容包括焊接技术概述，焊接接头与焊接识图，气焊与气割，焊条电弧焊，金属熔焊过程，焊接应力与变形，埋弧焊，气体保护电弧焊，等离子弧焊与等离子弧切割，电阻焊，其他焊接、切割方法与技术，常用金属材料的焊接，焊接缺欠及检验等。

本书由邱葭菲任主编，李明强任副主编，蔡郴英、陈小红、王瑞权、张伟、裘红军、冯秋红、方玉峰参加编写，李文聪任主审，米光明参加审稿。

图书在版编目（CIP）数据

焊工工艺学 / 人力资源社会保障部教材办公室组织编写 . -- 5 版 . -- 北京：中国劳动社会保障出版社，2020

全国中等职业学校机械类专业通用教材　全国技工院校机械类专业通用教材 . 中级技能层级

ISBN 978-7-5167-4568-7

Ⅰ. ①焊…　Ⅱ . ①人…　Ⅲ. ①焊接工艺 – 中等专业学校 – 教材　Ⅳ. ①TG44

中国版本图书馆 CIP 数据核字（2020）第 143547 号

中国劳动社会保障出版社出版发行

（北京市惠新东街 1 号　邮政编码：100029）

*

三河市华骏印务包装有限公司印刷装订　新华书店经销

787 毫米 × 1092 毫米　16 开本　17.75 印张　419 千字

2020 年 8 月第 5 版　2021年12月第 3 次印刷

定价：35.00 元

读者服务部电话：（010）64929211/84209101/64921644

营销中心电话：（010）64962347

出版社网址：http: //www.class.com.cn

http: //jg.class.com.cn

前 言

为了更好地适应全国技工院校机械类专业的教学要求，全面提升教学质量，人力资源社会保障部教材办公室组织有关学校的一线教师和行业、企业专家，在充分调研企业生产和学校教学情况、广泛听取教师对教材使用反馈意见的基础上，对全国技工院校机械类专业通用教材中所包含的车工、钳工、机修钳工、铣工、焊工、冷作工、机床加工等工艺学、技能训练教材进行了修订。

本次教材修订工作的重点主要体现在以下几个方面：

第一，合理更新教材内容。

根据机械类专业毕业生所从事岗位的实际需要和教学实际情况的变化，合理确定学生应具备的能力与知识结构，对部分教材内容及其深度、难度做了适当调整；根据相关专业领域的最新发展，在教材中充实新知识、新技术、新设备、新材料等方面的内容，体现教材的先进性；采用最新国家技术标准，使教材更加科学和规范。

第二，紧密衔接国家职业技能标准要求。

教材编写以国家职业技能标准《车工（2018年版）》《钳工（2020年版）》《铣工（2018年版）》《焊工（2018年版）》等为依据，涵盖国家职业技能标准（中级）的知识和技能要求，并在与教材配套的习题册、技能训练图册中增加了针对相关职业技能鉴定考试的练习题。

第三，精心设计教材形式。

在教材内容的呈现形式上，尽可能使用图片、实物照片和表格等形式将知识点生动地展示出来，力求让学生更直观地理解和掌握所学内容。针对不同的知识点，设计了许多贴近实际的互动栏目，在激发学生学习兴趣和自主学习积极性的同时，使教材“易教易学，易懂易用”。在教材插图的制作中采用了立体造型技术，同时部分教材在印刷工艺上采用了四色印刷，增强了教材的表现力。

第四，引入“互联网+”技术，进一步做好教学服务工作。

在《车工工艺学（第六版）》《车工技能训练（第六版）》《钳工工艺学（第六版）》等教材中使用了增强现实（AR）技术。学生在移动终端上安装App，扫描教材中带有AR图标的页面，可以对呈现的立体模型进行缩放、旋转、剖切等操作，以及观察模型的运动和拆分动画，便于更直观、细致地探究机构的内部结构和工作原理，还可以浏览相关视频、图片、文本等拓展资料。在部分教材中使用了二维码技术，针对教材中的教学重点和难点制作了动画、视频、微课等多媒体资源，学生使用移动终端扫描二维码即可在线观看相应内容。

本套教材中的工艺学教材配有习题册，技能训练教材配有技能训练图册。另外，还配有方便教师上课使用的电子课件，电子课件和习题册答案可通过技工教育网（http://jg.class.com.cn）下载。

本次教材的修订工作得到了辽宁、江苏、浙江、山东、河南等省人力资源和社会保障厅及有关学校的大力支持，在此我们表示诚挚的谢意。

人力资源社会保障部教材办公室

2020年8月

目录

第一章

焊接技术概述

在工业生产中，经常需要将两个或两个以上的零件按一定的形式和位置连接起来，根据连接的特点，可以将其分为两大类：一类是可拆卸连接，即不必毁坏零件就可以进行拆卸，如螺纹连接、键连接等；另一类是永久性连接，只有在毁坏零件后才能进行拆卸，如铆接、焊接等，其中应用最广泛的是焊接。据不完全统计，全世界年钢产量的 50% 要经过焊接加工出成品。焊接及其他常见连接方法如图 1–1 所示。

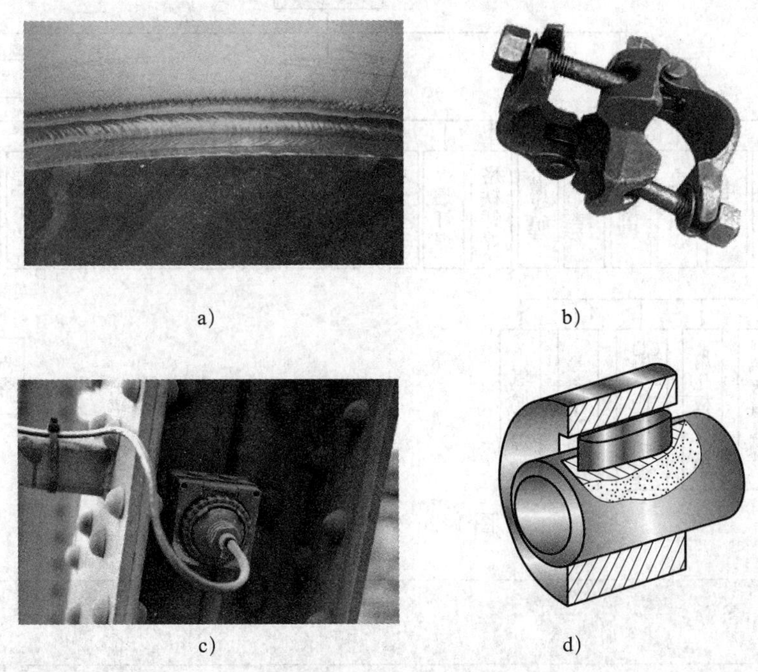

图 1–1　焊接及其他常见连接方法

a）容器壳体的焊接　b）脚手架扣件的螺纹连接

c）钢桥上钢板的铆接　d）轮毂与轴的键连接

§1-1 焊接技术及发展概况

一、焊接的原理

焊接是通过加热或加压，或两者并用，用或不用填充材料，使焊件达到结合的一种加工工艺方法。

由此可见，焊接最本质的特点就是通过焊接使焊件达到结合，从而将原来分开的物体形成永久性连接的整体。要使两部分金属材料达到永久性连接的目的，就必须使分离的金属相互非常接近，使之产生足够大的结合力，才能形成牢固的接头。这对液体来说是很容易的，而对固体来说则比较困难，需要外部给予很大的能量，如电能、化学能、机械能、光能等，这就是金属焊接时必须加热、加压或两者并用的原因。

二、焊接的分类

按照焊接过程中金属所处的状态不同，可以把金属焊接分为熔焊、钎焊和压焊三类。焊接的分类如图 1–2 所示。

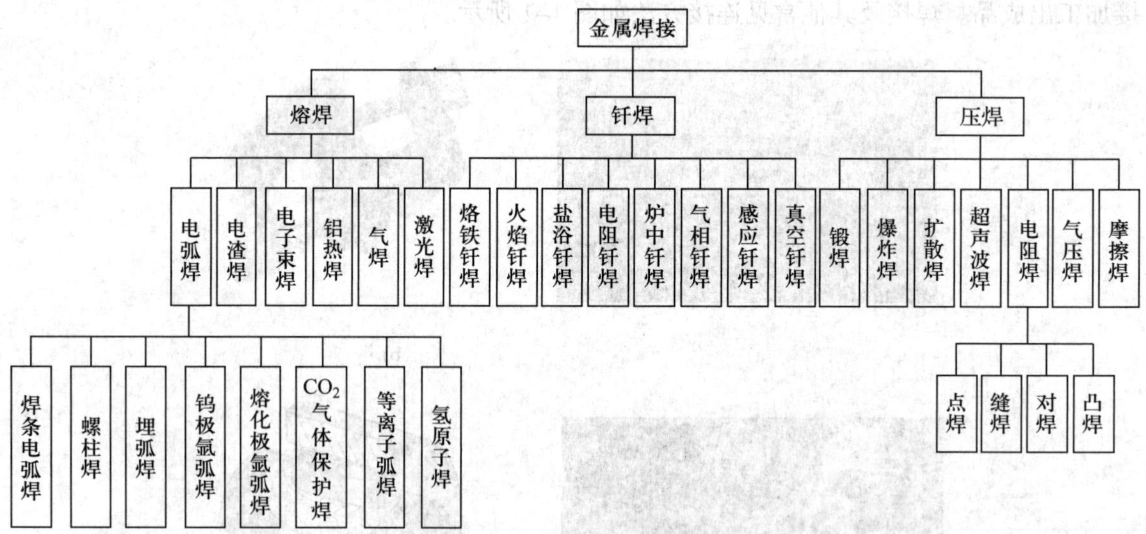

图 1–2 焊接的分类

焊接不仅可以连接金属材料，而且也可以实现某些非金属材料的永久性连接，如玻璃焊接、陶瓷焊接、塑料焊接等。在工业生产中焊接方法主要用于金属材料的连接。

1. 熔焊

熔焊是指在焊接过程中，将焊件接头加热至熔化状态，在不外加压力的情况下完成焊接的方法。在加热的条件下，当被焊金属加热至熔化状态，形成液态熔池时，原子之间可以充分扩散和紧密接触，因此，冷却凝固后可形成牢固的焊接接头。常见的气焊、焊条电弧焊、电渣焊、CO_2 气体保护焊等都属于熔焊。

2. 钎焊

钎焊是指采用比母材熔点低的金属材料作为钎料，将焊件和钎料加热到高于钎料熔点、低于母材熔点的温度，利用液态钎料润湿母材，填充接头间隙，并与母材相互扩散实现焊件连接的方法。常见的钎焊方法有烙铁钎焊、火焰钎焊等。

3. 压焊

压焊是指在焊接过程中，必须对焊件施加压力（加热或不加热）以完成焊接的方法。锻焊、爆炸焊、电阻焊、气压焊、摩擦焊等均属此类焊接方法。

常用的焊接方法如图 1–3 所示。

三、焊接的特点

焊接是目前应用极广泛的一种永久性连接方法。焊接之所以发展迅速，是由其自身的一些特点决定的。

1. 焊接与铆接相比

如图 1–4 所示，焊接与铆接相比，一是可以节省大量金属材料，减轻结构的质量，因为焊接结构不必钻铆钉孔，材料截面能得到充分利用，也不需要辅助材料。二是简化了加工与装配工序，焊接结构生产时不需钻孔，划线的工作量较少，因此生产效率高。三是焊接设备一般比铆接生产所需的大型设备的投资低。四是焊接结构具有比铆接结构更好的密封性，这是压力容器特别是高温、

点焊

缝焊

焊条电弧焊

埋弧焊

CO_2气体保护焊

等离子弧焊

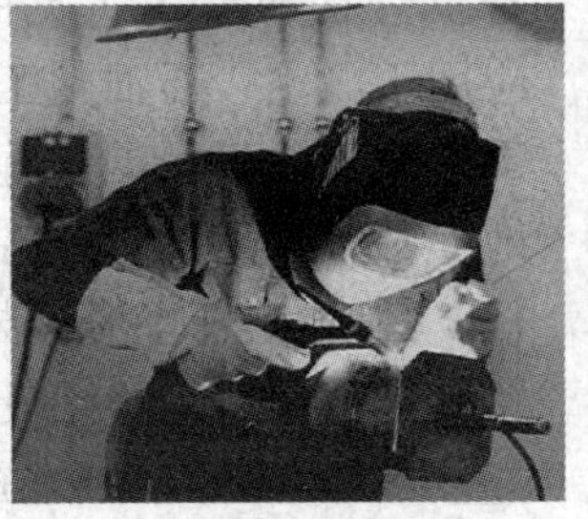

钨极氩弧焊

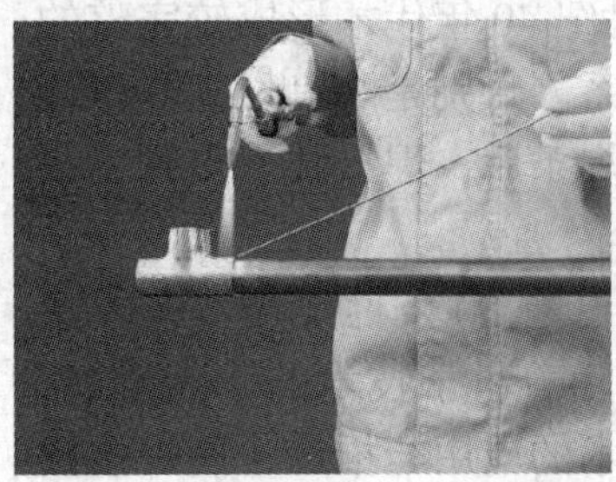

火焰钎焊

图 1–3　常用的焊接方法

高压容器不可缺少的性能。五是焊接生产与铆接生产相比具有劳动强度低，劳动条件好等优点。

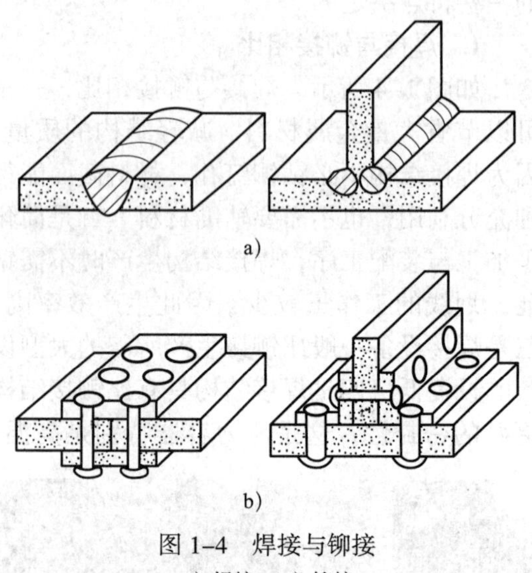

图 1–4　焊接与铆接
a）焊接　b）铆接

2. 焊接与铸造相比

焊接与铸造相比，一是不需要制作木模和砂型，也不需要专门的熔炼、浇注，工序简单，生产周期短。二是焊接结构比铸件节省材料，通常其质量比铸钢件轻20% ~ 30%，比铸铁件轻50% ~ 60%。三是采用轧制材料的焊接结构质量一般比铸件好，即使不用轧制材料，用小铸件拼焊成大件，小铸件的质量也比大铸件质量容易保证。

3. 焊接的优点

焊接具有一些用别的工艺方法难以达到的优点，如可根据受力情况和工作环境，在不同的部位选用不同强度和不同耐磨、耐腐蚀、耐高温等性能的材料，以满足产品使用性能的要求。

4. 焊接的缺点

焊接也有一些缺点，如会产生焊接应力与变形，焊接应力会削弱结构的承载能力，焊接变形会影响结构的形状和尺寸精度；焊缝中会存在一定数量的缺欠；焊接过程中会产生有毒、有害物质等。这些都是焊接过程中需要注意的问题。

小提示

在金属结构制造中，焊接几乎全部取代了铆接；在机器制造中，很多一直用整铸、整锻方法生产的大型毛坯也改成了焊接结构。

四、焊接技术的应用与发展

我国是世界上较早应用焊接技术的国家之一。近代焊接技术从1885年出现碳弧焊开始，直到20世纪40年代才形成较完整的焊接工艺方法体系。特别是20世纪40年代初期出现了优质焊条后，焊接技术得到了一次飞跃。

现在世界上已有50余种焊接工艺方法应用于生产中，随着科学技术的不断发展，特别是计算机技术的应用与推广，使焊接技术特别是焊接自动化技术的应用进入一个崭新的阶段。各种新工艺方法，如多丝埋弧焊（见图1–5a）、窄间隙气体保护全位置焊、水下 CO_2 气体保护半自动焊、全位置脉冲等离子弧焊、异种金属的摩擦焊、数控切割设备及焊接机器人（见图1–5b）等，已广泛应用于航空、石油化工机械、矿山机械、起重机械、建筑及国防等各工业部门，并成功地完成了不少重大产品的焊接，如直径为15.7 m的大型球形容器、万吨级远洋考察船“远望号”、世界最大的三峡水轮机转轮（直径10.7 m、高5.4 m、总质量440 t、耗用焊丝12 t，见图1–5c）、2008年北京奥运会主体育场“鸟巢”（见图1–5d）以及核反应堆、人造卫星、神舟系列太空飞船等尖端产品。

如今，焊接已经从一种传统的热加工技术发展到了集材料、冶金、结构、力学、电子等多门类学科为一体的工程工艺学科，从单一的加工工艺发展成为综合性的先进工艺技术。

焊接方法的发展简史见表 1–1。

a)

b)

c)

d)

图 1–5　焊接技术的应用

a）多丝埋弧焊　b）焊接机器人在汽车制造业中的应用

c）三峡水轮机转轮　d）北京奥运会主体育场“鸟巢”

表 1–1　焊接方法的发展简史

焊接方法	英文缩写	发明国家	发明年份
电阻焊	RW	美国	1886—1900
氧乙炔焊	OAW	法国	1900
铝热焊	TW	德国	1900
焊条电弧焊	MMA、SMAW	瑞典	1907
电渣焊	ESW	俄国、苏联	1908—1950
等离子弧焊	PAW	德国、美国	1909—1953
钨极惰性气体保护焊	TIG、GTAW	美国	1920—1941
药芯焊丝电弧焊	FCAW	美国	1926
螺柱焊	SW	美国	1930

续表

焊接方法	英文缩写	发明国家	发明年份
熔化极惰性气体保护焊	MIG、GMAW	美国	1930—1948
埋弧焊	SAW	美国	1930
CO_2气体保护焊	MAG、GMAW	苏联	1953
电子束焊	EBW	苏联	1956
激光束焊	LBW	英国	1970
搅拌摩擦焊	FSW	英国	1991

§1-2 常用焊接热源

一、焊接热源

金属焊接常用的热源有电弧热、化学热、电阻热、摩擦热、电子束、激光束等，目前应用最广泛的是电弧热。常用焊接热源的特点及对应的焊接方法见表 1-2。

表 1-2　常用焊接热源的特点及对应的焊接方法

焊接热源	特点	对应的焊接方法
电弧热	气体介质在两电极间或电极与母材间强烈而持久的放电过程所产生的电弧热为焊接热源，电弧热是目前焊接中应用最广泛的热源	电弧焊，如焊条电弧焊、埋弧焊、CO_2气体保护焊、等离子弧焊等
化学热	利用可燃气体的火焰放出的热量或铝、镁热剂与氧或氧化物发生强烈反应所产生的热量为焊接、切割热源	气焊、钎焊、气割、热剂焊（铝热剂）
电阻热	利用电流通过导体及其界面时所产生的电阻热为焊接热源	电阻焊、高频焊（固体电阻热）、电渣焊（熔渣电阻热）
摩擦热	利用机械高速摩擦所产生的热量为焊接热源	摩擦焊
电子束	利用高速电子束轰击工件表面所产生的热量为焊接热源	电子束焊
激光束	利用聚焦的高能量激光束为焊接、切割热源	激光焊接、激光切割

二、焊接电弧

由焊接电源供给的，具有一定电压的两电极间或电极与母材间，在气体介质中产生的强烈而持久的放电现象称为焊接电弧，如图 1–6 所示。

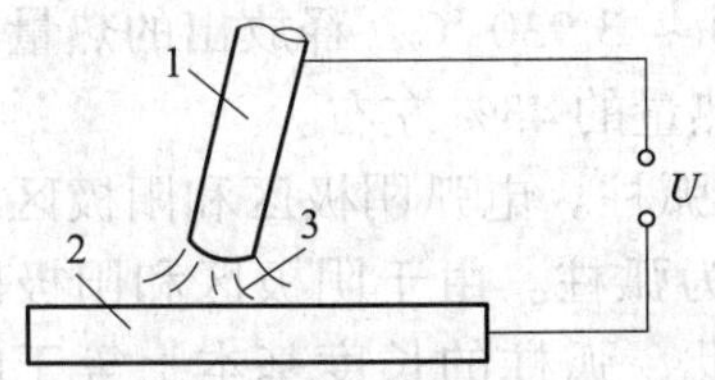

图 1–6　焊条电弧焊焊接电弧
1—焊条　2—焊件　3—电弧

1. 焊接电弧产生的条件

正常状态下，气体是良好的绝缘体，气体的分子和原子处于中性状态，气体中没有带电粒子，因此气体不能导电，电弧也不能自发地产生。要使电弧产生和稳定燃烧，就必须使两极（或电极与母材）之间的气体中有带电粒子，而获得带电粒子的方法就是中性气体的电离（中性气体分子或原子分离成带电粒子）和阴极电子发射（阴极金属表面的原子或分子接受外界的能量而连续地向外发射出电子）。所以，气体电离和阴极电子发射是焊接电弧产生和维持的两个必要条件。

2. 焊接电弧的引燃方法

通常把造成两电极间气体发生电离和阴极发射电子而引起电弧燃烧的过程称为焊接电弧的引燃（引弧）。焊接电弧的引燃一般有两种方式，即接触引弧和非接触引弧。

（1）接触引弧

弧焊电源接通后，将电极（焊条或焊丝）与工件直接短路接触，随后拉开焊条或焊丝而引燃电弧，称为接触引弧。接触引弧是一种最常用的引弧方式。

这种引弧方式主要应用于焊条电弧焊、埋弧焊、熔化极气体保护焊等。对于焊条电弧焊，接触引弧又分为划擦法引弧和直击法引弧两种，如图 1–7、图 1–8 所示。

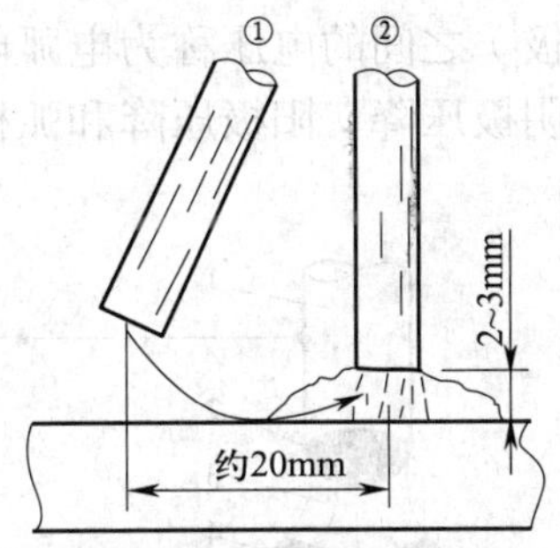

图 1–7　划擦法引弧

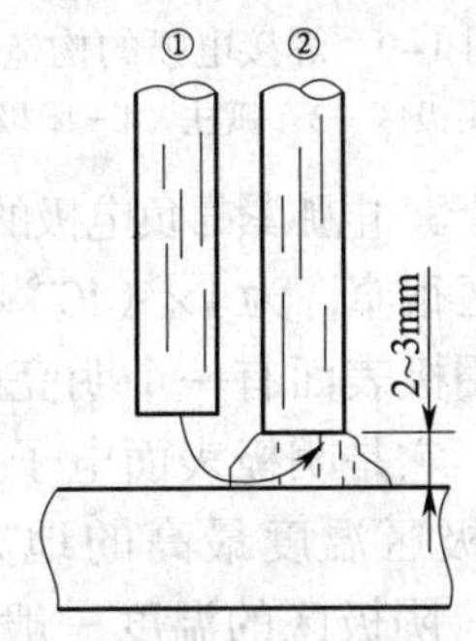

图 1–8　直击法引弧

（2）非接触引弧

引弧时，电极与工件之间保持一定间隙，然后在电极和工件之间施以高电压击穿间隙使电弧引燃，这种引弧方式称为非接触引弧。

非接触引弧需利用引弧器才能实现，根据工作原理又分为高频高压引弧和高压脉冲引弧两种。高频高压引弧需要高频振荡器，其频率为 150 ~ 260 kHz，电压峰值为 2 ~ 3 kV。高压脉冲引弧需要高压脉冲发生器，其频率一般为 50 ~ 100 Hz，电压峰值为 3 ~ 10 kV。

非接触引弧方式主要应用于钨极氩弧焊和等离子弧焊。由于引弧时电极无须与工件接触，这样不仅不会污染工件上的引弧点，而且也不会损坏电极端部的几何形状，有利于保持电弧燃烧的稳定性。

3. 焊接电弧的构造及静特性

（1）焊接电弧的构造

焊接电弧按其构造可分为阴极区、阳极区和弧柱三部分，如图 1–9 所示。电弧两端（两电极）之间的电压称为电弧电压，电弧电压由阴极压降、阳极压降和弧柱压降组成。

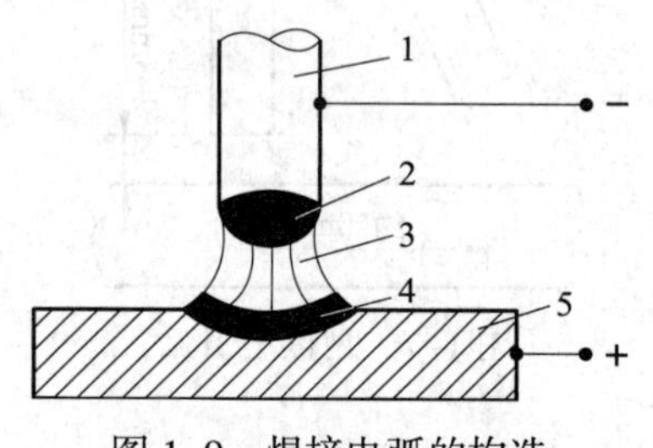

图 1–9　焊接电弧的构造

1—焊条　2—阴极区　3—弧柱　4—阳极区　5—焊件

1）阴极区。电弧紧靠负电极的区域称为阴极区，阴极区很窄，为 $1\times(10^{-6}\sim10^{-5})$ cm。在阴极区的阴极表面有一个明亮的斑点，称为阴极斑点。它是阴极表面电子发射的发源地，也是阴极区温度最高的地方。进行焊条电弧焊时，阴极区的温度一般为 2 130 ~ 3 230 ℃，释放出的热量占焊接电弧总热量的 36% 左右。阴极温度的高低主要取决于阴极的电极材料。

2）阳极区。电弧紧靠正电极的区域称为阳极区，阳极区比阴极区宽，为 $1\times(10^{-4}\sim10^{-3})$ cm，在阳极区的阳极表面也有光亮的斑点，称为阳极斑点。它是电弧放电时正电极表面集中接收电子的微小区域。

阳极不发射电子，消耗能量少，当阳极与阴极材料相同时，阳极区的温度高于阴极区。进行焊条电弧焊时，阳极区的温度一般为 2 330 ~ 3 930 ℃，释放出的热量占焊接电弧总热量的 43% 左右。

3）弧柱。电弧阴极区和阳极区之间的部分称为弧柱。由于阴极区和阳极区都很窄，因此，弧柱的长度基本上等于电弧长度。进行焊条电弧焊时，弧柱中心温度为 5 370 ~ 7 730 ℃，释放出的热量占焊接电弧总热量的 21% 左右。弧柱的温度与弧柱气体介质和焊接电流大小等因素有关。焊接电流越大，弧柱中电离程度越大，弧柱温度也越高。

这里有两个必须注意的问题：一是不同的焊接方法，其阳极区、阴极区温度的高低并不一致，见表 1–3；二是以上分析的是直流电弧的热量和温度分布情况，而交流电弧由于电源的极性是周期性变化的，因此，两个电极区的温度趋于一致，近似于它们的平均值。

表 1–3　　各种焊接方法阳极区与阴极区温度比较

焊接方法	焊条电弧焊	钨极氩弧焊	熔化极氩弧焊	CO_2 气体保护焊	埋弧焊
温度比较	阳极区温度 > 阴极区温度		阳极区温度 < 阴极区温度		

（2）焊接电弧的静特性

在电极材料、气体介质和弧长一定的情况下，电弧稳定燃烧时，焊接电流与电弧电压变化的关系称为电弧静特性，一般也称为伏—安特性。表示它们关系的曲线叫作电弧的静特性曲线，如图 1–10 中的曲线 2 所示。

1）电弧静特性曲线的特点及区间划分。焊接电弧是焊接回路中的负载，它与普通电路中的普通电阻不同，普通电阻的电阻值是常数，电阻两端的电压与通过的电流成正比（$U=IR$），遵循欧姆定律，这种特性称为电阻静特性，为一条直线，如图 1–10 中

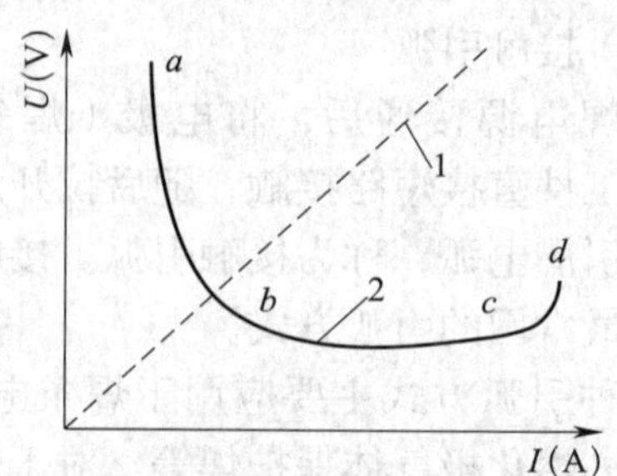

图 1–10　普通电阻静特性与电弧的静特性

1—普通电阻静特性　2—电弧的静特性

的曲线1所示。焊接电弧也相当于一个电阻性负载，但其电阻值不是常数。电弧两端的电压与通过的焊接电流不成正比，而呈U形曲线关系，如图1–10中的曲线2所示。

电弧静特性曲线分为三个不同的区间，当电流较小时（见图1–10中的 *ab* 区），电弧静特性属下降特性区，即随着电流的增大而电压减小；当电流稍大时（见图1–10中的 *bc* 区），电弧静特性属平特性区，即电流变化时电压几乎不变；当电流较大时（见图1–10中 *cd* 区），电弧静特性属上升特性区，电压随电流的增大而升高。

2）电弧静特性曲线的应用。不同的电弧焊方法，在一定的条件下，其静特性只是曲线的某一区域。静特性的下降特性区由于电弧燃烧不稳定而很少采用。

焊条电弧焊、埋弧焊一般工作在静特性的平特性区，即电弧电压只随弧长而变化，与焊接电流关系很小。

钨极氩弧焊、等离子弧焊一般也工作在静特性的平特性区，当焊接电流较大时才工作在上升特性区。

熔化极氩弧焊、CO_2气体保护焊和熔化极活性气体保护焊（MAG焊）基本工作在静特性的上升特性区。

电弧静特性曲线与电弧长度密切相关，当电弧长度增加时，电弧电压升高，其静特性曲线的位置也随之上升，如图1–11所示。

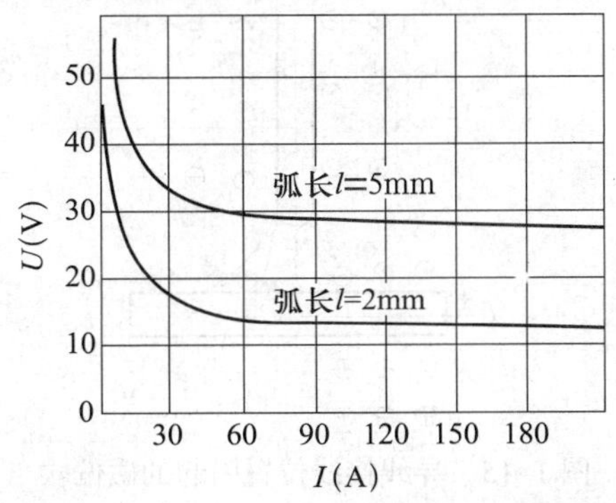

图1–11　不同电弧长度的电弧静特性曲线

4. 焊接电弧的稳定性

焊接电弧的稳定性是指电弧保持稳定燃烧（不产生断弧、飘移和偏吹等）的程度。电弧的稳定燃烧是保证焊接质量的一个重要因素，因此，维持电弧稳定性是非常重要的。电弧不稳定的原因除焊工操作技术不熟练外，还与下列因素有关：

（1）弧焊电源的影响

采用直流电源焊接时，电弧燃烧比交流电源稳定。此外，具有较高空载电压的焊接电源不仅引弧容易，而且电弧燃烧也稳定。这是因为焊接电源的空载电压较高，电场作用强，电离及电子发射强烈，所以电弧燃烧稳定。

（2）焊接电流的影响

焊接电流越大，电弧的温度越高，则电弧气氛中的电离程度和热发射作用越强，电弧燃烧也就越稳定。通过试验测定电弧稳定性的结果表明：随着焊接电流的增大，电弧的引燃电压降低；同时，随着焊接电流的增大，自然断弧的最大弧长也增大。因此，焊接电流越大，电弧燃烧越稳定。

（3）焊条药皮或焊剂的影响

在焊条药皮或焊剂中加入易电离的物质（如K、Na、Ca的氧化物等），能增加电弧气氛中的带电粒子，这样就可以提高气体的导电性，从而提高电弧燃烧的稳定性。

如果焊条药皮或焊剂中含有不易电离的氟化物（如CaF_2）及氯化物（如KCl、NaCl）时，会降低电弧气氛的电离程度，使电弧燃烧不稳定。

（4）焊接电弧偏吹的影响

在正常情况下焊接时，电弧的中心线总是保持着沿焊条（丝）电极的轴线方向。即使当焊条（丝）与焊件有一定倾角时，电弧也会跟着电极轴线的方向而改变，如图1–12所示。但在实际焊接中，由于电弧周围气流的干扰、磁场的作用或焊条偏心的影响，会使电弧中心偏离电极轴线的方向，这种现象称为电弧偏吹，如图1–13所示为磁场作用引起的电弧偏吹。一旦发生电弧偏吹，电弧轴线就难以对准焊缝中心，影响焊缝成形和焊接质量。

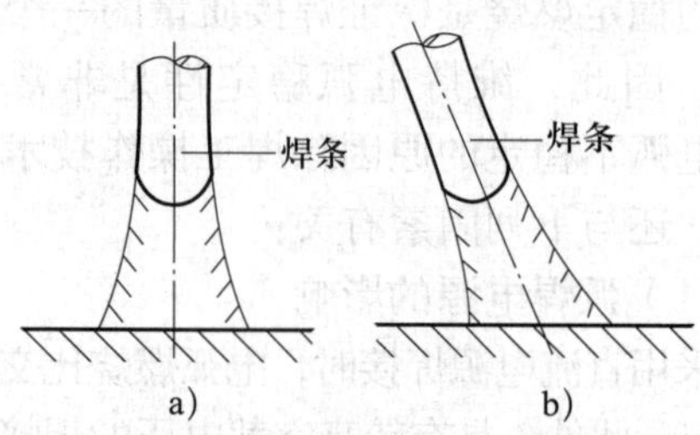

图 1-12　正常焊接时的电弧

a）焊条与焊件垂直　b）焊条与焊件倾斜

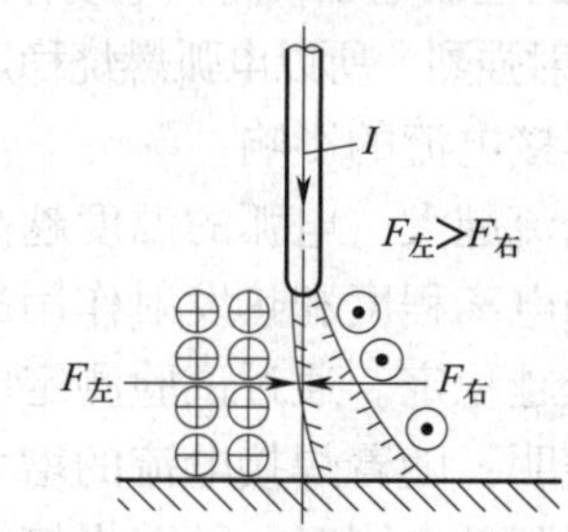

图 1-13　磁场作用引起的电弧偏吹

1）焊接电弧偏吹的原因

①焊条偏心产生的偏吹。焊条的偏心度是指焊条药皮沿焊芯直径方向偏心的程度。焊条偏心度过大，使焊条药皮厚薄不均匀，药皮较厚的一边比药皮较薄的一边熔化时需吸收更多的热，因此，药皮较薄的一边很快熔化而使电弧外露，迫使电弧往外偏吹，如图 1-14 所示。因此，为了保证焊接质量，在焊条生产中对焊条的偏心度有一定的限制。

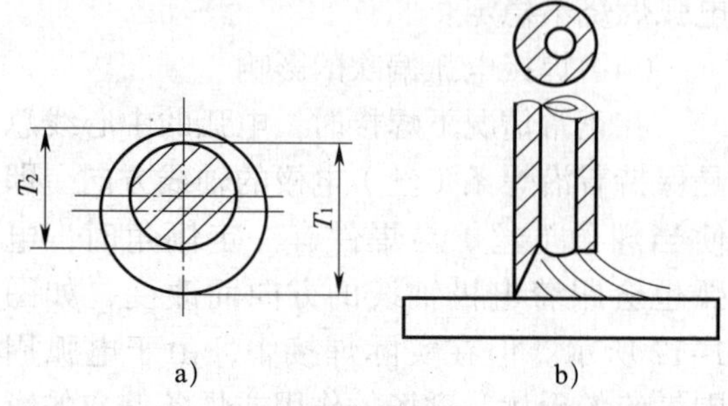

图 1-14　焊条偏心产生的偏吹

a）焊条药皮偏心　b）焊条药皮偏心引起的偏吹

②电弧周围气流产生的偏吹。电弧周围气体的流动会把电弧吹向一侧而造成偏吹。造成电弧周围气体剧烈流动的因素很多，主要是大气中的气流和热对流的影响。如在露天大风中操作时，电弧偏吹状况很严重；在进行管子焊接时，由于空气在管子中流动速度较快，形成所谓“穿堂风”，使电弧产生偏吹；在进行开坡口的对接接头第一层焊缝的焊接时，如果接头间隙较大，在热对流的影响下也会使电弧产生偏吹。

③焊接电弧的磁偏吹。进行直流电弧焊时，因受到焊接回路所产生的电磁力的作用而产生的电弧偏吹称为磁偏吹。它是由于直流电所产生的磁场在电弧周围分布不均匀而引起的电弧偏吹。造成电弧产生磁偏吹的因素主要有以下几种：

第一，导线接线位置引起的磁偏吹。如图 1-15 所示，焊件一侧接“+”极（称为正接），焊接时电弧左侧的磁感线由两部分组成：一部分是电流通过电弧产生的磁感线，另一部分是电流流经焊件产生的磁感线。而电弧右侧仅有电流通过电弧产生的磁感线，从而造成电弧两侧的磁感线分布极不均匀，电弧左侧的磁感线比右侧的磁感线密集，电弧左侧的电磁力大于右侧的电磁力，使电弧向右侧偏吹。

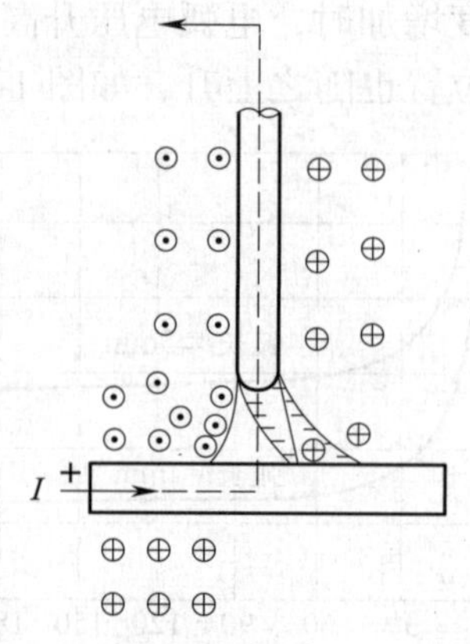

图 1-15　导线接线位置引起的磁偏吹

小提示

如果把图 1–15 中的导线接线位置改为焊件一侧接“–”极（称为反接），则焊接电流方向和相应的磁感线方向都同时改变，但作用于电弧左、右两侧磁感线的分布状况不变，电弧左侧的电磁力仍大于右侧的电磁力，故磁偏吹方向不变，即仍偏向右侧。

第二，铁磁物质引起的磁偏吹。由于铁磁物质（如钢板、铁块等）的导磁能力远远大于空气，因此，当焊接电弧周围有铁磁物质存在时，在靠近铁磁物质一侧的磁感线大部分都通过铁磁物质形成封闭曲线，使电弧与铁磁物质之间的磁感线变得稀疏，而电弧另一侧的磁感线就显得密集，造成电弧两侧的磁感线分布极不均匀，电弧向铁磁物质一侧偏吹，如图 1–16 所示。

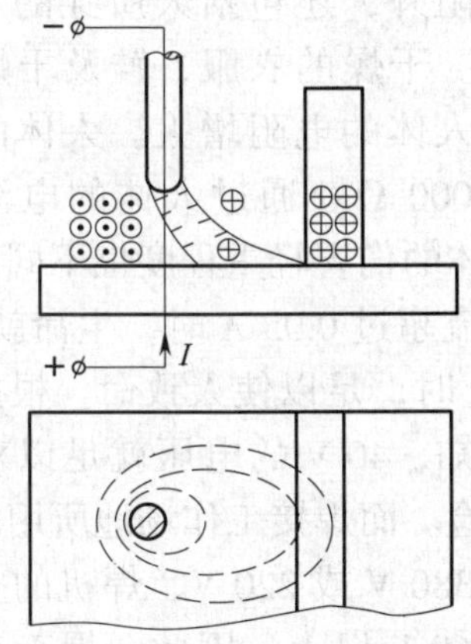

图 1–16　铁磁物质引起的磁偏吹

第三，电弧运动至焊件端部时引起的磁偏吹。当在焊件边缘处开始焊接或焊接至焊件端部时，经常会发生电弧偏吹，而逐渐靠近焊件中心时，则电弧的偏吹现象就逐渐减小或没有。这是由于电弧运动至焊件端部时导磁面积发生变化，引起空间磁感线在靠近焊件边缘的地方密度增大，产生了指向焊件内部的磁偏吹，如图 1–17 所示。

2）防止或减少焊接电弧偏吹的措施

①焊接时，在条件允许的情况下尽量使用交流电源焊接。

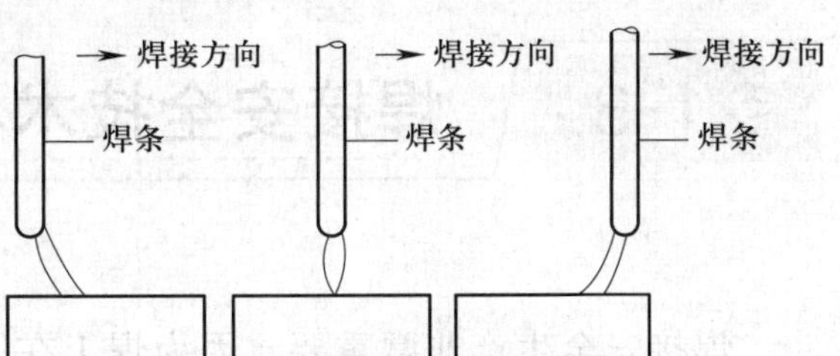

图 1–17　电弧在焊件端部焊接时引起的磁偏吹

②调整焊条角度，可以使焊条偏吹的方向转向熔池，即将焊条向电弧偏吹的方向倾斜一定角度，这种方法在实际工作中应用得较广泛。

③采用短弧焊接的方法，因为短弧焊接受气流的影响较小，而且在产生磁偏吹时，如果采用短弧焊接，也能减小磁偏吹的程度，所以，采用短弧焊接是减少电弧偏吹的较好方法。

④改变焊件上导线接线部位或在焊件两侧同时接地线，可减少因导线接线位置引起的磁偏吹，如图 1–18 所示，图中虚线表示克服磁偏吹的接线方法。

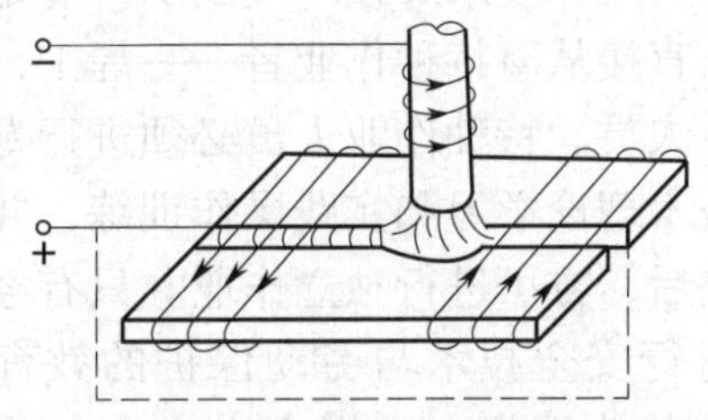

图 1–18　克服磁偏吹的接线方法

⑤在焊缝两端各加一小块附加钢板（如引弧板和引出板），使电弧两侧的磁感线分布均匀并减少热对流的影响，以克服电弧偏吹。

⑥在露天操作时，如遇大风则必须用挡板遮挡，对电弧进行保护。在焊接管子时，必须将管口堵住，以防止气流对电弧的影响。在焊接间隙较大的对接焊缝时，可在接缝下面加垫板，以防止热对流引起的电弧偏吹。

⑦采用小电流焊接，这是因为磁偏吹的大小与焊接电流有直接关系，焊接电流越大，磁偏吹越严重。

§1-3 焊接安全技术与劳动保护

焊接安全生产非常重要。因为焊工在焊接时要与电、可燃及易爆的气体、易燃液体、压力容器等接触，在焊接过程中还会产生一些有害气体、烟尘、电弧光的辐射、焊接热源（电弧、气体火焰）的高温、高频磁场、噪声和射线等。有时还要在高处、水下、容器设备内部等特殊环境作业。如果焊工不熟悉有关劳动保护知识，不遵守安全操作规程，就可能引起触电、灼伤、火灾、爆炸、中毒、窒息等事故，这不仅给国家财产造成经济损失，而且直接影响焊工及其他工作人员的人身安全。

国家对焊工的安全健康是非常重视的。为了保证焊工的安全生产，《特种作业人员安全技术培训考核管理规定》（2015 修正）中明确规定：金属焊接（气割）作业是特种作业，直接从事特种作业者——焊工，是特种作业人员。特种作业人员必须进行专门的安全技术理论学习和实践操作训练，并经考试合格后，方可进行独立作业。只有经常对焊工进行安全技术与劳动保护的教育和培训，使其从思想上重视安全生产，明确安全生产的重要性，增强责任感，了解安全生产的规章制度，熟悉并掌握安全生产的有关措施，才能有效地避免和杜绝事故的发生。

一、焊接安全技术

1. 预防触电的安全技术

通过人体的电流大小取决于线路中的电压和人体的电阻。人体的电阻除人体自身的电阻外，还包括人所穿的衣服、鞋等的电阻。干燥的衣服、鞋及干燥的工作场地能使人体的电阻增大。人体的电阻为 800 ~ 50 000 Ω。通过人体的电流大小不同，对人体的伤害轻重程度也不同。当通过人体的电流超过 0.05 A 时，生命就有危险；达到 0.1 A 时，足以使人致命。根据欧姆定律推算可知，40 V 的电压就足以对人身安全产生危险。而焊接工作场地所用的主干网络电压为 380 V 或 220 V，焊机的空载电压一般都在 60 V 以上。因此，焊工在工作时必须注意防止触电。

（1）焊工要熟悉和掌握有关电的基本知识，以及预防触电和触电后的急救方法等知识，严格遵守有关部门规定的安全措施，防止发生触电事故。

（2）遇到焊工触电时，切不可赤手去拉触电者，应先迅速将电源切断。如果切断电源后触电者呈昏迷状态，应立即对其施行人工呼吸，直至送到医院为止。

（3）在光线昏暗的场地或容器内操作或夜间工作时，使用的工作照明灯的安全电压应不大于 36 V，高空作业或特别潮湿的场所，其安全电压应不超过 12 V。

（4）焊工的工作服、手套、绝缘鞋应保持干燥。

（5）在潮湿的场地工作时，应用干燥的木板或橡胶板等绝缘物作垫板。

（6）焊工在拉、合电源刀开关或接触带电物体时，必须单手进行。因为双手操作电源刀开关或接触带电物体时，如发生触电事故，会通过人体心脏形成回路，导致触电者迅速死亡。

2. 预防火灾和爆炸的安全技术

焊接时，由于电弧及气体火焰的温度很高，而且在焊接过程中有大量的金属火花飞溅物，如稍有疏忽大意，就会引起火灾甚至爆炸。因此，焊工在工作时，为了防止火灾和爆炸事故的发生，必须采取以下安全措施：

（1）焊接前要认真检查工作场地周围是否有易燃、易爆物品（如棉纱、涂料、汽油、煤油、木屑等），如有易燃、易爆物品，应将这些物品移至距离焊接工作场地 10 m 以外。

（2）在焊接作业时，应注意防止因金属火花飞溅而引起火灾。

（3）严禁设备在带压时进行焊接或切割，带压设备一定要先解除压力（卸压），并且焊割前必须打开所有孔盖。未卸压的设备严禁操作，常压而密闭的设备也不许进行焊接或切割。

（4）凡被化学物质或油脂污染的设备都应清洗后再进行焊接或切割。如果是易燃、易爆或者有毒的污染物，更应彻底清洗，经有关部门检查，并填写动火证后，才能进行焊接或切割。

（5）在进入容器内工作时，焊接或切割工具应随焊工同时进出，严禁将焊接或切割工具放在容器内而焊工擅自离去，以防止混合气体燃烧和爆炸。

（6）焊条头及焊后的焊件不能随便乱扔，要妥善管理，更不能扔在易燃、易爆物品的附近，以免发生火灾。

（7）离开施焊现场时，应关闭气源、电源，并将火种熄灭。

3. 预防有害气体和烟尘中毒的安全技术

焊接时，焊工周围的空气常被一些有害气体及粉尘所污染，如氧化锰、氧化锌、臭氧、氟化物、一氧化碳和金属蒸气等。焊工长期呼吸这些烟尘和气体，对身体健康是不利的，甚至会使焊工患上尘肺病及导致其锰中毒等，因此，应采取以下预防措施：

（1）焊接场地应有良好的通风。焊接区的通风是排出烟尘和有毒气体的有效措施，通风的方式有以下几种：

1）全面机械通风。在车间内安装数台轴流式风机向外排风，使车间内经常更换新鲜空气。

2）局部机械通风。在焊接工位安装小型通风机械进行送风或排风。

3）充分利用自然通风。正确调节车间的侧窗和天窗，加强自然通风。

（2）合理组织劳动布局，避免多名焊工拥挤在一起操作。

（3）尽量扩大埋弧焊的使用范围，以代替焊条电弧焊。

（4）做好个人防护工作，减少烟尘等对人体的侵害，目前多采用静电防尘口罩。

4. 预防弧光辐射的安全技术

弧光辐射主要包括可见光、红外线、紫外线三种辐射。过强的可见光耀眼炫目。眼部受到红外线辐射，会感到强烈的灼伤和灼痛，发生闪光幻觉。紫外线对眼睛和皮肤有较大的刺激性，它能引起电光性眼炎。电光性眼炎的症状是眼睛疼痛、有砂粒感、多泪、畏光、怕风吹等，但电光性眼炎治愈后一般不会有任何后遗症。皮肤受到紫外线照射时，先是痒、发红、触疼，以后会变黑、脱皮。如果工作中注意防护，以上症状是不会发生的。因此，焊工应采取下列措施预防弧光辐射：

（1）焊工必须使用有电焊防护玻璃的面罩。

（2）面罩应该轻便、成形合适、耐热、不导电、不导热、不漏光。

（3）焊工工作时应穿白色帆布工作服，以防止弧光灼伤皮肤。

（4）焊工进行引弧操作时应注意周围是否有人，以免强烈的弧光伤害他人眼睛。

（5）在厂房内和人多的区域进行焊接时，应尽可能地使用防护屏，如图 1–19 所示，避免周围的人受弧光伤害。

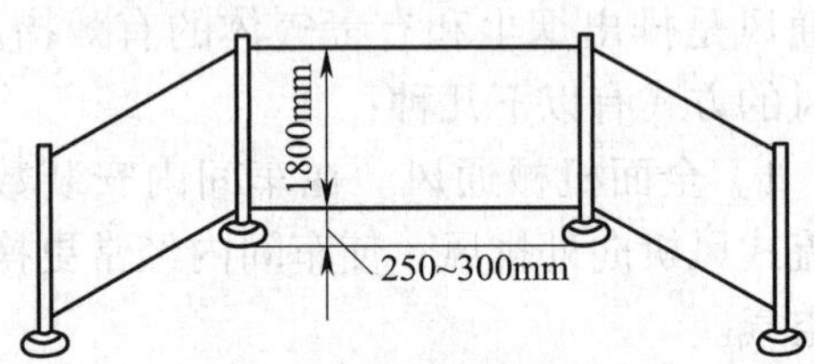

图 1–19　弧光防护屏

（6）进行重力焊或装配定位焊时，要特别注意避免弧光的伤害，要求焊工或装配工戴防光眼镜。

5. 特殊环境焊接的安全技术

特殊环境焊接是指在一般工业企业正规厂房以外的地方，例如，在高空、野外、容器内部等进行的焊接。在这些地方焊接时，除遵守上面介绍的一般技术要求外，还要遵守一些特殊的规定。

（1）高处焊接作业

焊工在距基准面 2 m 以上（包括 2 m）有可能坠落的高处进行的焊接作业称为高处（登高）焊接作业。

1）患有高血压、心脏病等疾病的人员与酒后人员，均不得进行高处焊接作业。

2）高处焊接作业时，焊工应系安全带，地面应有人监护（或两人轮换作业）。

3）高处焊接作业时，登高工具（如脚手架等）要安全、牢固、可靠，焊接电缆线等应扎紧在固定的地方，不能缠绕在身上或搭在背上工作。不能用可燃物（如麻绳等）作固定脚手架、焊接电缆线和气割用气管的材料。

4）乙炔瓶、氧气瓶、焊机等焊接设备或器具应尽量留在地面上。

5）雨天、雪天、雾天或刮大风（六级以上）时，禁止高处焊接作业。

（2）容器内焊接作业

1）进入容器内部前，先要弄清楚容器内部的情况。

2）容器与外界联系的部位都要进行隔离和切断，如电源和附带在设备上的水管、料管、蒸汽管、压力管等，均要切断并挂牌。如容器内有污染物，应进行清洗并经检查确认无危险后，才能进入内部进行焊接。

3）进入容器内部焊接要实行监护制，派专人进行监护。监护人不能随便离开现场，要与容器内部的人员经常取得联系，如图 1–20 所示。

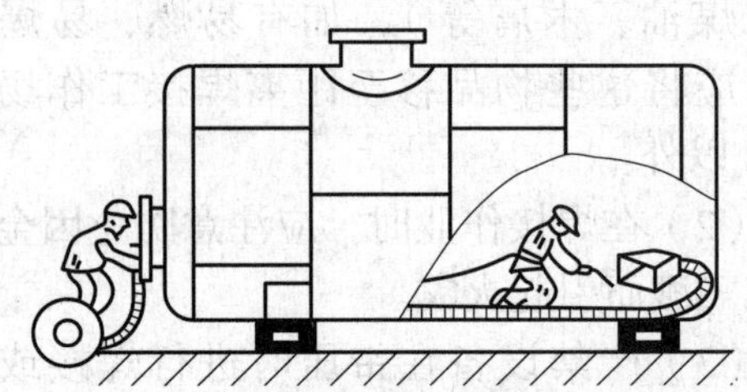

图 1–20　容器内工作时采取的监护措施

4）在容器内焊接时，容器的内部尺寸不应过小，还应注意通风。通风应用压缩空气，严禁使用氧气进行通风。

5）在容器内部作业时，要做好绝缘防护工作，最好垫上绝缘垫，以防止触电等事故的发生。

（3）露天或野外焊接作业

1）夏季在露天工作时，必须有防风雨棚或临时凉棚。

2）露天作业时应注意风向，不要让吹散的铁液及焊渣伤人。

3）雨天、雪天或雾天不准露天作业。

4）夏季进行露天气焊、气割时，应防止氧气瓶、乙炔瓶直接受烈日暴晒，以免气体膨胀发生爆炸。冬季如遇瓶阀或减压器冻结时，应用热水解冻，严禁用火烤。

二、焊接劳动保护

劳动保护是指为保障职工在生产过程中的安全和健康所采取的措施。如果在焊接过程中不注意安全生产和劳动保护，就有可能引起爆炸、火灾、灼烫、触电、中毒等事故，甚至可能使焊工患上尘肺病、电光性眼炎、慢性中毒等职业病。因此，在焊接生产过程中必须重视焊接劳动保护，使其贯穿于整个焊接过程中。加强焊接劳动保护的措施很多，主要应从两方面来控制：一是从研究和采用安全卫生性能好的焊接技术及提高焊接机械化、自动化程度方面着手；二是加强焊工的个人防护。

1. 采用安全卫生性能好的焊接技术及提高焊接自动化水平

要不断改进、更新焊接技术和焊接工艺，研制低毒、低尘的焊接材料。采取适当的工艺措施减少及消除可能引起事故和职业危害的因素，如采用低锰、低毒、低尘焊条代替普通焊条。采用安全卫生性能好的焊接方法，如埋弧焊、电阻焊等，或以焊接机器人代替焊条电弧焊等手工操作技术。提高焊接机械化、自动化程度也是全面改善安全卫生条件的主要措施之一。

2. 加强焊工的个人防护

在焊接过程中加强焊工的个人防护也是加强焊接劳动保护的主要措施。焊工的个人防护主要包括使用防护用品和搞好卫生保健工作等方面。

（1）使用个人防护用品

焊接作业时的防护用品种类较多，有防护面罩、头盔、防护眼镜、安全帽、防噪声耳塞、耳罩、工作服、手套、绝缘鞋、安全带、防尘口罩、防毒面罩等，在焊接生产过程中，必须根据具体焊接要求加以正确选用。如图 1–21 所示为电动送风焊接面罩及其使用，图 1–22 所示为防尘防毒口罩。

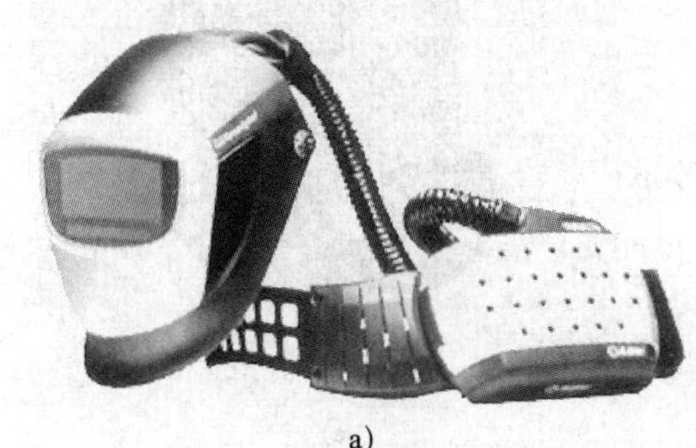

a)

b)

图 1–21　电动送风焊接面罩及其使用

（2）搞好卫生保健工作

焊工应进行从业前的体检和每两年的定期体检。应设有焊接作业人员的更衣室和休息室。作业后要及时洗手、洗脸，并经常清洗工作服及手套等。

总之，为了杜绝和减少焊接作业中事故与职业危害的发生，必须科学、认真地搞好焊接劳动保护工作，加强焊接作业安全技术和生产管理，使焊接作业人员在一个安全、卫生、舒适的环境中工作。

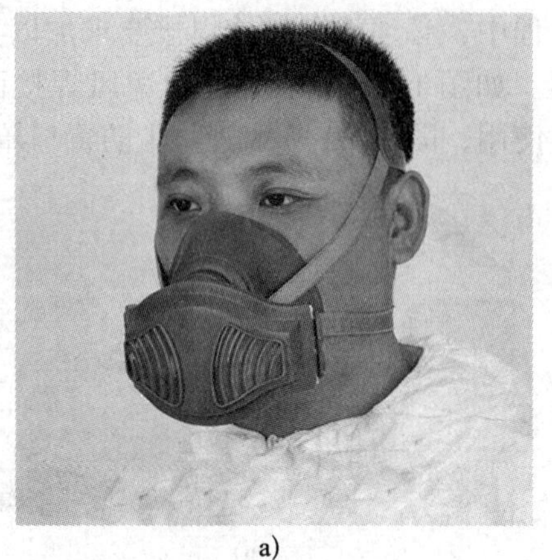

a)

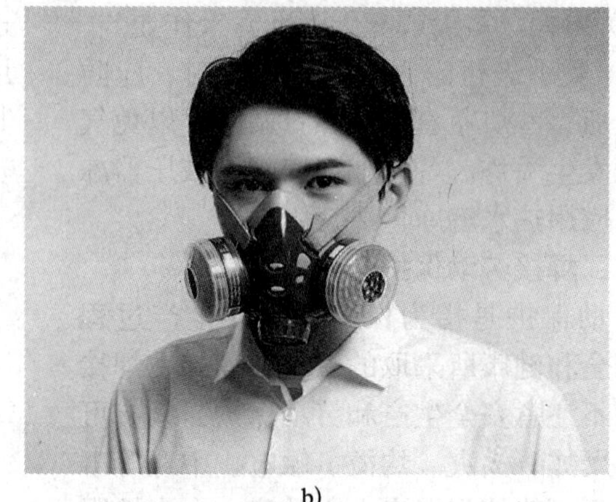

b)

图 1–22　防尘防毒口罩

a）单罐分子筛防尘防毒口罩　b）活性炭过滤、呼气阀防尘防毒口罩

思考与练习

1. 在工业生产中，常用的零件连接方式有哪两大类？各有什么特点？
2. 什么是焊接？焊接方法分为哪三大类？各有什么特点？
3. 焊接与铆接、铸造相比有什么优缺点？
4. 焊接电弧产生和维持的必要条件是什么？
5. 什么是引弧？引弧的方式有哪些？
6. 焊接电弧的构造及温度、热量分布如何？
7. 电弧静特性曲线呈什么形状？不同焊接方法其电弧静特性曲线的工作区间应怎样选择？
8. 什么是焊接电弧的稳定性？影响电弧稳定性的因素有哪些？
9. 什么是电弧偏吹？产生电弧偏吹的原因有哪些？防止电弧偏吹的措施有哪些？
10. 焊工焊接时怎样防止触电事故？
11. 焊接时如何防止火灾及爆炸事故的发生？
12. 焊接过程中为什么要加强通风？通风方式有哪些？
13. 焊接弧光辐射主要包括哪几种？对人体有什么危害？
14. 什么是高处焊接作业？应注意哪些安全事项？
15. 容器内焊接作业应采取哪些安全措施？
16. 为什么要加强焊接劳动保护？加强焊接劳动保护的措施有哪些？

第二章

焊接接头与焊接识图

焊工要根据焊接结构图的要求，准确无误地完成焊接结构（产品）的焊接与装配，就必须能读懂焊接结构图中连接零件（焊接接头）的焊缝含义及要求。焊接结构图中表示焊缝的方法主要是标注法，有时也用图示法。所以，焊接识图主要就是读懂、弄清焊接结构图中表示焊缝意义的符号或图示的具体含义，及其焊接、装配的相关要求。

§2-1 焊接接头与焊缝

用焊接方法连接的接头称为焊接接头，它主要起连接和传递力的作用。焊接接头由焊缝、熔合区和热影响区三部分组成，如图 2-1 所示。

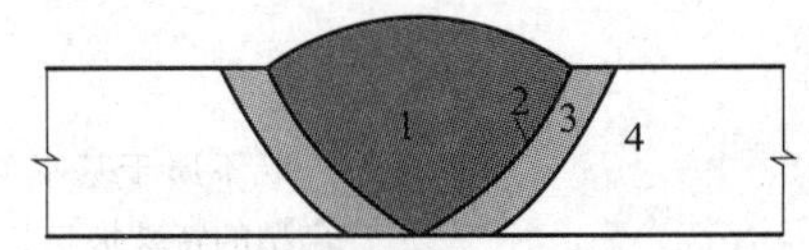

图 2-1 焊接接头的组成
1—焊缝 2—熔合区
3—热影响区 4—母材

一、焊接坡口的类型、尺寸与选择原则

根据设计或工艺需要，在焊件的待焊部位加工并装配成的一定几何形状的沟槽叫作坡口。利用机械（如刨削、车削等）、火焰或电弧（碳弧气刨）等加工坡口的过程叫作开坡口。开坡口是为了保证电弧能深入接头根部，使根部焊透并便于清渣，以获得较好的成形效果，而且坡口还能起到调节焊缝金属中母材金属与填充金属比例的作用。

1. 坡口的类型

焊接接头的坡口根据其形状不同可分为基本型、组合型和特殊型三类，其特点及图示见表 2-1。

2. 坡口的尺寸

（1）坡口面角度和坡口角度

坡口面是指待焊件上的坡口表面。两坡口面之间的夹角叫作坡口角度，用 α 表示；待加工坡口的端面与坡口面之间的夹角叫作坡口面角度，用 β 表示，如图 2-2a、b 所示。

表 2–1　　焊接接头坡口的类型及特点

坡口类型	坡口特点	图示
基本型	形状简单，加工容易，应用普遍。主要有I形坡口、V形坡口、单边V形坡口、U形坡口、J形坡口5种	I形坡口 V形坡口 单边V形坡口 U形坡口 J形坡口
组合型	由两种或两种以上的基本型坡口组合而成，如Y形坡口、双Y形坡口、带钝边U形坡口、双单边V形坡口、带钝边单边V形坡口等	Y形坡口　双Y形坡口　带钝边U形坡口 双单边V形坡口　带钝边单边V形坡口
特殊型	既不属于基本型又不同于组合型的特殊坡口，如卷边坡口、带垫板坡口、锁边坡口、塞焊坡口、槽焊坡口等	卷边坡口 带垫板坡口 锁边坡口 塞焊坡口和槽焊坡口

（2）根部间隙

焊前在接头根部之间预留的空隙叫作根部间隙，用 b 表示，如图 2–2c 所示。其作用在于打底焊时保证根部焊透。根部间隙又称装配间隙。

（3）钝边

焊件开坡口时，沿焊件接头坡口根部端面的直边部分叫作钝边，用 p 表示，如图 2–2d 所示。钝边的作用是防止根部烧穿。

（4）根部半径

在J形、U形坡口底部的圆角半径叫作根部半径，用 R 表示，如图 2–2e 所示，其作用是增大坡口根部的空间，以便焊透根部。

（5）坡口深度

焊件上开坡口部分的深度叫作坡口深度，用 H 表示，如图 2–2f 所示。

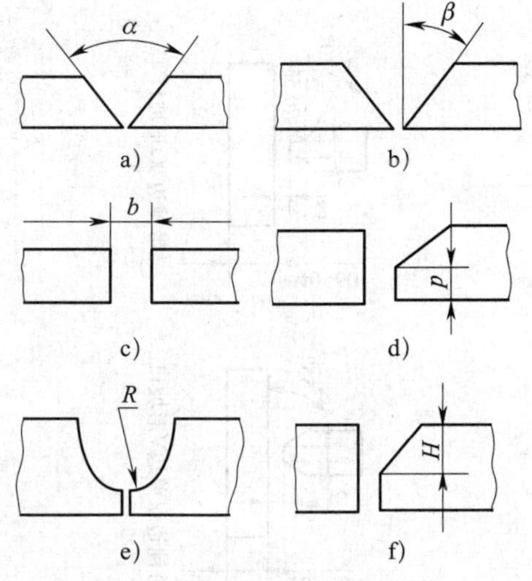

图 2–2　坡口尺寸符号

a）坡口角度 α　b）坡口面角度 β　c）根部间隙 b
d）钝边 p　e）根部半径 R　f）坡口深度 H

3. 坡口的选择原则

选择坡口时应考虑以下几条原则：

（1）保证焊接质量

满足焊接质量要求是选择坡口形式和尺寸首先需要考虑的原则，也是选择坡口的最基本要求。

（2）便于焊接施工

对于不能翻转或内径较小的容器，为避免大量的仰焊工作和便于采用单面焊双面成形的工艺方法，宜采用 V 形或 U 形坡口。

（3）坡口加工简单

由于 V 形坡口是加工最简单的一种坡口，因此，能采用 V 形或双 V 形坡口就不宜采用 U 形或双 U 形坡口等加工工艺较复杂的坡口类型。

（4）坡口的断面面积应尽可能小

这样可以降低焊接材料的消耗，减少焊接工作量并节省电能。

（5）便于控制焊接变形

不适当的坡口形式容易产生较大的焊接变形。采用双 V 形坡口比 V 形坡口大约可以减少一半焊缝金属量，且焊接接头变形较小。

二、焊接接头的类型及特点

焊接中，由于焊件的厚度、结构及使用条件的不同，其接头类型也不同，一般可以归纳为对接接头、T 形接头、角接接头、搭接接头和端接接头 5 种基本类型。焊接接头的类型、特点及应用见表 2–2。

三、焊缝的形式及尺寸

焊件经焊接后所形成的结合部分叫作焊缝。

1. 焊缝形式

焊缝按不同分类方法可分为下列几种形式：

（1）按焊缝结合形式分类

可分为对接焊缝、角焊缝、端接焊缝、塞焊缝、槽焊缝 5 种形式。

1）对接焊缝即在焊件的坡口面间或一个零件的坡口面与另一个零件表面间焊接的焊缝。

2）角焊缝即沿两直交或近直交零件的交线所焊接的焊缝。

3）端接焊缝即构成端接接头所形成的焊缝。

4）塞焊缝即两零件相叠，其中一块开圆孔，在圆孔中焊接两板所形成的焊缝。只在孔内焊角焊缝者不称为塞焊。

5）槽焊缝即两板相叠，其中一块开长孔，在长孔中焊接两板的焊缝。只在长孔中焊角焊缝者不称为槽焊。

（2）按施焊时焊缝在空间所处位置分类

可分为平焊缝、立焊缝、横焊缝及仰焊缝 4 种形式。

表 2–2 焊接接头的类型、特点及应用

接头类型	特点	应用	图示
对接接头	对接接头是指两焊件表面构成大于或等于135°、小于或等于180°夹角的接头。对接接头从受力的角度看是比较理想的接头形式，受力状况好，应力集中程度较小，材料消耗较少。但对焊件边缘加工及装配要求较高	对接接头是各种焊接结构中采用最多的一类接头形式。一般钢板厚度在6 mm以下，不开坡口（I形坡口）；钢板厚度若大于6 mm，则必须开坡口。对接接头常用的坡口形式有V形、Y形、双Y形、U形等	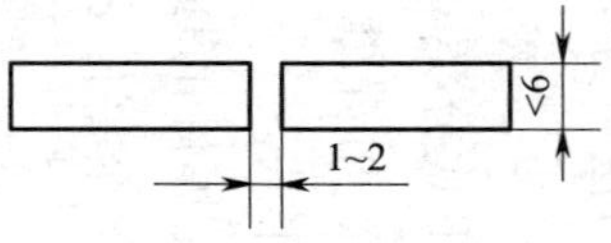 I形坡口 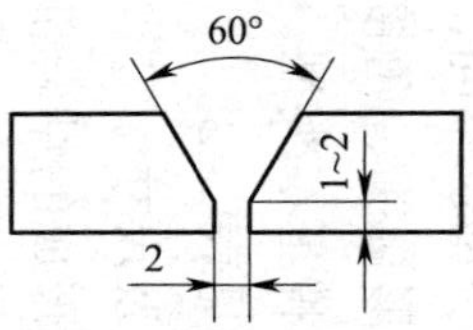　Y形坡口 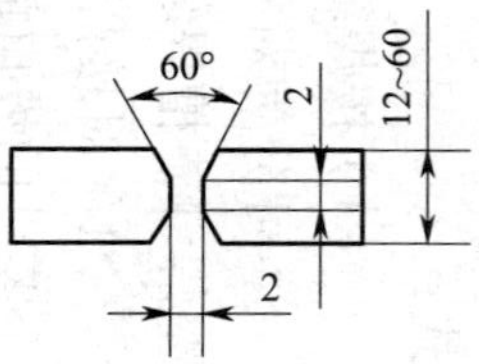 双Y形坡口 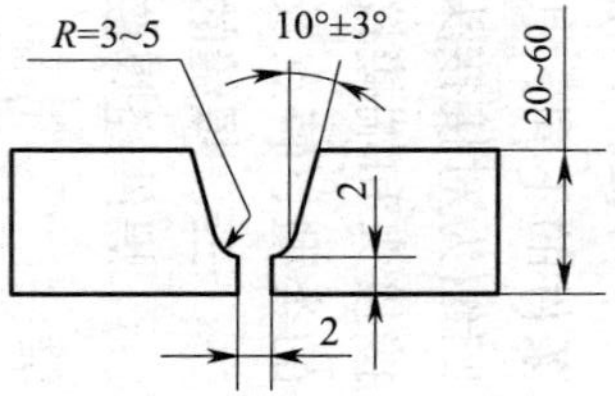　带钝边U形坡口
T形接头	T形接头是指一个焊件的端面与另一个焊件表面构成直角或近似直角的接头。T形接头是一种典型的电弧焊接头，能承受各方向的力和力矩	T形接头是各类箱形结构中最常见的结构形式。在一般情况下，T形接头可不开坡口，若焊缝要求承受载荷时，应选用带钝边单边V形、带钝边双单边V形或带钝边双J形等坡口形式，使接头焊透，以保证接头强度	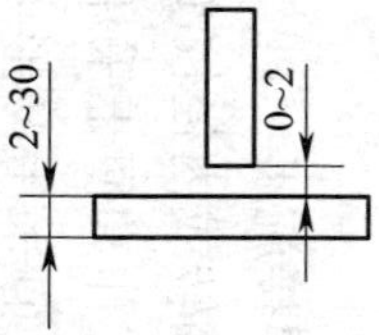 I形坡口 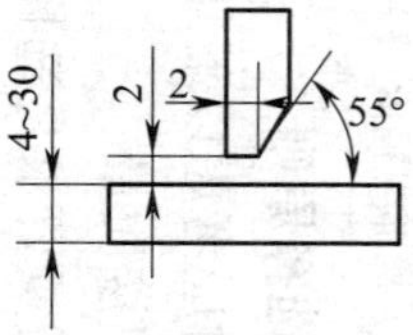　带钝边单边V形坡口 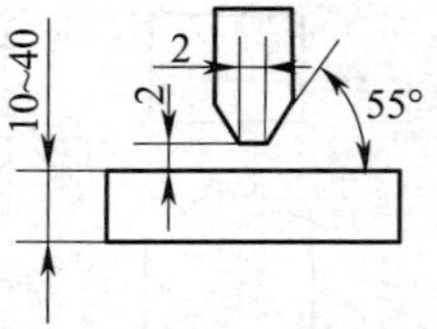　带钝边双单边V形坡口 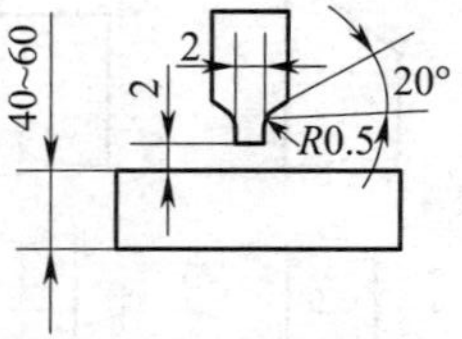　带钝边双J形坡口

续表

接头类型	特点	应用	图示
角接接头	角接接头是指两焊件端部构成大于30°、小于135°夹角的接头。角接接头承载能力差，特别是当接头承受弯曲力时，焊根易出现应力集中而造成根部开裂	角接接头一般用于不重要的焊接结构中。角接接头一般不开坡口，如需要也可根据焊件厚度开带钝边单边V形坡口、Y形坡口或带钝边双单边V形坡口等	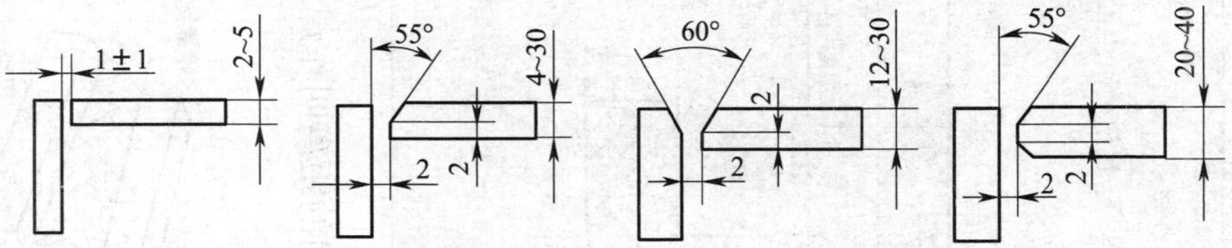 1±1　2~5　I形坡口 55°　4~30　2　2　带钝边单边V形坡口 60°　12~30　2　2　Y形坡口 55°　20~40　2　2　带钝边双单边V形坡口
搭接接头	搭接接头是指两焊件部分重叠构成的接头。搭接接头应力分布不均匀，疲劳强度较低，不是理想的接头形式，但其焊前准备和装配较简单	搭接接头有不开坡口、塞焊缝和槽焊缝等形式。不开坡口的搭接接头一般用于厚度在12 mm以下的钢板，其重叠部分为3~5倍板厚，常用在不重要的结构中。当结构重叠部分的面积较大时，常选用圆孔塞焊缝和长孔槽焊缝的接头形式	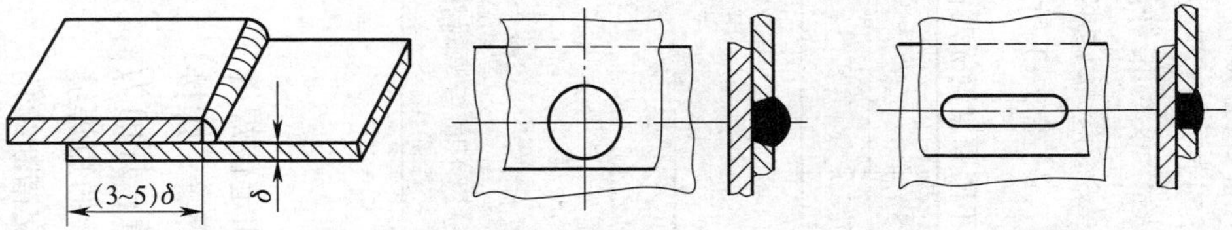 (3~5)δ　δ　不开坡口 塞焊缝 槽焊缝
端接接头	端接接头是指两焊件重叠放置或两焊件之间的夹角不大于30°在端部进行连接的接头	端接接头通常只用于密封	两焊件重叠放置的端接 ≤30°　两焊件夹角≤30°的端接

生产中常常会遇到不同厚度的钢板对接焊，这时若厚度差（$\delta-\delta_1$）不超过表 2–3 的规定，则接头的坡口类型与尺寸按较厚板选取；否则，应在较厚板上进行单面或双面削薄，其削薄长度 $L \geqslant 3(\delta-\delta_1)$，如图 2–3 所示。

表 2–3　不同厚度钢板对接的允许厚度差　mm

较薄板的厚度 δ_1	≥2 ~ 5	>5 ~ 9	>9 ~ 12	>12
允许厚度差（$\delta-\delta_1$）	1	2	3	4

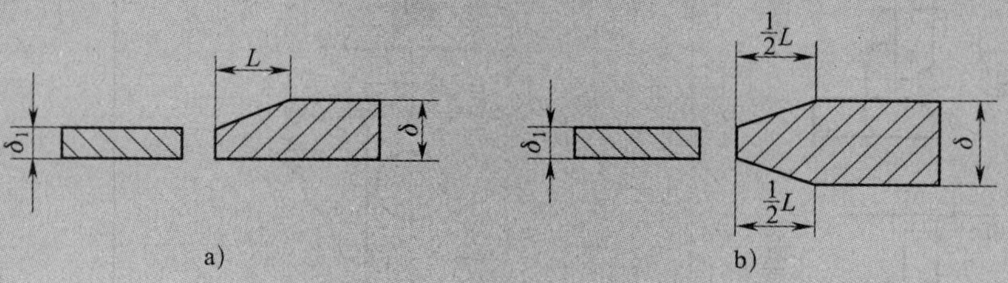

图 2–3　不同板厚对接接头厚板的削薄

（3）按焊缝断续情况分类

可分为连续焊缝、断续焊缝和定位焊缝 3 种形式。连续焊接的焊缝为连续焊缝；焊接成具有一定间隔的焊缝为断续焊缝；焊前为装配和固定构件接缝的位置而焊接的短焊缝为定位焊缝。断续角焊缝又可分为交错断续角焊缝和并列断续角焊缝两种，如图 2–4 所示。

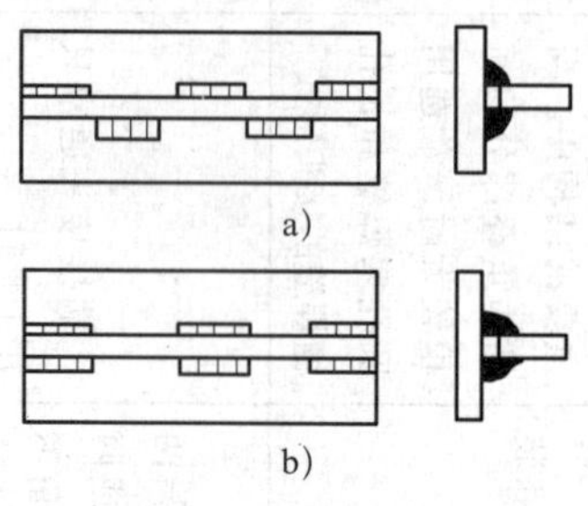

图 2–4　断续角焊缝

a）交错式　b）并列式

2. 焊缝的尺寸

焊缝的形状可用一系列几何尺寸来表示，不同形式的焊缝，其尺寸也不一样。

（1）焊缝宽度

焊缝表面与母材的交界处叫作焊趾。焊缝表面两焊趾之间的距离叫作焊缝宽度，如图 2–5 所示。

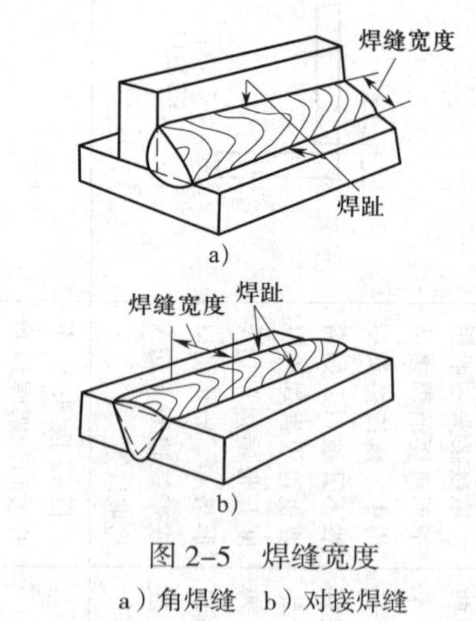

图 2–5　焊缝宽度

a）角焊缝　b）对接焊缝

（2）余高

超出母材表面连线上面的那部分焊缝金属的最大高度叫作余高，如图 2–6 所示。在动载荷或交变载荷下，它不但起不到时加强作用，反而因焊趾处应力集中而易于发生脆断，所以余高不能过高。焊条电弧焊的余高值一般为 0 ~ 3 mm。

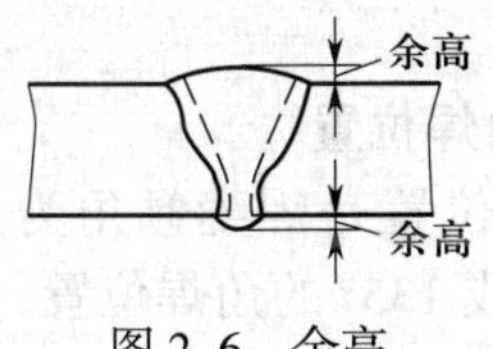

图 2-6 余高

（3）熔深

在焊接接头横截面上，母材或前道焊缝熔化的深度叫作熔深，如图 2-7 所示。

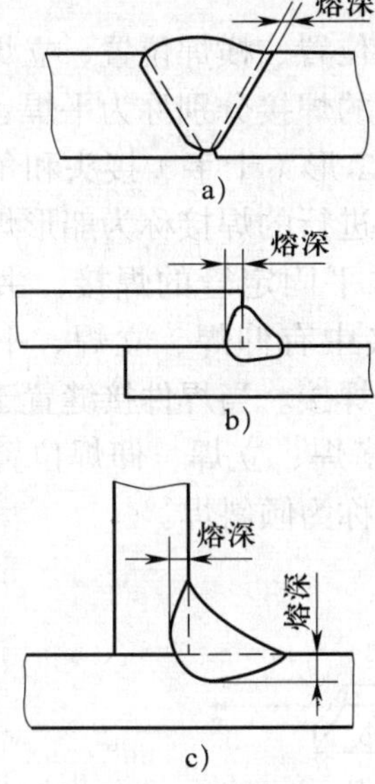

图 2-7 熔深

a）对接接头熔深 b）搭接接头熔深
c）T 形接头熔深

（4）焊缝厚度

在焊缝横截面中，从焊缝正面到焊缝背面的距离叫作焊缝厚度，如图 2-8 所示。

焊缝计算厚度是设计焊缝时使用的焊缝厚度。对接焊缝焊透时它等于焊件的厚度；角焊缝时它等于在角焊缝横截面内画出的最大等腰直角三角形中，从直角的顶到斜边的垂线长度，习惯上也称为喉厚，如图 2-8 所示。

（5）焊脚

在角焊缝的横截面中，从一个直角面上的焊趾到另一个直角面表面的最小距离叫作焊脚。在角焊缝的横截面中画出的最大等腰直角三角形中直角边的长度叫作焊脚尺寸，如图 2-8 所示。

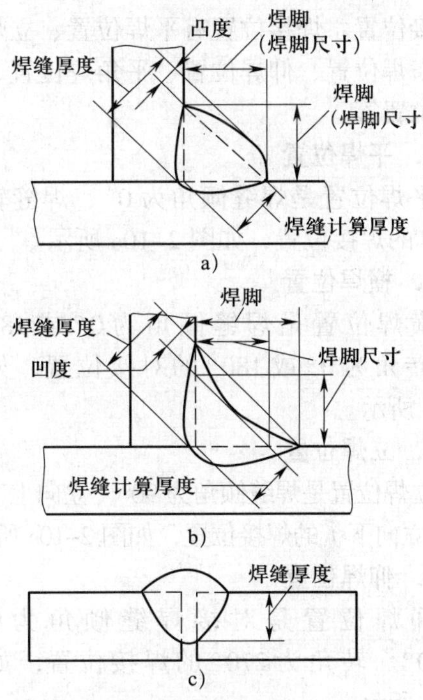

图 2-8 焊缝厚度及焊脚

a）凸形角焊缝 b）凹形角焊缝 c）对接焊缝

（6）焊缝成形系数

熔焊时，在单道焊缝横截面上焊缝宽度（*B*）与焊缝计算厚度（*H*）的比值（$\varphi=B/H$）［见国家标准《焊接术语》（GB/T 3375—1994）］叫作焊缝成形系数，如图 2-9 所示。焊缝成形系数的大小对焊缝质量有较大影响，成形系数过小，焊缝窄而深，易产生气孔和裂纹；成形系数过大，焊缝宽而浅，易产生焊不透等现象，因此，焊缝成形系数应控制在合理数值内。

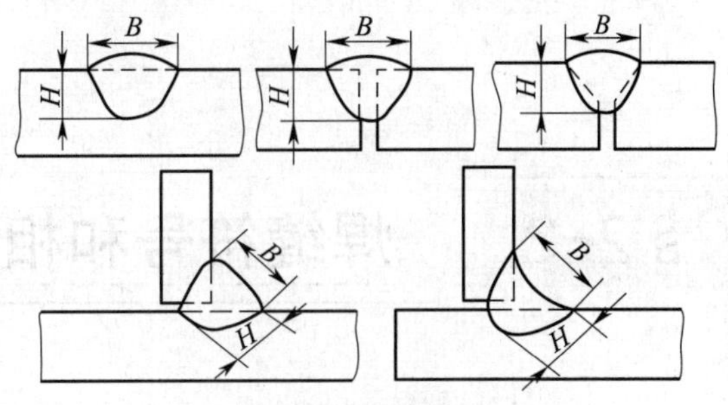

图 2-9 焊缝成形系数的计算

四、焊接位置

熔焊时，焊件接缝所处的空间位置叫

作焊接位置。焊接位置有平焊位置、立焊位置、横焊位置、仰焊位置、平角焊位置、仰角焊位置等。

1. 平焊位置

平焊位置是焊缝倾角为0°、焊缝转角为90°的焊接位置，如图2–10a所示。

2. 横焊位置

横焊位置是焊缝倾角为0°或180°，焊缝转角为0°或180°的对接位置，如图2–10b所示。

3. 立焊位置

立焊位置是焊缝倾角为90°（立向上）或270°（立向下）的焊接位置，如图2–10c所示。

4. 仰焊位置

仰焊位置是对接焊缝倾角为0°或180°、转角为270°的焊接位置，如图2–10d所示。

此外，对于角焊位置还规定了另外两种焊接位置。

5. 平角焊位置

平角焊位置是焊缝倾角为0°或180°、转角为45°或135°的角焊位置，如图2–10e所示。

6. 仰角焊位置

仰角焊位置是焊缝倾角为0°或180°、转角为225°或315°的角焊位置，如图2–10f所示。

在平焊位置、横焊位置、立焊位置、仰焊位置进行的焊接分别称为平焊、横焊、立焊、仰焊。T形（十字）接头和角接接头处于平焊位置进行的焊接称为船形焊。在工程上常用的水平固定管的焊接，由于管子在360°的焊接中有仰焊、立焊、平焊，因此称为全位置焊接。当焊件接缝置于倾斜位置（除平焊、横焊、立焊、仰焊位置以外）时进行的焊接称为倾斜焊。

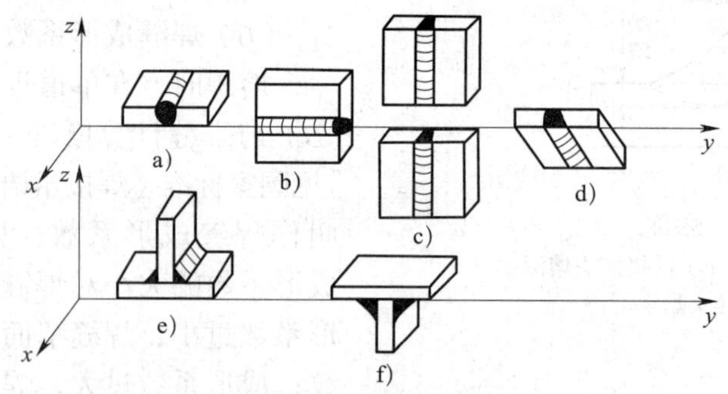

图2–10　各种焊接位置

a）平焊　b）横焊　c）立焊　d）仰焊　e）平角焊　f）仰角焊

§2–2　焊缝符号和相关工艺方法代号

在焊接装配图中，焊接要求通常是采用焊缝符号和焊接代号来表示的，所以说，焊接符号和焊接代号是一种工程界的语言。在我国，焊缝符号及相关工艺方法代号分别由国家标准《焊缝符号表示法》（GB/T 324—2008）和《焊接及相关工艺方法代号》（GB/T 5185—2005）统一规定。

一、焊缝符号

焊缝在图样上一般采用焊缝符号来表示，焊缝符号可以表示出焊接位置、焊缝横截面形状（坡口形状）及坡口尺寸、焊缝表面形状特征、焊缝尺寸或其他要求。

当焊缝分布比较简单时，可不必画出焊缝。

完整的焊缝符号一般由基本符号和指引线组成，必要时还可以加上补充符号、焊缝尺寸符号及数据等。为了简化，在图样上标注焊缝时，通常只采用基本符号和指引线，其他内容一般在有关文件（如焊接工艺规程等）中明确。

1. 基本符号及其组合

（1）焊缝基本符号

基本符号表示焊缝横截面的基本形式或特征，国家标准规定的焊缝基本符号见表 2-4。

表 2-4　　焊缝基本符号（摘自 GB/T 324—2008）

序号	名称	示意图	符号
1	卷边焊缝（卷边完全熔化）	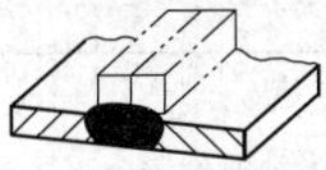	
2	I 形焊缝	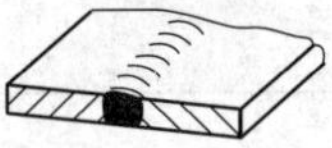	
3	V 形焊缝		
4	单边 V 形焊缝	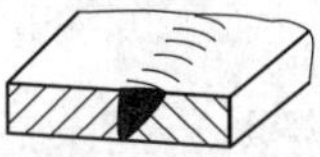	
5	带钝边 V 形焊缝	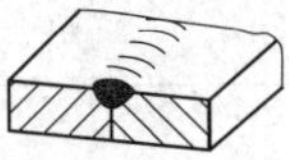	
6	带钝边单边 V 形焊缝	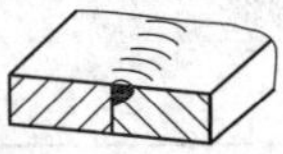	
7	带钝边 U 形焊缝		
8	带钝边 J 形焊缝	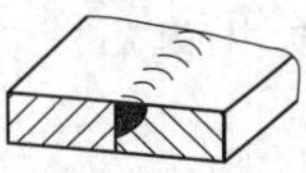	
9	封底焊缝	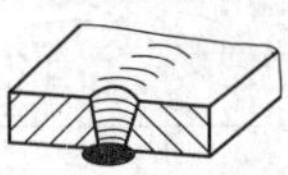	
10	角焊缝	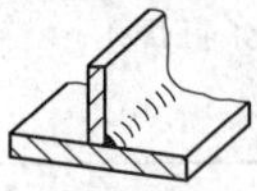	
11	塞焊缝或槽焊缝	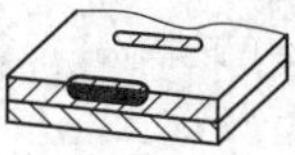	

续表

序号	名称	示意图	符号
12	点焊缝		○
13	缝焊缝		⊖
14	陡边 V 形焊缝		
15	陡边单 V 形焊缝		
16	端焊缝		‖‖
17	堆焊缝		
18	平面连接（钎焊）		=
19	斜面连接（钎焊）		//
20	折叠连接（钎焊）		

（2）焊缝基本符号的组合

标注双面焊焊缝或接头时，基本符号可以组合使用，见表 2–5。

表 2–5　焊缝基本符号的组合（摘自 GB/T 324—2008）

序号	名称	示意图	符号
1	双面 V 形焊缝（X 焊缝）		
2	双面单 V 形焊缝（K 焊缝）	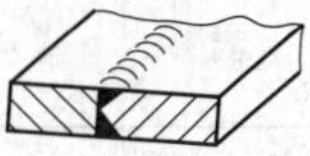	
3	带钝边的双面 V 形焊缝	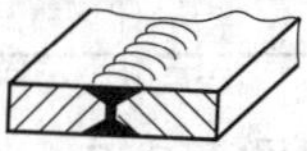	
4	带钝边的双面单 V 形焊缝	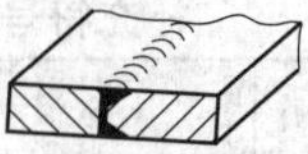	
5	双面 U 形焊缝		

2. 补充符号

补充符号用来补充说明有关焊缝或接头的某些特征（如表面形状、衬垫、焊缝分布、施焊地点等），国家标准规定的焊缝补充符号见表 2–6。

表 2–6　焊缝补充符号（摘自 GB/T 324—2008）

序号	名称	符号	说明
1	平面		焊缝表面通常经过加工后平整
2	凹面		焊缝表面凹陷
3	凸面		焊缝表面凸起
4	圆滑过渡		焊趾处过渡圆滑
5	永久衬垫	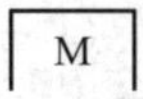 M	衬垫永久保留
6	临时衬垫	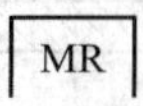 MR	衬垫在焊接完成后拆除

续表

序号	名称	符号	说明
7	三面焊缝	⊏	三面带有焊缝
8	周围焊缝	○	沿着工件周边施焊的焊缝 标注位置为基准线与箭头线的交点处
9	现场焊缝		在现场焊接的焊缝
10	尾部	<	可以表示所需的信息

补充符号应用示例见表 2–7。

表 2–7　　补充符号应用示例（摘自 GB/T 324—2008）

序号	名称	示意图	符号
1	平齐的 V 形焊缝		
2	凸起的双面 V 形焊缝		
3	凹陷的角焊缝	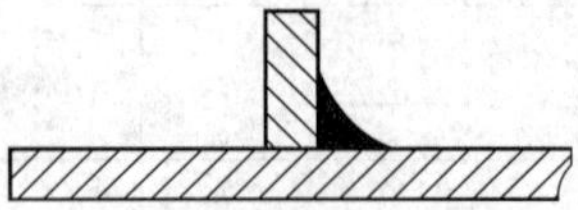	
4	平齐的 V 形焊缝 和封底焊缝		
5	表面过渡平滑 的角焊缝	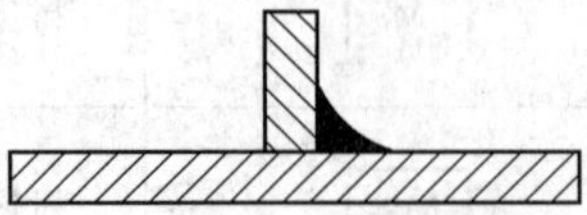	

3. 基本符号和指引线的位置规定

（1）指引线

指引线由箭头线和两条基准线（实线和虚线）组成，如图 2–11 所示。

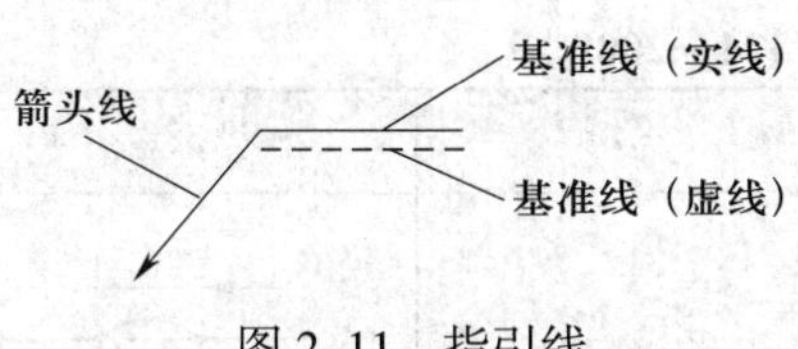

图 2–11　指引线

有时还在基准线实线末端加一尾部符号，用作其他说明（如焊接方法等）。

1）箭头线。箭头直接指向的接头侧为“接头的箭头侧”，与之相对的则为“接头的非箭头侧”，如图 2–12 所示。

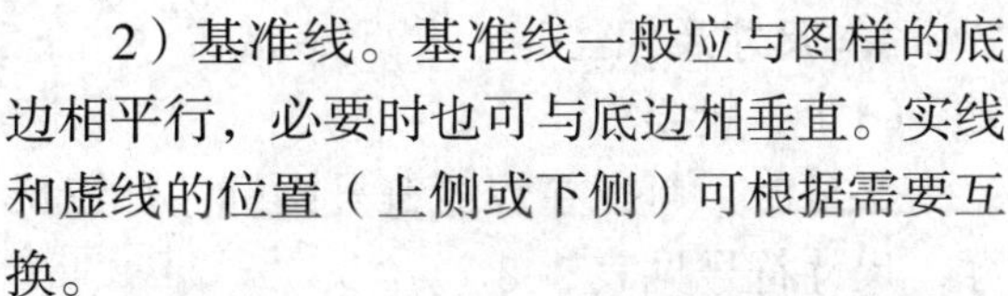

2）基准线。基准线一般应与图样的底边相平行，必要时也可与底边相垂直。实线和虚线的位置（上侧或下侧）可根据需要互换。

（2）基本符号与基准线的相对位置

1）基本符号在实线侧时，表示焊缝在箭头侧，如图 2–13a 所示。

2）基本符号在虚线侧时，表示焊缝在非箭头侧，如图 2–13b 所示。

3）对称焊缝允许省略虚线，如图 2–13c 所示。

4）在明确焊缝分布位置的情况下，有些双面焊缝也可省略虚线，如图 2–13d 所示。

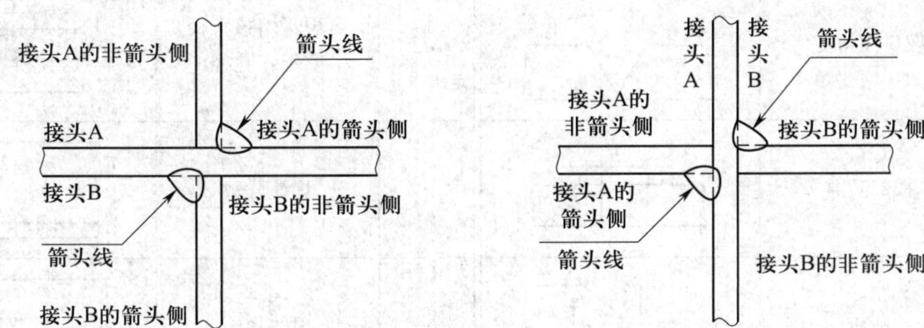

图 2–12　接头的“箭头侧”和“非箭头侧”示例

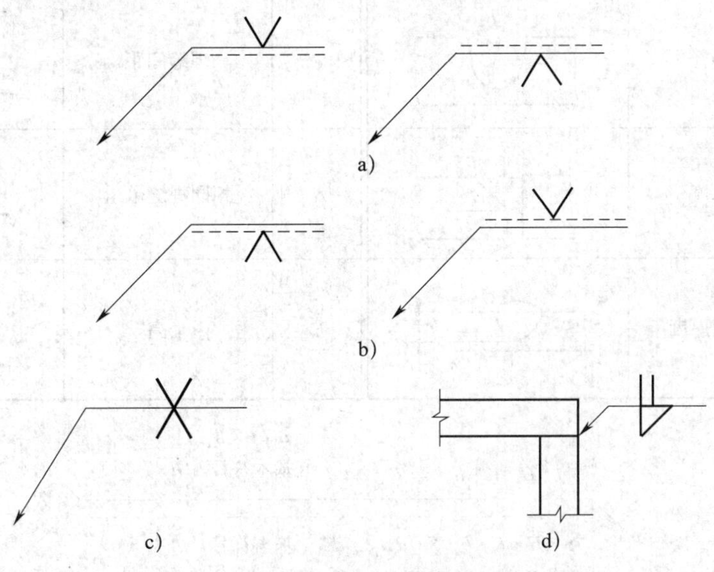

图 2–13　基本符号与基准线的相对位置

a）焊缝在接头的箭头侧　b）焊缝在接头的非箭头侧　c）对称焊缝　d）双面焊缝

4. 尺寸及标注

（1）一般要求

必要时，可以在焊缝符号中标注焊缝尺寸，尺寸符号见表 2–8。

（2）标注规则

尺寸标注方法如图 2–14 所示。

1）焊缝横截面上的尺寸标注在基本符号的左侧。

表 2–8　　常用焊缝尺寸符号（摘自 GB/T 324—2008）

符号	名称	示意图	符号	名称	示意图
δ	工件厚度		c	焊缝宽度	
α	坡口角度		K	焊脚尺寸	
β	坡口面角度		d	点焊：熔核直径 塞焊：孔径	
b	根部间隙		n	焊缝段数	n=2
p	钝边		l	焊缝长度	
R	根部半径		e	焊缝间距	
H	坡口深度		N	相同焊缝数量	N=3
S	焊缝有效厚度		h	余高	

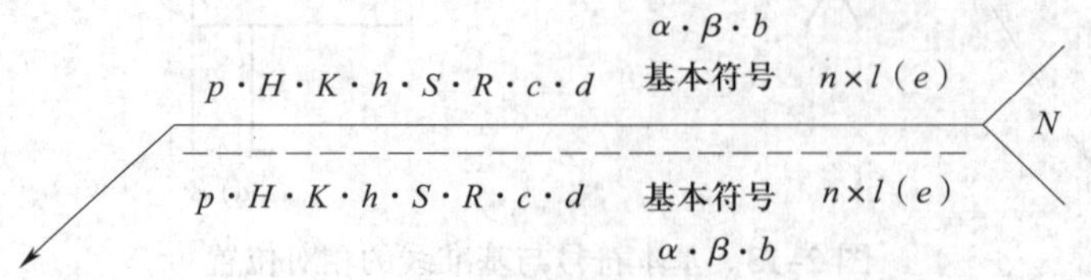

图 2–14　尺寸标注方法

2）焊缝长度方向尺寸标注在基本符号的右侧。

3）坡口角度、坡口面角度、根部间隙标注在基本符号的上侧或下侧。

4）相同焊缝数量标注在尾部。

5）当尺寸较多不易分辨时，可在尺寸数据前面标注相应的尺寸符号。

6）当箭头线方向改变时，上述规则不变。

尺寸标注示例见表 2–9。

表 2–9　　焊缝尺寸标注示例

标注图示	尺寸及含义说明
4　111	表示焊脚尺寸为 4 mm 的周围角焊缝，焊接方法为焊条电弧焊
50°　3　1　135	表示坡口角度为 50°，钝边为 1 mm，根部间隙为 3 mm 的周围 Y 形焊缝，焊接方法为 CO_2 气体保护焊

（3）关于尺寸的其他规定

1）确定焊缝位置的尺寸不在焊缝符号中标注，应将其标注在图样上。

2）在基本符号的右侧无任何尺寸标注且无其他说明时，意味着焊缝在工件的整个长度方向上是连续的。

3）在基本符号左侧无任何尺寸标注且无其他说明时，意味着对接焊缝应完全焊透。

4）塞焊缝、槽焊缝带有斜边时，应标注其底部的尺寸。

二、焊接及相关工艺方法代号

在焊接结构图上，为了简化焊接方法的标注和说明，国家标准《焊接及相关工艺方法代号》（GB/T 5185—2005）规定了用阿拉伯数字表示金属焊接及相关工艺方法的代号。

焊接及相关工艺方法一般采用三位数代号表示，其中，第一位数字表示工艺方法大类；第二位数字表示工艺方法分类；第三位数字表示某种工艺方法。常用焊接及相关工艺方法代号见表 2–10。

表 2–10　　常用焊接及相关工艺方法代号（摘自 GB/T 5185—2005）

大类代号	焊接方法	代号	焊接方法	大类代号	焊接方法	代号	焊接方法
1	电弧焊	111	焊条电弧焊	1	电弧焊	14	非熔化极气体保护电弧焊
		12	埋弧焊			141	钨极惰性气体保护电弧焊（TIG）
		121	单丝埋弧焊			15	等离子弧焊
		123	多丝埋弧焊	2	电阻焊	21	点焊
		13	熔化极气体保护电弧焊			22	缝焊
		131	熔化极惰性气体保护电弧焊（MIG）			23	凸焊
		135	熔化极非惰性气体保护电弧焊（MAG）			24	闪光焊
		136	非惰性气体保护的药芯焊丝电弧焊			25	电阻对焊

续表

大类代号	焊接方法	代号	焊接方法
3	气焊	31	氧燃气焊
		311	氧乙炔焊
		312	氧丙烷焊
4	压力焊	42	摩擦焊
		45	扩散焊
5	高能束焊	51	电子束焊
		52	激光焊
7	其他焊接方法	72	电渣焊
		73	气电立焊
		78	螺柱焊

大类代号	焊接方法	代号	焊接方法
8	切割与气割	81	火焰切割
		84	激光切割
		83	等离子弧切割
		87	电弧气刨
9	硬钎焊、软钎焊及钎接焊	912	火焰硬钎焊
		94	软钎焊

焊接及相关工艺方法代号标注在基准线实线末端的尾部符号中，如图 2–15 所示，“111”表示使用“焊条电弧焊”的焊接方法。

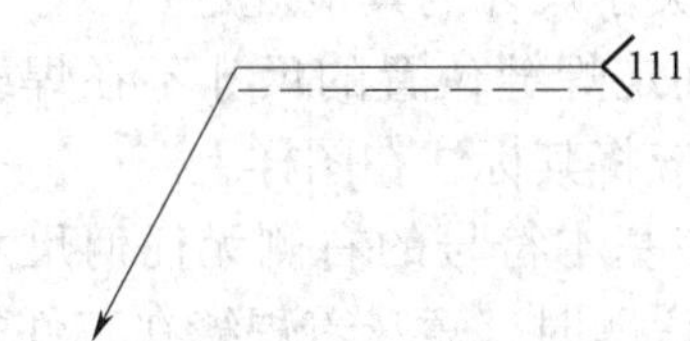

图 2–15　焊接及相关工艺方法代号的标注

三、焊缝标注示例

典型焊缝标注示例见表 2–11。

表 2–11　　典型焊缝标注示例

焊缝形式	焊缝示意图	标注方法	焊缝符号意义
对接焊缝	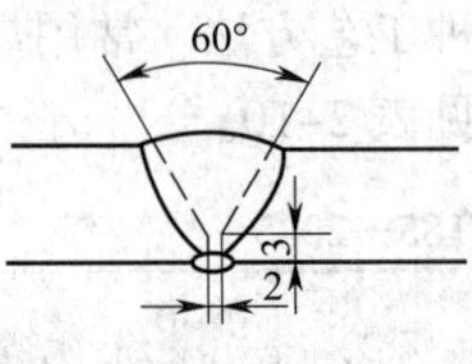	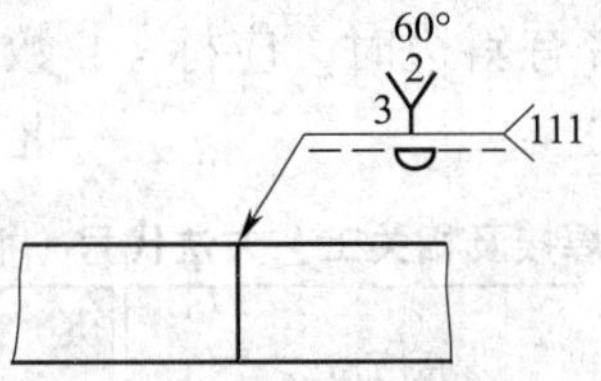	坡口角度为 60°、根部间隙为 2 mm、钝边为 3 mm 且封底的 V 形焊缝，焊接方法为焊条电弧焊
角焊缝	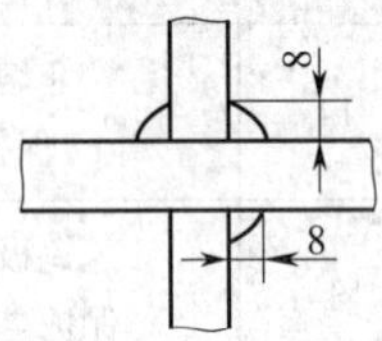	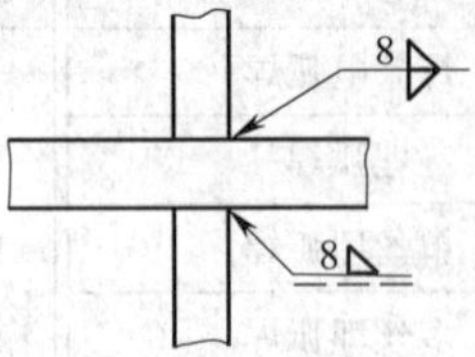	上面是焊脚尺寸为 8 mm 的双面角焊缝，下面是焊脚尺寸为 8 mm 的单面角焊缝
对接焊缝与角焊缝的组合焊缝	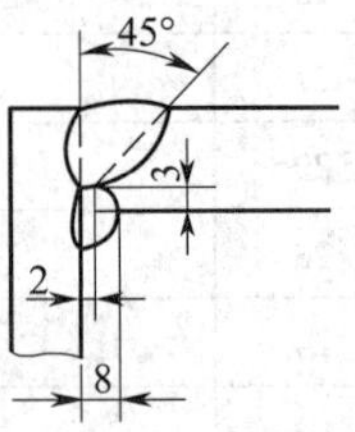	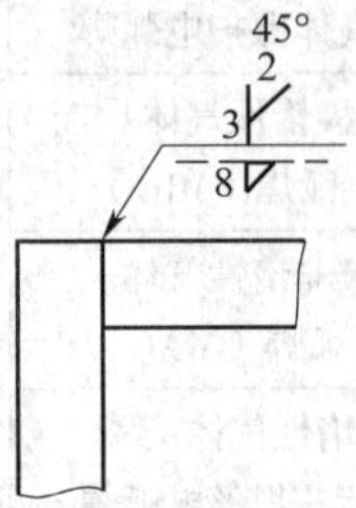	表示双面焊缝，上面是坡口面角度为 45°、钝边为 3 mm 、根部间隙为 2 mm 的单边 V 形对接焊缝，下面是焊脚尺寸为 8 mm 的角焊缝

续表

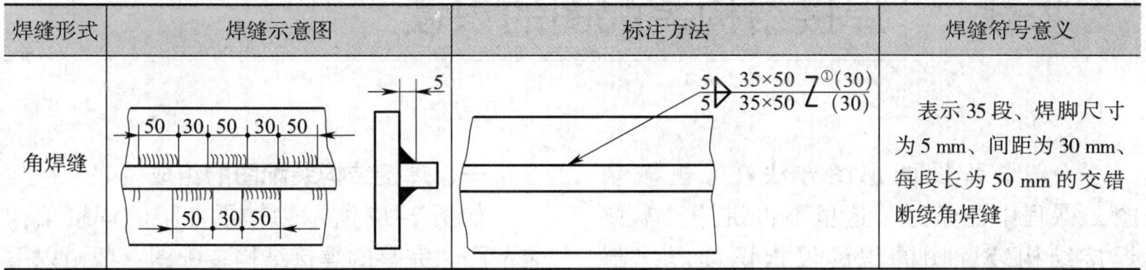

焊缝形式	焊缝示意图	标注方法	焊缝符号意义
角焊缝	5 50 30 50 30 50 50 30 50	5 35×50 Z①(30) 5 35×50 (30)	表示35段、焊脚尺寸为5 mm、间距为30 mm、每段长为50 mm的交错断续角焊缝

①符号“Z”表示交错、断续的焊缝。

四、焊缝的图示表示法

需要注意的是，在工程图样中，焊缝除了可用上述符号标注法表示外，也可采用图示法，即在图样中，可用视图、剖视图或断面图、局部放大图及轴测图表示，如图2–16a、b、c、d所示。在剖视图或断面图中，通常将焊缝区涂黑。此外，在焊缝端面视图中，有时也用粗实线绘出焊缝轮廓，如需要时还可用细实线绘出坡口形状等，如图2–16e所示。

a)
b)
c)
α
c
b
p
h_1
δ
K_1
b_1
α_1
d)
e)

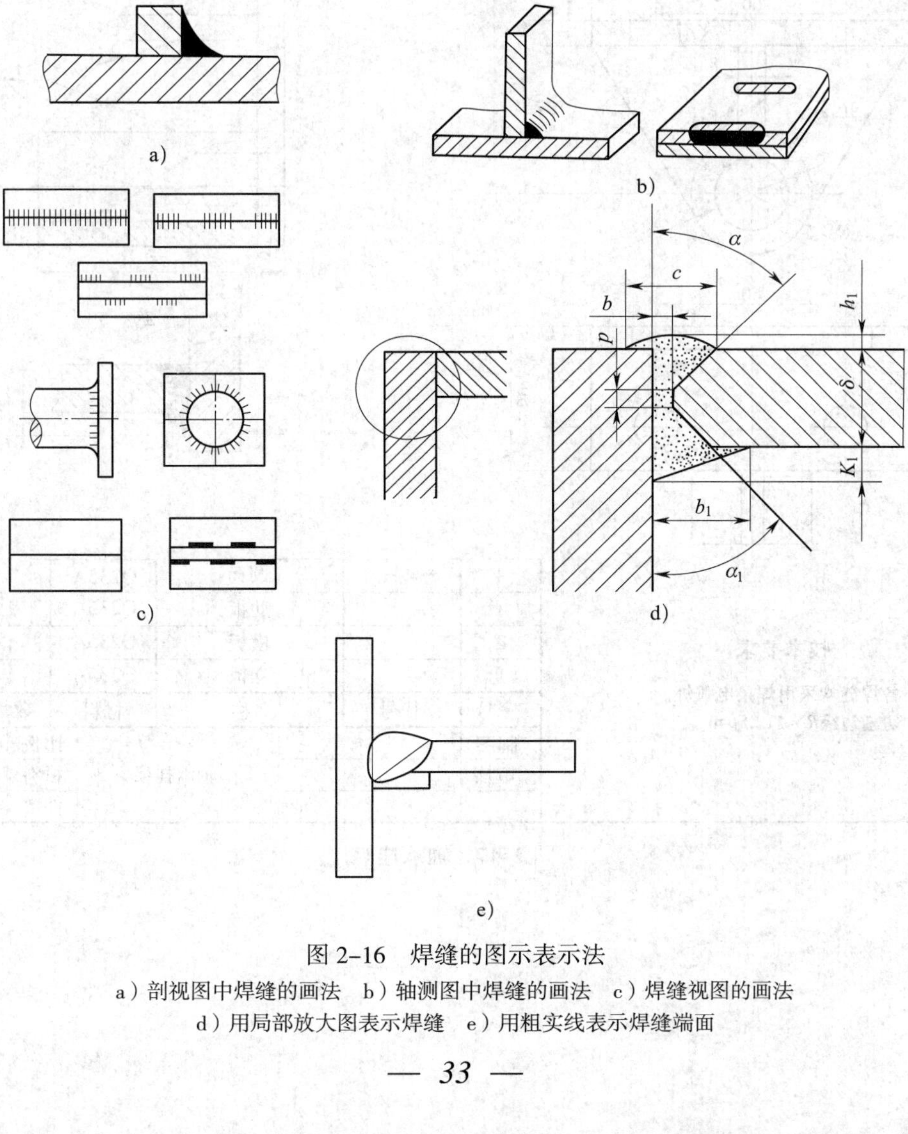

图2–16　焊缝的图示表示法

a）剖视图中焊缝的画法　b）轴测图中焊缝的画法　c）焊缝视图的画法

d）用局部放大图表示焊缝　e）用粗实线表示焊缝端面

§2-3 焊接结构装配图的识读

一般装配图的识图方法在《机械制图》课程中已学过，这里不再讲述。本章焊接结构装配图的识读仅指识读焊缝部分。

一、焊接结构装配图的组成

如图 2-17 所示为轴承挂架的焊接结构装配图，完整的焊接结构装配图一般由以下几个部分组成：

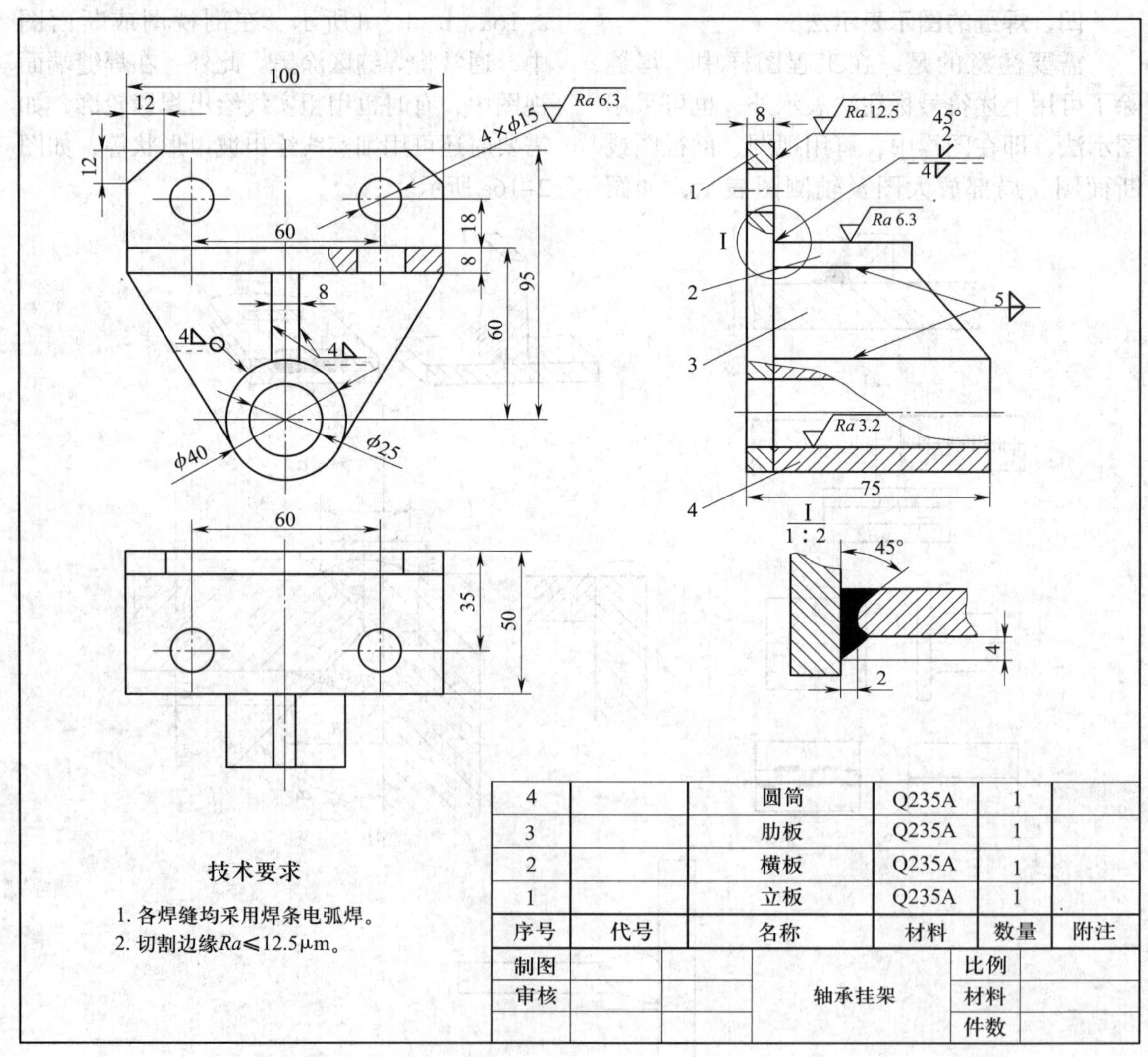

序号	代号	名称	材料	数量	附注
4		圆筒	Q235A	1	
3		肋板	Q235A	1	
2		横板	Q235A	1	
1		立板	Q235A	1	

制图			轴承挂架	比例	
审核				材料	
				件数	

图 2-17　轴承挂架

1. 一组图形

一组图形是用以正确、完整、清晰地表达结构各部（零）件的装配关系、连接关系以及部（零）件的结构和形状等的图形。一组图形除包含焊接结构中与焊接有关的内容外，还包含了其他加工所需的内容。

2. 必要尺寸

必要尺寸包括有关装配件的外形、性能、规格、连接关系、相对位置及装配、检验、安装等尺寸。

3. 必要技术要求

必要技术要求是为了确保结构的装配、焊接质量满足使用要求，在焊接结构装配图中，对结构的装配、焊接、检验及特殊处理等的质量要求提出严格、合理的规定或说明。

4. 标题栏、明细栏及零部件序号

根据生产组织和管理的需要，按一定的格式编写零部件序号，并填写标题栏和明细栏。

二、焊接结构装配图的特点

1. 结构复杂

由于焊接结构的组成构件较多，当焊接成一个整体后，会在视图上形成比较复杂的图线。

2. 焊接结构装配图中的剖视图、断面图、局部放大图较多

由于焊接结构的构件间连接处较多，在基本视图上往往很难反映出接头的细小结构，因此，常采用一些剖视图、断面图或局部放大图等表达焊缝的结构尺寸和焊缝形式。

3. 焊接结构装配图中的焊缝符号多

为了在焊接结构装配图上正确地表示焊接接头、焊缝形状特征以及焊接方法等内容，常采用焊缝符号和焊接相关工艺方法代号在图样上进行表述。所以，在读图时必须弄清楚图中的各种符号所代表的焊接接头形式、焊缝形式、尺寸以及焊接方法等内容。

4. 焊接结构装配图有时需作放样图

不管焊接结构图多么复杂，在制造时，对某些组成的构件必须放出实样，放样时，应该准确绘出构件间的一些交线。

三、典型焊接结构装配图的识读

1. 轴承挂架装配图的识读

从图 2–17 可知，轴承挂架由 4 个零件，即立板、横板、肋板和圆筒组成。

在主视图的焊缝符号“4◺———○↘”中，“○”表示环绕 ϕ40 mm 圆筒周围焊接，“4◺”表示角焊缝焊脚尺寸为 4 mm。

肋板的边焊缝符号“5▷”是双面角焊缝，上、下焊脚尺寸为 5 mm；中间焊缝符号“↖4◺”是单面角焊缝，焊脚尺寸为 4 mm；在局部放大图中，符号“45° 2 ⊻ 4◺”表示 45° 单边 V 形坡口对接焊缝加角焊缝的组合焊缝，根部间隙为 2 mm，角焊缝焊脚尺寸为 4 mm。

2. 液化气钢瓶装配图的识读

液化气钢瓶如图 2–18 所示。

由图 2–18 可知，液化气钢瓶的内径为 314 mm，高度约为 580 mm，由 4 个零件组成。

焊缝符号“↖○ 50° 3 Y [M] <121”表示焊缝为整圈 V 形坡口对接焊缝，坡口角度为 50°，根部间隙为 3 mm，焊接方法为单丝埋弧焊，带永久垫板；焊缝符号“↙○ 4◺ <111”表示整圈焊缝为角焊缝，焊脚尺寸为 4 mm，焊接方法为焊条电弧焊。整个钢瓶焊完要进行无损检测，焊后要进行去应力退火。焊缝与母材过渡要光滑，避免产生应力集中。

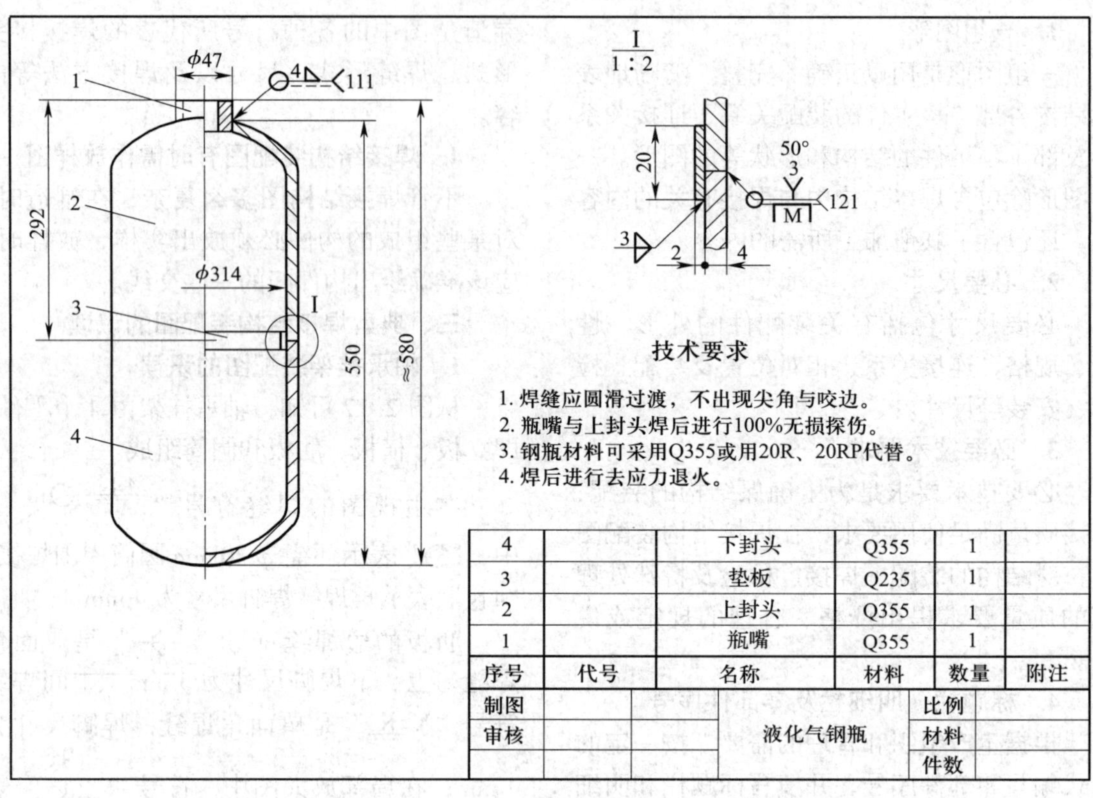

图 2-18　液化气钢瓶

思考与练习

1. 什么是焊接接头？它主要起什么作用？由哪几部分组成？
2. 什么是焊接坡口？开坡口有什么作用？
3. 焊接坡口根据形状不同分为哪三类？基本型坡口有哪几种？
4. 坡口尺寸有哪些？各用什么符号来表示？
5. 选择坡口的原则有哪些？
6. 焊接接头的基本类型有哪些？各有什么特点？
7. 什么是焊缝？焊缝按分类方法不同可分为哪几种形式？
8. 焊缝的尺寸有哪些？分别简述其意义。
9. 焊缝符号由哪几部分组成？各有什么作用？
10. 什么是补充符号？主要有哪些？
11. 焊接结构装配图主要由哪几部分组成？

第三章

气焊与气割

气焊与气割是利用可燃气体与助燃气体混合燃烧产生的气体火焰的热量作为热源，进行金属材料的焊接或切割的加工工艺方法。气焊在电弧焊广泛应用之前，是一种应用比较广泛的焊接方法。尽管现在电弧焊及其他先进焊接方法已迅速发展和广泛应用，气焊的应用范围越来越小，但在铜、铝等有色金属及铸铁的焊接领域仍有其独特优势。气割和气焊几乎是同时诞生的“孪生兄弟”，构成金属材料的一“裁”一“缝”，气割和气焊一样也是应用量最大、覆盖面最广的重要加工工艺方法之一。

§3-1 气体火焰

气焊与气割的热源是气体火焰。产生气体火焰的气体有可燃气体和助燃气体，可燃气体有乙炔、液化石油气等，助燃气体是氧气。气焊常用的是氧气与乙炔燃烧产生的气体火焰——氧乙炔焰，气割的预热火焰除氧乙炔焰外，还有氧气与液化石油气燃烧产生的气体火焰——氧—液化石油气火焰等。

一、产生气体火焰的气体

1. 氧气

在常温、常压下氧是气态，分子式为 O_2。氧气本身不能燃烧，但它能帮助其他可燃物质燃烧，具有强烈的助燃作用。

氧气的纯度对气焊与气割的质量、生产效率和氧气本身的消耗量都有直接影响。气焊与气割对氧气的要求是纯度越高越好。气焊与气割用的工业用氧气一般分为两级：一级纯度氧气含量不低于 99.2%，二级纯度氧气含量不低于 98.5%。

一般情况下，由氧气厂和氧气站供应的氧气可以满足气焊与气割的要求。对于质量要求较高的气焊应采用一级纯度氧气。气割时氧气纯度应不低于 98.5%。

工业中常用的高压氧气如果与油脂等易燃物质相接触时，就会发生剧烈的氧化反应而使易燃物自行燃烧，甚至发生爆炸。因此，在操作中切不可使氧气瓶瓶阀、氧气减压器、焊炬、割炬、氧气胶管等沾染上油脂。

2. 乙炔

乙炔是由电石（碳化钙）与水相互作用而得到的一种无色而带有特殊臭味的碳氢化合物，其分子式为 C_2H_2。

乙炔是可燃性气体，它与空气混合燃烧时所产生的火焰温度为 2 350 ℃，而与氧气混合燃烧时所产生的火焰温度为 3 000 ~ 3 300 ℃，因此，足以迅速熔化金属而进行焊接和切割。

乙炔是一种具有爆炸性的危险气体，在一定压力和温度下很容易发生爆炸。乙炔爆炸时会产生高热，特别是产生高压气浪，其破坏力很强，因此，使用乙炔时必须注意安全。

安全生产

乙炔与铜或银长期接触后生成的乙炔铜（Cu_2C_2）或乙炔银（Ag_2C_2）是一种具有爆炸性的化合物，它们受到剧烈振动或者加热到 110 ~ 120 ℃就会引起爆炸。因此，凡是与乙炔接触的器具或设备禁止用银或含铜量超过 70% 的铜合金制造。乙炔和氯、次氯酸盐等反应会发生燃烧和爆炸，所以，乙炔燃烧时绝对禁止使用四氯化碳来灭火。

3. 液化石油气

液化石油气的主要成分是丙烷（C_3H_8）、丁烷（C_4H_{10}）、丙烯（C_3H_6）等碳氢化合物，在常压下以气态存在，在 0.8 ~ 1.5 MPa 压力下就可变成液态，便于装入瓶中储存和运输，液化石油气由此而得名。

液化石油气与乙炔一样，与空气或氧气形成的混合气体具有爆炸性，但它比乙炔安全得多。

液化石油气的火焰温度比乙炔的火焰温度低，其在氧气中的燃烧温度为 2 800 ~ 2 850 ℃；液化石油气在氧气中的燃烧速度低，约为乙炔的 1/3，其完全燃烧所需的氧气量比乙炔所需的氧气量大。因此，液化石油气用于气割时，金属预热时间稍长，但其切割质量容易保证，割口光洁，不渗碳，质量较好。

由于液化石油气价格低廉，比乙炔安全，质量又较好，目前，国内外已把液化石油气作为一种新的可燃气体来逐渐代替乙炔。液化石油气在气割中已有成熟技术，广泛应用于钢材的气割和低熔点的有色金属焊接中，如黄铜焊接、铝及铝合金焊接等。

小提示

可燃气体除了乙炔、液化石油气外，还有丙烯、天然气、焦炉煤气、氢气，以及丙炔、丙烷与丙烯的混合气体，乙炔与丙烯的混合气体，乙炔与丙烷的混合气体，乙炔与乙烯的混合气体，以及以丙烷、丙烯、液化石油气为原料，再辅以一定比例的添加剂的气体和经雾化后的汽油。这些气体主要用于气割，但综合效果均不及液化石油气。

二、气体火焰的种类与性质

1. 氧乙炔焰

氧乙炔焰的外形、构造、火焰的化学性质、火焰温度的分布与氧气和乙炔的混合比大小有关。根据混合比大小的不同，可得到性质不同的三种火焰，即中性焰、碳化焰和氧化焰，如图 3–1 所示。氧乙炔焰三种火焰的特点见表 3–1。

2. 氧—液化石油气火焰

氧—液化石油气火焰的构造同氧乙炔焰基本一样，也分为氧化焰、碳化焰和中性焰三种。其焰心也有部分分解反应，不同的是焰心分解产物较少，内焰不像乙炔那样明亮，而有点发蓝，外焰则显得比氧乙炔焰清晰且较长。由于液化石油气的着火点较高，使得点火比乙炔困难，必须用明火才能点燃。目前，氧—液化石油气火焰主要用于气割，并部分取代了氧乙炔焰。

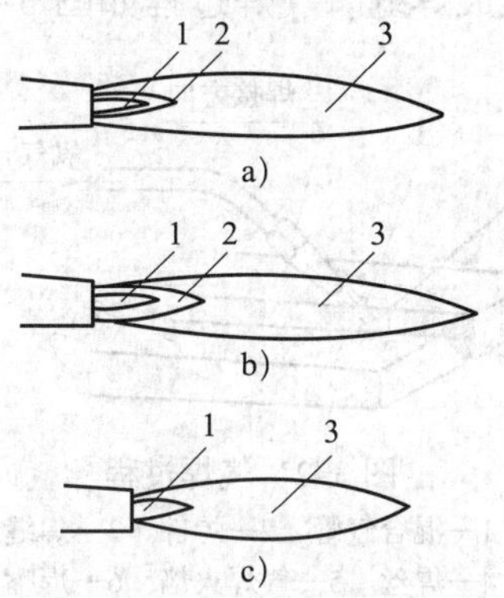

图 3–1　氧乙炔焰的构造和形状
a）中性焰　b）碳化焰　c）氧化焰
1—焰心　2—内焰　3—外焰

表 3–1　氧乙炔焰的种类及特点

火焰种类	氧气与乙炔混合比	火焰最高温度（℃）	火焰特点
中性焰	1.1 ~ 1.2	3 050 ~ 3 150	氧气与乙炔充分燃烧，既无过剩的氧气，也无过剩的乙炔。焰心明亮，轮廓清楚，内焰具有一定的还原性
碳化焰	<1.1	2 700 ~ 3 000	乙炔过剩，火焰中有游离状态的碳和氢，具有较强的还原作用，也有一定的渗碳作用。碳化焰整个火焰比中性焰长
氧化焰	>1.2	3 100 ~ 3 300	火焰中有过量的氧气，具有强烈的氧化性，整个火焰较短，内焰和外焰层次不清

§3–2　气焊

气焊是利用气体火焰作热源的一种熔焊方法。常用氧气和乙炔混合燃烧的火焰进行焊接，故又称氧乙炔焊。

一、气焊的原理、特点及应用

1. 气焊的原理

气焊是利用可燃气体和氧气通过焊炬按

一定的比例混合，获得所要求的火焰能率和性质的火焰作为热源，熔化被焊金属和填充金属，使其形成牢固的焊接接头。

气焊时，先将焊件的焊接处金属加热到熔化状态形成熔池，并不断地熔化焊丝向熔池中填充，气体火焰覆盖在熔化金属的表面起保护作用，随着焊接过程的进行，熔化金属冷却形成焊缝。气焊过程如图 3–2 所示。

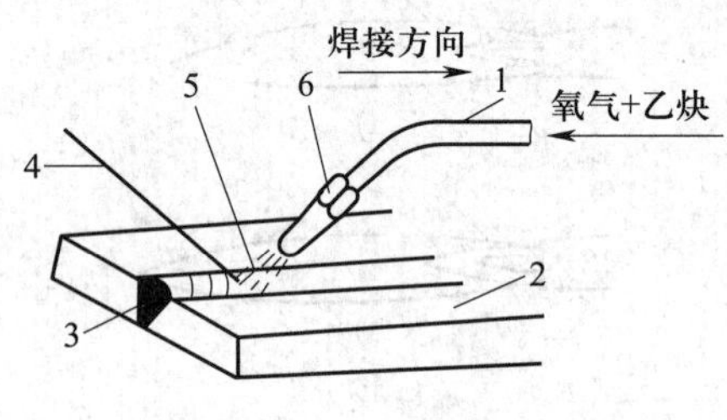

图 3–2　气焊过程

1—混合气管　2—焊件　3—焊缝
4—焊丝　5—气焊火焰　6—焊嘴

2. 气焊的特点及应用

气焊的优点：设备简单，操作方便，成本低，适应性强，在无电力供应的地方可方便焊接。气焊的缺点：火焰温度低，加热分散，热影响区宽，焊件变形大且过热严重，气焊接头质量不如焊条电弧焊容易保证；生产效率低，不易焊接厚的金属；难以实现自动化。

目前，在工业生产中气焊主要用于焊接薄板、小直径薄壁管、铸铁、有色金属、低熔点金属及硬质合金等。此外，气焊火焰还可用于钎焊、喷焊和火焰矫正等。

二、气焊焊接材料

1. 气焊丝

气焊用的焊丝在气焊中起填充金属作用，与熔化的母材一起形成焊缝。气焊常用的焊丝有碳素结构钢焊丝、合金结构钢焊丝、不锈钢焊丝、铜及铜合金焊丝、铝及铝合金焊丝和铸铁焊丝等。碳素结构钢焊丝、合金结构钢焊丝、不锈钢焊丝的牌号及用途见表 3–2。常用铜及铜合金、铝及铝合金焊丝的型号、牌号、化学成分及用途分别见表 3–3、表 3–4，铸铁焊丝的型号、化学成分及用途见表 3–5。

表 3–2　常用钢焊丝的牌号及用途

碳素结构钢焊丝		合金结构钢焊丝		不锈钢焊丝	
牌号	用途	牌号	用途	牌号	用途
H08	焊接一般低碳钢结构	H10Mn2	用途与 H08Mn 相同	H022Cr21Ni10	焊接超低碳不锈钢
		H08Mn2Si			
H08A	焊接较重要的低、中碳钢及某些低合金钢结构	H10Mn2MoA	焊接普通低合金钢	H06Cr21Ni10	焊接 18–8 型不锈钢
H08E	用途与 H08A 相同，工艺性能较好	H10Mn2MoVA	焊接普通低合金钢	H07Cr21Ni10	焊接 18–8 型不锈钢
H08Mn	焊接较重要的碳素钢及普通低合金钢结构，如锅炉、受压容器等	H08CrMoA	焊接铬钼钢等	H06Cr19Ni10Ti	焊接 18–8 型不锈钢
H08MnA	用途与 H08Mn 相同，但工艺性能较好	H18CrMoA	焊接结构钢，如铬钼钢、铬锰硅钢等	H10Cr24Ni13	焊接高强度结构钢和耐热合金钢等
H15A	焊接中等强度工件	H30CrMnSiA	焊接铬锰硅钢	H11Cr26Ni21	焊接高强度结构钢和耐热合金钢等

表 3-3 常用铜及铜合金焊丝的型号、牌号、化学成分及用途

焊丝型号	焊丝牌号	名称	主要化学成分	熔点（℃）	用途
SCu1898（CuSn1）	HS201	纯铜焊丝	w（Sn）≤ 1.0%、w（Si）=0.35% ~ 0.5%、w（Mn）=0.35% ~ 0.5%，其余为 Cu	1083	纯铜的气焊、氩弧焊及等离子弧焊等
SCu6560（CuSi3Mn）	HS211	青铜焊丝	w（Si）=2.8% ~ 4.0%、w（Mn）≤ 1.5%，其余为 Cu	958	青铜的气焊、氩弧焊及等离子弧焊等
SCu4700（CuZn40Sn）	HS221	黄铜焊丝	w（Cu）=57% ~ 61%、w（Sn）=0.25% ~ 1.0%，其余为 Zn	886	黄铜的气焊、氩弧焊及等离子弧焊等
SCu6800（CuZn40Ni）	HS222	黄铜焊丝	w（Cu）=56% ~ 60%、w（Sn）=0.8% ~ 1.1%、w（Si）=0.05% ~ 0.15%、w（Fe）=0.25% ~ 1.20%、w（Ni）=0.2% ~ 0.8%，其余为 Zn	860	
SCu6810A（CuZn40SnSi）	HS223	黄铜焊丝	w（Cu）=58% ~ 62%、w（Si）=0.1% ~ 0.5%、w（Sn）≤ 1.0，其余为 Zn	905	

表 3-4 常用铝及铝合金焊丝的型号、牌号、化学成分及用途

焊丝型号	焊丝牌号	名称	主要化学成分	熔点（℃）	用途
SAl1450（Al99.5Ti）	HS301	纯铝焊丝	w（Al）≥ 99.5%	660	纯铝的气焊及氩弧焊
SAl4043（AlSi5）	HS311	铝硅合金焊丝	w（Si）=4.5% ~ 6%，其余为 Al	580 ~ 610	焊接除铝镁合金外的铝合金
SAl3103（AlMn1）	HS321	铝锰合金焊丝	w（Mn）=1.0% ~ 1.6%，其余为 Al	643 ~ 654	铝锰合金的气焊及氩弧焊
SAl5556（AlMg5Mn1Ti）	HS331	铝镁合金焊丝	w（Mg）=4.7% ~ 5.5%、w（Mn）=0.3% ~ 1.0%、w（Ti）=0.05% ~ 0.2%，其余为 Al	638 ~ 660	焊接铝镁合金及铝锌镁合金

表 3-5 铸铁焊丝的型号、化学成分及用途

焊丝型号	化学成分（%）					用途
	w（C）	w（Mn）	w（S）	w（P）	w（Si）	
RZC-1	3.20 ~ 3.50	0.6 ~ 0.75	≤ 0.10	0.5 ~ 0.75	2.7 ~ 3.0	焊补灰铸铁
RZC-2	3.5 ~ 4.5	0.3 ~ 0.8	≤ 0.10	≤ 0.5	3.0 ~ 3.8	
RZCQ-1	3.2 ~ 4.2	0.1 ~ 0.4	≤ 0.015	≤ 0.05	3.2 ~ 3.8	焊补球墨铸铁
RZCQ-2	3.5 ~ 4.2	0.5 ~ 0.8	≤ 0.03	≤ 0.10	3.5 ~ 4.2	

2. 气焊熔剂

气焊熔剂是气焊时的助熔剂，其作用是与熔池内的金属氧化物或非金属夹杂物相互作用生成熔渣，覆盖在熔池表面，使熔池与空气隔离，因而能有效防止熔池金属继续氧化，改善焊缝的质量。所以，焊接有色金属（如铜及铜合金、铝及铝合金）、铸铁、不锈钢等材料时，通常必须采用气焊熔剂。

气焊熔剂可以在焊前直接撒在焊件坡口上或者蘸在焊丝上加入熔池。常用气焊熔剂的牌号、基本性能及用途见表 3–6。

表 3–6　　常用气焊熔剂的牌号、基本性能及用途

焊剂牌号	名称	基本性能	用途
CJ101	不锈钢及耐热钢气焊用熔剂	熔点为 900 ℃，有良好的湿润作用，能防止熔化金属被氧化，焊后易清除熔渣	用于不锈钢及耐热钢气焊
CJ201	铸铁气焊用熔剂	熔点为 650 ℃，呈碱性反应，具有潮解性，能有效地去除铸铁在气焊时所产生的硅酸盐和氧化物，有加速金属熔化的功能	用于铸铁气焊
CJ301	铜及铜合金气焊用熔剂	系硼基盐类，易潮解，熔点约为 650 ℃，呈酸性反应，能有效地熔解氧化铜和氧化亚铜	用于铜及铜合金气焊
CJ401	铝及铝合金气焊用熔剂	熔点约为 560 ℃，呈酸性反应，能有效地破坏氧化铝膜，因极易吸潮，在空气中能引起铝的腐蚀，焊后必须将熔渣清除干净	用于铝及铝合金气焊

气焊熔剂牌号用 CJ+ 三位数字表示，其编制方法为 CJ ×××。

CJ 表示气焊熔剂；第一位数字表示气焊熔剂的用途类型：“1”表示不锈钢及耐热钢气焊用熔剂，“2”表示铸铁气焊用熔剂，“3”表示铜及铜合金气焊用熔剂，“4”表示铝及铝合金气焊用熔剂；第二、三位数字表示同一类型气焊熔剂的不同牌号。例如：

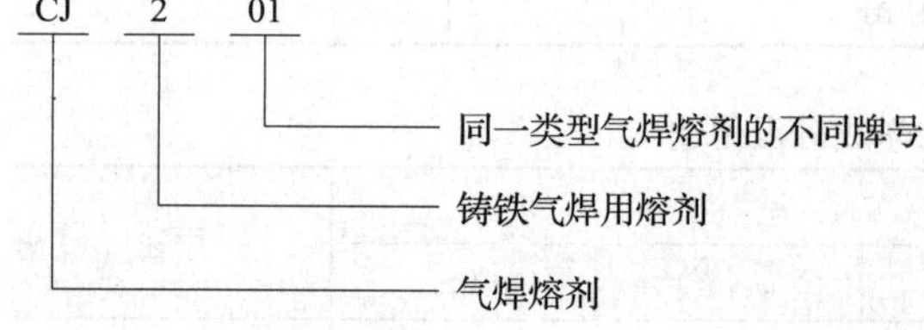

三、气焊设备及工具

气焊设备及工具主要有氧气瓶、乙炔瓶、液化石油气瓶、减压器、焊炬等，其组成如图 3–3 所示。

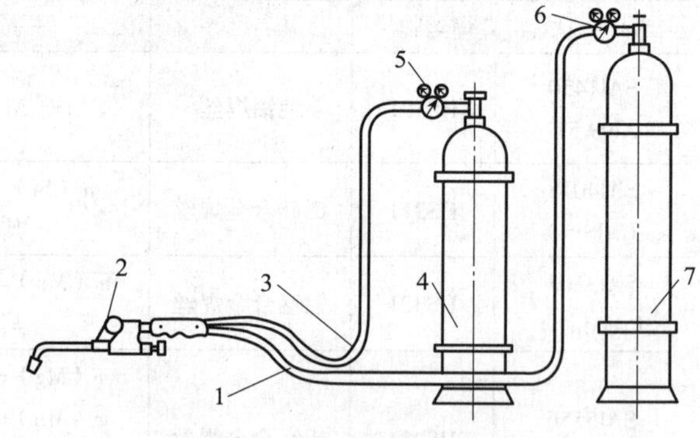

图 3–3　气焊设备的组成

1—氧气胶管　2—焊炬　3—乙炔胶管　4—乙炔瓶　5—乙炔减压器　6—氧气减压器　7—氧气瓶

1. 氧气瓶

氧气瓶是储存和运输氧气的一种高压容器，其外形和构造如图 3–4 所示。氧气瓶外表漆成淡（酞）蓝色，瓶体上标注黑色“氧”字样。常用氧气瓶的容积为 40 L，在 15 MPa 压力和常温可储存 6 000 L 的氧气。

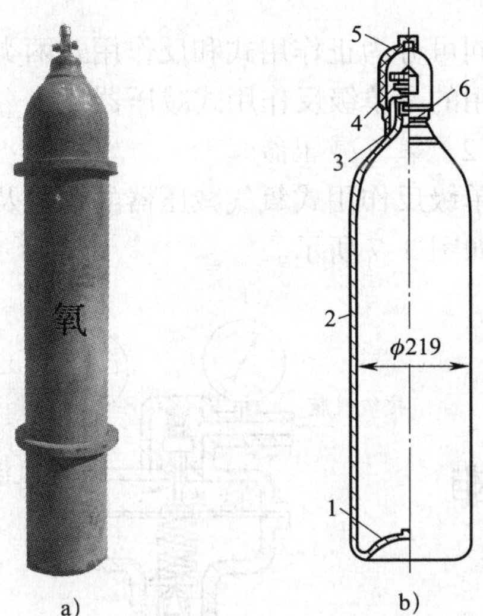

图 3–4　氧气瓶

a）外形　b）构造

1—瓶底　2—瓶体　3—瓶箍

4—瓶阀　5—瓶帽　6—瓶头

2. 乙炔瓶

乙炔瓶是一种储存和运输乙炔的容器，其外形和构造如图3–5所示。乙炔瓶外表漆成白色，并标注大红色“乙炔　不可近火”字样。瓶口装有乙炔瓶阀，但阀体旁侧没有侧接头，因此，必须使用带有夹环的乙炔减压器。乙炔瓶的工作压力为 1.5 MPa，在瓶体内装有浸满着丙酮的多孔性填料，能使乙炔安全地储存在乙炔瓶内。

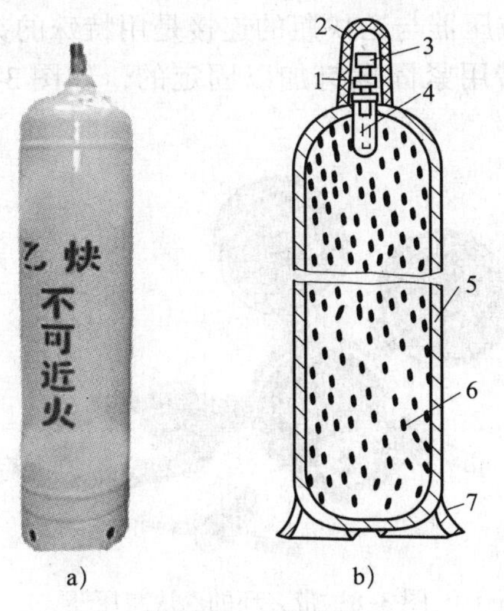

图 3–5　乙炔瓶

a）外形　b）构造

1—瓶口　2—瓶帽　3—瓶阀　4—石棉

5—瓶体　6—多孔填料　7—瓶底

3. 液化石油气瓶

液化石油气瓶是储存液化石油气的专用容器，其外形和构造如图 3–6 所示。工业用液化石油气瓶体漆成棕色，并标注白色“液化石油气”字样；民用液化石油气瓶体漆成银灰色，并标注大红色“液化石油气”字样。它是焊接钢瓶，其壳体采用气瓶专用钢焊接而成，按用量及使用方式不同，气瓶容量有 15 kg、20 kg、30 kg、50 kg 等多种规格。工业上常采用 30 kg，如企业用量大，还可以制成容量为 1 t、2 t 或更大的储气罐。气瓶最大工作压力为 1.6 MPa，水压试验的压力为 3 MPa。

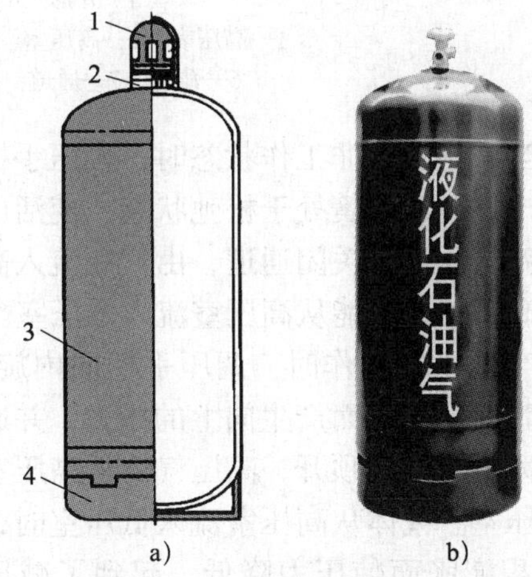

图 3–6　工业用液化石油气瓶

a）结构图　b）实物图

1—护罩　2—瓶阀　3—瓶体　4—底座

4. 减压器

减压器又称压力调节器，它是将气瓶内的高压气体降为工作时的低压气体的调节装置。

（1）减压器的作用及分类

减压器的作用是将气瓶内高压气体的压力（如氧气瓶内的氧气压力最高达 15 MPa，乙炔瓶内的乙炔压力最高达 1.5 MPa）降至工作时所需的压力（氧气的工作压力一般为

0.1 ~ 0.4 MPa，乙炔的工作压力最高不超过 0.15 MPa），并保持工作时压力稳定。

减压器按用途不同可分为氧气减压器、乙炔减压器、液化石油气减压器等；按构造不同可分为单级式和双级式两类；按工作原理不同可分为正作用式和反作用式两类。目前常用的是单级反作用式减压器。

（2）氧气减压器

单级反作用式氧气减压器的构造及工作原理如图 3–7 所示。

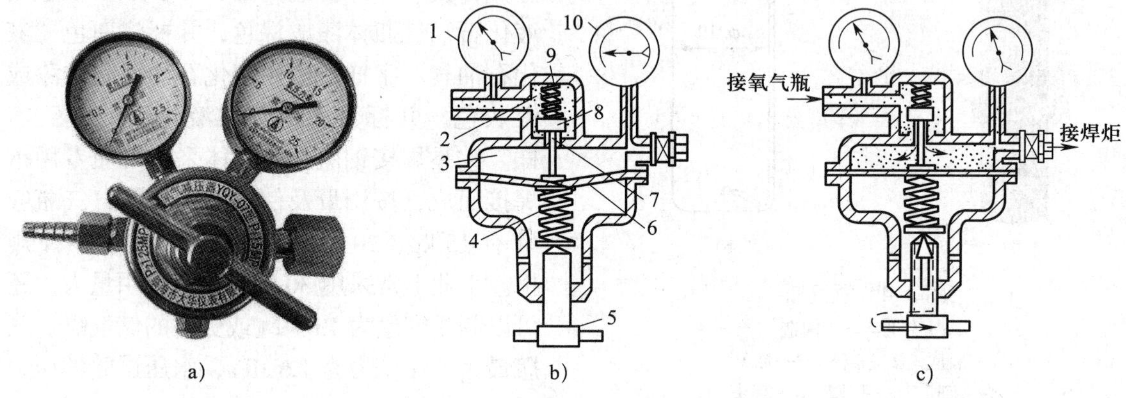

图 3–7　单级反作用式氧气减压器

a）外形　b）非工作状态　c）工作状态

1—高压表　2—高压室　3—低压室　4—调压弹簧　5—调压手柄
6—薄膜　7—通道　8—活门　9—活门弹簧　10—低压表

当减压器在非工作状态时，调压手柄向外旋出，调压弹簧处于松弛状态，使活门被活门弹簧压下，关闭通道，由气瓶流入高压室的高压气体不能从高压室流入低压室。

当减压器工作时，调压手柄向内旋入，调压弹簧受压缩而产生向上的压力，并通过弹性薄膜将活门顶开，高压气体从高压室流入低压室。气体从高压室流入低压室时，由于体积膨胀而使压力降低，起到了减压作用。

气体流入低压室后，对弹性薄膜产生了向下的压力，并传递到活门，影响活门的开启。当低压室的气体输出量减少而压力升高时，活门的开启度缩小，减少了流入低压室的气体，使低压室内气体的压力不会持续增高。同样，当低压室的气体输出量增加而压力降低时，活门的开启度增大，流入低压室的气体增多，使低压室内气体的压力增高。这种自动调节作用使低压室内气体的压力稳定地保持为工作压力，这就是减压器的稳压作用。

（3）乙炔减压器

乙炔减压器的构造、工作原理和使用方法与氧气减压器基本相同，所不同的是乙炔减压器与乙炔瓶的连接是用特殊的夹环，并借用紧固螺钉加以固定的，如图 3–8 所示。

图 3–8　带夹环的乙炔减压器

（4）液化石油气减压器

液化石油气减压器的作用也是将气瓶内的压力降至工作压力并稳定输出压力，保证供气量均匀。一般民用的减压器稍加改制即可用于切割一般厚度的钢板。另外，液化石油气减压器也可以直接使用丙烷减压器。如果用乙炔瓶灌装液化石油气，则可使用乙炔减压器。

5. 焊炬

（1）焊炬的作用及分类

焊炬是气焊时用于控制气体混合比、流量及火焰，并进行焊接的工具。焊炬的作用是将可燃气体和氧气按一定比例混合，并以一定的速度喷出燃烧，从而生成具有一定能量、成分和形状稳定的火焰。

焊炬按可燃气体与氧气混合的方式不同，可分为射吸式焊炬（又称低压焊炬）和等压式焊炬两类，现在常用的是射吸式焊炬，等压式焊炬可燃气体的压力和氧气的压力相等，不能使用低压乙炔，所以目前很少使用。

（2）射吸式焊炬的构造及原理

射吸式焊炬的外形和构造如图 3–9 所示。

焊炬工作时，打开氧气阀，氧气即从喷嘴口快速射出，并在喷嘴外围造成负压（吸力）；再打开乙炔调节阀，乙炔气聚集在喷嘴的外围。由于氧射流负压的作用，聚集在喷嘴外围的乙炔气很快被氧气吸出，并按一定的比例与氧气混合，经过射吸管、混合气管，从焊嘴喷出。

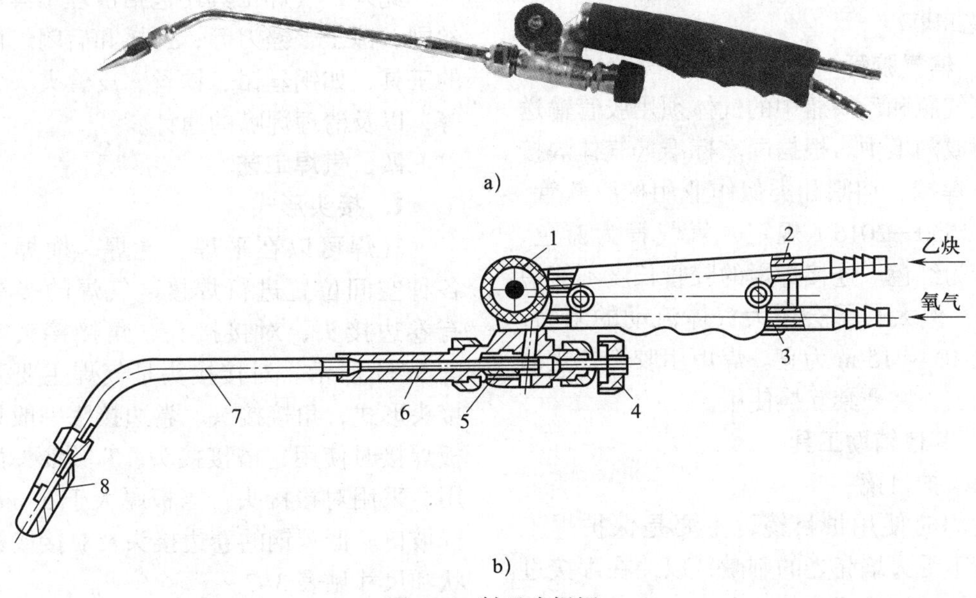

图 3–9 射吸式焊炬

a）外形 b）构造

1—乙炔阀 2—乙炔导管 3—氧气导管 4—氧气阀 5—喷嘴 6—射吸管 7—混合气管 8—焊嘴

小提示

对于新投入使用的射吸式焊炬，必须检查其射吸情况，即接上氧气胶管，拧开氧气阀和乙炔调节阀，将手指轻轻按在乙炔进气管接头上，若感到有一股吸力，则表明射吸能力正常；若没有吸力，甚至氧气从乙炔接头上倒流，则表明射吸能力不正常，不能使用。

（3）焊炬型号的表示方法

焊炬型号由汉语拼音字母 H+ 表示操作方式、结构形式、适用燃气种类的序号及最大焊接加热厚度组成。

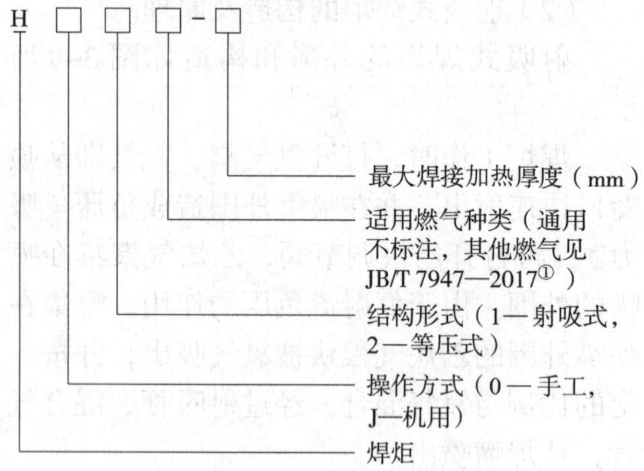

①机械行业标准《气焊设备　焊接、切割及相关工艺用炬》。

6. 输气胶管

氧气瓶和乙炔瓶中的气体须用胶管输送到焊炬或割炬中。根据国家标准《气体焊接设备　焊接、切割和类似作业用橡胶软管》（GB/T 2550—2016）规定，氧气管为蓝色，乙炔管为红色。连接焊炬的胶管长度不能短于 5 m，但太长了会增大气体流动的阻力，一般以 10 ~ 15 m 为宜。焊炬用胶管禁止油污、漏气，并严禁互换使用。

7. 其他辅助工具

（1）护目镜

气焊时使用护目镜，主要是保护焊工的眼睛不受火焰亮光的刺激，以便在焊接过程中能够仔细地观察熔池金属，又可防止飞溅金属微粒溅入眼睛内。可根据焊工的需要和被焊材料性质来选用护目镜镜片的颜色和深浅，颜色太深、太浅都会妨碍对熔池的观察，影响工作效率，一般宜用 3 ~ 7 号的黄绿色镜片，如图 3-10 所示。

（2）点火枪

使用手枪式点火枪点火最为安全方便。当用火柴点火时，必须把划着了的火柴从焊嘴的后面送到焊嘴或割嘴上，以免手被烧伤。

图 3-10　护目镜

此外，气焊工具还包括清理工具，如钢丝刷、锤子、锉刀等；连接和启闭气体通路的工具，如钢丝钳、铁丝、皮管夹头、扳手等，以及清理焊嘴的通针。

四、气焊工艺

1. 接头形式

气焊可以在平焊、立焊、横焊、仰焊各种空间位置进行焊接，气焊的接头形式有卷边接头、对接接头、角接接头等，如图 3-11 所示。对接接头是气焊主要采用的接头形式，角接接头、卷边接头一般只在薄板焊接时使用，搭接接头、T 形接头很少采用。采用对接接头，当板厚大于 5 mm 时应开坡口。低碳钢的卷边接头及对接接头的形状和尺寸见表 3-7。

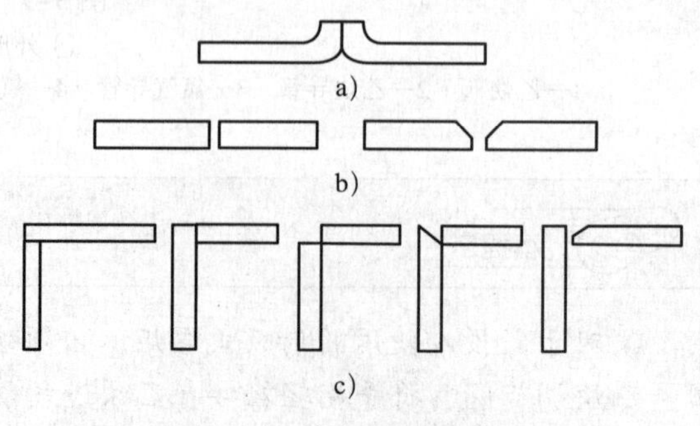

图 3-11　气焊的接头形式

a）卷边接头　b）对接接头　c）角接接头

表 3–7　低碳钢的卷边接头及对接接头的形状和尺寸

接头形式	板厚（mm）	卷边及钝边（mm）	间隙（mm）	坡口角度	焊丝直径（mm）
卷边接头	0.5 ~ 1.0	1.5 ~ 2.0			不用
I 形坡口对接接头	1.0 ~ 5.0		1.0 ~ 4.0		2.0 ~ 4.0
V 形坡口对接接头	>5.0	1.5 ~ 3.0	2.0 ~ 4.0	左向焊法 80°，右向焊法 60°	3.0 ~ 6.0

2. 气焊参数

气焊参数包括焊丝的型号、牌号、直径，气焊熔剂，火焰的性质及能率，焊嘴尺寸及焊炬的倾斜角度，焊接方向，焊接速度等，它们是保证焊接质量的主要技术依据。

（1）焊丝的型号、牌号、直径

焊丝的型号、牌号应根据焊件材料的力学性能或化学成分，选择相应性能或成分的焊丝，具体见表 3–2、表 3–3、表 3–4 和表 3–5。

焊丝直径主要根据焊件的厚度来选择，焊丝直径与焊件厚度的关系见表 3–8。

若焊丝直径过小，焊接时焊件尚未熔化，而焊丝已很快熔化下滴，容易造成熔合不良等缺欠；相反，如果焊丝直径过大，焊丝加热时间增加，使焊件过热，会扩大热影响区，同时导致焊缝产生未焊透等缺欠。

在焊接开坡口焊件的第一、二层焊缝时，应选用较细的焊丝，以后各层焊缝可采用较粗的焊丝。焊丝直径还与焊接方向有关，一般右向焊时所选用的焊丝要比左向焊时粗些。

（2）气焊熔剂

气焊熔剂的选择要根据焊件的成分及其性质而定，一般碳素结构钢气焊时不需要气焊熔剂；而不锈钢、耐热钢、铸铁、铜及铜合金、铝及铝合金气焊时，则必须采用气焊熔剂。气焊熔剂牌号的选择参见表 3–6。

（3）火焰的性质及能率

1）火焰的性质。气焊火焰的性质应根据不同材料的焊件进行合理选择。中性焰适用于焊接一般的低碳钢和要求焊接过程对熔化金属不渗碳的金属材料，如不锈钢、纯铜、铝及铝合金等；碳化焰只适用于含碳量较高的高碳钢、铸铁、硬质合金及高速钢的焊接；氧化焰很少采用，但焊接黄铜时，若采用含硅焊丝，氧化焰会使熔化金属表面覆盖一层硅的氧化膜，可阻止黄铜中锌的蒸发，故通常焊接黄铜时宜采用氧化焰。各种金属材料气焊火焰的选用见表 3–9。

表 3–8　焊丝直径与焊件厚度的关系

焊件厚度（mm）	1 ~ 2	2 ~ 3	3 ~ 5	5 ~ 10	10 ~ 15
焊丝直径（mm）	1 ~ 2 或不用焊丝	2 ~ 3	3 ~ 3.2	3.2 ~ 4	4 ~ 5

表 3–9　各种金属材料气焊火焰的选用

材料种类	火焰种类	材料种类	火焰种类
低、中碳钢	中性焰	铝镍钢	中性焰或乙炔稍多的中性焰
低合金钢	中性焰	锰钢	氧化焰
纯铜	中性焰	镀锌铁板	氧化焰
铝及铝合金	中性焰或轻微碳化焰	高速钢	碳化焰
铅、锡	中性焰	硬质合金	碳化焰
青铜	中性焰或轻微氧化焰	高碳钢	碳化焰
不锈钢	中性焰或轻微碳化焰	铸铁	碳化焰
黄铜	氧化焰	镍	碳化焰或中性焰

2）火焰能率。气焊火焰能率主要根据每小时可燃气体（乙炔）的消耗量（L/h）来确定，而气体消耗量又取决于焊嘴的大小。焊嘴号码越大，火焰能率也越大。在实际生产中，焊件较厚，金属材料熔点较高，导热性较好（如铜、铝及其合金），焊缝又是平焊位置，则应选择较大的火焰能率；反之，如果焊接薄板或其他位置焊缝时，火焰能率要适当减小。

（4）焊嘴尺寸及焊炬的倾斜角度

焊嘴是氧、乙炔混合气体的喷口，每把焊炬备有一套口径不同的焊嘴，焊接较厚的焊件时应选用较大的焊嘴。不同厚度焊件的焊嘴选用见表 3-10。

表 3-10　不同厚度焊件的焊嘴选用

焊嘴号	1	2	3	4	5
焊件厚度（mm）	<1.5	1 ~ 3	2 ~ 4	4 ~ 7	7 ~ 11

焊炬的倾斜角度（α）主要取决于焊件的厚度、母材的熔点和导热性。焊件越厚，母材的导热性及熔点越高，采用的焊炬倾斜角越大，这样可使火焰的热量集中；相反，则采用较小的倾斜角。焊接碳素钢时，焊炬倾斜角与焊件厚度的关系如图 3-12 所示。

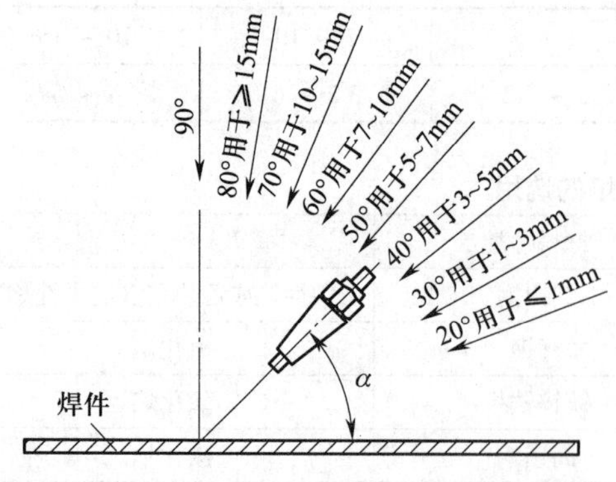

图 3-12　焊炬倾斜角与焊件厚度的关系

在气焊过程中，焊丝与焊件表面的倾斜角一般为 30° ~ 40°，焊丝与焊炬中心线的角度一般为 90° ~ 100°，如图 3-13 所示。

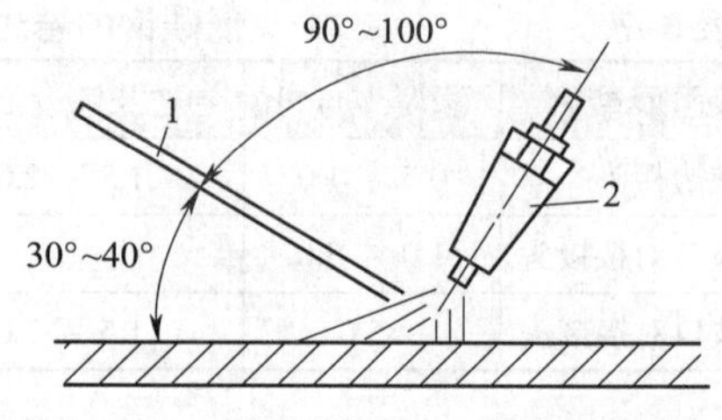

图 3-13　焊丝与焊炬、焊件的角度

1—焊丝　2—焊炬

（5）焊接方向

气焊时，焊接方向按照焊炬和焊丝的移动方向不同，可分为左向焊法和右向焊法两种。

1）右向焊法。右向焊法如图 3-14a 所示，焊炬指向焊缝，焊接过程自左向右，焊炬在焊丝面前移动。右向焊法适合焊接厚度较大、熔点及导热性较高的焊件，但不易掌握，一般较少采用。

2）左向焊法。左向焊法如图 3-14b 所示，焊炬指向焊件未焊部分，焊接过程自右向左，而且焊炬跟着焊丝走。这种方法操作简便，容易掌握，适用于薄板的焊接，是普遍应用的方法。左向焊法的缺点是焊缝易氧化，冷却较快，热量利用率低。

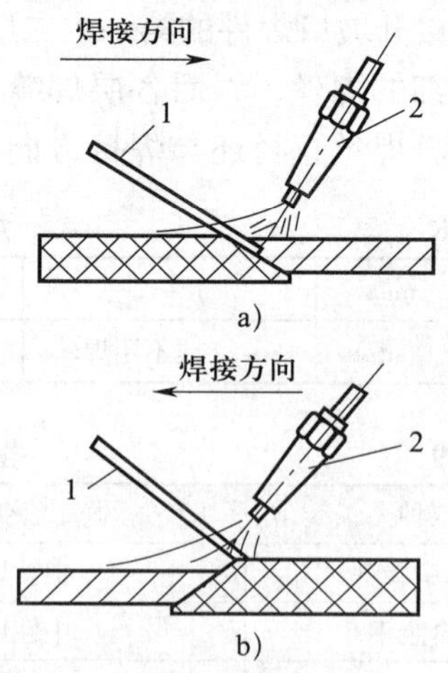

图 3-14　右向焊法和左向焊法

a）右向焊法　b）左向焊法

1—焊丝　2—焊炬

（6）焊接速度

一般情况下，厚度大、熔点高的焊件，焊接速度要慢些，以免产生未熔合的缺欠；

厚度小、熔点低的焊件，焊接速度要快些，以免烧穿和使焊件过热，降低产品质量。总之，在保证焊接质量的前提下，应尽量加快焊接速度，以提高生产效率。

气焊参数对焊接质量和焊缝成形的影响如图 3–15 所示。

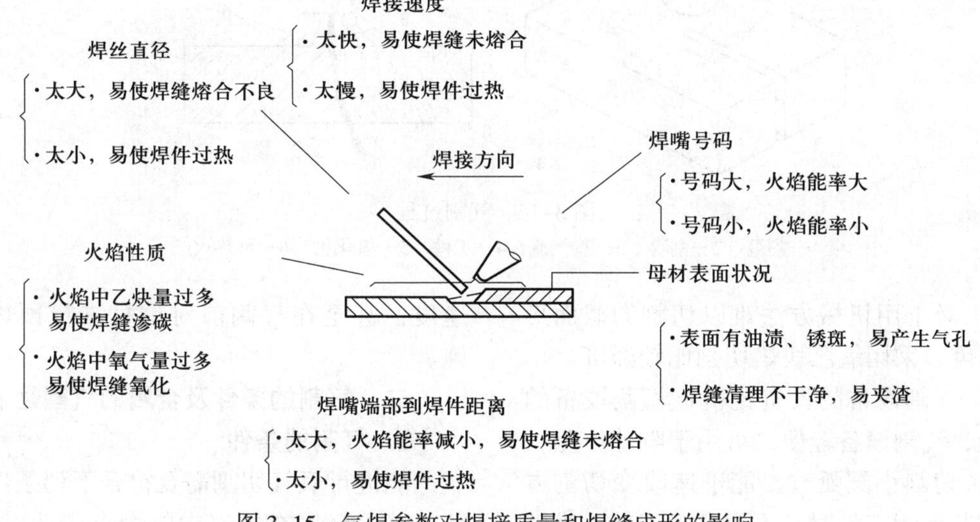

图 3–15　气焊参数对焊接质量和焊缝成形的影响

§3–3　气割

气割是指利用气体火焰的能量将金属分离的一种加工方法，是实际生产中分离钢材的重要手段之一。气割技术的应用几乎覆盖了军工、石油化工、矿山机械及交通能源等多种工业领域。

一、气割的原理、特点及应用

1. 气割的原理

气割是利用气体火焰的热能，将工件切割处预热到燃烧温度后，喷出高速切割氧流，使其燃烧并放出热量，从而实现切割的方法。气割过程包括下列三个阶段：

（1）气割开始时，用预热火焰将气割处的金属预热到燃烧温度（燃点）。

（2）向被加热到燃点的金属喷射切割氧，使金属剧烈地燃烧。

（3）金属燃烧氧化后生成熔渣和产生反应热，熔渣被切割氧吹除，所产生的热量和预热火焰热量将下层金属加热到燃点，这样持续下去就将金属逐渐地割穿，随着割炬的移动，金属材料就被切割成所需的形状和尺寸。

因此，气割过程是预热—燃烧—吹渣过程，其实质是金属在纯氧中的燃烧过程，而不是熔化过程。气割过程如图 3–16 所示。

2. 气割的特点及应用

（1）气割的优点

1）切割效率高，切割钢的速度比其他机械切割方法快。

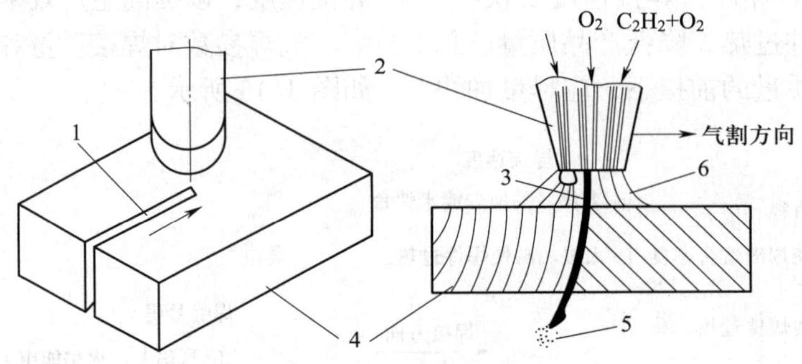

图 3-16　气割过程

1—割缝　2—割嘴　3—氧气流　4—工件　5—氧化物　6—预热火焰

2）对于用机械方法难以切割的截面形状和厚度，采用氧乙炔焰切割比较经济。

3）气割设备的投资比机械切割设备的投资低，气割设备轻便，可用于野外作业。

4）切割小圆弧时，能迅速改变切割方向。切割大型工件时，不用移动工件，借助于移动气体火焰，便能迅速切割。

5）可进行手工和机械切割。

（2）气割的缺点

1）切割的尺寸精度低，切割后的尺寸误差比机械方法获得的尺寸误差大。

2）预热火焰和排出的炽热熔渣存在发生火灾、烧坏设备、烧伤操作工人等危险。

3）切割时，由于有燃气的燃烧和金属的氧化，需要采用合适的烟尘控制装置和通风装置。

4）切割材料受到限制，如铜、铝、不锈钢、铸铁等不能用氧乙炔焰切割。

（3）气割的应用

气割的效率高，成本低，设备简单，并能在各种位置进行切割和在钢板上切割各种外形复杂的零件，因此，广泛应用于钢板下料、开焊接坡口和铸件浇冒口的切割，切割厚度可达 300 mm 以上。目前，气割主要用于各种碳钢和低合金钢的切割，其中，气割淬火倾向大的高碳钢和强度等级较高的低合金钢时，为避免切口淬硬或产生裂纹，应采取适当加大预热火焰能率和放慢切割速度，甚至在气割前对钢材进行预热等措施。

二、气割的条件及金属的气割性

1. 气割的条件

能进行氧气切割需要符合下列条件：

（1）金属在氧气中的燃点应低于熔点，这是氧气切割过程能正常进行的最基本条件；否则，金属在燃烧之前已熔化就不能实现正常的切割过程。

（2）氧气切割过程产生的金属氧化物的熔点必须低于该金属本身的熔点，同时流动性要好，这样的氧化物能以液体状态从割缝处被吹除。常用金属材料及其氧化物的熔点见表 3-11。

表 3-11　常用金属材料及其氧化物的熔点

金属材料	金属的熔点（℃）	氧化物的熔点（℃）
纯铁	1 535	1 300 ~ 1 500
低碳钢	1 500	1 300 ~ 1 500
高碳钢	1 300 ~ 1 400	1 300 ~ 1 500
灰铸铁	1 200	1 300 ~ 1 500
铜	1 084	1 230 ~ 1 336
铅	327	2 050
铝	658	2 050
铬	1 550	1 990
镍	1 450	1 990
锌	419	1 800

（3）金属在切割氧射流中燃烧应该是放热反应。因为放热反应的结果是上层金属燃烧产生很大的热量，对下层金属起着预热作用。如气割低碳钢时，由金属燃烧所产生的热量约占70%，而由预热火焰所供给的热量仅为30%。如果金属燃烧是吸热反应，则下层金属得不到预热，气割过程就不能进行。

（4）金属的导热性不应太高；否则，预热火焰及气割过程中氧化所放出的热量会被传导散失，使气割不能开始或中途停止。

2. 常用金属的气割性

（1）低碳钢和低合金钢能满足上述要求，所以能很顺利地进行气割。钢的气割性能与含碳量有关，钢的含碳量增加，熔点降低，燃点升高，气割性能变差。

（2）铸铁不能用氧气切割，原因是它在氧气中的燃点比熔点高很多，同时会产生高熔点的二氧化硅（SiO_2），而且氧化物的黏度很高，流动性差，切割氧流不能把它吹除。此外，由于铸铁中含碳量高，碳燃烧后产生的CO和CO_2冲淡了切割氧射流，降低了氧化效果，使气割发生困难。

（3）高铬钢和铬镍钢会产生高熔点的氧化铬和氧化镍（约1 990 ℃），遮盖了金属的割缝表面，阻碍下一层金属燃烧，也会使气割发生困难。

（4）铜、铝及其合金燃点比熔点高，导热性好，加之铝在切割过程中产生高熔点的二氧化铝（约2 050 ℃），而铜产生的氧化物放出的热量较低，这些都使气割发生困难。

目前，铸铁、高铬钢、铬镍钢、铜及铜合金、铝及铝合金均采用等离子弧切割。

三、气割设备及工具

气割设备及工具主要有氧气瓶、乙炔瓶、液化石油气瓶、减压器、割炬（或气割机）等。氧气瓶、乙炔瓶、液化石油气瓶、减压器与气焊所用的相同。手工气割时使用手工割炬，机械化设备气割时使用气割机。

1. 割炬

（1）割炬的作用及分类

割炬是手工气割的主要工具，割炬的作用是将可燃气体与氧气以一定的比例和方式混合后，形成具有一定能量和形状的预热火焰，并在预热火焰的中心喷射切割氧气进行气割。

割炬按可燃气体与氧气混合的方式不同可分为射吸式割炬和等压式割炬两种；按可燃气体种类不同可分为乙炔割炬、液化石油气割炬等。目前，射吸式割炬应用最为普遍。

（2）射吸式割炬的构造及工作原理

1）射吸式割炬的构造。射吸式割炬的构造如图3–17所示，它的结构可分为两部分：一部分为预热部分，其构造与射吸式焊炬相同，具有射吸作用，可以使用低压乙炔；另一部分为切割部分，它由切割氧气调节阀、切割氧气管及割嘴等组成。

割嘴的构造与焊嘴不同，如图3–18所示。焊嘴上的喷孔是小圆孔，所以气焊火焰呈圆锥形；而射吸式割炬的割嘴混合气体的喷射孔有环形和梅花形两种。环形割嘴的混合气体孔道呈环形，整个割嘴由内嘴和外嘴两部分组合而成，又称组合式割嘴。梅花形割嘴的混合气体孔道呈小圆孔形，均匀地分布在高压氧孔道周围，整个割嘴为一体，又称整体式割嘴。

2）射吸式割炬的工作原理。气割时，先开启预热氧气调节阀和乙炔调节阀，点火产生预热火焰对割件进行预热，待割件预热至燃点时，即开启切割氧气调节阀，此时高速切割氧气流经切割氧气管，由割嘴的中心孔喷出，进行气割。

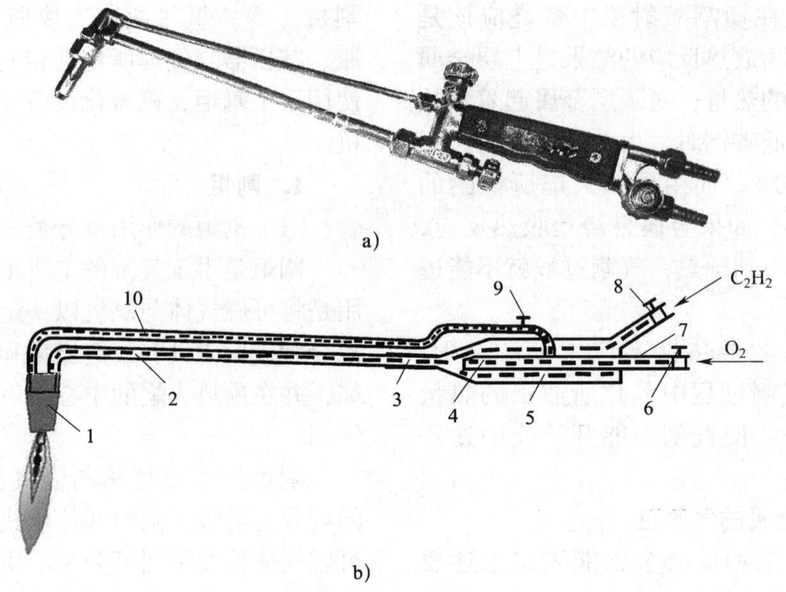

图 3-17　射吸式割炬

a）外形　b）构造

1—割嘴　2—混合气管　3—射吸管　4—喷嘴　5—乙炔导管　6—预热氧气调节阀　7—氧气导管　8—乙炔调节阀　9—切割氧气调节阀　10—切割氧气管

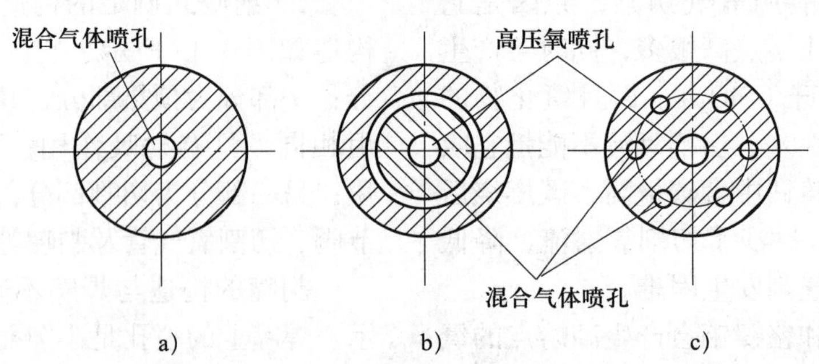

图 3-18　焊嘴与割嘴

a）焊嘴　b）环形割嘴　c）梅花形割嘴

（3）割炬型号的表示方法

割炬型号由汉语拼音字母 G+ 表示操作方式、结构形式、适用燃气种类的序号及最大切割厚度组成。

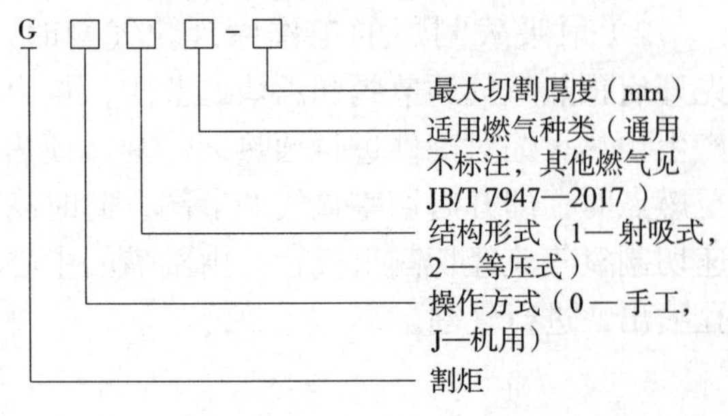

（4）液化石油气割炬

对于液化石油气割炬，由于液化石油气与乙炔的燃烧特性不同，因此，不能直接使用乙炔用的射吸式割炬，需要进行改造，或配用液化石油气专用割嘴。

液化石油气割炬除可以自行改制外，也可购买液化石油气专用割炬。例如，型号为 G07-100 的割炬就是专供液化石油气切割用的割炬。

（5）等压式割炬

等压式割炬的可燃气体、预热氧气分

别由单独的管路进入割嘴内混合。由于可燃气体靠自身的压力进入割炬，因此，它不适用低压乙炔，而须采用中压乙炔。等压式割炬具有气体调节方便、火焰燃烧稳定、回火可能性比射吸式割炬小等优点，目前应用得越来越广泛，应用量越来越大，且国外应用比国内多。等压式割炬的构造如图 3–19 所示。

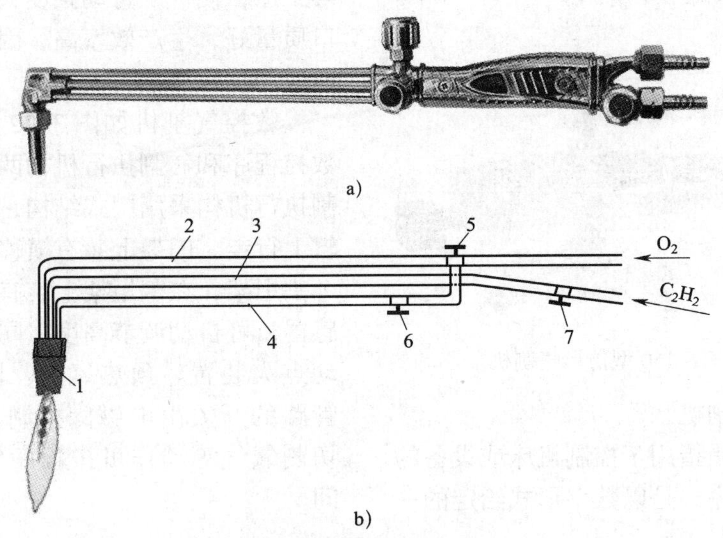

图 3–19　等压式割炬

a）外形　b）构造

1—割嘴　2—切割氧气管　3—乙炔气管　4—预热氧气管　5—切割氧气调节阀　6—预热氧气调节阀　7—乙炔调节阀

2. 气割机

气割机是代替手工割炬进行气割的机械化设备。它比手工气割的生产效率高，割口质量好，劳动强度和生产成本都较低。近年来，由于计算机技术的发展，数控气割机也得到了广泛应用。下面简要介绍常用的半自动气割机、仿形气割机和数控气割机。

（1）半自动气割机

半自动气割机是最简单的机械化气割设备，一般是一台小车带动割嘴在专用轨道上自动移动，但轨道轨迹要人工调整。当轨道是直线时，割嘴可以进行直线气割；当轨道呈一定的曲率时，割嘴可以进行一定曲率的曲线气割。

目前，常用的半自动气割机型号为 CG1–30，如图 3–20 所示。这是一种结构简单、操作方便的小车式半自动气割机，它能进行直线或圆弧气割。

图 3–20　CG1–30 型半自动气割机

（2）仿形气割机

仿形气割机是一种高效率的半自动气割机，可方便又精确地气割出各种形状的零件。仿形气割机有两种结构形式：一种是门架式，另一种是摇臂式。其工作原理主要是通过靠轮沿样板仿形带动割嘴运动，而靠轮又有磁性靠轮和非磁性靠轮两种。CG2–150型仿形气割机如图 3–21 所示。

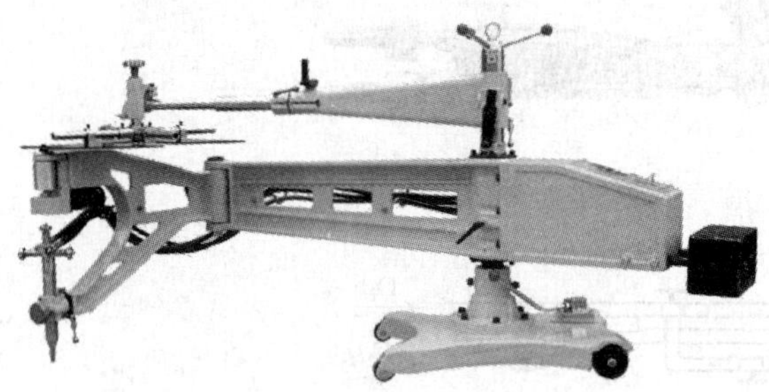

图 3–21　CG2–150 型仿形气割机

（3）数控气割机

所谓数控，是指用于控制机床或设备的工作指令（或程序）是以数字形式给定的一种新的控制方式。将这种指令提供给数控自动气割机的控制装置时，气割机就能按照给定的程序自动地进行切割。

数控自动气割机不仅可省去放样、划线等工序，使焊工劳动强度大大降低，而且切口质量好，生产效率高，因此，这种新技术的应用正在日益扩大。

数控气割机如图 3–22 所示，它主要由数控程序和气割执行机构两大部分组成。气割执行机构采用门式结构，门架可在两根导轨上行走。门架上装有横移小车，各装有一个割炬架，在割炬架上装有割炬自动升降传感器，可自动调节高度，同时还装有高频自动点火装置。预热氧气、切割氧气及燃气管路的开关由电磁阀控制，并且预热、开切割氧气等动作可按程序任意调节延迟时间。

图 3–22　数控气割机

1—导轨　2—门架　3—小车　4—控制机构　5—割炬

四、气割工艺

1. 气割参数

气割参数主要包括气割氧压力、气割速度、预热火焰性质及能率、割嘴与割件的倾斜角度、割嘴离割件表面的距离等。

（1）气割氧压力和纯度

气割氧压力主要根据割件厚度来选用。割件越厚，要求气割氧压力越大。若氧气压力过大，不仅造成浪费，而且使切口表面粗糙，割缝加大；若氧气压力过小，不能将熔渣全部从割缝处吹除，使割缝的背面留下很难清除干净的挂渣，甚至出现割不透现象。氧气压力可参照表 3–12 选用。

表 3–12　钢板厚度与气割速度、氧气压力的关系

钢板厚度（mm）	气割速度（mm/min）	氧气压力（MPa）
4	450 ~ 500	0.2
5	400 ~ 500	0.3
10	340 ~ 450	0.35
15	300 ~ 375	0.375
20	260 ~ 350	0.4
25	240 ~ 270	0.425
30	210 ~ 250	0.45
40	180 ~ 230	0.45
60	160 ~ 200	0.5
80	150 ~ 180	0.6

氧气纯度对气割速度、气体消耗量及割缝质量有很大影响。氧气的纯度低，金属氧化缓慢，使气割时间增加，而且气割单位长度割件的氧气消耗量也增加。例如，在氧气纯度为 97.5% ~ 99.5% 的范围内，纯度每降低 1% 时，1 m 长的割缝气割时间增加 10% ~ 15%，而氧气消耗量增加 25% ~ 35%。

（2）气割速度

气割速度与割件厚度和使用的割嘴形状有关，割件越厚，气割速度越慢；割件越薄，则气割速度越快。气割速度太慢，会使割缝边缘熔化；气割速度过快，则会产生很大的后拖量（沟纹倾斜）或割不透现象。气割速度正确与否，主要根据割缝后拖量来判断，应以使割缝产生的后拖量最小为原则。

后拖量是指切割面上切割氧气流轨迹的始点与终点在水平方向的距离，如图 3–23 所示。气割速度可参照表 3–12 选用。

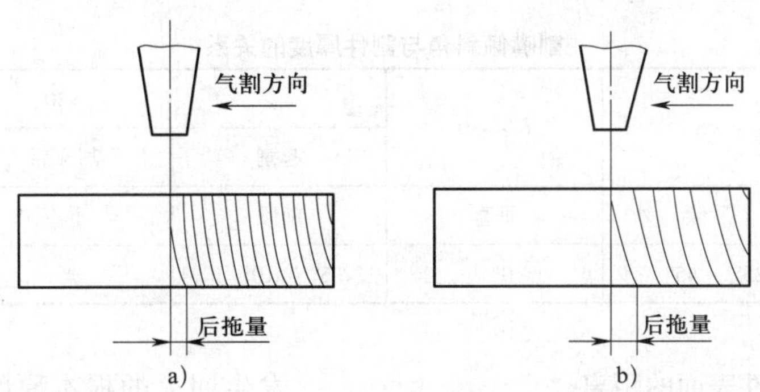

图 3–23　后拖量

a）速度正常　b）速度过快

小提示

气割时产生后拖量的主要原因如下：气割上层金属在燃烧时，所产生的气体冲淡了切割氧气流，使下层金属燃烧缓慢而产生后拖量；下层金属无预热火焰的直接预热作用，火焰不能充分对下层金属加热，使割件下层不能剧烈燃烧而产生后拖量；割件金属离割嘴距离较大，切割氧气流吹除氧化物的能量降低而产生后拖量；气割速度过快，来不及将下层金属氧化而产生后拖量。

（3）预热火焰性质及能率

预热火焰的作用是把金属割件加热，并始终保持能在氧气流中燃烧的温度，同时使钢材表面的氧化皮剥落和熔化，便于氧气流与铁化合。预热火焰对金属割件的加热温度在加热低碳钢时为 1 100 ～ 1 150 ℃。

气割时，预热火焰应采用中性焰或轻微氧化焰，不能使用碳化焰，因为碳化焰会使割口边缘产生增碳现象。

预热火焰能率是以每小时可燃气体消耗量来表示的，应根据割件厚度来选择，一般割件越厚，预热火焰能率应越大。但预热火焰能率过大时，会使割缝上缘产生连续的珠状钢粒，甚至熔化成圆角，同时造成割件背面黏渣增多而影响气割质量。当预热火焰能率过小时，割件得不到足够的热量，迫使气割速度减慢，甚至使气割过程发生困难，在厚板气割时更应注意这一点。

（4）割嘴与割件的倾斜角度

割嘴与割件的倾斜角度直接影响气割速度和后拖量，如图 3–24 所示。当割嘴沿气割相反方向倾斜一定角度（后倾）时，能使氧化燃烧而产生的熔渣吹向切割线的前缘，这样可充分利用燃烧反应产生的热量来减少后拖量，从而促使气割速度的提高。进行直线切割时，应充分利用这一特性。割嘴与割件的倾斜角度大小主要根据割件厚度而定。割嘴与割件倾斜角度的大小可按表 3–13 选择。

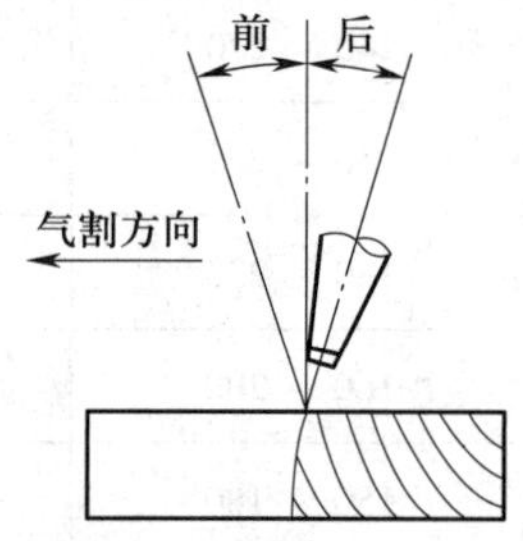

图 3–24　割嘴与割件的倾斜角度

表 3–13　　割嘴倾斜角与割件厚度的关系

割件厚度（mm）	<6	6 ～ 30	>30		
			起割	割穿后	停割
倾斜角方向	后倾	垂直	前倾	垂直	后倾
倾斜角角度	25° ～ 45°	0°	5° ～ 10°	0°	5° ～ 10°

（5）割嘴离割件表面的距离

割嘴离割件表面的距离应根据预热火焰长度和割件厚度来确定，一般为 3 ～ 5 mm。因为这样的加热条件好，切割面渗碳的可能性最小。当割件厚度小于 20 mm 时，火焰可长些，距离可适当加大；当割件厚度大于或等于 20 mm 时，由于气割速度放慢，火焰应短些，距离应适当减小。

2. 气割（气焊）的回火

气割（气焊）时发生气体火焰进入喷嘴内逆向燃烧的现象称为回火。回火可能烧毁割（焊）炬、管路，甚至引起可燃气体储气罐爆炸。

发生回火的根本原因是混合气体从割（焊）炬的喷射孔内喷出的速度小于混合气体的燃烧速度。由于混合气体的燃烧速度一般不变，凡是降低混合气体喷出速度的因素都有可能造成回火。发生回火的具体原因有以下几个方面：

（1）输送气体的软管太长、太细，或者曲折太多，使气体在软管内流动时所受的阻力增大，降低了气体的流速，引起回火。

（2）气割（气焊）时间过长或者割（焊）嘴离工件太近，致使割（焊）嘴温度升高，割（焊）炬内的气体压力增大，混合气体的流动阻力增大，降低了气体的流速，从而引起回火。

（3）割（焊）嘴端面黏附了过多飞溅出来的熔化金属微粒，这些微粒堵塞了喷射孔，使混合气体不能畅通地流出，从而引起回火。

（4）输送气体的软管内壁或割（焊）炬内部的气体通道上黏附了固体碳质微粒或其他物质，增大了气体的流动阻力，降低了气体的流速；或者由于气体管道内存在氧、乙炔混合气体等原因，从而引起回火。

由于乙炔瓶内压力较高，发生火焰倒流燃烧的可能性很小。若发生回火，处理的方法是迅速关闭乙炔调节阀，再关闭氧气调节阀，切断乙炔和氧气来源。

思考与练习

1. 什么是气焊？气焊的原理和特点是什么？
2. 产生气体火焰的气体有哪些？各有哪些特性？
3. 为什么与乙炔接触的设备或零件不能用纯铜或含铜量大于 70% 的铜合金制造？
4. 减压器的作用是什么？减压器有哪些类型？
5. 单级反作用式减压器是如何实现减压、稳压作用的？
6. 氧乙炔焰按混合比不同可分为哪几种火焰？它们的性质及应用范围如何？
7. 气焊参数包括哪些？应如何选择？
8. 气割的原理是什么？
9. 金属用氧乙炔焰气割的条件是什么？
10. 气割参数包括哪些？应如何选择？
11. 什么是后拖量？产生后拖量的原因主要有哪些？
12. 解释焊炬型号 H01-6、割炬型号 G01-30 的含义。
13. 铜、铝、铸铁、铬镍奥氏体型不锈钢不能采用氧乙炔焰气割的原因是什么？
14. 什么是数控气割？简述数控气割的工作原理。
15. 回火的原因是什么？气焊、气割中造成回火的原因有哪些？

第四章

焊条电弧焊

焊条电弧焊是用手工操纵焊条进行焊接的电弧焊方法，它是利用焊条和焊件之间产生的焊接电弧来加热并熔化焊条与局部焊件以形成焊缝的，是熔焊中最基本的一种焊接方法，也是目前焊接生产中使用最广泛的焊接方法。焊条电弧焊操作如图 4–1 所示。

a)

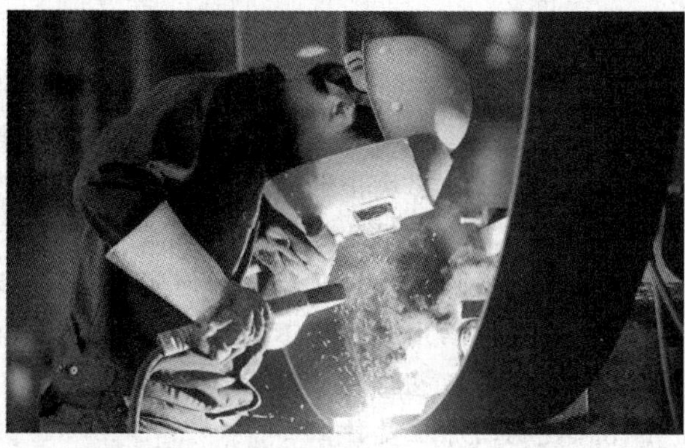

b)

图 4–1　焊条电弧焊操作

§4–1　焊条电弧焊的原理及特点

焊条电弧焊的焊接回路如图 4–2 所示，它由弧焊电源、电弧、焊钳、焊条、焊接电缆和焊件等组成。焊接电弧是负载，弧焊电源为其提供电能，焊接电缆则连接弧焊电源与焊钳和焊件。

一、焊条电弧焊的原理

焊条电弧焊的原理如图 4–3 所示。开始焊接时，将焊条与焊件接触短路后立即提起焊条，引燃电弧。电弧的高温将焊条与焊件局部熔化，熔化了的焊芯以熔滴的形式过渡到局部

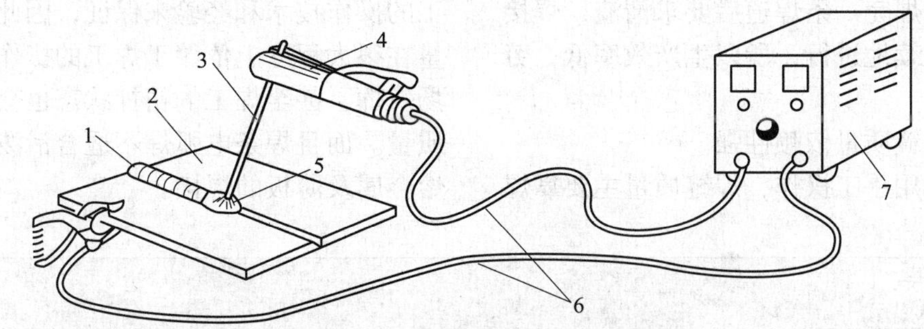

图 4–2　焊条电弧焊的焊接回路

1—焊缝　2—焊件　3—焊条　4—焊钳　5—电弧　6—焊接电缆　7—弧焊电源

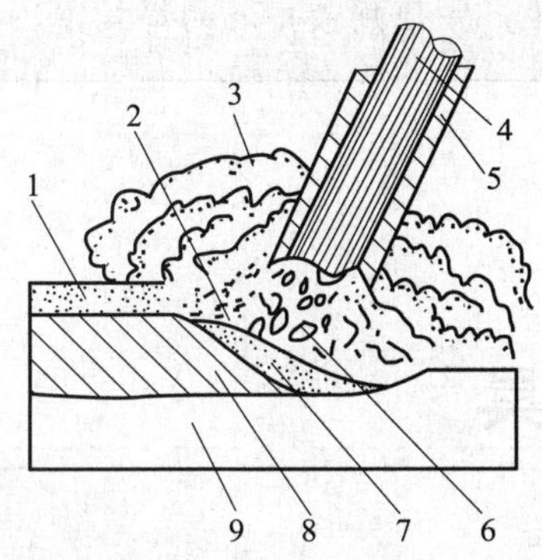

图 4–3　焊条电弧焊的原理

1—固态渣壳　2—液态熔渣　3—气体　4—焊芯
5—焊条药皮　6—金属熔滴　7—熔池
8—焊缝　9—工件

熔化的焊件表面，熔合在一起形成熔池。焊条药皮在熔化过程中产生一定量的气体和液态熔渣，产生的气体充满在电弧和熔池周围，起隔绝大气、保护液态金属的作用。液态熔渣密度小，在熔池中不断上浮，覆盖在液态金属上面，也起着保护液态金属的作用。同时，药皮熔化产生的气体、熔渣与熔化了的焊芯、焊件发生一系列冶金反应，保证了所形成焊缝的性能。随着电弧沿焊接方向不断移动，熔池液态金属逐步冷却结晶，形成焊缝。

二、焊条电弧焊的特点及应用

1. 焊条电弧焊的优点

（1）工艺灵活，适应性强

对于不同的焊接位置、接头形式、焊件厚度的焊缝，只要焊条所能达到的任何位置，均能方便地进行焊接。对一些单件、小件、短的、不规则的空间任意位置的焊缝以及不易实现机械化焊接的焊缝，更显得机动灵活，操作方便。

（2）应用范围广

焊条电弧焊的焊条能够与大多数焊件金属性能相匹配，因此，接头的性能可以达到被焊金属的性能。焊条电弧焊不但能焊接碳钢、低合金钢、不锈钢及耐热钢，对于铸铁、高合金钢及有色金属等也可以用焊条电弧焊焊接。此外，焊条电弧焊还可以进行异种钢焊接和各种金属材料的堆焊等。

（3）易于分散焊接应力及控制焊接变形

由于焊接是局部的不均匀加热，因此，焊件在焊接过程中都存在着焊接应力和变形。对结构复杂而焊缝又比较集中的焊件、长焊缝和大厚度焊件，其应力和变形问题更为突出。采用焊条电弧焊，可以通过改变焊接工艺，如采用跳焊、分段退焊、对称焊等方法，以减少变形及改善焊接应力的分布。

（4）设备简单，成本较低

焊条电弧焊使用的交流焊机和直流焊机，其结构都比较简单，维护及保养也较方便；设备轻便，易于移动，且焊接中不需要辅助气体保护，并具有较强的抗风能力；投资少，成本相对较低。

2. 焊条电弧焊的缺点

（1）焊接生产效率低，劳动强度大

由于焊条的长度是一定的，因此，每焊完一根焊条后必须停止焊接，更换新的焊条，而且每焊完一条焊道后要求清渣，焊接过程不能连续地进行，所以生产效率低，劳动强度大。

（2）焊缝质量依赖性强

由于采用手工操作，焊缝质量主要靠焊工的操作技术和经验来保证，因此，焊缝质量在很大程度上依赖于焊工的操作技术及现场发挥，甚至焊工的精神状态也会影响焊缝质量。而且焊条电弧焊不适合活泼金属、难熔金属及薄板的焊接。

尽管半自动焊、自动焊在一些领域得到了广泛的应用，有逐步取代焊条电弧焊的趋势，但由于焊条电弧焊具有以上特点，因此仍然是目前焊接生产中使用最广泛的焊接方法。

§4-2 焊条电弧焊设备及工具

焊条电弧焊设备及工具包括弧焊电源、焊钳、面罩等，此外还有敲渣锤、钢丝刷等手工工具及焊条保温筒、焊缝检验尺等辅助器具，其中最主要、最重要的设备是弧焊电源，即通常所说的电焊机，为了区别其他电源，故称为弧焊电源。弧焊电源的作用就是为焊接电弧稳定燃烧提供所需要的、合适的电流和电压。

一、对弧焊电源的要求

焊条电弧焊电弧与一般的电阻负载不同，它在焊接过程中是时刻变化的，是一个动态的负载。因此，弧焊电源除了具有一般电力电源的特点外，还必须满足下列要求：

1. 对弧焊电源外特性的要求

在其他参数不变的情况下，弧焊电源输出电压与输出电流之间的关系称为弧焊电源的外特性。弧焊电源的外特性可用曲线来表示，称为弧焊电源的外特性曲线，如图 4–4 所示。弧焊电源的外特性基本上有下降外特性、平外特性、上升外特性三种类型。

在焊接回路中，弧焊电源与电弧构成供电用电系统。为了保证焊接电弧稳定燃烧和焊接参数稳定，电源外特性曲线与电弧静特性曲线必须相交。因为在交点，电源供给的电压和电流与电弧燃烧所需要的电压和电流相等，电弧才能燃烧。由于焊条电弧焊电弧静特性曲线的工作段在平特性区，因此，只有下降外特性曲线才与其有交点，如图 4–4 中的 A 点。因此，具有下降外特性曲线的电源才能满足焊条电弧焊的要求。

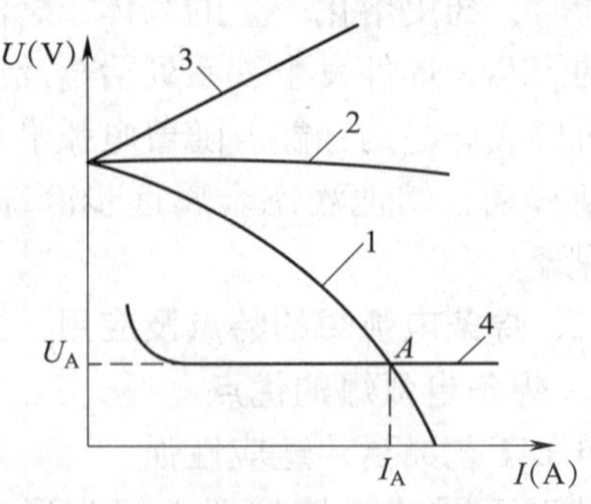

图 4–4　弧焊电源外特性与电弧静特性的关系

1—下降外特性　2—平外特性

3—上升外特性　4—电弧静特性

如图 4–5 所示为两种下降度不同的下降外特性曲线对焊接电流的影响情况。从图中可以看出，当弧长变化相同时，陡降外特性曲线 1 引起的电流偏差 ΔI_1 明显小于缓降外特性曲线 2 引起的电流偏差 ΔI_2，有利于焊接参数稳定。因此，焊条电弧焊应采用陡降外特性电源。

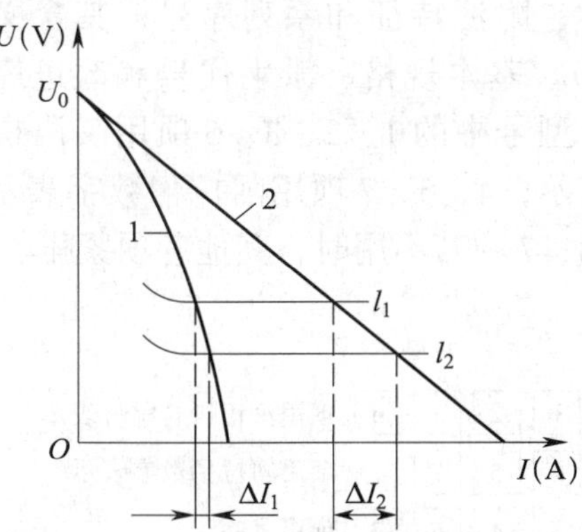

图 4–5　不同下降度的外特性曲线对焊接电流的影响

2. 对弧焊电源空载电压的要求

弧焊电源接通电网而焊接回路为开路时，弧焊电源输出端电压称为空载电压。为便于引弧，需要较高的空载电压，但空载电压过高，对焊工人身安全不利，制造成本也较高。一般交流弧焊电源空载电压为 55 ~ 70 V，直流弧焊电源空载电压为 45 ~ 85 V。

3. 对弧焊电源稳态短路电流的要求

弧焊电源稳态短路电流是弧焊电源所能稳定提供的最大电流，即输出端短路时的电流。若稳态短路电流太大，焊条过热，易引起药皮脱落，并增加熔滴过渡时的飞溅；若稳态短路电流太小，则会使引弧和焊条熔滴过渡产生困难。因此，对于下降外特性的弧焊电源，一般要求稳态短路电流为焊接电流的 1.25 ~ 2.0 倍。

4. 对弧焊电源调节特性的要求

在焊接过程中，根据焊接材料的性质、厚度、焊接接头的形式、位置及焊条直径等的不同，需要选择不同的焊接电流。这就要求弧焊电源能在一定范围内对焊接电流进行均匀、灵活的调节，以利于保证焊接接头的质量。焊条电弧焊焊接电流的调节实质上是调节电源外特性。

5. 对弧焊电源动特性的要求

弧焊电源动特性是指弧焊电源对焊接电弧的动态负载所输出的电流、电压对时间的关系，它表示弧焊电源对动态负载瞬间变化的反应能力。弧焊电源动特性合适时，引弧容易，电弧稳定，飞溅小，焊缝成形良好。弧焊电源动特性是衡量弧焊电源质量的一个重要指标。

二、弧焊电源的分类及型号

1. 弧焊电源的分类及特点

弧焊电源按结构原理不同可分为交流弧焊电源、直流弧焊电源和逆变式弧焊电源三种类型。按电流性质不同可分为直流电源和交流电源。

（1）交流弧焊电源（弧焊变压器）

交流弧焊电源一般指弧焊变压器，是一种最简单和常用的弧焊电源。弧焊变压器的作用是把网络电压的交流电变成适用于电弧焊的低压交流电。它具有结构简单、易造易修、成本低、效率高、磁偏吹小、噪声低、生产效率高等优点，但电弧稳定性较差，功率因数较低。

（2）直流弧焊电源

直流弧焊电源有直流弧焊发电机和弧焊整流器两种。

直流弧焊发电机由直流发电机和原动机（如电动机、柴油机、汽油机）组成。虽然坚固耐用，电弧燃烧稳定，但损耗较大，生产效率低，噪声高，成本高，质量大，维修难。电动机驱动的直流弧焊发电机属于国家规定的淘汰产品，但柴油机驱动的直流弧焊发电机还可以用于缺少电源的野外施工。

弧焊整流器是把交流电经降压整流

后获得直流电的电气设备。它具有制造方便、价格低、空载损耗小、电弧稳定和噪声低等优点，且大多数（如晶闸管式、晶体管式）可以远距离调节焊接参数，能自动补偿电网电压波动对输出电压、电流的影响。

（3）逆变式弧焊电源（弧焊逆变器）

弧焊逆变器是把单相或三相交流电经整流后，由逆变器转变为几百至几万赫兹的中频交流电，经降压后输出交流电或直流电。它具有高效、节能、质量小、体积小、功率因数高和焊接性能好等独特的优点。

2. 弧焊电源的型号及技术参数

（1）弧焊电源的型号

国家标准《电焊机型号编制办法》（GB/T 10249—2010）规定，弧焊电源型号采用汉语拼音字母和阿拉伯数字表示，弧焊电源型号的各项编排次序如图 4–6 所示，主要由产品符号代码（包括大类名称、小类名称、附注特征和系列序号，其含义见表 4–1）、基本规格、派生代号和改进序号组成。型号中的 1、2、3、6 项用汉语拼音字母表示；4、5、7 项用阿拉伯数字表示；3、4、6、7 项若不用时，其他各项紧排。

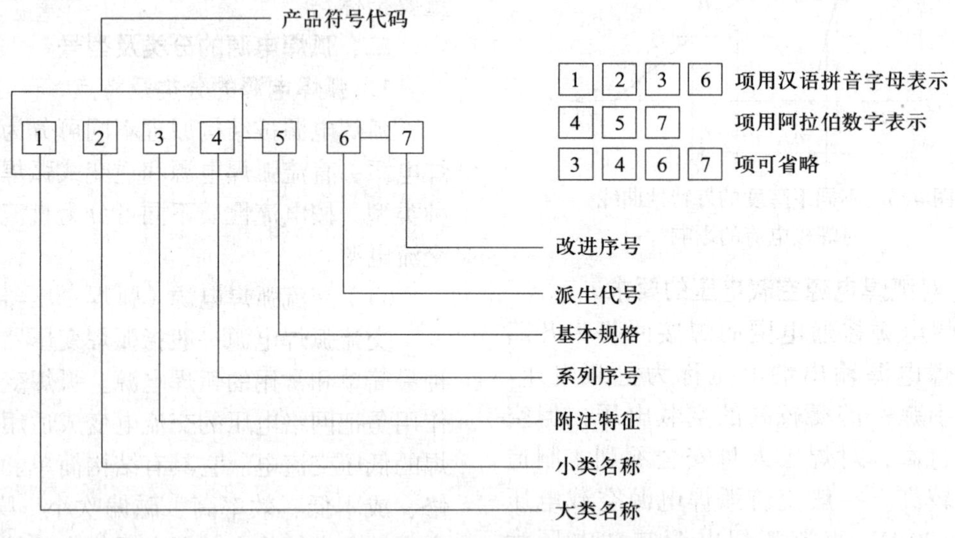

图 4–6 弧焊电源型号的各项编排次序

表 4–1 产品符号代码的含义

第 1 项		第 2 项		第 3 项		第 4 项	
代表字母	大类名称	代表字母	小类名称	代表字母	附注特征	数字序号	系列序号
B	交流弧焊机（弧焊变压器）			L	高空载电压	省略	磁放大器或饱和电抗器式
		X	下降特性			1	动铁心式
						2	串联电抗器式
						3	动圈式
		P	平特性			4	
						5	晶闸管式
						6	变换抽头式

续表

第1项		第2项		第3项		第4项	
代表字母	大类名称	代表字母	小类名称	代表字母	附注特征	数字序号	系列序号
A	机械驱动的弧焊机（弧焊发电机）	X	下降特性	省略	电动机驱动	省略	直流
				D	单纯弧焊发电机	1	交流发电机整流
		P	平特性	Q	汽油机驱动	2	交流
				C	柴油机驱动		
		D	多特性	C	拖拉机驱动		
				H	汽车驱动		
Z	直流弧焊机（弧焊整流器）	X	下降特性	省略	一般电源	省略	磁放大器或饱和电抗器式
				M	脉冲电源	1	动铁心式
						2	
		P	平特性	L	高空载电压	3	动线圈式
						4	晶体管式
						5	晶闸管式
		D	多特性	E	交直流两用电源	6	变换抽头式
						7	逆变式

1）第1项，大类名称：B表示弧焊变压器；A表示弧焊发电机；Z表示弧焊整流器。

2）第2项，小类名称：X表示下降特性；P表示平特性；D表示多特性。

3）第3项，附注特征：如E表示交直流两用电源。

4）第4项，系列序号：区别同小类名称的各系列和品种。如弧焊变压器中“1”表示动铁心系列，“3”表示动圈系列；弧焊整流器中“1”表示动铁心系列，“3”表示动圈系列，“5”表示晶闸管系列，“7”表示逆变系列。

5）第5项，基本规格：额定焊接电流。例如：

BX3-300：动圈系列的弧焊变压器，具有下降外特性，额定焊接电流为300 A。

ZX5-400：晶闸管系列弧焊整流器，具有下降外特性，额定焊接电流为400 A。

（2）弧焊电源的技术参数

电焊机除了有规定的型号外，在其外壳上均标有铭牌，铭牌标明了其主要技术参数，如负载持续率等，可供安装、使用、维护时参考。

1）额定值。额定值即对焊接电源规定的使用限额，如额定电压、额定电流和额定功率等。按额定值使用弧焊电源，应是最经济合理、安全可靠的，既充分利用了设备，又保证了设备的正常使用寿命。超过额定值工作称为过载，严重过载将会使设备损坏。在额定负载持续率下工作允许使用的最大焊接电流称为额定焊接电流。额定焊接电流不是最大焊接电流。

2）负载持续率。负载持续率是指弧焊

电源负载时间与整个工作时间周期的百分比，用公式表示如下：

负载持续率 =（弧焊电源负载时间 / 整个工作时间周期）×100%

对于弧焊电源来说，随着实际焊接（负载）时间的增加，间歇时间减少，那么负载持续率便会不断增高，弧焊电源就更容易发热、升温，甚至烧毁。因此，焊工必须按规定的额定负载持续率使用。

三、常用焊条电弧焊电源

1. 弧焊变压器

（1）BX3–300 型弧焊变压器

BX3–300 型弧焊变压器属于动圈式，是生产中应用最广泛的一种交流弧焊机，其外形如图 4–7 所示。它是依靠一次绕组、二次绕组间漏磁获得陡降外特性的，其结构如图 4–8 所示。它有一个高而窄的口字形铁心，变压器的一次绕组分成两部分，固定在口字形铁心两铁心柱的底部；二次绕组也分成两部分，装在两铁心柱的上部，并固定于可动支架上，通过丝杆连接，转动手柄可使二次绕组上下移动，以改变一次绕组、二次绕组间的距离，从而调节焊接电流的大小。

图 4–7　BX3–300 型弧焊变压器

焊接电流有两种调节方法，即粗调节和细调节。

粗调节通过改变一次绕组、二次绕组的接线方法（接法Ⅰ或接法Ⅱ），即通过改变一次绕组、二次绕组的匝数进行调节。当接成接法Ⅰ时，空载电压为 75 V，焊接电流调节范围为 40 ～ 125 A；当接成接法Ⅱ时，空载电压为 60 V，焊接电流调节范围为 115 ～ 400 A。

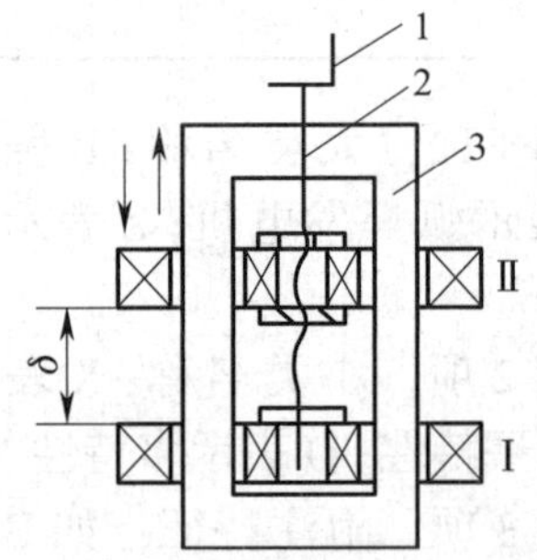

图 4–8　BX3–300 型弧焊变压器的结构

1—手柄　2—调节丝杆　3—铁心

细调节通过手柄来改变一次绕组、二次绕组的距离进行调节。一次绕组、二次绕组距离越大，漏磁增加，焊接电流就减小；反之，焊接电流增大。

（2）BX1–315 型弧焊变压器

BX1–315 是动铁心式弧焊变压器，它由一个口字形固定铁心（Ⅰ）和一个梯形活动铁心（Ⅱ）组成，活动铁心构成了一个磁分路，以增强漏磁，使电焊机获得陡降外特性。它的一次绕组（W_1）和二次绕组（W_2）

各分成两半，分别绕在变压器固定铁心上，一次绕组两部分串联接电源，二次绕组两部分并联接焊接回路。BX1–315 型弧焊变压器的外形及电路结构如图 4–9 所示。

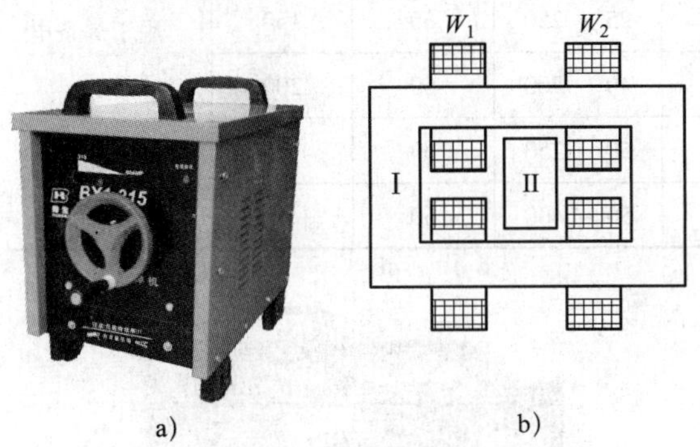

图 4–9 BX1–315 型弧焊变压器
a）外形 b）电路结构

BX1–315 型弧焊变压器的焊接电流调节方便，仅需移动铁心即可满足电流的调节要求，其调节范围为 60 ～ 380 A，调节范围广泛。当活动铁心由里向外移动而离开固定铁心时，漏磁减少，则焊接电流增大；反之，焊接电流减小。焊接电流调节如图 4–10 所示。

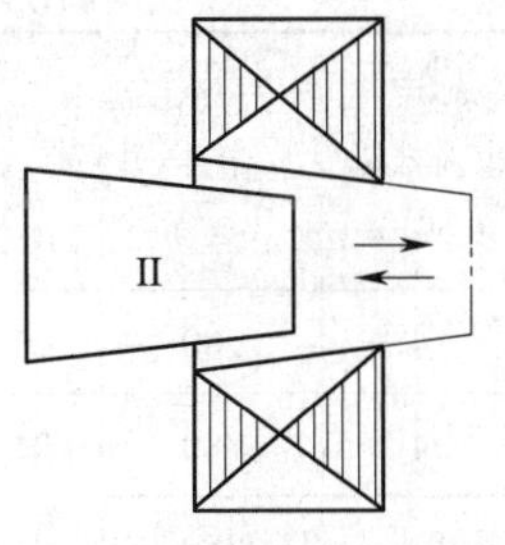

图 4–10 焊接电流调节

2. 弧焊整流器

弧焊整流器是一种将交流电变压、整流转换成直流电的弧焊电源。弧焊整流器包括硅弧焊整流器、晶闸管弧焊整流器、晶体管弧焊整流器等。晶闸管弧焊整流器以其优异的性能已逐步代替了弧焊发电机和硅弧焊整流器，成为目前一种主要的直流弧焊电源。

（1）硅弧焊整流器

硅弧焊整流器是以硅二极管作为整流元件，利用降压变压器将 50 Hz 的单相或三相交流电网电压降为焊接时所需的低电压，经硅整流器整流和电抗器滤波后获得直流电的直流弧焊电源。硅弧焊整流器曾一度是直流弧焊发电机的替代产品之一，现有被晶闸管弧焊整流器、弧焊逆变器替代的趋势，硅整流、三相磁放大器式弧焊整流器型号有 ZX–160、ZX–400 等。硅弧焊整流器的组成如图 4–11 所示。

（2）晶闸管弧焊整流器

晶闸管弧焊整流器是一种电子控制的弧焊电源，它用晶闸管作为整流元件，进行所需的外特性及焊接参数（如电流、电压等）的调节。它的性能优于硅弧焊整流器，目前已成为一种主要的直流弧焊电源。常用的国产型号有 ZX5–250、ZX5–400、ZX5–630 等。ZX5 系列晶闸管弧焊整流器的技术参数见表 4–2。ZX5–400 型晶闸管弧焊整流器外形如图 4–12 所示。

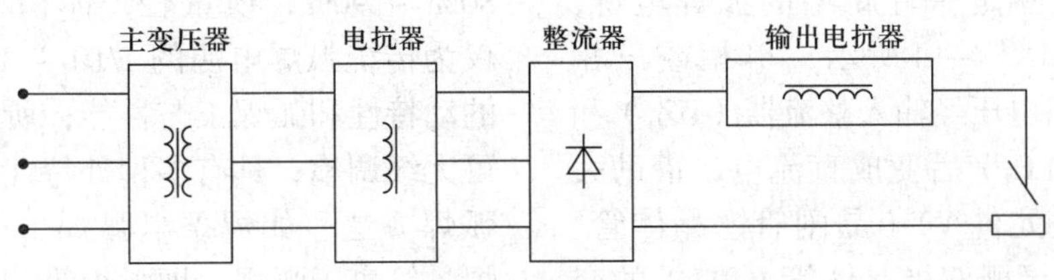

图 4–11 硅弧焊整流器的组成

表 4-2　　晶闸管弧焊整流器和弧焊逆变器的技术参数

产品型号	额定输入容量（kW）	一次电压（V）	工作电压（V）	额定焊接电流（A）	焊接电流调节范围（A）	负载持续率（%）	质量（kg）	主要用途
ZX5-250	14	380	21 ~ 30	250	25 ~ 250	60	150	用于焊条电弧焊
ZX5-400	24	380	21 ~ 36	400	40 ~ 400	60	200	
ZX7-250	9.2	380	30	250	50 ~ 250	60	35	用于焊条电弧焊或氩弧焊
ZX7-400	14	380	36	400	50 ~ 400	60	70	

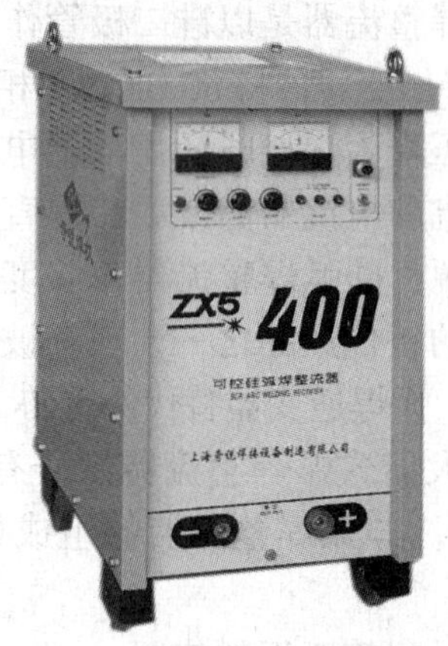

图 4-12　ZX5-400 型晶闸管弧焊整流器

图 4-13　ZX7-400 型弧焊逆变器

3. 弧焊逆变器

将直流电变换成交流电称为逆变，实现这种变换的装置叫作逆变器。为焊接电弧提供电能，并具有弧焊方法所要求性能的逆变器称为弧焊逆变器或逆变式弧焊电源。目前各类逆变式弧焊电源已应用于多种焊接方法，逐步成为更新换代的重要产品。常用的国产型号有 ZX7-250、ZX7-400、ZX7-630 等。ZX7-400 型弧焊逆变器外形如图 4-13 所示。

弧焊逆变器是一种新型的弧焊电源，其基本原理如图 4-14 所示，单相或三相 50 Hz 交流网络电压经输入整流器（UZ_1）和输入滤波器（LC_1）后变成直流电，借助大功率电子开关元件 VT（晶闸管、晶体管、场效应管或绝缘栅双极晶体管 IGBT）的交替开关作用，逆变成几千至几万赫兹的中频交流电，再经中频变压器（T）降至适合焊接的几十伏交流电，如再经输出整流器（UZ_2）整流和输出滤波器（LC）滤波，则可输出适合焊接的直流电。弧焊逆变器的逆变系统主要有以下两种：

（1）交流→直流→交流。

（2）交流→直流→交流→直流。

通常，弧焊逆变器多采用后一种系统，故还可把弧焊逆变器称为逆变弧焊整流器。弧焊逆变器的优点是高效节能，效率可达 80% ~ 90%；质量轻，体积小，整机质量仅为传统弧焊电源的 1/10 ~ 1/5；具有良好的动特性和弧焊工艺性能；所有焊接参数均可无级调整；具有多种外特性，能适应各种弧焊方法，如焊条电弧焊、气体保护电弧焊、等离子弧焊、埋弧焊等，并适合作为焊接机器人的弧焊电源。弧焊逆变器的缺点是设备复杂，维修需要较高技术等。

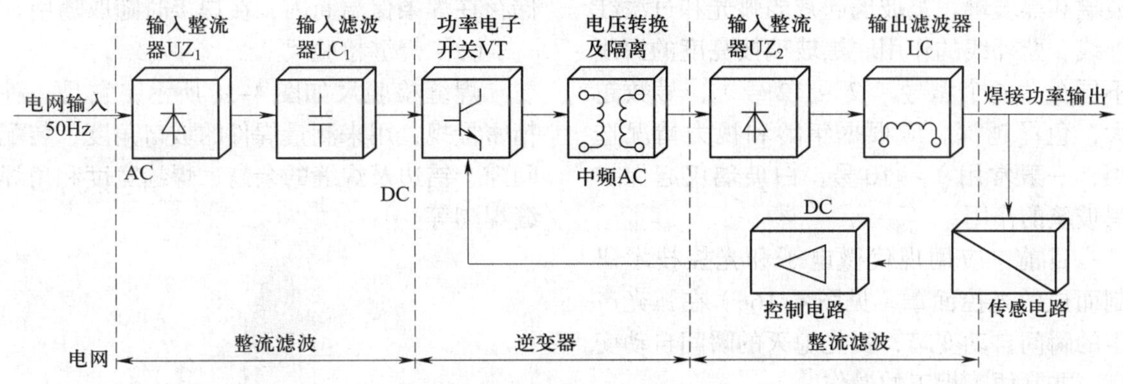

图 4–14　弧焊逆变器基本原理

常用国产 ZX7 系列弧焊逆变器的技术参数见表 4–2。

师傅点拨

选用焊条电弧焊电源时，一般应尽量选用弧焊变压器。但必须使用直流电源时（如使用代号为 15 的碱性药皮焊条），最好选用弧焊逆变器，其次是弧焊整流器，尽量不用弧焊发电机。

四、焊条电弧焊其他设备和工具

1. 焊钳和面罩

（1）焊钳

焊钳是夹持焊条并传导电流以进行焊接的工具，它既能控制焊条的夹持角度，又可把焊接电流传输给焊条。市场上销售的焊钳如图 4–15 所示，有 300 A 和 500 A 两种规格。

图 4–15　焊钳

（2）面罩

面罩是防止焊接时的飞溅、弧光及其他辐射对焊工面部和颈部造成损伤的一种遮盖工具，有手持式和头盔式两种，如图 4–16a、b 所示，头盔式多用于需要双手作业的场合。面罩正面开有长方形孔，内嵌白

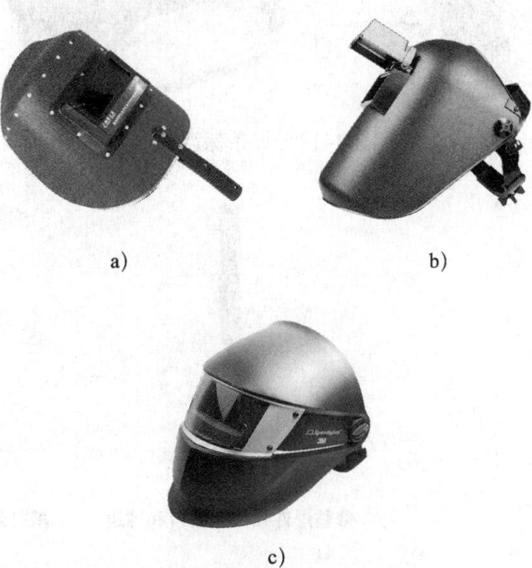

图 4–16　焊接面罩

a）手持式　b）头盔式　c）光控面罩

玻璃和黑玻璃。黑玻璃起减弱弧光和过滤红外线、紫外线的作用。黑玻璃按亮度的深浅不同分为6个型号（7 ~ 12号），号数越大，色泽越深。应根据年龄和视力情况选用，一般常用9 ~ 10号。白玻璃仅起保护黑玻璃的作用。

目前，应用现代微电子和光控技术研制而成的光控面罩（见图4–16c）在弧光产生的瞬间自动变暗，弧光熄灭的瞬间自动变亮，非常便于焊工的操作。

2. 焊条保温筒和焊缝检验尺

（1）焊条保温筒

焊条保温筒是焊接时不可缺少的工具，如图4–17所示，在焊接锅炉、压力容器时尤为重要。经过烘干后的焊条在使用过程中易再次受潮，从而使焊条的工艺性能变差，焊缝质量降低。焊条从烘烤箱取出后，应储存在焊条保温筒内，在焊接时随取随用。

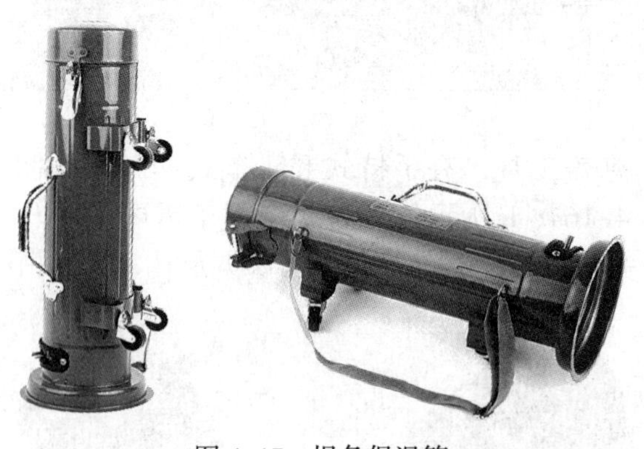

图4–17 焊条保温筒

（2）焊缝检验尺

焊缝检验尺如图4–18所示，它是一种精密量规，用来测量焊件的坡口角度、装配间隙、错边及焊缝的余高、焊缝宽度和角焊缝焊脚等。

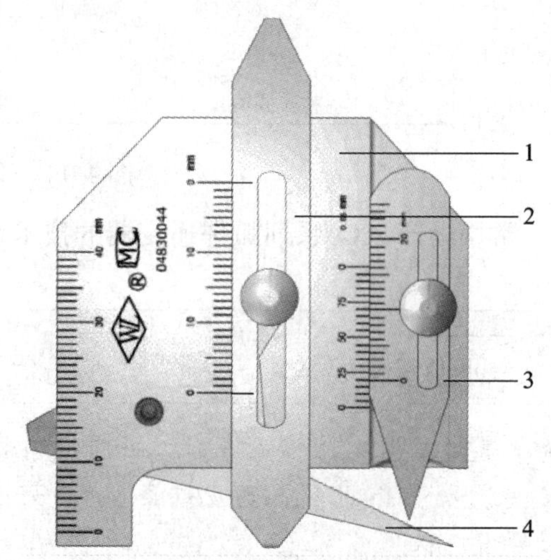

图4–18 焊缝检验尺

1—主尺 2—高度尺

3—咬边深度尺 4—多用尺

3. 常用焊接手工工具

常用的焊接手工工具有清渣用的敲渣锤、錾子、钢丝刷、锤子、角向磨光机以及用于修整焊件接头、坡口和钝边用的锉刀等，如图4–19所示。

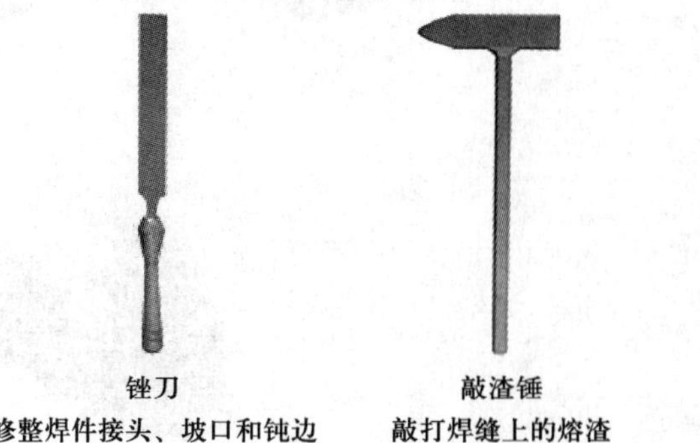

锉刀
修整焊件接头、坡口和钝边

敲渣锤
敲打焊缝上的熔渣

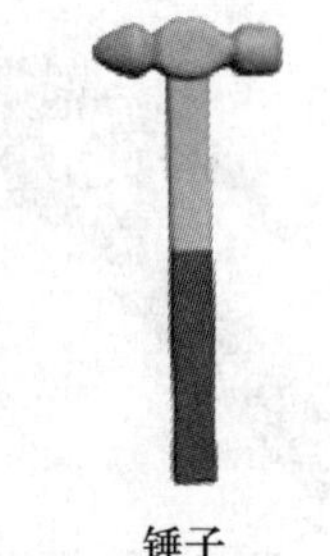

锤子
去除难以敲掉的金属飞溅物

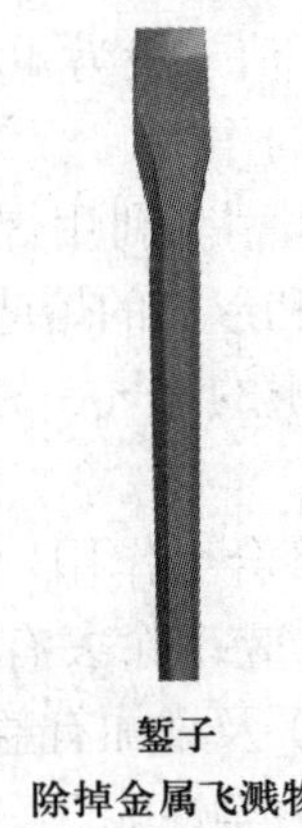

錾子
除掉金属飞溅物

钢丝刷
清理锈蚀及熔渣

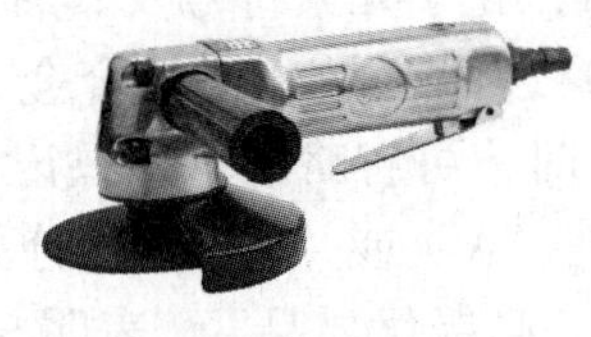

角向磨光机
除锈，打磨坡口

图 4-19　常用焊接手工工具

§4-3　焊条电弧焊焊接材料

焊条是焊条电弧焊用的焊接材料。进行焊条电弧焊时，焊条既作为电极，又作为填充金属，熔化后与母材熔合形成焊缝。因此，焊条的性能将直接影响电弧的稳定性、焊缝金属的化学成分、力学性能和焊接生产效率等。

一、焊条的组成及作用

焊条由焊芯和药皮组成，如图 4-20 所示。焊条前端药皮有 45° 左右的倒角，以便于引弧，在尾部有一段裸焊芯，长为 10 ~ 35 mm，便于焊钳夹持和导电。焊条长度一般为 250 ~ 450 mm。焊条直径是以焊芯直径来表示的，常用的有 2 mm、2.5 mm、3.2 mm、4 mm、5 mm、6 mm 等几种规格。

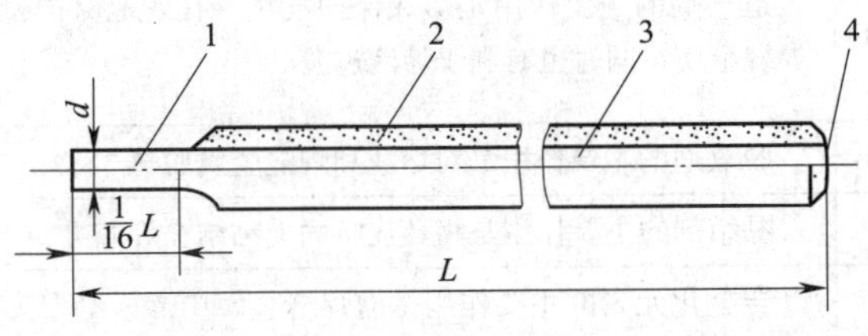

图 4-20　焊条的组成
1—夹持端　2—药皮　3—焊芯　4—引弧端

1. 焊芯

（1）焊芯的作用

焊条中被药皮包覆的金属芯称为焊芯，焊芯一般是一根具有一定长度及直径的钢丝。焊接时，焊芯有两个作用：一是传导焊接电流，产生电弧把电能转换成热能；二是焊芯本身熔化作为填充金属与液态母材金属熔合形成焊缝。

进行焊条电弧焊时，焊芯金属占整个焊缝金属的 50% ~ 70%，所以焊芯的化学成分直接影响焊缝的质量。焊芯用的钢丝都是经特殊冶炼的，这种焊接专用钢丝用于制造焊条，就是焊芯。如果用于埋弧焊、气体保护电弧焊、电渣焊、气焊等作为填充金属时，则称为焊丝。

（2）焊芯的牌号

碳素结构钢、合金结构钢焊芯（焊丝）符合国家标准《熔化焊用钢丝》（GB/T 14957—1994）的规定，不锈钢焊芯（焊丝）符合黑色冶金行业标准《焊接用不锈钢丝》

（YB/T 5092—2016）的规定。

焊芯（焊丝）的牌号编制方法如下：字母“H”表示焊丝；“H”后的一位或两位数字表示含碳量；化学元素符号及其后的数字表示该元素的近似含量，当某合金元素的含量低于1%时，可省略数字，只记元素符号；尾部标有“A”或“E”时，分别表示“优质品”或“高级优质品”，表明S、P等杂质含量更低。

焊芯（焊丝）的牌号举例如下：

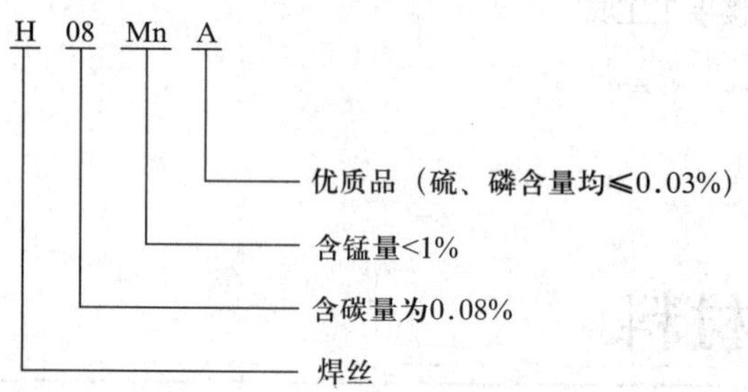

2. 药皮

压涂在焊芯表面的涂料层称为药皮。焊条药皮在焊接过程中起着极为重要的作用，是决定焊缝金属质量的主要因素之一。生产实践证明，焊芯和药皮之间要有一个适当的比例，这个比例就是焊条药皮与焊芯（不包括夹持端）的质量比，称为药皮的质量系数，用 K_b 表示。K_b 值一般为40%～60%。

（1）焊条药皮的作用

1）机械保护作用。利用焊条药皮熔化后产生的大量气体和形成的熔渣，起隔离空气作用，防止空气中的氧气、氮气侵入，保护熔滴和熔池金属。

2）冶金处理渗合金作用。通过熔渣与熔化金属的冶金反应，除去有害杂质（如氧、氢、硫、磷等）及添加有益元素，使焊缝获得符合要求的力学性能。

3）改善焊接工艺性能作用。焊接工艺性能是指焊条使用和操作时的性能，它包括稳弧性、脱渣性、全位置焊接性、焊缝成形、飞溅大小等。好的焊接工艺性能使电弧稳定燃烧，飞溅少，焊缝成形好，易脱渣，熔敷效率高，适用于全位置焊接等。

（2）焊条药皮的组成

焊条药皮由各种矿物类、铁合金和金属类、有机物类及化工产品等原料组成。焊条药皮组成物按其在焊接过程中的作用可分为稳弧剂、造渣剂、造气剂、脱氧剂、黏结剂及合金化元素（如需要）共六大类，其成分及作用见表4–3。

表4–3　焊条药皮组成物的名称、成分及主要作用

名称	成分	主要作用
稳弧剂	碳酸钾、碳酸钠、钾硝石、水玻璃及大理石或石灰石、花岗石、钛白粉等	稳弧剂的主要作用是改善焊条引弧性能，提高焊接电弧稳定性
造渣剂	钛铁矿、赤铁矿、金红石、长石、大理石、石英、花岗石、萤石、菱苦土、锰矿、钛白粉等	造渣剂的主要作用是能形成具有一定物理性能和化学性能的熔渣，产生良好的机械保护作用和冶金处理作用
造气剂	造气剂有有机物和无机物两类。无机物常用碳酸盐类矿物，如大理石、菱镁矿、白云石等；有机物常用木粉、纤维素、淀粉等	造气剂的主要作用是形成保护气氛，有效地保护焊缝金属，同时也有利于熔滴过渡
脱氧剂	锰铁、硅铁、钛铁等	脱氧剂的主要作用是对熔渣和焊缝金属脱氧
黏结剂	水玻璃或树胶类物质	黏结剂的主要作用是将药皮牢固地黏结在焊芯上
合金化元素	铬、钼、锰、硅、钛、钨、钒的铁合金和金属铬、锰等纯金属	合金化元素的主要作用是向焊缝金属中渗入必要的合金成分，以补偿已经烧损或蒸发的合金元素，补加特殊性能要求的合金元素

师傅点拨

焊条药皮中的许多物质往往同时可起几种作用。例如，大理石既有稳弧作用，又是造气剂和造渣剂。某些铁合金（如锰铁、硅铁等）既可作为脱氧剂，又可作为合金化元素。水玻璃虽然主要作为黏结剂，但实际上也是稳弧剂和造渣剂。

二、焊条的工艺性能

焊条的工艺性能是指焊条在焊接操作时的性能，是衡量焊条质量的重要标志之一。焊条的工艺性能主要包括焊接电弧的稳定性、焊缝成形性、对各种位置焊接的适应性、脱渣性、飞溅程度等。

1. 焊接电弧的稳定性

焊接电弧的稳定性是指保持电弧持续而稳定燃烧的能力。电弧稳定性与很多因素有关，焊条药皮的组成是其中的主要因素。焊条药皮中加入少量的低电离电位物质，即可有效地提高电弧稳定性。酸性焊条药皮中含有钾、钠等低电离电位物质，因而用交流、直流电源焊接时电弧都稳定燃烧。而药皮代号为 15 的碱性焊条药皮中含有较多的氟石，使电弧稳定性降低，所以必须采用直流电源，若在低氢钠型药皮中另加碳酸钾、钾水玻璃等稳弧剂后，则为低氢钾型药皮，可采用交流或直流电源。

2. 焊缝成形性

良好的焊缝成形应该是表面波纹细致、美观，几何形状正确，焊缝余高适中，焊缝与母材间过渡平滑，且无咬边等缺欠。焊缝成形性与熔渣的物理性能有关，熔渣的熔点和黏度太高或太低，都会使焊缝成形变差。熔渣的表面张力对焊缝成形也有影响，表面张力越小，对焊缝的覆盖就越好。

3. 全位置焊接性

全位置焊接性是指对平焊、横焊、立焊、仰焊等各种位置的适应性。几乎所有的焊条都能适用于平焊。但有些焊条进行横焊、立焊或仰焊时有困难，主要是重力的作用使熔池金属和熔渣下流，并因妨碍熔滴过渡而不易形成正常的焊缝。钛钙型、低氢钠型药皮焊条全位置焊接性好，氧化铁型药皮焊条只适用于平焊和平角焊。

4. 脱渣性

脱渣性是指焊渣从焊缝表面脱落的难易程度。脱渣性差不仅会显著降低生产效率，而且还易造成夹渣缺欠。

熔渣的膨胀系数是影响脱渣性的主要因素。焊缝金属与熔渣的膨胀系数之差越大，脱渣越容易。钛型焊条熔渣与低碳钢焊缝的膨胀系数相差最大，脱渣性较好；而低氢型焊条熔渣与焊缝金属膨胀系数相差最小，脱渣性较差。

5. 飞溅程度

飞溅是指在熔焊过程中液态金属颗粒向周围飞散的现象。飞溅太多会影响焊接过程的稳定性，增加金属的损失等。

钛钙型焊条电弧燃烧稳定，熔滴以细颗粒过渡为主，飞溅较小。低氢型焊条电弧稳定性差，熔滴以大颗粒短路过渡为主，飞溅较大。低氢钠型焊条焊接时正接比反接飞溅大。

三、焊条的分类

1. 焊条的分类方法

焊条的分类方法很多，从不同的角度分类见表 4–4。

表 4–4　　焊条的分类

分类方法	类别名称
按药皮类型分类	钛型焊条
	纤维素型焊条
	金红石型焊条
	钛铁矿型焊条
	氧化铁型焊条
	金红石 + 铁粉型焊条
	氧化铁 + 铁粉型焊条
	碱性型焊条
	碱性 + 铁粉型焊条
	钛酸型焊条
按熔渣特性分类	酸性焊条
	碱性焊条
按焊条用途分类	非合金钢及细晶粒钢焊条
	热强钢焊条
	不锈钢焊条
	堆焊焊条
	低温钢焊条
	铸铁焊条
	铜及铜合金焊条
	铝及铝合金焊条
	镍及镍合金焊条
	特殊用途焊条
按焊条性能分类	超低氢焊条
	低尘、低毒焊条
	立向下焊条
	底层焊条
	铁粉高效焊条
	抗潮焊条
	水下焊条
	重力焊条
	躺焊焊条

2. 酸性焊条和碱性焊条

按焊条药皮熔化后的熔渣特性不同，焊条可分为酸性焊条和碱性焊条两大类。焊条药皮熔化后的熔渣主要是以酸性氧化物组成的焊条称为酸性焊条，钛型、钛铁矿型、纤维素型、金红石型及氧化铁型等药皮类型的焊条为酸性焊条；焊条药皮熔化后的熔渣主要以碱性氧化物组成的焊条称为碱性焊条。碱性焊条的力学性能、抗裂纹性能优于酸性焊条，而酸性焊条的工艺性能则优于碱性焊条，酸性焊条和碱性焊条的性能对比见表 4–5。

四、焊条的型号

焊条型号是指国家标准规定的各类焊条的代号。

1. 非合金钢及细晶粒钢焊条型号

根据国家标准《非合金钢及细晶粒钢焊条》（GB/T 5117—2012），焊条型号是根据熔敷金属的力学性能、药皮类型、焊接位置、电流类型、熔敷金属化学成分和焊后状态等进行划分的。

第一部分字母“E”表示焊条。第二部分“E”后紧邻的两位数字表示熔敷金属的最小抗拉强度代号（43、50、55、57）。第三部分“E”后的第三、第四位数字表示药皮类型、焊接位置和电流类型，见表 4–6。常用药皮成分、性能特点见表 4–7。第四部分为熔敷金属化学成分分类代号，可为“无标记”或短划“–”后的字母、数字或字母和数字的组合。第五部分为焊后状态代号，其中“无标记”表示焊态，“P”表示热处理状态，“AP”表示焊态和焊后热处理两种状态均可。除了以上强制分类代号外，根据供需双方协商，可在型号后依次附加可选代号。

焊条的型号举例如下：

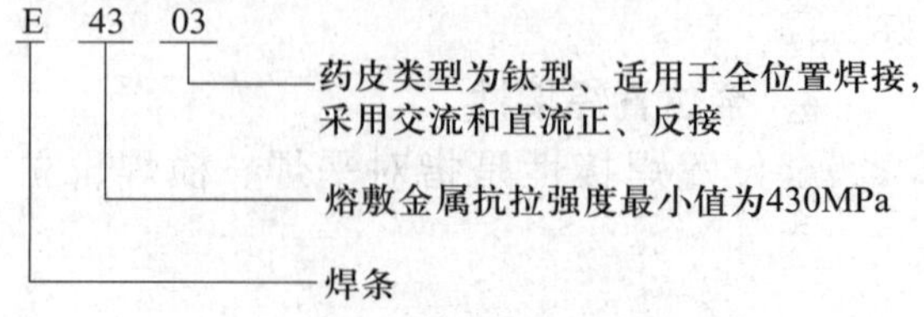

表 4–5　　酸性焊条和碱性焊条的性能对比

序号	酸性焊条	碱性焊条
1	对水、铁锈的敏感性不大，使用前须经 75 ~ 150 ℃烘干，保温 1 ~ 2 h	对水、铁锈的敏感性较大，使用前须经 350 ~ 400 ℃烘干，保温 1 ~ 2 h
2	电弧稳定，可用交流或直流施焊	须用直流反接施焊，当药皮中加稳弧剂后，可交流、直流两用
3	焊接电流较大	焊接电流比同规格的酸性焊条小 10% ~ 15%
4	可长弧操作	须短弧操作，否则易产生气孔
5	合金元素过渡效果差	合金元素过渡效果好
6	熔深较浅，焊缝成形较好	熔深较深，焊缝成形一般
7	熔渣呈玻璃状，脱渣较方便	熔渣呈结晶状，脱渣不及酸性焊条方便
8	焊缝的常温、低温冲击韧度一般	焊缝的常温、低温冲击韧度高
9	焊缝的抗裂性较差	焊缝的抗裂性好
10	焊缝的含氢量较高，影响塑性	焊缝的含氢量低
11	焊接时烟尘较少	焊接时烟尘稍多，烟尘中含有有害物质

表 4–6　　焊条药皮类型、焊接位置和电流类型

代号	药皮类型	焊接位置	电流类型	备注
03	钛型	全位置	交流和直流正、反接	非合金钢及细晶粒钢焊条、热强钢焊条
10	纤维素		直流反接	非合金钢及细晶粒钢焊条、热强钢焊条
11	纤维素		交流和直流反接	非合金钢及细晶粒钢焊条、热强钢焊条
12	金红石		交流和直流正接	非合金钢及细晶粒钢焊条
13	金红石		交流和直流正、反接	非合金钢及细晶粒钢焊条、热强钢焊条
14	金红石 + 铁粉		交流和直流正、反接	非合金钢及细晶粒钢焊条
15	碱性		直流反接	非合金钢及细晶粒钢焊条、热强钢焊条
16	碱性		交流和直流反接	非合金钢及细晶粒钢焊条、热强钢焊条
18	碱性 + 铁粉		交流和直流反接	非合金钢及细晶粒钢焊条、热强钢焊条
19	钛铁矿		交流和直流正、反接	非合金钢及细晶粒钢焊条、热强钢焊条
20	氧化铁	平焊、平角焊	交流和直流正接	非合金钢及细晶粒钢焊条、热强钢焊条
24	金红石 + 铁粉		交流和直流正、反接	非合金钢及细晶粒钢焊条
27	氧化铁 + 铁粉		交流和直流正、反接	非合金钢及细晶粒钢焊条、热强钢焊条
28	碱性 + 铁粉	平焊、平角焊、横焊	交流和直流反接	非合金钢及细晶粒钢焊条
40	不做规定	由制造商确定		非合金钢及细晶粒钢焊条、热强钢焊条
45	碱性	全位置	直流反接	非合金钢及细晶粒钢焊条
48	碱性		交流和直流反接	非合金钢及细晶粒钢焊条

表 4–7　　常用药皮成分、性能特点

药皮代号	药皮类型	药皮成分、性能特点
03	钛型	包含二氧化钛和碳酸钙的混合物，同时具有金红石焊条和碱性焊条的某些性能，交、直流两用，适用于全位置焊接
10	纤维素	含有大量的可燃有机物，尤其是纤维素，由于其强电弧特性，特别适用于向下立焊。由于钠能影响电弧稳定性，焊条主要适用于直流焊接，通常使用直流反接，适用于全位置焊接
11	纤维素	含有大量的可燃有机物，尤其是纤维素，由于其强电弧特性，特别适用于向下立焊。由于钾能增强电弧稳定性，适用于交、直流两用，直流时使用直流反接，适用于全位置焊接
13	金红石	含有大量的二氧化钛（金红石）和增强电弧稳定性的钾，能在低电流条件下产生稳定电弧，特别适用于金属薄板的焊接，交、直流两用，适用于全位置焊接
14	金红石 + 铁粉	在金红石药皮类型的基础上添加了少量铁粉。加入铁粉可以提高电流承载能力和熔敷效率，适用于全位置焊接，交、直流两用
15	碱性	碱度较高，含有大量的氧化钙和萤石。由于钠影响电弧稳定性，只适用于直流反接。可得到低含氢量、高冶金性能的焊缝，适用于全位置焊接
16	碱性	碱度较高，含有大量的氧化钙和萤石。由于钾能增强电弧稳定性，适用于交流焊接。可得到低含氢量、高冶金性能的焊缝，适用于全位置焊接
19	钛铁矿	包含钛和铁的氧化物，通常在钛铁矿中获取。虽然不属于碱性药皮焊条，但可以制造出高韧性的焊缝金属。交、直流两用，适用于全位置焊接
20	氧化铁	包含大量的铁氧化物，熔渣流动性好，通常只在平焊和平角焊中使用。主要用于角焊缝和搭接焊缝，采用交流和直流正接

2. 热强钢焊条型号

根据国家标准《热强钢焊条》（GB/T 5118—2012），焊条型号是根据熔敷金属力学性能、药皮类型、焊接位置、电流类型、熔敷金属化学成分等进行划分的。

第一部分字母“E”表示焊条。第二部分“E”后紧邻的两位数字表示熔敷金属的最小抗拉强度代号（50、52、55、62）。第三部分“E”后的第三、第四位数字表示药皮类型、焊接位置和电流类型，见表 4–6。常用药皮成分、性能特点见表 4–7。第四部分为熔敷金属化学成分分类代号，为短划“–”后的字母、数字或字母和数字的组合。

除了以上强制分类代号外，根据供需双方协商，可在型号后附加扩散氢代号“H×”。焊条型号举例如下：

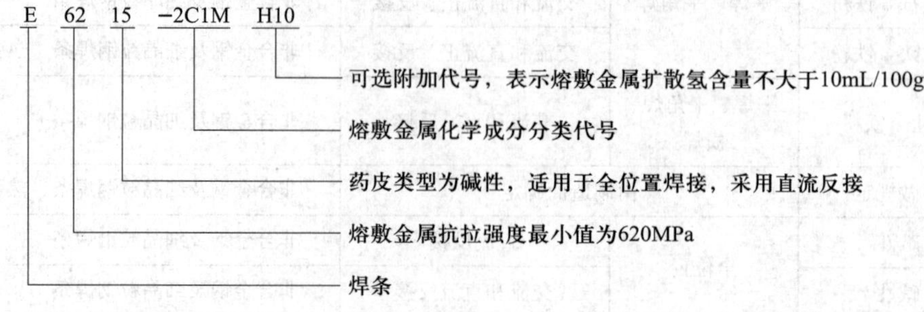

3. 不锈钢焊条型号

按国家标准《不锈钢焊条》(GB/T 983—2012）规定，不锈钢焊条型号是根据熔敷金属化学成分、焊接位置和药皮类型等进行划分的。

第一部分字母“E”表示焊条。第二部分“E”后面的数字表示熔敷金属化学成分分类，数字后的字母“L”表示含碳量较低，“H”表示含碳量较高，如有其他特殊要求的化学成分，该化学成分用元素符号表示，放在数字后面。第三部分为短划“–”后的第一位数字，表示焊接位置，“1”表示平焊、平角焊、仰角焊、向上立焊；“2”表示平焊、平角焊；“4”表示平焊、平角焊、仰角焊、向上立焊和向下立焊。第四部分为最后一位数字，表示药皮类型和电流类型，见表 4–8。焊条型号举例如下：

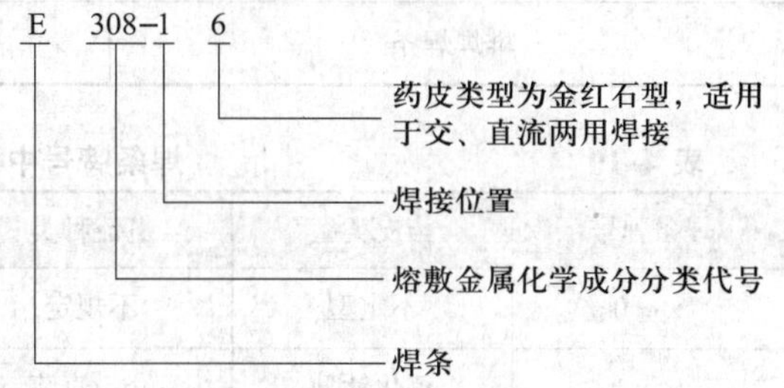

表 4–8　焊条药皮类型、电流类型、药皮成分、性能特点

代号	药皮类型	电流类型	药皮成分、性能特点
5	碱性	直流	含有大量碱性矿物质和化学物质，如石灰石（碳酸钙）、白云石（碳酸钙、碳酸镁）和萤石（氟化钙）等，通常只使用直流反接
6	金红石	交流和直流	含有大量金红石矿物质，主要是二氧化钛（氧化钛），含有低电离元素
7	钛酸型	交流和直流	改进的金红石类，使用一部分二氧化硅代替氧化钛，熔渣流动性好，引弧性能良好，电弧易喷射过渡，但不适用于薄板立向上位置的焊接

注：46 型、47 型采用直流焊接。

五、焊条的牌号

焊条的型号和牌号都是焊条的代号。牌号则是焊条制造厂对作为产品出厂的焊条规定的代号，我国焊条制造厂在原机械电子工业部组织下，编写了《焊接材料产品样本》，实行统一牌号制度。近年来，随着焊条的国家标准参照国际标准做了较大修改，造成《焊接材料产品样本》中的焊条牌号与国家标准的焊条型号不能完全一一对应。虽然焊条牌号不是国家标准，但考虑到多年使用已成习惯，现在生产中仍得到广泛应用。

按照《焊接材料产品样本》规定，焊条牌号由汉字（或汉语拼音字母）和三位数字组成。汉字（或汉语拼音字母）表示按用途分的焊条各大类，前两位数字表示各大类中的若干小类，第三位数字表示药皮类型和电流种类。焊条牌号中表示各大类的汉字（或汉语拼音字母）含义见表 4–9，牌号中第三位数字的含义见表 4–10。

表 4–9　焊条牌号中各大类汉字（或汉语拼音字母）的含义

焊条类别		大类的汉字（或汉语拼音字母）	焊条类别	大类的汉字（或汉语拼音字母
结构钢焊条	碳钢焊条	结（J）	低温钢焊条	温（W）
	低合金钢焊条		铸铁焊条	铸（Z）
钼和铬钼耐热钢焊条		热（R）	铜及铜合金焊条	铜（T）

续表

焊条类别		大类的汉字（或汉语拼音字母）	焊条类别	大类的汉字（或汉语拼音字母
不锈钢焊条	铬不锈钢焊条	铬（G）	铝及铝合金焊条	铝（L）
	铬镍不锈钢焊条	奥（A）	镍及镍合金焊条	镍（Ni）
堆焊焊条		堆（D）	特殊用途焊条	特殊（TS）

表 4–10　焊条牌号中第三位数字的含义

焊条牌号	药皮类型	电流种类	焊条牌号	药皮类型	电流种类
××0	不定型	不规定	××5	纤维素型	交、直流
××1	氧化钛型	交、直流	××6	低氢钾型	交、直流
××2	钛钙型	交、直流	××7	低氢钠型	直流
××3	钛铁矿型	交、直流	××8	石墨型	交、直流
××4	氧化铁型	交、直流	××9	盐基型	直流

1. 结构钢焊条牌号

汉字“结（J）”表示结构钢焊条；第一、第二位数字表示熔敷金属抗拉强度等级；第三位数字表示药皮类型和电流种类。

例如，结 422（J422）表示熔敷金属抗拉强度最小值为 420 MPa，药皮类型为钛钙型，交、直流两用的结构钢焊条。

2. 钼和铬钼耐热钢焊条牌号

汉字“热（R）”表示钼和铬钼耐热钢焊条；第一位数字表示熔敷金属主要化学成分等级，见表 4–11；第二位数字表示同一熔敷金属主要化学成分组成等级中的不同编号，按 0、1、…、9 顺序排列；第三位数字表示药皮类型和电流种类。

表 4–11　钼和铬钼耐热钢焊条牌号第一位数字的含义

焊条牌号	焊缝金属主要化学成分等级（%）	
	w（Cr）	w（Mo）
热 1××（R1××）	—	0.5
热 2××（R2××）	0.5	0.5
热 3××（R3××）	1	0.5
热 4××（R4××）	2.5	1
热 5××（R5××）	5	0.5
热 6××（R6××）	7	1
热 7××（R7××）	9	1
热 8××（R8××）	11	1

例如，热 307（R307）表示熔敷金属含铬量为 1%、含钼量为 0.5%，编号为 0，药皮类型为低氢钠型，直流反接的钼和铬钼耐热钢焊条。

3. 不锈钢焊条牌号

不锈钢焊条包括铬不锈钢焊条和铬镍不锈钢焊条，汉字“铬（G）”表示铬不锈钢焊条，“奥（A）”表示铬镍不锈钢焊条；第一位数字表示熔敷金属主要化学成分等级，见表 4–12；第二位数字表示同一熔敷金属主要化学成分组成等级中的不同编号，按 0、1、…、9 顺序排列；第三位数字表示药皮类型和电流种类。

表 4-12　不锈钢焊条牌号第一位数字的含义

焊条牌号	焊缝金属主要化学成分等级（%）	
	w（Cr）	w（Ni）
铬 2××（G2××）	13	—
铬 3××（G3××）	17	—
奥 0××（A0××）	18（超低碳）	9
奥 1××（A1××）	18	9
奥 2××（A2××）	18	12
奥 3××（A3××）	25	13
奥 4××（A4××）	25	20
奥 5××（A5××）	16	25
奥 6××（A6××）	15	35
奥 7××（A7××）	铬锰氮不锈钢	

例如，铬 202（G202）表示熔敷金属含铬量为 13%，编号为 0，药皮类型为钛钙型，交、直流两用的铬不锈钢焊条。

奥 137（A137）表示熔敷金属含铬量为 18%，含镍量为 9%，编号为 3，药皮类型为低氢钠型，直流反接的铬镍奥氏体不锈钢焊条。

4. 低温钢焊条牌号

汉字“温（W）”表示低温钢焊条；第一、第二位数字表示低温钢焊条工作温度等级，其含义见表 4-13；第三位数字表示药皮类型和电流种类。

例如，温 707（W707）表示工作温度等级为 −70 ℃，药皮类型为低氢钠型，直流反接的低温钢焊条。

表 4-13　低温钢焊条牌号第一、第二位数字的含义

焊条牌号	低温温度等级（℃）	焊条牌号	低温温度等级（℃）
温 70×（W70×）	− 70	温 19×（W19×）	− 196
温 90×（W90×）	− 90	温 25×（W25×）	− 253
温 10×（W10×）	− 100		

5. 堆焊焊条牌号

汉字“堆（D）”表示堆焊焊条；第一位数字表示焊条的用途、组织或熔敷金属的主要成分，见表 4-14；第二位数字表示同一用途、组织或熔敷金属的主要成分中的不同牌号顺序，按 0、1、…、9 顺序排列；第三位数字表示药皮类型和电流种类。

例如，堆 127（D127）表示普通常温用，编号为 2，药皮类型为低氢钠型，直流反接的堆焊焊条。

表 4-14　堆焊焊条牌号第一位数字的含义

焊条牌号	用途、组织或熔敷金属的主要成分	焊条牌号	用途、组织或熔敷金属的主要成分
堆 0××（D0××）	不规定	堆 5××（D5××）	阀门用
堆 1××（D1××）	普通常温用	堆 6××（D6××）	合金铸铁用
堆 2××（D2××）	普通常温用及常温高锰钢用	堆 7××（D7××）	碳化钨型
堆 3××（D3××）	刀具及工具用	堆 8××（D8××）	钴基合金
堆 4××（D4××）	刀具及工具用	堆 9××（D9××）	待发展

对于不同特殊性能的焊条，可在焊条牌号后加上表示主要用途的汉字（或汉语拼音字母），例如，高韧性压力容器用焊条有J507R，打底焊条有J507D，超低氢焊条有J507H，低尘焊条有J507DF，立向下焊条有J507X等。

六、常用焊条型号与牌号的对照

1. 常用非合金钢及细晶粒钢焊条、热强钢焊条型号与牌号对照见表4–15。

表4–15　常用非合金钢及细晶粒钢焊条、热强钢焊条型号与牌号对照

序号	型号	牌号	序号	型号	牌号
1	E4303	J422	10	E5003–1M3	R102
2	E4311	J425	11	E5015–1M3	R107
3	E4316	J426	12	E5503–CM	R202
4	E4315	J427	13	E5515–CM	R207
5	E5003	J502	14	E5515–1CM	R307
6	E5016	J506	15	E5515–2CMWVB	R347
7	E5015	J507	16	E6215–2C1M	R407
8	E5015–G	J507MoNb、J507NiCu	17	E5515–N5	W707Ni
9	E5515–G	J557、J557Mo、J557MoV	18	E5516–N7	W906Ni

2. 常用不锈钢焊条型号与牌号对照见表4–16。

表4–16　常用不锈钢焊条型号与牌号对照

序号	型号（新）	型号（旧）	牌号	序号	型号（新）	型号（旧）	牌号
1	E410–16	E1–13–16	G202	8	E309–15	E1–23–13–15	A307
2	E410–15	E1–13–15	G207	9	E310–16	E2–24–21–16	A402
3	E410–15	E1–13–15	G217	10	E310–15	E2–24–21–15	A407
4	E308L–16	E00–19–10–16	A002	11	E347–16	E0–19–10Nb–16	A132
5	E308–16	E0–19–10–16	A102	12	E347–15	E0–19–10Nb–15	A137
6	E308–15	E0–19–10–15	A107	13	E316–16	E0–18–12Mo2–16	A202
7	E309–16	E1–23–13–16	A302	14	E316–15	E0–18–12Mo2–15	A207

七、焊条的选用及管理

1. 焊条的选用原则

（1）等强原则

低碳钢、中碳钢及低合金钢按焊件的抗拉强度来选用相应强度的焊条，使熔敷金属的抗拉强度与焊件的抗拉强度相等或相近，该原则称为“等强原则”。例如，焊接 Q235A 钢时，由于其抗拉强度在 420 MPa 左右，故选用熔敷金属抗拉强度最小值为 430 MPa 的 E4303（结 422）、E4316（结 426）、E4315（结 427）。焊接结构复杂、刚度高的焊件，可以考虑选用比母材强度低一级的焊条。

（2）焊缝与焊件的化学成分相同或接近

对于不锈钢、耐热钢、堆焊等焊件选用焊条时，应从保证焊接接头的特殊性能出发，要求焊缝金属化学成分与母材相同或相近。例如，焊接不锈钢 06Cr19Ni10 时，由于其含铬量、含镍量分别约为 19%、10%，为了使焊缝与焊件具有相同的耐腐蚀性，必须要求焊缝金属化学成分与母材相同或相近，因此，应选用含铬量、含镍量相近的焊条 E308-16（A102）或 E308-15（A107）进行焊接。

（3）焊缝或接头的力学性能不低于母材中的最低值

对于强度不同的低碳钢之间、低合金高强度结构钢之间及它们之间的异种钢焊接，要求焊缝或接头的强度、塑性和韧性都不低于母材中的最低值，故一般根据强度等级较低的钢材来选用相应的焊条。例如，焊接 Q235A 与 Q355 异种钢时，按 Q235A 来选用抗拉强度为 420MPa 左右的 E4303（结 422）、E4316（结 426）、E4315（结 427）。对于碳钢、低合金钢与奥氏体钢异种钢焊接应选用含铬量、含镍量较高的奥氏体钢焊条。

（4）重要焊缝要选用碱性焊条

所谓重要焊缝，是指受压元件（如锅炉、压力容器等）的焊缝；承受振动载荷或冲击载荷的焊缝；对强度、塑性、韧性要求较高的焊缝；焊件形状复杂、结构刚度高的焊缝等，对于这些焊缝要选用力学性能好、抗裂性能强的碱性焊条。例如，焊接 20 钢时，按等强原则选用 E4303（结 422）、E4316（结 426）、E4315（结 427）焊条都可符合要求，如焊接抗拉强度相等的压力容器用钢 20R、锅炉用钢 20g 时，则须选用同强度的碱性焊条 E4316（结 426）、E4315（结 427）。

（5）在满足性能要求的前提下尽量选用酸性焊条

因为酸性焊条的工艺性能要优于碱性焊条，即酸性焊条对铁锈、油污等不敏感；析出有害气体少；稳弧性好，可交、直流两用；脱渣性好；焊缝成形美观等。总之，在酸性焊条和碱性焊条均能满足性能要求的前提下，应尽量选用工艺性能较好的酸性焊条。

常用钢材推荐选用的焊条见表 4-17。

表 4-17　常用钢材推荐选用的焊条

钢号	焊条型号	对应牌号	钢号	焊条型号	对应牌号
Q235A · F Q235A、10、20	E4303	J422	12Cr1MoV	E5515-1CMV	R317
Q245R（20R、20g）	E4316	J426	12Cr2Mo 12Cr2Mo1 12Cr1Mo1R	E6215-2C1M	R407
	E4315	J427			
25	E4303	J422			
	E5003	J502			

续表

钢号	焊条型号	对应牌号
Q295（09Mn2V、9Mn2VD、9Mn2VDR）	E5015 E4316	J507 J426
Q355（16Mn、16MnDR）、Q355R（16MnR、16Mng）	E5003	J502
	E5016	J506
	E5015	J507
Q390（16MnD、16MnDR）	E5016	J506RH
	E5015	J507RH
Q390（15MnVR、15MnVRE）	E5016	J506
	E5015	J507
	E5515-G	J557
20MnMo	E5015 E5515-G	J507 J557
15MnVNR	E5716	
	E5715-G	
15MnMoV 18MnMoNbR 20MnMoNb		J707
12CrMo	E5515-CM	R207
15CrMo 15CrMoR	E5515-1CM	R307

钢号	焊条型号	对应牌号
15Mo	E5015-1M3	R107
07Cr19Ni11Ti	E308-16	A102
	E308-15	A107
	E347-16	A132
	E347-15	A137
06Cr19Ni10	E308-16	A102
	E308-15	A107
06Cr18Ni11Ti	E347-16	A132
	E347-15	A137
022Cr19Ni10	E308L-16	A002
06Cr17Ni12Mo2	E316-16	A202
	E316-15	A207
06Cr17Ni12Mo2Ti	E316L-16	A022
	E318-16	A212
06Cr13	E410-16	G202
	E410-15	G207

2. 焊条的管理

焊条（包括其他焊接材料）的管理包括验收、保管、领用、发放、烘干等方面，其控制程序如图 4-21 所示。

（1）焊条验收

对于制造锅炉、压力容器等重要焊件的焊条，焊前必须进行验收，又称复验。复验前要对焊条的质量证明书进行审查，正确、齐全、符合要求者方可复验。复验时，应对每批焊条编“复验编号”，按照其标准和技术条件进行外观、理化试验等检验。复验合格后，焊条方可入一级库；否则应退货或降级使用。

另外，为了防止焊条在使用过程中混用、错用，同时，也便于当出现焊接质量问题时可分析并找出原因，焊条的“复验编号”不但要登记在一级库、二级库的台账上，而且在烘干记录单、发放领料单，甚至焊接施工卡上也要登记，从而保证焊条使用时的可追踪性。

（2）焊条保管、领用、发放

焊条实行三级管理：一级库管理、二级库管理、焊工焊接时管理。一级库、二级库

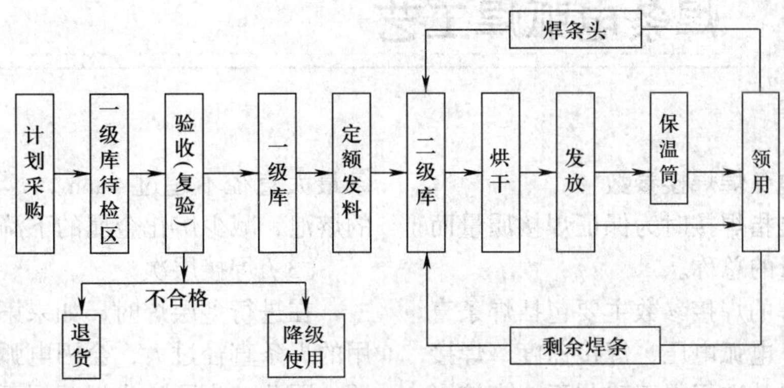

图 4–21　焊条管理控制程序

内的焊条要按其型号、牌号、规格分门别类堆放，放在离地面、墙面 300 mm 以上的木架上。

一级库内应配有空调设备和去湿机，保证室温在 5 ~ 25 ℃之间，相对湿度低于 60%。

二级库应配有焊条烘干设备，焊工施焊时也需要妥善保管好焊条，焊条要放入保温筒内，随用随取，不可随意乱丢、乱放。

焊条的领用和发放要建立严格的限额领料制度，“焊接材料领料单”应由焊工填写，二级库保管人员凭焊接工艺要求和“焊接材料领料单”发放，并审核其型号、牌号、规格是否相符，同时还要按发放焊条根数收回焊条头。

（3）焊条烘干

焊条烘干温度、时间应严格按标准要求控制，并做好温度、时间记录，烘干温度不宜过高或过低。温度过高会使焊条中一些成分发生氧化，过早分解，从而失去保护等作用；温度过低，焊条中的水分就不能完全蒸发掉，焊接时可能形成气孔，产生裂纹等缺欠。

此外，还要注意温度、时间配合问题，据有关资料介绍，烘干温度和时间相比，温度较为重要，如果烘干温度过低，即使延长烘干时间，其烘干效果也不佳。

一般酸性焊条烘干温度为 75 ~ 150 ℃，保温时间为 1 ~ 2 h；碱性焊条在空气中极易吸潮且药皮中没有有机物，因此，烘干温度应比酸性焊条高，一般为 350 ~ 450 ℃，保温时间为 1 ~ 2 h。焊条累计烘干次数一般不宜超过三次。

焊条红外线烘烤箱如图 4–22 所示。

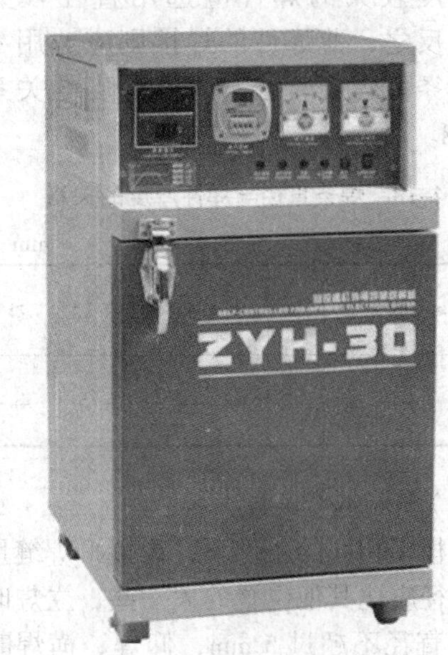

图 4–22　焊条红外线烘烤箱

§4-4 焊条电弧焊工艺

一、焊条电弧焊焊接参数

焊接参数是指焊接时为保证焊接质量而选定的各物理量的总称。

焊条电弧焊的焊接参数主要包括焊条直径、焊接电流、电弧电压、焊接速度、焊接层数等。焊接参数选择得正确与否，直接影响到焊缝的形状、尺寸、焊接质量和生产效率。因此，选择合适的焊接参数是焊接生产中十分重要的一个环节。

1. 焊条直径

在实际生产中，为了提高生产效率，应尽可能选用较大直径的焊条，但是用直径过大的焊条焊接，会造成未焊透或焊缝成形不良，因此，必须正确选择焊条的直径。焊条直径的选择与下列因素有关：

（1）焊件的厚度

厚度较大的焊件应选用直径较大的焊条；反之，薄焊件的焊接则应选用小直径的焊条。焊条直径与焊件厚度的关系见表 4–18。

表 4–18　焊条直径与焊件厚度的关系

mm

焊件厚度	≤ 1.5	2	3	4 ~ 5	6 ~ 12	≥ 12
焊条直径	1.5	2	3.2	3.2 ~ 4	4 ~ 5	4 ~ 6

（2）焊缝位置

在板厚相同的条件下，焊接平焊缝用的焊条直径应比其他位置的大一些，立焊时焊条最大直径不超过 5 mm，仰焊、横焊时焊条最大直径不超过 4 mm，这样可形成较小的熔池，减少熔化金属的下淌。

（3）焊接层次

在进行多层焊时，如果第一层焊缝所采用的焊条直径过大，会因电弧过长而不能焊透。因此，为了防止根部焊不透，对多层焊的第一层焊道应采用直径较小的焊条进行焊接，以后各层可以根据焊件厚度选用直径较大的焊条。

（4）接头形式

搭接接头、T 形接头因不存在全焊透问题，所以应选用较大的焊条直径，以提高生产效率。

2. 电源种类和极性

（1）电源种类

采用交流电源焊接时，电弧稳定性差。采用直流电源焊接时，电弧稳定，飞溅少，但电弧磁偏吹比交流电源严重。代号为 15 的碱性药皮焊条稳弧性差，通常必须采用直流电源。用小电流焊接薄板时，也常用直流电源，因为引弧比较容易，电弧比较稳定。

（2）极性

极性是指在直流电弧焊或电弧切割时焊件的极性。焊件与电源输出端正、负极的接法有正接和反接两种。正接是指焊件接电源正极、焊条接电源负极的接线法，正接又称正极性；反接是指焊件接电源负极、焊条接电源正极的接线法，反接又称反极性，如图 4–23 所示。对于交流电源来说，由于极性是交变的，因此不存在正接和反接。

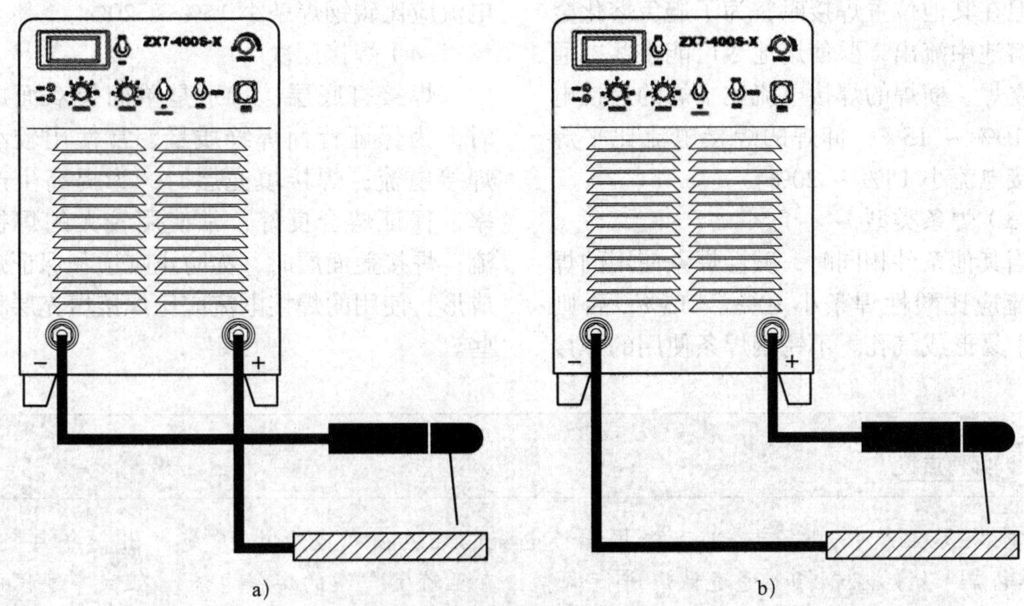

图 4–23　直流电弧焊正接与反接

a）直流电弧焊的正接　b）直流电弧焊的反接

小提示

极性的选用主要应根据焊条的性质和焊件所需的热量来决定。用酸性焊条（如 E4303 等）焊接厚板时，可采用直流正接，以获得较大的熔深；焊接薄板时，则采用直流反接，可防止烧穿。用碱性型焊条（如 E5015 等）时，无论焊接厚板或薄板，均应采用直流反接，因为这样可以减少飞溅和气孔，并使电弧稳定燃烧。

3. 焊接电流

焊接时，流经焊接回路的电流称为焊接电流，焊接电流的大小直接影响焊接质量和焊接生产效率。

增大焊接电流能提高生产效率，但电流过大易造成焊缝咬边、烧穿等缺欠，同时增加了金属飞溅，也会使接头的组织产生过热而发生变化；而电流过小易造成夹渣、未焊透等缺欠，降低焊接接头的力学性能，所以应适当选择焊接电流。焊接时决定电流的因素很多，如焊条类型、焊条直径、焊件厚度、接头形式、焊缝位置和焊接层次等，其中主要影响因素是焊条直径、焊缝位置、焊条类型、焊接层次。

（1）焊条直径

焊条直径越大，熔化焊条所需要的电弧热量越多，焊接电流也越大。碳钢酸性焊条焊接电流大小与焊条直径的关系一般可根据下面的经验公式来选择：

$$I_h=(35 \sim 55)d$$

式中　I_h——焊接电流，A；

d——焊条直径，mm。

（2）焊缝位置

在相同焊条直径的条件下，焊接平焊缝时，由于运条和控制熔池中的熔化金属都比较容易，因此可以选择较大的电流进行焊接。但在其他位置焊接时，为了避免熔化金属从熔池中流出，要使熔池尽可能小些，通常，立焊、横焊的焊接电流比平焊的焊接电流小 10% ~ 15%，仰焊的焊接电流比平焊的焊接电流小 15% ~ 20%。

（3）焊条类型

当其他条件相同时，碱性焊条使用的焊接电流应比酸性焊条小 10% ~ 15%；否则焊缝中易形成气孔。不锈钢焊条使用的焊接电流应比碳钢焊条小 15% ~ 20%。

（4）焊接层次

焊接打底层，特别是单面焊双面成形时，为保证背面焊缝质量，常使用较小的焊接电流；焊接填充层时，为提高生产效率，保证熔合良好，常使用较大的焊接电流；焊接盖面层时，为防止咬边和保证焊缝成形，使用的焊接电流应比焊接填充层稍小些。

师傅点拨

在实际生产中，焊工一般可根据焊接电流的经验公式或表 4–19 先算出一个大概的焊接电流，然后在钢板上通过试焊进行调整，直至确定合适的焊接电流。在试焊过程中，可根据以下几点来判断所选择的电流是否合适：

表 4–19　　各种焊条直径使用的电流参考值

焊条直径（mm）	1.6	2.0	2.5	3.2	4.0	5.0
焊接电流（A）	25 ~ 40	40 ~ 65	50 ~ 80	100 ~ 130	160 ~ 210	200 ~ 270

（1）看飞溅

电流过大时，电弧吹力大，可看到较大颗粒的铁液向熔池外飞溅，焊接时爆裂声大；电流过小时，电弧吹力小，熔渣和铁液不易分清。

（2）看焊缝成形

电流过大时，熔深大，焊缝余高低，两侧易产生咬边；电流过小时，焊缝窄而高，熔深浅，且两侧与母材金属熔合不好；电流适中时，焊缝两侧与母材金属熔合得很好，呈圆滑过渡。

（3）看焊条熔化状况

电流过大，当焊条熔化了大半根时，其余部分均已发红；电流过小时，电弧燃烧不稳定，焊条容易粘在焊件上。

4. 电弧电压

焊条电弧焊的电弧电压主要由电弧长度来决定。电弧长，电弧电压高；电弧短，电弧电压低。焊接时，电弧电压由焊工根据具体情况灵活掌握。

在焊接过程中，电弧不宜过长，电弧过长会出现下列几种不良现象：

（1）电弧燃烧不稳定，易摆动，电弧热能分散，飞溅增多，造成金属和电能的浪费。

（2）焊缝厚度小，容易产生咬边、未焊透、焊缝表面高低不平、焊波不均匀等缺欠。

（3）对熔化金属的保护差，空气中的氧、氮等有害气体容易侵入，使焊缝产生气孔的可能性增加，焊缝金属的力学性能降低。

因此，在焊接时使用短弧焊接，相应的电弧电压为 16 ~ 25 V。在立焊、仰焊时弧长应比平焊时更短一些，以利于熔滴过渡，防止熔化金属下淌。用碱性焊条焊接时应比酸性焊条弧长短些，以利于电弧的稳定和防止气孔。所谓短弧，一般认为是焊条直径的 0.5 ~ 1.0 倍。

5. 焊接速度

单位时间内完成的焊缝长度称为焊接速度。焊接速度应该均匀、适当，既要保证焊透，又要保证不烧穿，同时还要使焊缝宽度和高度符合图样设计要求。

如果焊接速度过慢，使高温停留时间增加，热影响区宽度增大，焊接接头的晶粒变粗，力学性能降低，同时使变形量增大。当焊接较薄焊件时，则易烧穿。

如果焊接速度过快，熔池温度不够，易造成未焊透、未熔合、焊缝成形不良等缺欠。

焊接速度直接影响焊接生产效率，所以，应该在保证焊缝质量的基础上采用较大的焊条直径和焊接电流，同时，根据具体情况适当加快焊接速度，以保证在获得焊缝高低和宽窄一致的条件下提高焊接生产效率。

6. 焊接层数

多层焊和多层多道焊如图 4–24 所示。在焊接中厚板时，一般要开坡口并采用多层多道焊。对于低碳钢和强度等级低的普通低碳钢的多层多道焊时，每道焊道厚度不宜过大，过大时对焊缝金属的塑性不利，因此，对质量要求较高的焊缝，每层的厚度最好不大于 4 mm。同样，每层焊道厚度不宜过小，过小时焊接层数增多不利于提高生产效率。根据实际经验，每层的厚度为焊条直径的 0.8 ~ 1.2 倍时，生产效率较高，并且比较容易保证质量和便于操作。

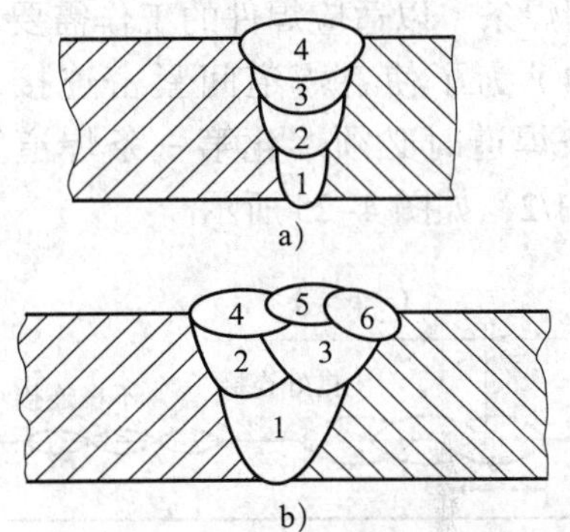

图 4–24　多层焊和多层多道焊

a）多层焊　b）多层多道焊

二、焊条电弧焊堆焊工艺

1. 堆焊及其特点

堆焊是指用焊接的方法将具有一定性能的材料堆敷在焊件表面的一种工艺过程，其目的不是连接焊件，而是在焊件表面获得具有耐磨、耐热、耐腐蚀等特殊性能的熔敷金属层，或是恢复磨损或增大焊件的尺寸。堆焊除可显著延长焊件的使用寿命，节省制造及维修费用外，还可缩短修理和更换零件的时间，减少停机、停产的损失，从而提高生产效率，降低生产成本。堆焊已成为机械工业中一种重要的制造和维修工艺方法。

焊条电弧焊堆焊的特点是方便灵活，成本低，设备简单，但生产效率较低，劳动条件差，只适用于小批量中、小型零件的堆焊。

2. 堆焊工艺特点

堆焊最易出现的问题是焊接裂纹，同时还易产生焊接变形，所以堆焊有以下工艺特点：

（1）堆焊前必须将堆焊表面的杂物、油脂等清除干净。

（2）堆焊前须对工件预热，焊后应缓

冷。预热温度一般为 100 ~ 300 ℃。注意，焊接铬镍奥氏体型不锈钢时可不进行预热。

（3）堆焊时，必须根据不同要求选用不同的焊条。修补堆焊所用的焊条成分一般与焊件金属相同。但堆焊特殊金属表面时应选用专用焊条，以适应焊件的工作需要。

（4）为了使各焊道间紧密连接，堆焊第二条焊道时必须熔化第一条焊道宽度的 1/3 ~ 1/2，如图 4–25 所示。

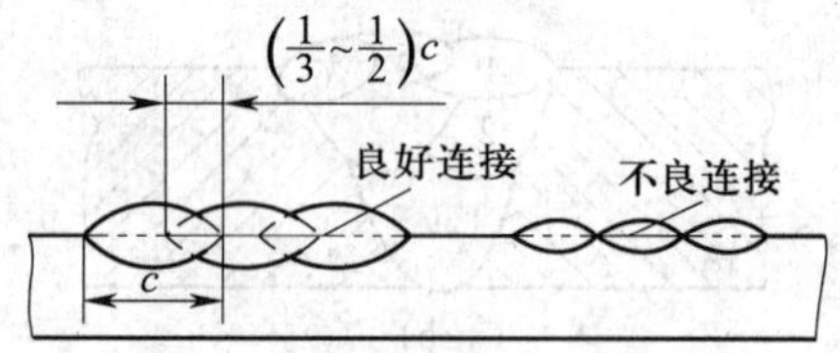

图 4–25　堆焊时焊缝的连接

（5）多层堆焊时，第二层焊道的堆焊方向应与第一层互成 90°。为了使热量分散，还应注意堆焊顺序。各堆焊层的排列方向如图 4–26 所示，堆焊顺序如图 4–27 所示。

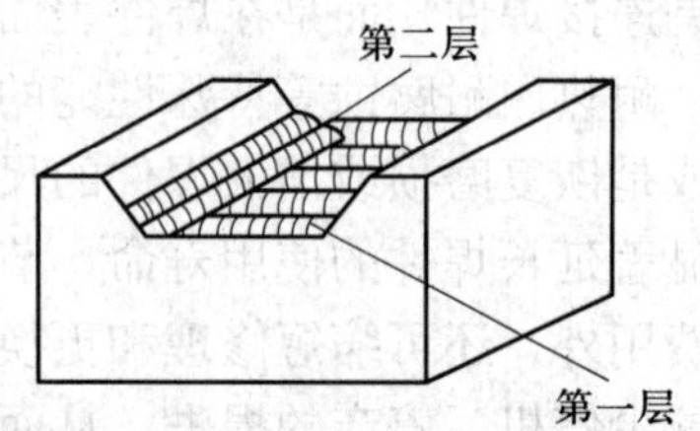

图 4–26　各堆焊层的排列方向

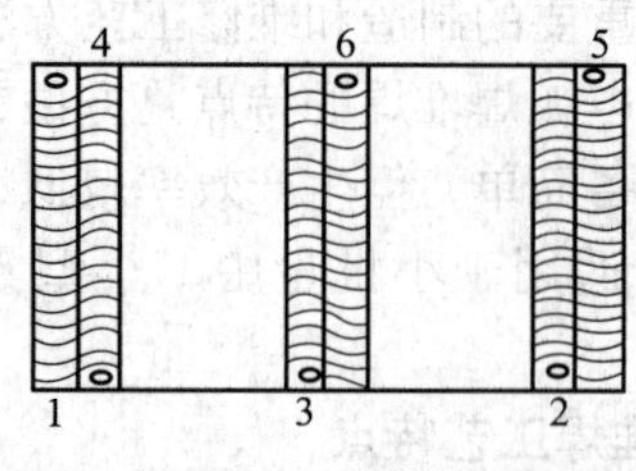

图 4–27　堆焊顺序

（6）轴堆焊时，可采用纵向对称堆焊和横向螺旋形堆焊两种方法，如图 4–28 所示。

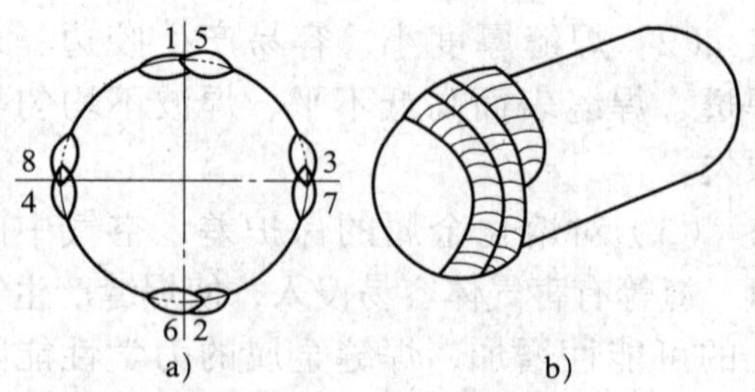

图 4–28　轴的堆焊顺序

a）纵向对称堆焊　b）横向螺旋形堆焊

（7）堆焊时，为了增大堆焊层的厚度，减少清渣工作，提高生产效率，通常将焊件的堆焊面放成垂直位置，用横焊方法进行堆焊，或将焊件放成倾斜位置，用上坡焊堆焊，并留 3 ~ 5 mm 的加工余量，以满足堆焊后焊件表面机械加工的要求。在垂直位置上的堆焊如图 4–29 所示。

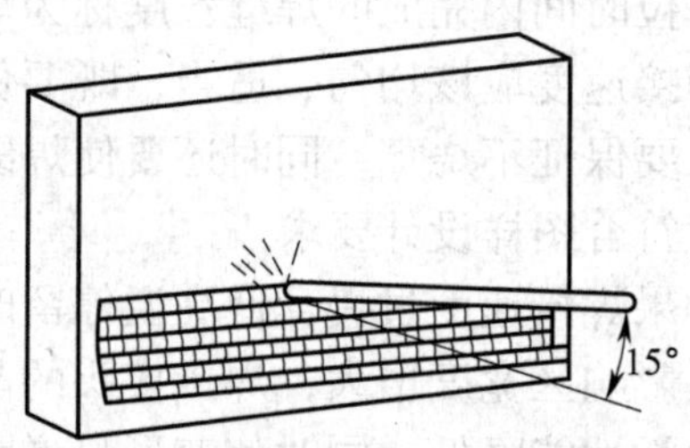

图 4–29　在垂直位置上的堆焊

（8）堆焊时，应尽量选用低电压、小电流焊接，以降低熔深，减小母材稀释率和电弧对合金元素的烧损。堆焊焊条的直径、堆焊层数和堆焊电流一般都由所需堆焊层厚度确定，见表 4–20。

表 4–20　堆焊工艺参数与堆焊层厚度的关系

堆焊层厚度（mm）	<1.5	<5	≥ 5
焊条直径（mm）	3.2	4 ~ 5	5 ~ 6
堆焊层数	1	1 ~ 2	>2
堆焊电流（A）	80 ~ 100	140 ~ 200	180 ~ 240

思考与练习

1. 什么是焊条电弧焊？其原理和特点是什么？
2. 为什么焊条电弧焊要采用具有陡降外特性的电源？
3. 焊接时，对弧焊电源的基本要求是什么？
4. 什么是额定值和负载持续率？
5. 弧焊电源分为哪几类？各有什么特点？
6. 解释弧焊电源型号的含义：BX1-300、BX3-300、ZX5-400、ZX7-400。
7. BX3-300 动圈式弧焊变压器的电流调节是如何实现的？
8. 弧焊逆变器有什么特点？以 ZX7-400 为例说明其工作原理。
9. 什么是弧焊电源的外特性？其基本类型有哪些？
10. BX1-300 动铁心式弧焊变压器的电流调节是如何实现的？
11. 什么是焊芯？焊芯的作用是什么？
12. 什么是药皮？焊条药皮的作用是什么？
13. 焊条药皮由哪些原料组成？按其在焊接过程中所起的作用不同，通常分为哪几类？
14. 什么是碱性焊条？什么是酸性焊条？各有什么优、缺点？
15. 焊条药皮的类型主要有哪些？钛型、碱性药皮各有什么特点？
16. 焊条的选用原则有哪些？
17. 焊条使用前为什么要烘干？对烘干的温度、时间有什么要求？
18. 焊条的保管、领用、发放应注意哪些问题？
19. 解释焊条型号的含义：E4303、E5015、E308-15。
20. 什么是焊接参数？焊条电弧焊主要包括哪些焊接参数？
21. 什么是正接、反接？焊条电弧焊时如何选用？
22. 什么是堆焊？焊条电弧焊堆焊有什么特点？

第五章

金属熔焊过程

钢熔焊时一般都要经过以下过程：加热—熔化—冶金反应—结晶—固态相变—形成接头。这些过程虽然很复杂，但可归纳为互相联系和交错进行的三个阶段：一是焊条或焊丝及母材的快速加热和局部熔化；二是熔化金属、熔渣、气相之间进行一系列的化学冶金反应，如金属的氧化、还原、脱硫等；三是快速连续冷却下焊缝金属的结晶和相变，此时易产生偏析、夹杂、气孔及裂纹等缺欠。因此，根据焊条、焊丝及母材的加热熔化特点，控制焊接化学冶金过程、焊缝金属的结晶和相变过程是保证焊接质量的关键。

§5-1 焊条、焊丝及母材的熔化

一、焊接热源

要实现金属的焊接，必须提供其需要的能量。对于熔焊，关键是要有一个能量集中、温度足够高的局部加热热源。常用的熔焊热源有电弧热（电弧焊）、气体火焰（气焊）、电阻热（电渣焊）、等离子弧（等离子弧焊）等。

焊接热源所产生的热量并不是全部用来加热和熔化焊条、焊丝及母材的，有一部分热量损失于周围介质和飞溅中。

二、焊条、焊丝的加热及熔化

熔化极电弧焊时，加热并熔化焊条、焊丝的主要热量有电弧热和电阻热；非熔化极电弧焊仅有电弧热而无焊丝的电阻热。

1. 电阻加热

当电流通过焊条或焊丝时将产生电阻热。电阻热的大小取决于焊条或焊丝的伸出长度、电流、焊条或焊丝金属的电阻率和直径。

焊条或焊丝伸出长度越大，则通电的时间增加，电阻热加大；焊接电流越大，电阻热也越大；焊条或焊丝金属本身的电阻率越大，电阻热也越大。如不锈钢焊条的电阻率比低碳钢焊条大，因此，在相同焊接电流的情况下不锈钢焊条所产生的电阻热更大。同种材料的焊条或焊丝直径越大，则电阻越小，相对产生的电阻热也就减小。

电阻热过大会给焊接过程带来不利的影响。如焊条电弧焊时，过高的电阻热将使焊条药皮在熔化前就发红变质，失去保护和冶金作用。在自动焊时，过高的电阻热将使焊丝崩断而影响焊接。为了减小过大的电阻热所带来的不利影响，在焊接过程中应采取以下措施：

（1）限制焊条或焊丝的伸出长度

焊条电弧焊时焊条不能过长，特别是在采用细直径焊条时，更要限制其长度。例如，直径为 5 mm 的焊条，其最大长度为 450 mm；而直径为 2.5 mm 的焊条，其最大长度为 300 mm。同样直径的不锈钢焊条，其长度还要短一些，如直径为 5 mm 的不锈钢焊条，长度为 400 mm。在埋弧焊及气体保护焊中选择焊接参数时，对焊丝伸出长度有一定的限制。

（2）限制焊接电流

对于一定直径的焊条或焊丝，在生产中应根据工艺的要求选用合适的电流值，绝不能单纯为了提高效率而选用过高的电流值。埋弧焊及 CO_2 气体保护焊时，由于焊丝伸出长度比焊条长度短得多，且没有焊条药皮，因此，同样直径的焊丝可以选用比焊条电弧焊大得多的电流值，这样就大大地提高了生产效率。不锈钢焊条由于本身材料的电阻率大，因此，选用焊接电流时应比同样直径的碳钢焊条小一些。

2. 电弧加热

真正使焊条、焊丝熔化的是电弧热。尽管电弧热只有一小部分用来熔化焊条或焊丝（大部分热量熔化母材），但它却是熔化焊条、焊丝的主要热量。而焊条、焊丝本身的电阻热仅起辅助作用。

三、焊条、焊丝金属向母材的过渡

熔滴是电弧焊时在焊条或焊丝端部形成的向熔池过渡的液态金属滴。熔滴通过电弧空间向熔池转移的过程称为熔滴过渡。熔滴过渡对焊接过程的稳定性、焊缝成形、飞溅及焊接接头的质量有很大的影响。

1. 熔滴过渡的形式

金属熔滴向熔池过渡的形式大致可分为滴状过渡、短路过渡和喷射过渡三种，如图 5–1 所示。

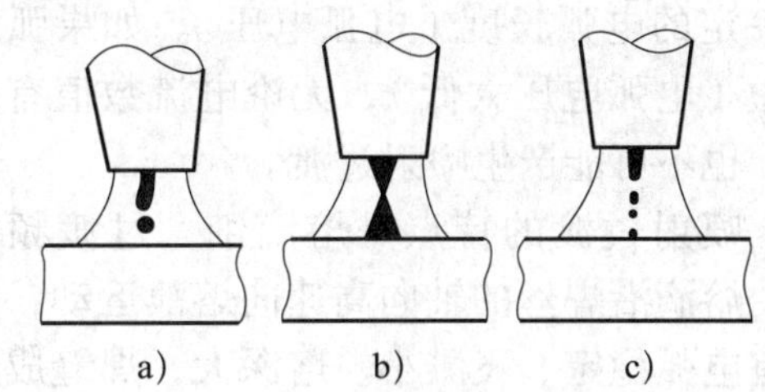

图 5–1 熔滴过渡的形式

a）滴状过渡 b）短路过渡 c）喷射过渡

（1）滴状过渡

滴状过渡有粗滴过渡和细滴过渡两种。

熔滴呈粗大颗粒状向熔池自由过渡的形式称为粗滴过渡，又称颗粒过渡，如图 5–1a 所示。当电流较小时，熔滴依靠表面张力的作用可以保持在焊条或焊丝端部自由长大，直至熔滴下落的力（如重力、电磁力等）大于表面张力时才脱离焊条或焊丝端部落入熔池，此时熔滴较大，电弧不稳定，呈粗滴过渡，通常不采用。随着电流增大，熔滴变细，过渡频率提高，电弧较稳定，飞溅减小，呈细滴过渡。细滴过渡是焊条电弧焊和埋弧焊所采用的熔滴过渡形式。

（2）短路过渡

焊条（或焊丝）端部的熔滴与熔池短路接触，由于强烈过热和磁收缩的作用使其爆断，直接向熔池过渡的形式称为短路过渡，熔滴的过渡情况如图 5–1b 所示。

短路过渡能在小电流、低电弧电压下实现稳定的熔滴过渡和焊接过程。短路过渡适用于薄板或低热输入的焊接。CO_2 气体保护焊采用的最典型的过渡形式就是短路过渡。

（3）喷射过渡

熔滴呈细小颗粒并以喷射状态快速通过电弧空间向熔池过渡的形式称为喷射过渡。焊接时，熔滴的尺寸随着焊接电流的增大而减小，当焊接电流增大到一定数值后，即产生喷射过渡状态。需要强调的是，产生喷射过渡除了要有一定的电流密度外，还必须有一定的电弧长度（电弧电压）。如果弧长太短（电弧电压太低），无论电流数值有多大，也不可能产生喷射过渡。

喷射过渡的特点是熔滴细，过渡频率高，熔滴沿焊丝的轴向高速向熔池运动，并具有电弧稳定、飞溅小、熔深大、焊缝成形美观、生产效率高等优点。喷射过渡是熔化极氩弧焊、富氩混合气体保护焊所采用的熔滴过渡形式，如图 5–1c 所示。

2. 熔滴过渡的作用力

在熔滴形成和长大过程中，有多种力作用其上。根据其来源不同，可分为重力、表面张力、电磁压缩力、斑点压力和气体的吹力。

（1）重力

金属熔滴因本身的重力而具有下垂的倾向。平焊时，金属熔滴的重力起促进熔滴过渡的作用。但是在立焊或仰焊时，熔滴的重力阻碍了熔滴向熔池过渡，成为阻碍力。熔滴的重力如图 5–2 所示。

（2）表面张力

表面张力是焊条或焊丝端头上保持熔滴的作用力，如图 5–2 所示。

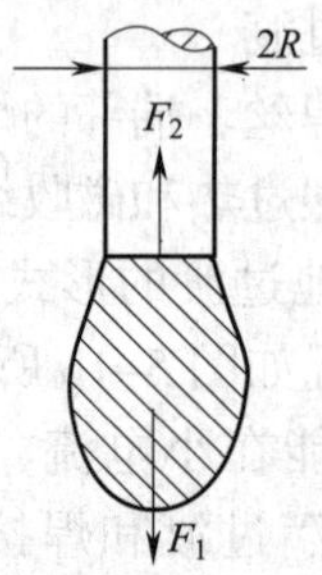

图 5–2　熔滴的重力和表面张力

F_1—熔滴的重力　F_2—熔滴的表面张力

焊条或焊丝金属熔化后，其液态金属并不会马上掉下来，而是在表面张力的作用下形成球滴状悬挂在焊条或焊丝末端。随着其不断熔化，熔滴体积不断增大，直到作用在熔滴上的作用力超过熔滴与焊芯或焊丝界面间的张力时，熔滴才脱离焊芯或焊丝过渡到熔池中去。因此，平焊时表面张力对熔滴过渡起阻碍作用。

但表面张力在仰焊等其他位置的焊接时却有利于熔滴过渡。其一，熔池金属在表面张力作用下，倒悬在焊缝上而不易滴落；其二，当焊芯或焊丝末端熔滴与熔池金属接触时，会由于熔池表面张力的作用而将熔滴拉入熔池。表面张力越大，焊芯或焊丝末端的熔滴越大。

表面张力的大小与多种因素有关，例如，焊条直径越大，焊条末端熔滴的表面张力也越大；液态金属温度越高，其表面张力越小；在保护气体中加入氧化性气体（如氩气中加入氧气），可以显著降低液态金属的表面张力，有利于形成细颗粒熔滴向熔池过渡。

（3）电磁压缩力

由电工学可知，两根平行的载流导体，若它们通过的电流方向相同，则这两根导体彼此相吸，使这两根导体相吸的力叫作电磁力，方向是从外向内，如图 5–3 所示。电磁力的大小与两根导体上的电流成正比，即通过导体的电流越大，电磁力越大。

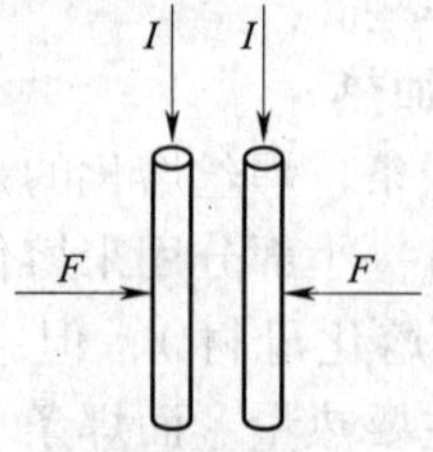

图 5–3　通有相同方向电流的两根导线的相互作用力

焊接时，把焊条或焊丝末端的液体熔滴看成是由许多载流导体组成的，如图 5–4 中箭头所示，这样熔滴就会受到由四周向中心的径向收缩力，称为电磁压缩力。电磁压缩力垂直作用在金属熔滴表面，电流密度最大的地方是在熔滴的细颈部分，这部分也是电磁压缩力作用最大的地方。因此，随着颈部逐渐变细，电流密度增大，电磁压缩力也随之增强，则促使熔滴很快地脱离焊条或焊丝端部向熔池过渡，这样就保证了熔滴在任何空间位置都能顺利地过渡到熔池。因此，电磁压缩力在任何焊接位置都是促使熔滴过渡的力。

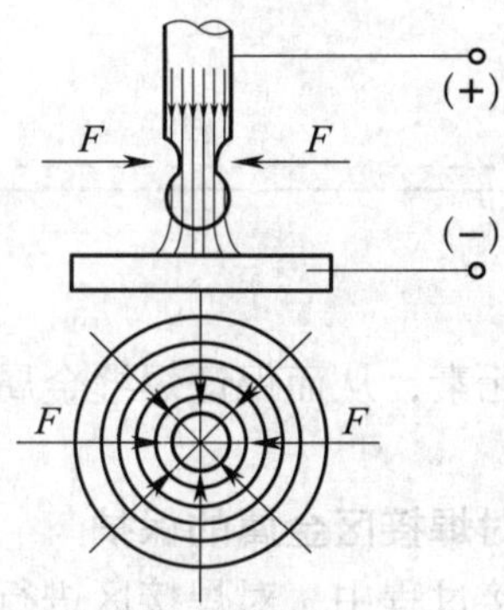

图 5–4　电磁力在熔滴上的压缩作用
F—电磁压缩力

焊接时，一般焊条或焊丝上的电流密度都比较大，因此，电磁压缩力是焊接过程中促使熔滴过渡的一个主要作用力。在气体保护焊时，通过调节焊接电流的密度来控制熔滴尺寸是一个主要的焊接工艺方法。

（4）斑点压力

焊接电弧中的带电微粒（电子和正离子）在电场的作用下分别向阳极和阴极运动，撞击在两极的斑点上而产生的机械压力称为斑点压力，如图 5–5 所示。由于斑点压力的方向与熔滴过渡的方向相反，因此，在任何焊接位置都是阻碍熔滴过渡的力。在直流正接时，阻碍熔滴过渡的是正离子的压力；在直流反接时，阻碍熔滴过渡的是电子的压力。由于正离子的质量比电子大，因此，直流正接时的斑点压力比直流反接时大。

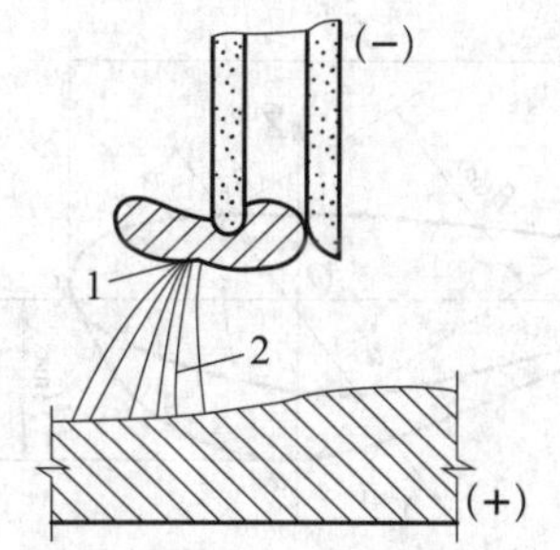

图 5–5　斑点压力阻碍熔滴过渡
1—阴极斑点　2—电弧

（5）气体的吹力

进行焊条电弧焊时，焊条药皮的熔化稍微落后于焊芯的熔化，在药皮的末端会形成一小段尚未熔化的“喇叭”形套筒，如图 5–6 所示。药皮造气剂分解产生的气体及焊芯中碳元素氧化生成的 CO 气体从套筒中喷出。这些气体在高温状态下体积急剧膨胀，沿焊条的轴线方向形成挺直而稳定的气流，把熔滴吹到熔池中。因此，在任何焊缝位置这种气流都有利于熔滴金属的过渡。

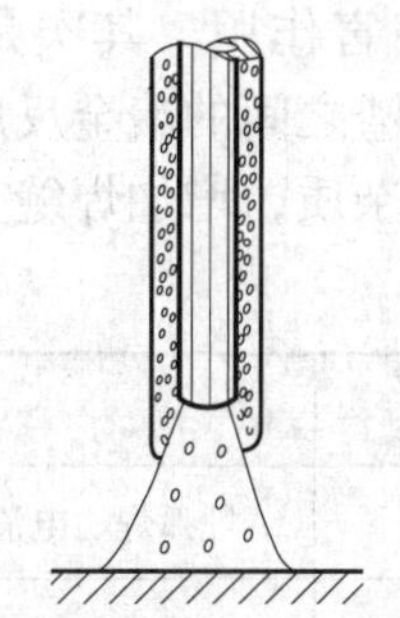

图 5–6　焊条药皮形成套筒

四、母材的熔化

熔焊时，在焊接热源作用下，焊条、焊丝金属熔化的同时，被焊金属（母材）也发生局部的熔化。母材上由熔化的焊条、焊丝金属与母材金属所组成的具有一定几何形状的液态金属称为焊接熔池。焊接时，熔池随热源的向前移动做同步运动。

熔池的形状如图 5–7 所示，很像一个不标准的半椭圆形球。熔池的大小、存在时间对焊缝性能有很大影响。

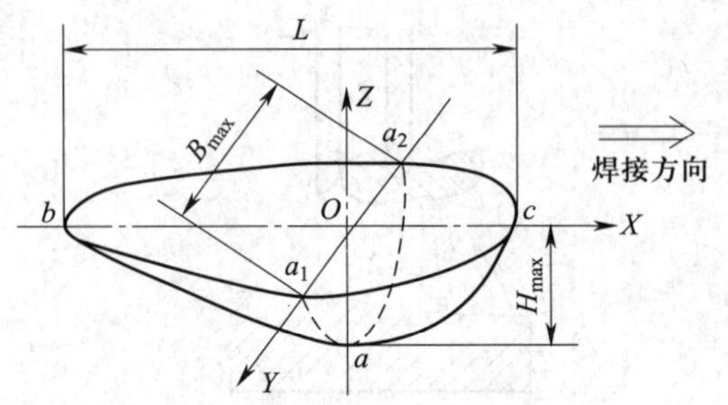

图 5-7　焊接熔池的形状

一般情况下，随着电流的增大，熔池的最大深度 H_{max} 增大，熔池的最大宽度 B_{max} 相对减小；而随着电压的升高，H_{max} 减小，B_{max} 增大。

§5-2　焊接化学冶金过程

焊接化学冶金过程是指焊接区中各种物质（如熔化金属、熔渣、气体等）之间在高温下相互作用的过程。焊接化学冶金过程的首要作用就是对焊接区的金属进行保护，防止空气的有害作用。其次是通过熔化金属、气体、熔渣之间的冶金反应来消除焊缝金属中的有害杂质，增加焊缝金属中某些有益的合金元素，从而保证焊缝金属的各种性能。

一、对焊接区金属的保护

在焊接过程中，对焊接区进行保护的目的是防止空气的有害作用，保证焊缝质量。不同的焊接方法，其保护方式也不相同，各种熔焊方法的保护方式见表 5-1。

表 5-1　各种熔焊方法的保护方式

保护方式	焊接方法
熔渣保护	埋弧焊、电渣焊、不含造气物质的焊条或药芯焊丝焊接
气体保护	在惰性气体或其他气体（如 CO_2、混合气体等）保护中焊接
气渣联合保护	具有造气物质的焊条或药芯焊丝焊接
真空保护	真空电子束焊接
自保护	用含有脱氧剂、脱硫剂的“自保护”焊丝进行焊接

二、焊接化学冶金过程的特点

1. 温度高，温度梯度大

焊接电弧的温度很高，一般可达 6 000 ~ 8 000 ℃，使金属剧烈蒸发，电弧周围的气体 CO_2、N_2、H_2 等大量分解，分解后的气体原子或离子很容易溶解在液态金属中形成气孔。

熔池温差大，熔池的平均温度在 2 000 ℃以上，并被周围的冷却金属包围，温度梯度大，因此，焊件易产生应力并引起变形，甚至产生裂纹。

2. 熔池体积小，熔池存在时间短

焊接熔池的体积极小，焊条电弧焊熔池的质量通常在0.6 ~ 16 g之间，埋弧焊熔池的质量一般不超过100 g；同时，加热及冷却速度很快，由局部金属开始熔化形成熔池到结晶完成的全部过程一般只有几秒钟的时间。因此，整个冶金反应不能充分进行，易形成偏析。

3. 熔池金属不断更新

焊接时随着焊接热源的移动，熔池中参加反应的物质经常改变，不断有新的铁液及熔渣加入熔池中参加反应，增加了焊接冶金过程的复杂性。

4. 反应接触面大，搅拌剧烈

焊接时，熔化金属是以滴状从焊条或焊丝端部过渡到熔池的，熔滴与气体及熔渣的接触面大，有利于冶金反应快速进行。同时，气体侵入液态金属中的机会也增多了，易使焊缝金属氧化、氮化及产生气孔。此外，熔池搅拌剧烈有助于加快反应速度，也有助于熔池中气体的逸出。

由于焊接化学冶金过程具有上述特点，冶金反应往往不能充分进行。因此，焊接化学冶金过程要比一般的炼钢冶金过程复杂且强烈得多。

三、有害元素对焊缝金属的作用

焊缝金属中的有害元素主要是氧、氢、氮、硫、磷。焊接中的O_2、H_2、N_2主要来自焊条、焊丝、焊剂等焊接材料以及电弧周围的空气和未清理干净的母材表面；焊缝中的硫、磷主要来自母材、焊条、焊丝、焊剂等。它们将严重影响焊缝质量，因此，焊接中必须对氧、氢、氮、硫、磷进行控制。

1. 氧对焊缝金属的作用

（1）氧的来源

焊接区的氧气主要来自电弧中的氧化性气体（如CO_2、O_2、H_2O等），空气中氧的侵入，焊剂、药皮中的高价氧化物和焊件表面的铁锈、水分等的分解产物。

氧在电弧高温作用下分解为原子，原子状态的氧非常活泼，能使铁和其他元素氧化，其中氧化生成的FeO能溶解于液态金属，所以，氧在焊缝金属中主要以FeO的形式存在。焊缝金属中的FeO还会使其他元素进一步氧化。

（2）氧对焊接质量的影响

1）焊缝金属中的氧不仅会使焊缝中有益元素大量烧损，而且会使焊缝的强度、塑性、硬度和冲击韧度降低，其中，冲击韧度降低得尤为明显。

2）降低焊缝金属的物理性能和化学性能，如降低导电性、导磁性和耐腐蚀性等。

3）氧与碳、氢反应，生成不溶于金属的气体CO和H_2O，若结晶时来不及顺利逸出，则会在焊缝内形成气孔。

4）产生飞溅，影响焊接过程的稳定性。

（3）控制氧的措施

1）加强保护，如采用短弧焊、选用合适的气体流量等，防止空气侵入。还可以在惰性气体保护或真空保护下进行焊接。

2）清理焊件及焊丝表面的水分、油污、锈迹，按规定温度烘干焊剂、焊条等焊接材料。

3）对焊缝脱氧也是行之有效的措施。

（4）焊缝金属的脱氧

焊接时，除采取措施防止熔化金属氧化外，设法在焊丝、药皮、焊剂中加入一些合金元素，去除或减少已进入熔池中的氧，是保证焊缝质量的关键，这个过程称为焊缝金属的脱氧。

1）脱氧剂选择的原则。用来脱氧的元素或合金叫作脱氧剂。作为脱氧剂必须具备下列条件：

①脱氧剂在焊接温度下对氧的亲和力应比被焊金属的亲和力大。元素对氧的亲和力大小按递减顺序排列为：

$$\xrightarrow{\text{Al} \quad \text{Ti} \quad \text{Si} \quad \text{Mn} \quad \text{Fe}}$$

在实际生产中，常用它们的铁合金或金属粉（如锰铁、硅铁、钛铁、铝粉等）作为脱氧剂。元素对氧的亲和力越大，脱氧能力越强。

②脱氧后的产物应不溶于金属而容易被排入熔渣，且熔点应较低，密度应比金属低，易从熔池中上浮入渣。

2）焊缝金属的脱氧途径。焊缝金属的脱氧有先期脱氧、沉淀脱氧和扩散脱氧三种途径。

①先期脱氧。焊接时，在焊条药皮加热过程中，药皮中的碳酸盐（$CaCO_3$、$MgCO_3$）或高价氧化物（Fe_2O_3）受热分解释放出 CO_2 和 O_2，这时药皮内的脱氧剂（如锰铁、硅铁、钛铁等）便与其发生氧化反应生成氧化物，从而使气相氧化性降低。这种在药皮加热阶段发生的脱氧方式称为先期脱氧。

先期脱氧的目的是尽可能在早期把氧去除，减少熔化金属的氧化。先期脱氧是不完全的，脱氧过程和脱氧产物一般不与熔滴金属发生直接关系。

②沉淀脱氧。沉淀脱氧是利用溶解在熔滴和熔池中的脱氧剂直接与 FeO 反应进行脱氧，并使脱氧后的产物排入熔渣而清除。沉淀脱氧的对象主要是液态金属中的 FeO，沉淀脱氧常用的脱氧剂有锰铁、硅铁、钛铁等。酸性焊条（E4303）一般用锰铁脱氧；碱性焊条（E5015）一般用硅铁、钛铁脱氧。锰铁、硅铁、钛铁的脱氧化学反应式如下：

$$FeO+Mn=MnO+Fe$$

$$2FeO+Si=SiO_2+2Fe$$

$$2FeO+Ti=TiO_2+2Fe$$

Si、Ti 对氧的亲和力比 Mn 对氧的亲和力大，按理说脱氧作用比 Mn 强，那么为什么酸性焊条（E4303）中不用 Si 和 Ti 而必须用 Mn 来脱氧呢？这是由于酸性焊条（E4303）的熔渣中含有大量的酸性氧化物 SiO_2 及 TiO_2，而用 Si 和 Ti 脱氧后的生成物也是 SiO_2 与 TiO_2，这些生成物无法与熔渣中存在的大量酸性氧化物结合成稳定的复合物而进入熔渣，因此，脱氧反应难以进行而无法脱氧。

而 MnO 是碱性氧化物，因此，很容易与酸性氧化物（SiO_2、TiO_2）结合成稳定的复合物（$MnO \cdot SiO_2$ 及 $MnO \cdot TiO_2$）而进入熔渣，所以脱氧反应易于进行，有利于脱氧。

那么碱性焊条（E5015）为什么又不能用 Mn 脱氧，而必须用 Si、Ti 来脱氧呢？这是因为碱性焊条（E5015）熔渣中含有大量的 CaO 等碱性氧化物，而 Mn 脱氧后的生成物 MnO 也是碱性氧化物，这些生成物无法与熔渣中存在的大量碱性氧化物结合成稳定的复合物而进入熔渣。如用 Si、Ti 来脱氧，则脱氧后的产物 SiO_2、TiO_2 就可以与熔渣中大量的碱性氧化物形成稳定的复合物（$CaO \cdot SiO_2$ 及 $CaO \cdot TiO_2$）而进入熔渣。

Al 的脱氧能力虽然很强，但生成的 Al_2O_3 熔点高，不易上浮，易形成夹渣，同时还会产生飞溅、气孔等缺欠，故一般不宜单独作为脱氧剂。

③扩散脱氧。利用 FeO 既能溶于熔池金属，又能溶解于熔渣的特性，使 FeO 从熔池扩散到熔渣，从而降低焊缝含氧量，这种脱氧方式称为扩散脱氧。

用酸性焊条焊接时，由于熔渣中存在大量的 SiO_2、TiO_2 等酸性氧化物，作为碱性氧化物的 FeO 就比较容易从熔池扩散到熔渣中去，与之结合成稳定的复合物 $FeO \cdot TiO_2$ 和 $FeO \cdot SiO_2$，从而降低熔池中 FeO 的含量。因此，用酸性焊条焊接以扩散脱氧为主要脱氧方式。

用碱性焊条焊接时，由于在碱性熔渣中存在大量的强碱性的 CaO 等氧化物，而熔池中的 FeO 也是碱性氧化物，因此，扩散脱氧难以进行。所以扩散脱氧在用碱性焊条焊接时基本不存在。

由此可见，用酸性焊条焊接时主要以扩散脱氧方式为主，用碱性焊条焊接时主要以沉淀脱氧方式为主。

2. 氢对焊缝金属的作用

（1）氢的来源

焊接区的氢主要来自受潮的药皮或焊剂中的水分，焊条药皮或焊剂中的有机物，空气中的水分，焊件表面的铁锈、油脂及涂料等。

氢一般不与金属化合，但它能溶解于Fe、Ni、Cu、Cr、Mo等金属中。氢在铁中的溶解是以原子或离子状态溶入的，氢在铁中的溶解度如图5-8所示。氢在铁中的溶解度与温度和铁的同素异构体等有关，温度越高，氢的溶解度越大，且在相变时溶解度发生突变。

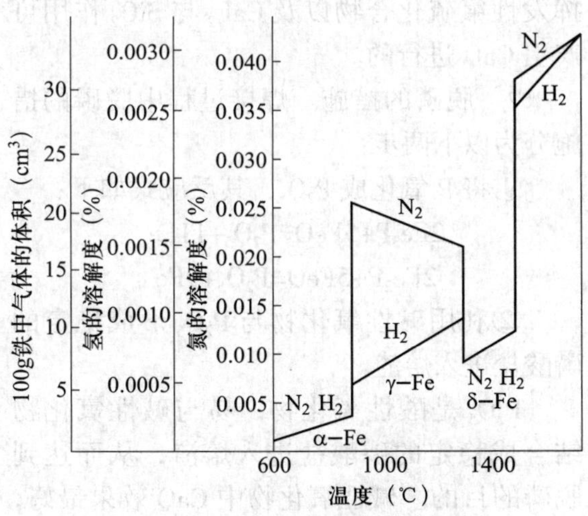

图5-8 压力为0.1 MPa时氢和氮在铁中的溶解度

（2）氢对焊接质量的影响

1）形成气孔。熔池结晶时氢的溶解度突然降低，容易造成过饱和的氢残留在焊缝金属中，当焊缝金属的结晶速度大于它的逸出速度时，就会形成气孔。

2）产生白点和氢脆。钢焊缝含氢量高时，常常在焊缝拉断面上出现如鱼目状的、直径为0.5 ~ 5 mm的白色圆形斑点，称为白点。氢在室温时使钢的塑性严重下降的现象称为氢脆。白点和氢脆使焊缝金属塑性严重下降。

3）产生冷裂纹。氢是产生冷裂纹的因素之一，焊缝含氢量高时易产生冷裂纹。

（3）控制氢的措施

1）焊前清理干净焊件及焊丝表面的铁锈、油污、水分等污物。

2）焊前按规定温度烘干焊剂、焊条，对气体保护焊的保护气体进行去水、干燥处理。

3）尽量选用低氢型焊条，焊接时采用直流反接，短弧操作。

4）焊后消氢处理，即焊后立即将焊件加热到250 ~ 350 ℃，保温2 ~ 6 h，使焊缝金属中的扩散氢加速逸出，降低焊缝和热影响区中的含氢量。

3. 氮对焊缝金属的作用

（1）氮的来源

焊接区中的氮主要来自周围空气。氮可以原子、NO及离子形式溶入铁及其合金中，氮在铁中的溶解度随温度升高而增大。如图5-8所示为氮在铁中的溶解度。氮既不溶解于铜等金属，又不与其形成化合物，故焊接这类金属时可用氮作为保护气体。

（2）氮对焊接质量的影响

1）形成气孔。氮与氢一样，在熔池结晶时溶解度突然降低，此时有大量的氮会析出，当来不及析出时，就会形成气孔。

2）影响焊缝的力学性能。氮与铁等形成化合物，并以针状夹杂物形式存在于焊缝金属中，使焊缝的硬度和强度提高，塑性、韧性降低，影响其力学性能。

（3）控制氮的措施

1）加强对焊接区液态金属的保护，防止空气中氮的侵入，是控制焊缝中含氮量的主要措施。

2）采取正确的焊接工艺措施，如尽量采用短弧焊接，因为电弧越长，氮侵入熔池越多，焊缝中的含氮量越高。此外，采用直流反接比直流正接可减少焊缝中的含氮量。

4. 焊缝金属中硫、磷的危害及控制

（1）硫、磷的来源

焊缝中的硫、磷主要来自母材、焊丝、药皮、焊剂等材料。硫在焊缝中主要以 FeS 和 MnS 形式存在，由于 MnS 在液态铁中溶解度极小，且易排除入渣，即使不能排走而留在焊缝中，也呈球状分布于焊缝中，因而对焊缝质量影响不大，因此，焊缝中以 FeS 的形式最为有害。磷在焊缝中主要以铁的磷化物 Fe_2P、Fe_3P 的形式存在。

（2）硫、磷的危害

硫、磷是焊缝中的有害杂质。FeS 可无限地溶解于液态铁中，而在固态铁中的溶解度只有 0.015% ~ 0.020%，因此，熔池凝固时 FeS 析出，并与 α-Fe、FeO 等形成低熔点共晶，尤其在焊接高含镍量的合金钢时，硫与 Ni 形成的 NiS 与 Ni 共晶的熔点更低。这些低熔点共晶呈液态薄膜状聚集于晶界，导致晶界处开裂，产生热裂纹。此外，硫还能引起偏析，降低焊缝金属的冲击韧度和耐腐蚀性。

磷与硫一样可与铁形成低熔点共晶 Fe_3P+P，聚集于晶界，易产生热裂纹。此外，这些磷化物还削弱了晶粒间的结合力，且它本身既硬又脆，因而增加了焊缝金属的冷脆性，使冲击韧度降低，造成冷裂。

硫化物共晶、磷化物共晶的熔点见表 5-2。

表 5-2 硫化物共晶、磷化物共晶的熔点

℃

共晶物	FeS+（α-Fe）	FeS+FeO	NiS+Ni	Fe_3P+P
熔点	985	940	644	1 050

（3）脱硫和脱磷的措施

1）脱硫的措施。焊接过程中脱硫的主要措施有元素脱硫和熔渣脱硫两种。

①元素脱硫。元素脱硫就是在液态金属中加入一些对硫的亲和力比对铁大的元素，把铁从 FeS 中还原出来，形成的硫化物不溶于金属而进入熔渣，从而达到脱硫的目的。在焊接中最常用的是 Mn 元素脱硫，因为 Mn 的脱硫产物 MnS 几乎不溶于金属而进入熔渣，其反应式如下：

$$FeS+Mn=Fe+MnS$$

②熔渣脱硫。熔渣脱硫是利用熔渣中的碱性氧化物，如 CaO、MnO 及 CaF_2 等进行脱硫。脱硫产物 CaS 、MnS 进入熔渣被排除，从而达到脱硫的目的，其反应式如下：

$$FeS+CaO=FeO+CaS$$

$$FeS+MnO=MnS+FeO$$

Ca 比 Mn 对硫的亲和力强，并且 CaS 完全不溶于金属，所以 CaO 脱硫效果较 MnO 好。

CaF_2 脱硫主要是利用氟与硫化合生成挥发性氟硫化合物以及 CaF_2 与 SiO_2 作用可产生 CaO 进行的。

2）脱磷的措施。焊接过程中脱磷的措施分为以下两步：

①将 P 氧化成 P_2O_5，其反应式如下：

$$2Fe_3P+5FeO=P_2O_5+11Fe$$

$$2Fe_2P+5FeO=P_2O_5+9Fe$$

②利用碱性氧化物与 P_2O_5 形成稳定的磷酸盐进入熔渣。

P_2O_5 是酸性氧化物，易与碱性氧化物结合成稳定的磷酸盐进入熔渣，从而达到脱磷的目的。碱性氧化物中 CaO 效果最好，因此常用 CaO 脱磷，其反应式如下：

$$3CaO+P_2O_5=Ca_3P_2O_8$$

$$4CaO+P_2O_5=Ca_4P_2O_9$$

从上述讨论中可知，熔渣中若同时有足够的自由 FeO 和自由 CaO（在熔渣中未形成稳定复合物的 FeO 或 CaO），则脱磷效果好。但实际上在碱性焊条或酸性焊条中，要同时具有上述两个条件是很困难的。

（4）酸性焊条与碱性焊条的脱硫和脱磷

1）酸性焊条。酸性焊条熔渣中碱性氧

化物 CaO 和 MnO 较少，熔渣脱硫能力弱，仅靠 Mn 元素脱硫。同时碱性氧化物 CaO 较少，脱磷能力差。因此，酸性焊条脱硫、脱磷效果较差。

2）碱性焊条。碱性焊条药皮中含有大量的大理石、萤石和铁合金，熔渣中有大量的碱性氧化物 CaO、MnO 等，既能进行熔渣脱硫和脱磷，同时又可进行元素脱硫。因此，碱性焊条的脱硫、脱磷能力比酸性焊条强，这是碱性焊条的力学性能、抗裂性能比酸性焊条强的重要原因。

四、焊缝金属合金化

焊缝金属的合金化就是将所需的合金元素由焊接材料通过焊接冶金过程过渡到焊缝金属中去的反应，又称焊缝金属的渗合金。

虽然冶金反应脱硫、脱磷能降低焊缝中的含硫量和含磷量，且碱性焊条的脱硫、脱磷能力比酸性焊条强。但由于焊接冶金时间短，脱硫、脱磷反应来不及充分进行，总的来说，酸性焊条与碱性焊条的脱硫和脱磷效果仍较差。因此，严格控制母材和焊接材料中硫和磷的来源是控制焊缝金属中含硫量和含磷量的主要措施。

1. 焊缝金属合金化的目的

（1）补偿焊接过程中由于合金元素氧化和蒸发等造成的损失，以保证焊缝金属的成分、组织和性能符合预定的要求。

（2）通过向焊缝金属中渗入母材中不含或少含的合金元素，以满足焊件对焊缝金属的特殊要求。如用堆焊的方法来提高焊件表面耐磨、耐热、耐腐蚀性等。

（3）消除焊接工艺缺欠，改善焊缝金属的组织和性能。如向焊缝金属中加入锰以消除硫所引起的热裂纹等。

2. 焊缝金属合金化的方式

进行焊条电弧焊时，焊缝金属合金化的方式有两种：一种是通过焊芯（即利用合金钢焊芯）过渡；另一种是通过焊条药皮（即将合金成分加在药皮里）过渡，这两种方式还可以同时兼有。

通过合金钢焊芯合金化，外面再涂以碱性熔渣的保护药皮，焊缝金属合金化的效果与可靠性最好。通过药皮实现合金化，是在焊条药皮中加入各种铁合金粉末和合金元素，然后在焊接时把这些元素过渡到焊缝金属中去。这种方法在生产上应用较广泛，通常采用在低碳钢（H08、H08A）焊条药皮中加入合金剂的方法达到合金化的目的。焊条药皮常用的合金剂有锰铁、硅铁、镍铁、钼铁、钨铁、硼铁等。

采取短弧焊接既可以减少空气中氧的侵入，又可以缩短熔滴过渡的路程，从而减少熔滴过渡时与氧的接触时间，提高焊缝的合金化效果。

§5-3 焊缝结晶过程

焊缝金属从熔池中高温的液体状态冷却至常温的固体状态经历了两次结晶过程，即从液相转变为固相的一次结晶和在固相焊缝金属中出现同素异构转变的二次结晶（又称重结晶）。焊缝结晶过程对焊缝金属的组织和性能有重大影响，焊接过程中的许多缺欠，如气孔、裂纹、夹杂、偏析等，大多是在熔池结晶时产生的。

一、焊缝金属的一次结晶

焊缝金属由液态转变为固态的凝固过程称为焊缝金属的一次结晶。一次结晶包括生核和长大两个基本过程。

焊接时，随着电弧的移去，熔池液态金属温度逐渐降低，由于熔合线处的散热条件好，是熔池中温度最低的地方，因此，当液态金属达到凝固温度时（实际温度要比理论温度稍低些），熔合线上的半熔化晶粒就成为附近液态金属结晶的晶核，如图 5-9 所示。随着熔池温度的不断降低，晶核开始朝着与散热方向相反的方向长大，即垂直熔合线指向熔池中心方向，同时也向两侧较缓慢地长大，形成柱状结晶。当柱状晶体不断长大至互相接触时，焊缝的一次结晶过程结束。焊接熔池结晶过程如图 5-10 所示。

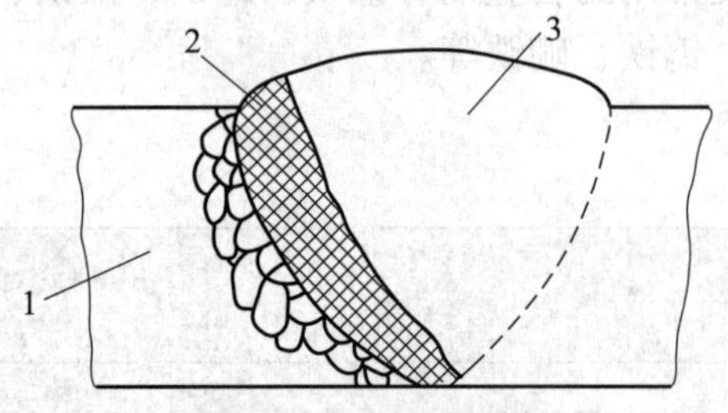

图 5-9 熔合线上的晶核
1—母材 2—熔合区 3—焊缝

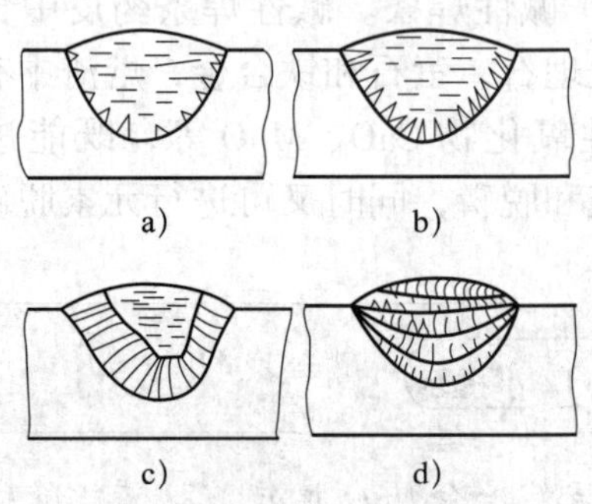

图 5-10 焊接熔池结晶过程
a）开始结晶 b）晶体长大
c）柱状结晶 d）结晶结束

二、焊缝结晶过程中的偏析

焊缝金属中化学成分分布不均匀的现象称为偏析。偏析主要是在一次结晶时产生的，偏析的化学成分不均匀不仅导致性能改变，同时偏析也是产生裂纹、气孔、夹杂物等焊接缺欠的主要原因之一。

焊缝中的偏析主要有显微偏析、区域偏析和层状偏析。

1. 显微偏析

在一个柱状晶粒内部和晶粒之间的化学成分分布不均匀的现象称为显微偏析。

柱状晶粒生长的过程，一方面是在结晶的轴向延长，另一方面是径向扩展，如图 5-11 所示。焊缝结晶时，最先结晶的结晶中心（即晶轴）的金属最纯，而后结晶的部分合金元素和杂质含量略高，最后结晶的部分，即晶粒的外缘和前端合金元素和杂质

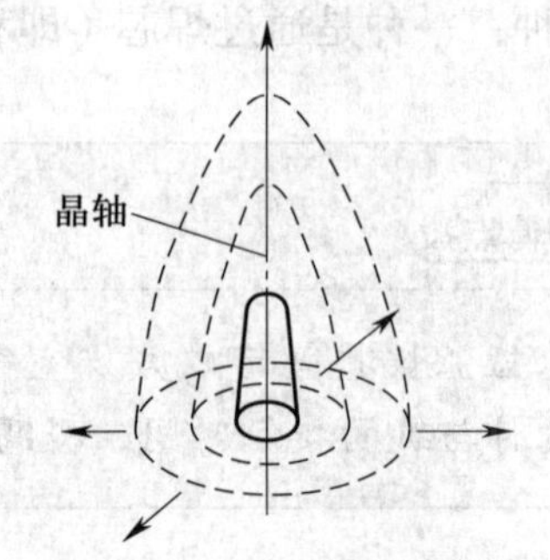

图 5-11 柱状晶粒生长过程

含量最高。这样一个柱状晶粒内部化学成分分布不均匀的现象叫作晶内偏析。

焊缝结晶过程是无数个柱状晶粒同时生长的过程，每个晶粒都有自己的晶轴，很多相邻的晶粒都以自己的晶轴为中心向四周和前方发展，因此，相邻晶粒之间的液体结晶最迟，含有较多的合金元素和杂质，这种晶粒之间化学成分分布不均匀的现象称为晶间偏析。

2. 区域偏析

熔池结晶时，由于柱状晶体的不断长大和推移，把杂质推向熔池中心，这样熔池中心的杂质含量要比其他部位高，这种现象称为区域偏析。

焊缝成形系数不同，其偏析的地方也不一样。焊缝成形系数小，焊缝窄而深，各柱状晶粒的交界在中心，使窄焊缝的中心聚集较多的杂质，如图 5–12a 所示，这时极易形成热裂纹；焊缝成形系数大，焊缝宽而浅，杂质聚集在焊缝上部，如图 5–12b 所示，这种焊缝具有较强的抗热裂纹能力。因此，可以利用这一特点来降低焊缝产生热裂纹的可能。例如，同样厚度的钢板，用多层多道焊要比一次深熔焊的焊缝抗热裂纹的能力强得多。

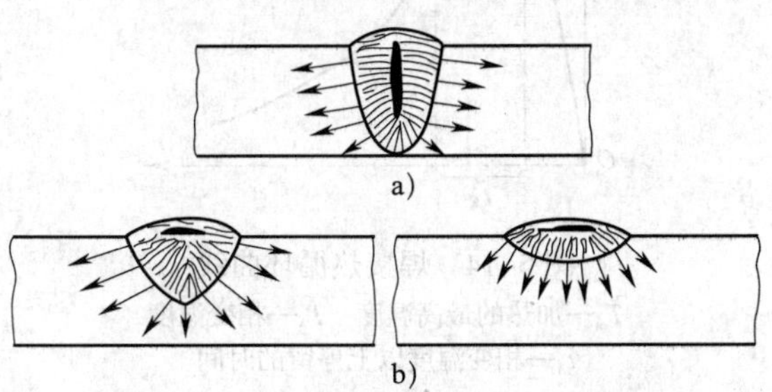

图 5–12　不同成形系数焊缝断面对偏析分布的影响

a）成形系数小　b）成形系数大

3. 层状偏析

焊接熔池始终处于气流和熔滴金属的脉动作用下，因此，无论是金属的流动或热量的提供和传递都具有脉动的性质。同时，熔池结晶过程中放出的结晶潜热造成结晶过程周期性停顿，使晶体长大速度出现周期性增大和减小。晶体长大速度的变化引起结晶前沿液态金属中夹杂浓度的变化，这样就形成周期性的偏析现象，称为层状偏析。层状偏析常集中了一些有害的元素，因而缺欠也往往出现在偏析层中。如图 5–13 所示为由层状偏析所造成的气孔。

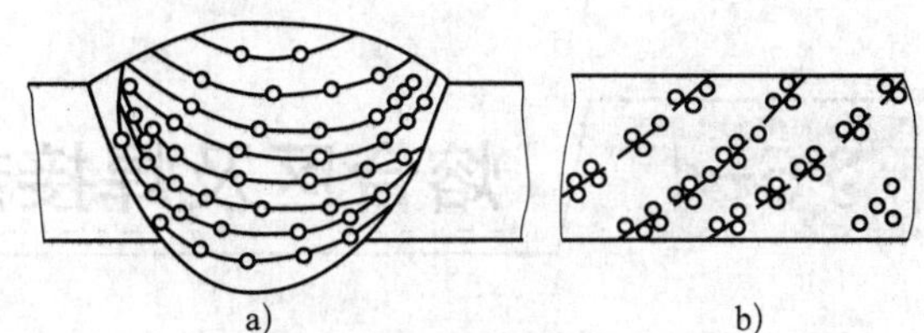

图 5–13　层状偏析气孔的分布

a）焊缝横断面　b）焊缝纵断面

三、焊缝金属的二次结晶

一次结晶结束后，熔池金属就转变为固态的焊缝。高温的焊缝金属冷却到室温时，要经过一系列的相变过程，这种相变过程称为焊缝金属的二次结晶。

对低碳钢而言，焊缝的常温组织，即二次结晶后的组织为铁素体加珠光体。在低碳钢的平衡组织（即非常缓慢地冷却下来所得的组织）中，珠光体含量很少。焊接时，由于冷却速度较快，因此，焊缝组织中珠光体含量一般都比平衡组织中的含量大。冷却速度越快，珠光体含量越多，焊缝的硬度和强度随之提高，而塑性和韧性则随之降低。冷却速度对低碳钢的焊缝组织及硬度的影响见表 5–3。

表 5–3　低碳钢焊缝冷却速度对组织及硬度的影响

冷却速度（℃/s）	焊缝组织质量分数（%）		焊缝金属的硬度
	铁素体	珠光体	
110	38	62	228HV
50	40	60	205HV
35	61	39	195HV
10	65	35	185HV
5	79	21	167HV
1	82	18	165HV

四、焊缝中的夹杂物

由焊接冶金反应产生的、焊后残留在焊缝金属中的微观非金属杂质称为夹杂物。焊缝中的夹杂物主要有硫化物和氧化物两种。硫化物夹杂主要是硫化亚铁（FeS）和硫化锰（MnS），硫化亚铁对焊缝的危害很大，是使焊缝产生热裂纹的主要原因之一。氧化物夹杂主要是二氧化硅（SiO_2）、氧化锰（MnO）、氧化钛（TiO_2），它们会降低焊缝的力学性能。

§5-4 熔合区及焊接热影响区

熔焊时，不仅焊缝在焊接热源的作用下发生从熔化到固态相变等一系列变化，而且焊缝两侧未熔化的母材也会因焊接热传递的影响而产生组织和性能变化。此外，由母材到焊缝也存在着性能既不同于焊缝，又不同于母材的过渡区，这些都会对焊接接头的性能产生较大的影响。

一、熔合区的组织和性能

熔合区是指在焊接接头中焊缝向热影响区过渡的区域。该区域范围很窄，甚至在显微镜下也很难分辨。

熔合区温度处于铁碳合金状态图中固相线和液相线之间。熔合区金属处于部分熔化状态（半熔化区），晶粒非常粗大，冷却后组织为粗大的过热组织，塑性、韧性很差。由于熔合区具有明显的化学不均匀性及组织不均匀性，因此，往往是焊接接头产生裂纹或局部脆性破坏的发源地，是焊接接头中性能最差的区域。

二、焊接热循环

在焊接热源作用下，焊件上某点的温度随时间变化的过程称为焊接热循环。焊接热循环是针对焊件上某个具体的点而言的，当热源向该点靠近时，该点的温度随之升高直至达到最大值，随着热源的离开，温度又逐渐降低至室温，该过程可用一条曲线来表示，叫作热循环曲线，如图 5–14 所示。在焊缝两侧距焊缝远近不同的各点所经历的热循环不同，显然，距焊缝越近的各点，加热达到的最高温度越高；距焊缝越远的各点，加热达到的最高温度越低。距焊缝不同距离焊件上各点的焊接热循环如图 5–15 所示。

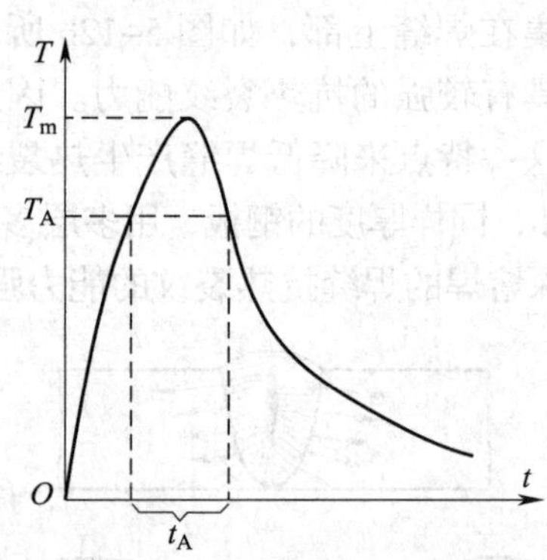

图 5–14 焊接热循环曲线

T_m—加热的最高温度 T_A—相变温度

t_A—相变温度以上停留的时间

焊接热循环的主要特点是加热温度高，停留时间短（几秒到十几秒），加热和冷却速度快。

焊接热循环的主要参数是加热速度、加热的最高温度（T_m）、在相变温度以上停留的时间（t_A）和冷却速度。影响焊接热循环的主要因素有焊接参数、焊接方法、预热和道间温度、接头形式、母材导热性等。

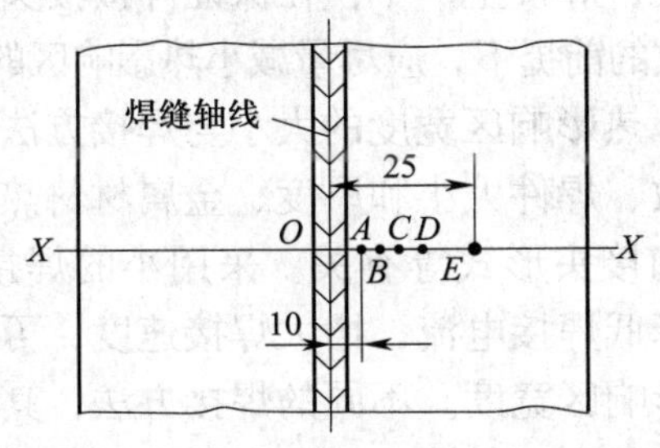

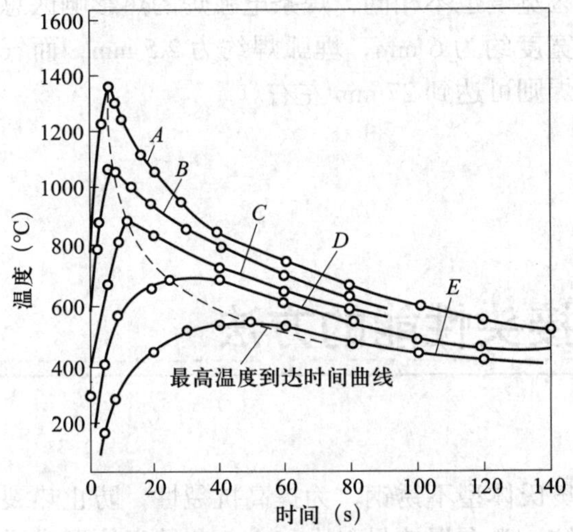

图 5-15　距焊缝不同距离焊件上各点的焊接热循环

A—至焊缝轴线 10 mm　B—至焊缝轴线 11 mm

C—至焊缝轴线 14 mm　D—至焊缝轴线 18 mm

E—至焊缝轴线 25 mm

三、焊接热影响区的组织和性能

焊接热影响区是指在焊接过程中，母材因受热影响（但未熔化）而发生金相组织和力学性能变化的区域。焊接热影响区的组织和性能基本上反映了焊接接头的性能和质量。

对于低碳钢及合金元素较少的低合金高强度结构钢（如 Q295、Q355、Q390）等不易淬火钢，焊接热影响区可分为过热区、正火区、不完全重结晶区和再结晶区，如图 5-16 所示。

1. 过热区

在焊接热影响区中，具有过热组织或晶粒显著粗大的区域称为过热区，又称粗晶区。过热区的加热温度范围是在固相线以下到 1 100 ℃左右之间。在这样高的温度下，

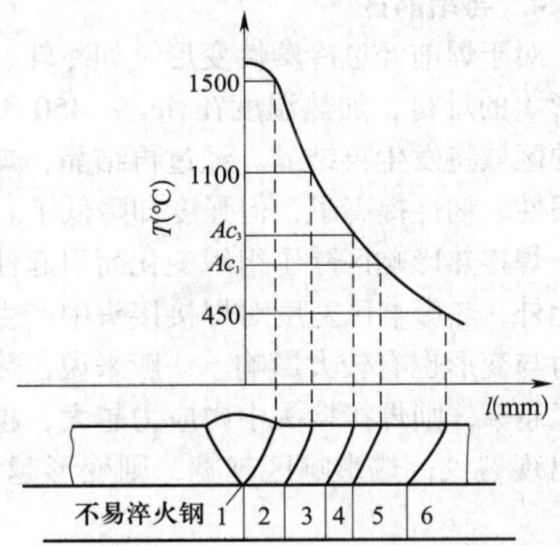

图 5-16　不易淬火钢焊接热影响区

1—熔合区　2—过热区　3—正火区

4—不完全重结晶区　5—再结晶区　6—母材

奥氏体晶粒严重长大，冷却后呈现为晶粒粗大的过热组织，甚至出现魏氏组织。过热区塑性、韧性很低，尤其是冲击韧度比母材低 20% ~ 30%，是热影响区中性能最差的区域。

2. 正火区

正火区的加热温度范围在 Ac_3 ~ 1 100 ℃之间。加热时该区域的铁素体和珠光体全部转变为奥氏体。由于温度不高，晶粒长大较慢，空冷后，获得均匀而细小的铁素体和珠光体，相当于热处理时的正火组织，因此，该区域又称相变重结晶区或细晶区。其力学性能略高于母材，是热影响区中综合力学性能最好的区域。

3. 不完全重结晶区

不完全重结晶区的加热温度范围处于 Ac_1 ~ Ac_3 之间。加热时该区域的部分铁素体和珠光体转变为奥氏体，冷却时奥氏体转变为细小的铁素体和珠光体；而未溶入奥氏体的铁素体不发生转变，晶粒长大粗化，成为粗大的铁素体。所以这个区域的金属组织是不均匀的，一部分是经过重结晶的晶粒细小的铁素体和珠光体，另一部分是粗大的铁素体。由于晶粒大小不同，因此力学性能也不均匀。

4. 再结晶区

对于焊前经过冷塑性变形（如冷轧、冷成形）的母材，加热温度在 Ac_1 ~ 450 ℃之间的区域将发生再结晶。经过再结晶，焊缝的塑性、韧性提高了，但强度却降低了。

焊接热影响区除了组织变化而引起性能变化外，热影响区宽度对焊接接头中产生的应力与变形也有较大影响。一般来说，热影响区越窄，则焊接接头中内应力越大，越容易出现裂纹；热影响区越宽，则变形越大。因此，焊接生产中，在保证焊接接头不产生裂纹的前提下，应尽量减小热影响区的宽度。

热影响区宽度的大小与焊接方法、焊接参数、焊件大小和厚度、金属材料热物理性质和接头形式等有关。采用小的焊接参数，如降低焊接电流，增大焊接速度，可以减小热影响区宽度。不同的焊接方法，其热影响区宽度也不相同，焊条电弧焊的热影响区总宽度约为 6 mm，埋弧焊约为 2.5 mm，而气焊则可达到 27 mm 左右。

§5–5 控制及改善焊接接头性能的方法

焊接接头是由焊缝、熔合区和焊接热影响区组成的，是一个成分、组织和性能都不一样的不均匀体，其组织和性能存在着极大的不均匀性。因此，必须采取措施加以控制，改善焊接接头的性能。

一、材料的匹配

材料的匹配主要是指焊接材料的选用。焊接材料与母材不同的匹配将会影响焊缝金属的化学成分和性能，但不影响热影响区的组织和性能。

对于低碳钢、低合金高强度结构钢、低温钢，一般不要求焊缝金属与母材成分一样，而是要求力学性能与母材相同。为提高焊缝的抗裂性，应减少焊缝中碳和硫、磷等杂质元素的含量。为提高焊缝的塑性和韧性，一般在焊接材料中加入碳化物或氮化物的形成元素，如钼、铌、钒、钛、铝等，以细化焊缝组织。

对于耐热钢和不锈钢，为保证焊缝具有与母材相近的高温性能和耐腐蚀性，其焊接材料的化学成分应与母材大致相同。对于奥氏体型不锈钢，为提高抗裂性，防止热裂纹，常在焊接材料中加入一些铁素体形成元素，以获得双相组织。

二、控制熔合比

熔焊时，被熔化的母材在焊缝金属中所占的百分比称为熔合比，如图 5–17 所示。熔合比的计算公式为：

$$r=\frac{S_m}{S_m+S_t}$$

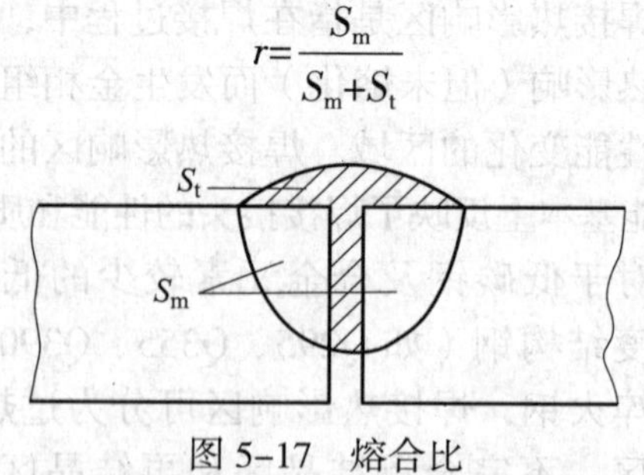

图 5–17 熔合比

式中 r——熔合比，%；

S_m——熔化的母材金属的横截面积，mm^2；

S_t——焊缝中填充金属的横截面积，mm^2。

熔合比只对焊缝金属的化学成分有影

响，只影响焊缝金属的性能。

当焊接材料与母材的化学成分基本相同时，熔合比对焊缝和熔合区的性能无明显影响。当母材中合金元素较少，焊接材料中合金元素较多时，在这些合金元素对改善焊缝性能起关键作用的情况下，应将熔合比控制得小一些；否则，熔合比增大会导致焊缝性能下降。当母材中含合金元素较多，而焊接材料合金元素较少时，如果这些合金元素对改善焊缝性能有利，则增大熔合比可提高焊缝的性能。

当母材中碳和硫、磷的含量较多时，应减小熔合比，以减少碳、硫、磷成分进入焊缝，提高焊缝的塑性和韧性，防止产生裂纹。

在生产中，常常通过调节焊接坡口的大小来控制熔合比。不开坡口，熔合比最大；坡口越大，熔合比越小。

三、焊接工艺方法的选用

不同的焊接工艺方法其特点不同，因而对焊接接头的性能也会产生不同的影响。

1. 气焊

气焊的机械保护效果较差，合金元素烧损较大，焊缝中气体元素和杂质元素含量也较高。同时，气焊加热速度慢，焊缝和热影响区易产生过热和过烧的组织，晶粒粗大，热影响区宽。因此，焊接接头性能差。

2. 焊条电弧焊

焊条电弧焊机械保护效果较好，合金元素烧损较少，焊缝中气体元素和杂质元素含量较低。焊条电弧焊的热输入较小，接头高温停留时间较短，焊缝和热影响区的组织较细，热影响区相对较窄。因此，焊接接头性能较好。

3. 埋弧焊

埋弧焊的机械保护效果也较好，合金元素烧损较少，焊缝中气体元素和杂质元素含量也较低。由于埋弧焊电弧功率比焊条电弧焊大得多，热输入大，因此，埋弧焊的焊缝和热影响区组织较粗大。总的来说，埋弧焊的焊接接头性能较好。

4. 手工钨极氩弧焊

手工钨极氩弧焊由于采用氩气保护，保护效果好，合金元素基本没有烧损，焊缝中气体元素和杂质元素含量极少，焊缝金属纯净。同时，由于氩弧热量集中，热输入小，接头高温停留时间短，焊缝和热影响区组织细，热影响区窄。因此，手工钨极氩弧焊的焊接接头性能好。

5. CO_2 气体保护焊

CO_2 气体保护焊采用氧化性气体 CO_2 进行保护，对合金元素烧损较多，故需采用含硅、锰量较多的焊丝。但其焊缝含氢量低，抗裂性能好，热影响区窄，所以焊接接头性能较好。

四、焊接参数及焊接热输入的选用

焊接参数及焊接热输入直接影响焊缝形状和焊接热循环特征，从而影响焊接接头的组织和性能。

1. 焊接参数对焊接接头性能的影响及控制

采用小的焊接电流、较高的电弧电压焊接时，可以获得宽而浅的焊缝，结晶时最后凝固的低熔点杂质被推向焊缝表面，因而可以改善焊缝中心线处的力学性能，并可防止产生中心线裂纹。若采用大电流、低电压焊接时，焊缝窄而深，凝固时形成严重的中心线偏析，使焊缝中心线处性能下降，易产生热裂纹。因此，应正确选用焊接参数。

2. 焊接热输入对焊接接头性能的影响及控制

焊接热输入越大，高温停留时间越长，焊接热影响区越宽，过热现象越严重，晶粒也越粗大，因而塑性和韧性严重降低；焊接热输入过小，则焊后冷却速度增大，易产生硬脆的马氏体组织，导致塑性和韧性严重降低，甚至产生冷裂纹。

对于淬硬倾向较小的钢，采用小的热输入时冷裂倾向也不大，所以从减少过热，防止晶粒粗化的角度出发，应选用小的热输入；对于淬硬倾向较大的钢，为降低淬硬倾向，防止冷裂纹的产生，热输入应偏大一些。但热输入过大，又会增大粗晶脆化倾向，这时采用预热等工艺措施配合小的热输入更为合理。

五、焊接工艺措施

焊接工艺措施很多，有焊接操作技术、焊前预热、焊后后热、焊后热处理等。焊接操作技术包括单道焊法、多层多道焊法、不摆动焊法和摆动焊法等，这些工艺措施对焊接接头的性能都有较大影响。如采用多层多道焊的焊缝质量就比单道焊好，因为多层多道焊的焊缝偏析比较分散，不会集中在焊缝中心线上，可避免产生焊缝中心线裂纹，并且多层多道焊的后焊焊道对前一焊道和热影响区还有附加热处理作用。此外，焊前预热、焊后后热、焊后热处理等工艺措施对焊接接头的性能也有较大的影响，这些将在后续章节进行讨论。

思考与练习

1. 钢熔焊时一般要经过哪些过程？这些过程可归纳为哪三个阶段？
2. 熔化极电弧焊时，加热熔化焊条、焊丝的热量有哪些？各有什么特点？
3. 什么是熔滴过渡？熔滴过渡的形式有哪些？各有什么特点？
4. 熔滴过渡的作用力有哪些？简述其在焊接过程中的作用。
5. 什么是焊接化学冶金过程？焊接化学冶金过程的主要作用是什么？
6. 焊接化学冶金过程的特点有哪些？
7. 简述焊接区氧、氮、氢的来源及其对焊缝金属的影响。
8. 焊缝金属脱氧的途径有哪些？酸性焊条和碱性焊条各采用什么途径？
9. 硫、磷在焊缝金属中有什么危害？焊缝金属脱硫、脱磷的措施有哪些？酸性焊条和碱性焊条各采取什么措施？
10. 为什么要对焊缝金属合金化？
11. 什么是焊缝金属的一次结晶和二次结晶？
12. 什么是偏析？偏析有什么危害？焊缝偏析有哪几种形式？
13. 什么是焊接热循环？简述焊接热循环的主要特点和主要参数。
14. 什么是焊接热影响区？简述不易淬火钢焊接热影响区的组织及其性能。
15. 控制和改善焊接接头性能的方法有哪些？

第六章

焊接应力与变形

焊接过程不同于一般的整体均匀加热，是局部的不均匀加热过程。焊接过程除了对焊缝金属化学成分、性能以及对焊接热影响区的组织、性能有很大影响外，还会引起焊件各区域不均匀的体积膨胀和收缩，使焊接结构中产生焊接应力和变形。焊接应力往往是造成裂纹的直接原因，会降低焊接结构的承载能力，缩短其使用寿命。焊接变形不仅影响焊件尺寸精度与外形，而且在焊后要进行大量复杂的矫正工作，严重时甚至会使焊件报废。因此，掌握焊接应力与变形的有关知识，对保证焊接结构的质量具有重要意义。

§6-1 焊接应力和变形的形成

一、焊接应力与焊接变形

物体在受到外力作用发生变形的同时，其内部会出现一种抵抗变形的力，这种力叫作内力。单位截面积上所受的内力叫作应力。

应力并不都是由外力引起的，如物体在加热膨胀或冷却收缩过程中受到阻碍，就会在其内部出现应力，这种情况在不均匀加热或不均匀冷却过程中就会出现。当没有外力存在时，物体内部存在的应力叫作内应力。焊接构件由焊接而产生的内应力叫作焊接应力，焊后残留在焊件内的焊接应力叫作焊接残余应力。

物体在受到外力的作用时，会出现形状、尺寸的变化，称为物体的变形。若在外力去除后，物体能恢复到原来的形状和尺寸，这种变形称为弹性变形；反之称为塑性变形。焊件由焊接产生的变形叫作焊接变形，焊后焊件残留的变形叫作焊接残余变形。

二、焊接应力与变形产生的原因

为了便于了解焊接应力与变形产生的原因，应先对均匀加热时产生的应力与变形进行分析。

1. 均匀加热引起应力与变形的原因

假设有一根钢杆放在两边无约束的支点上，如图 6–1a 实线所示。当对钢杆均匀加热后，由于热膨胀使钢杆变粗和伸长，如图 6–1a 细双点画线所示。然后，当钢杆均匀冷却后，因冷却收缩，钢杆又会自由恢复到原来的形状和尺寸。由于它热胀和冷缩时均没有受到阻碍，因此钢杆不会产生应力和变形。

如果将钢杆嵌在两刚性墙之间，如图 6–1b 所示，然后对它均匀加热，由于热膨胀钢杆要伸长，但由于受到墙的阻挡不能伸长，钢杆在长度上没有变化（假定不产生弯曲），这样在钢杆内就出现了压应力。这相当于钢杆受到热膨胀本应自由伸长的长度，由于墙体的“压力”作用而被“压”短了。如果这根钢杆在受热膨胀时被“压缩”了的伸长部分尚在弹性变形范围内，压应力小于屈服强度，则钢杆冷却后仍能恢复原状。如果钢杆受热膨胀时被“压缩”了的伸长部分已超过弹性变形范围，产生了塑形变形，即压应力达到了屈服强度，则冷却后钢杆将比原来缩短，由于能自由收缩，钢杆内不存在内应力，如图 6–1c 所示。根据测量和计算，处于绝对刚度条件下的低碳钢，当加热温度高于 100 ℃时，钢杆内部的压应力会超过屈服强度，钢杆就会产生压缩塑性变形。

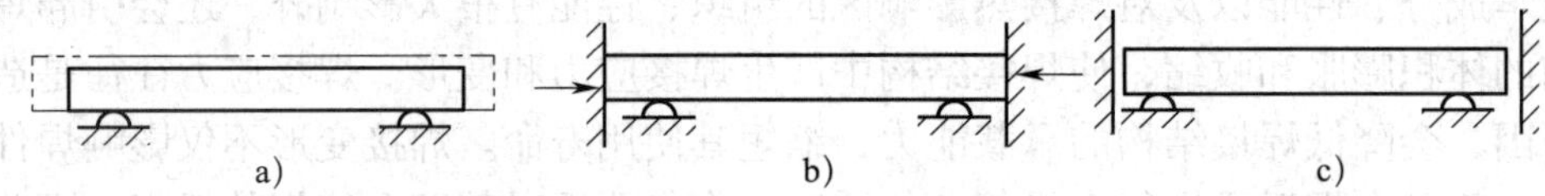

图 6–1　焊接应力和变形产生过程

a）钢杆自由伸缩　b）钢杆加热时的变形　c）钢杆冷却后的变形

如果将钢杆的两端固定好，这样不仅受热膨胀受阻，而且冷却收缩也受阻。由于钢杆在加热温度高于 100 ℃时就会产生压缩塑性变形，冷却后钢杆长度应缩短，但由于钢杆两端固定不能自由收缩，因此，冷却后在钢杆内部就会出现拉应力。当这个拉应力大于钢杆所固有的抗拉强度时，钢杆就会断裂。这就是金属材料在经过加热、冷却和由于特定的外界条件而出现内应力的实质。

2. 焊接过程引起应力与变形的原因

下面根据图 6–2 来分析平板对接焊接时应力与变形产生的情况。在焊接过程中，由于焊件经受了不均匀加热，其加热温度为中间高、两边低。为了简化分析，将焊件分为高温区和低温区两部分：焊缝及其附近为高温区，焊缝两侧焊件边缘部分为低温区，并假设高温区和低温区内的温度均匀一致，如图 6–2a 所示。

焊接加热时，若焊件高温区与低温区是可分离的、能自由伸缩的两部分，高温区由于温度高将自由伸长，如图 6–2b 所示。但实际上，焊件是一个整体，高温区不可能自由伸长，其伸长受到低温区的牵制，使其受到压缩产生压应力，当压应力达到屈服强度时就会产生压缩塑性变形。同时，低温区也受到高温区的拉伸作用而伸长，产生拉应力，结果焊件将整体伸长 ΔL，如图 6–2c 所示。

焊接冷却时，由于高温区在加热时产生压缩塑性变形，若高温区与低温区是可分离的、能自由收缩的，高温区冷却后将自由缩短，如图 6–2d 所示。同样，由于焊件是一个整体，两边的低温区将阻碍高温区的收缩，使高温区产生拉应力，同时，高温区收缩又对低温区有压缩作用，使低温区产生压应力。最后焊件将整体缩短 $\Delta L'$，如图 6–2e 所示，这就是焊件产生焊接应力与变形的实际情况。

由此可见，焊接时局部的不均匀加热及冷却是产生焊接应力和变形的根本原因。

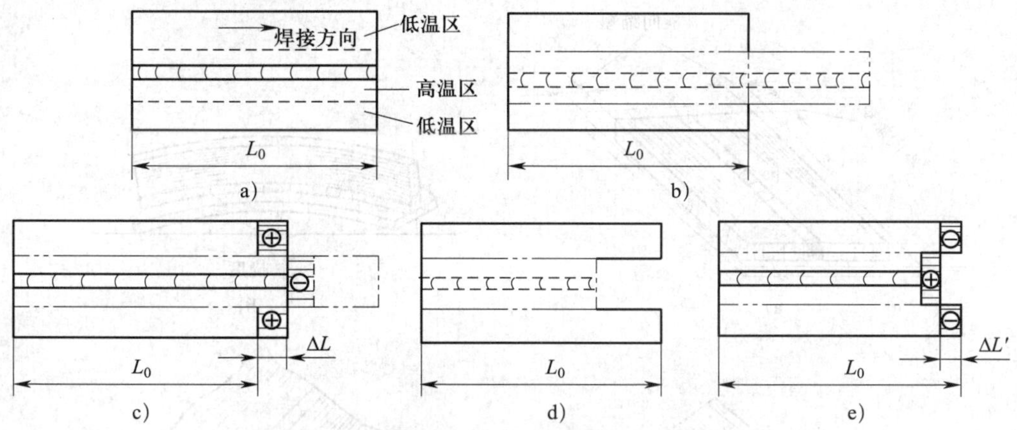

图 6–2　平板对接焊时的焊接应力与变形

a）原始状态　b）、c）加热过程　d）、e）冷却以后

⊕表示拉应力　⊖表示压应力

由于焊接应力和变形是焊接时局部的不均匀加热和冷却造成的，因此，焊件焊接后不可避免地要产生焊接应力和变形。在焊接过程中，若焊件能自由收缩，则焊后焊接变形较大而焊接应力较小；反之，焊件不能自由收缩，焊接变形较小而焊接应力较大。焊后焊件中的应力分布不均匀，焊缝及其附近通常是拉应力，焊缝两侧焊件边缘部分是压应力。

§6–2　焊接残余变形

一、焊接残余变形的分类

在实际生产中，焊接结构的变形是比较复杂的。按焊接变形对整个结构的影响程度不同，可将其分为两大类：一类是局部变形，即发生于焊接结构某部分的焊接残余变形。局部变形对结构的使用性能影响较小，一般也容易控制和矫正。另一类是整体变形，它是引起整个焊接结构的形状和尺寸变化的焊接残余变形。

按焊接残余变形的特征不同，可将焊接残余变形分为收缩变形、弯曲变形、角变形、波浪变形、扭曲变形和错边变形 6 种基本变形形式，如图 6–3 所示。这些基本变形形式的不同组合形成了实际生产中的焊接变形，如图 6–4 所示。

1. 收缩变形

焊件尺寸比焊前缩短的现象称为收缩变形。收缩变形分为纵向收缩变形和横向收缩变形，如图 6–4 所示。

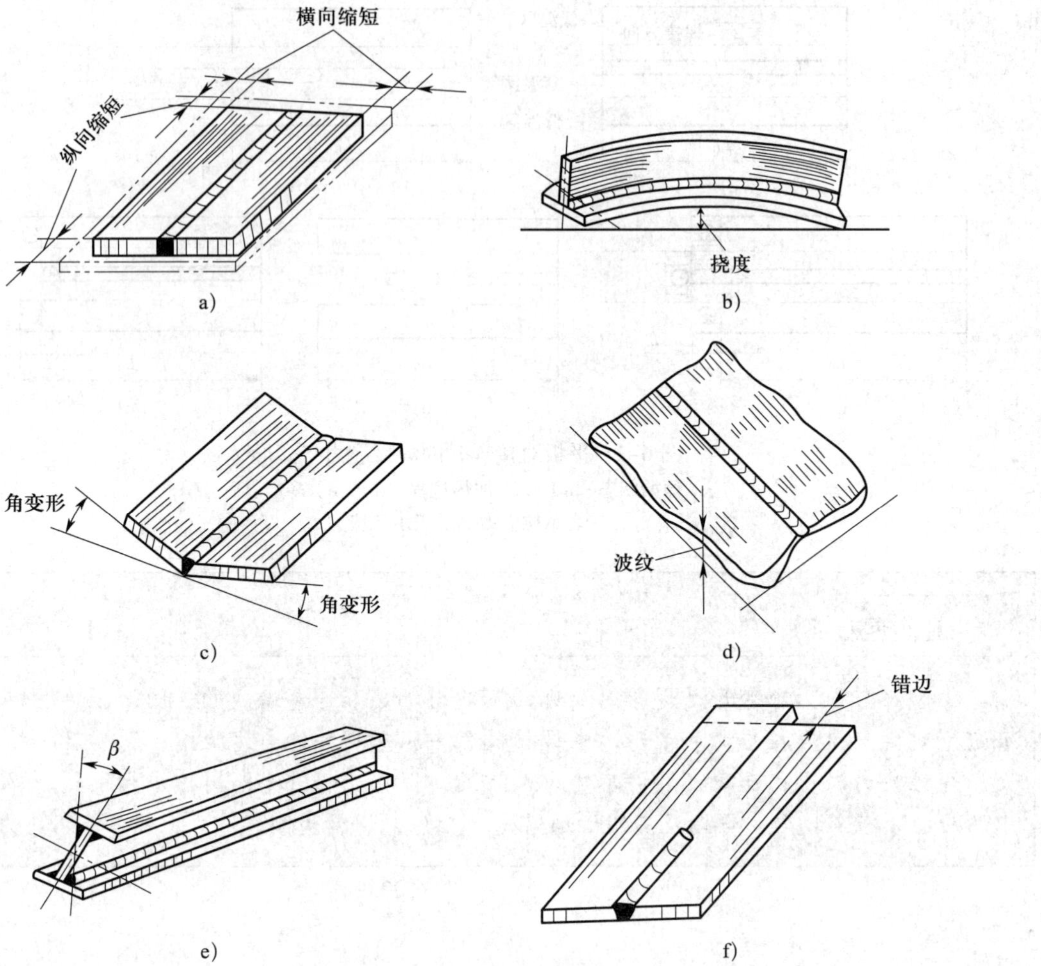

图 6-3　焊接变形的基本形式

a）收缩变形　b）弯曲变形　c）角变形　d）波浪变形　e）扭曲变形　f）错边变形

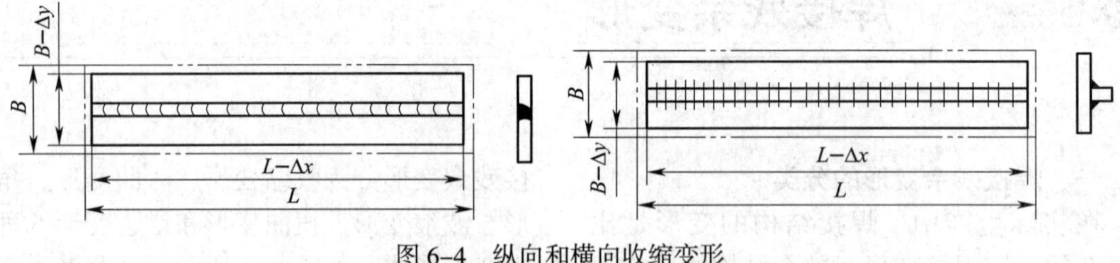

图 6-4　纵向和横向收缩变形

Δx—纵向收缩变形　Δy—横向收缩变形

焊后产生的纵向收缩变形是指纵向缩短，即沿焊缝长度方向的缩短。焊缝的纵向收缩量一般随着焊缝长度的增大而增大。另外，母材线膨胀系数大，其焊后纵向收缩量也大，如不锈钢和铝的焊后收缩量就比碳钢大；多层焊时，第一层引起的收缩量最大，这是因为焊第一层时焊件的刚度较低。如果焊件在夹具固定的条件下焊接，其收缩量可减小 40% ~ 70%，但焊后将引起较大的焊接应力。

焊后产生的横向收缩变形是指横向缩短，即垂直焊缝长度方向上的缩短。一般对接焊的横向收缩随着板厚的增大而增大；同样板厚，坡口角度越大，横向收缩量越大。

2. 弯曲变形

弯曲变形常见于焊接梁、柱、管道等焊件，对这类焊接结构的生产造成较大的危害。弯曲变形的大小以挠度 f 来度量，f 是焊后焊件的中心偏离原焊件中心的最大距离，如图 6–5 所示。挠度越大，即弯曲变形越大。

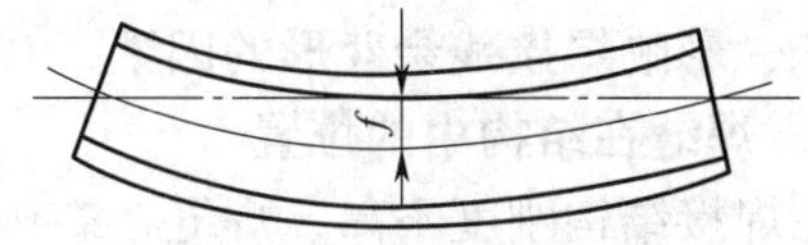

图 6–5　弯曲变形的挠度

（1）由纵向收缩变形造成的弯曲变形

如图 6–6a 所示为钢板单边施焊后产生的弯曲变形，这是由于直缝纵向收缩引起的总体弯曲变形。为了说明这类变形产生的机理，用一块不太大的焊件，在其一边开一条长腰圆形孔，使边缘留下一条较窄的金属条，焊件的加热集中在这样一个边缘内（图中斜线区域）。如加热很均匀，这种情况如同钢杆在两端固定的状态下加热。在加热时，金属条膨胀受阻，产生压缩塑性变形；冷却后，由于加热区金属力求收缩到比原来的长度短，结果造成了如图 6–6b 所示的弯曲，即焊后产生向焊缝一边的弯曲变形。

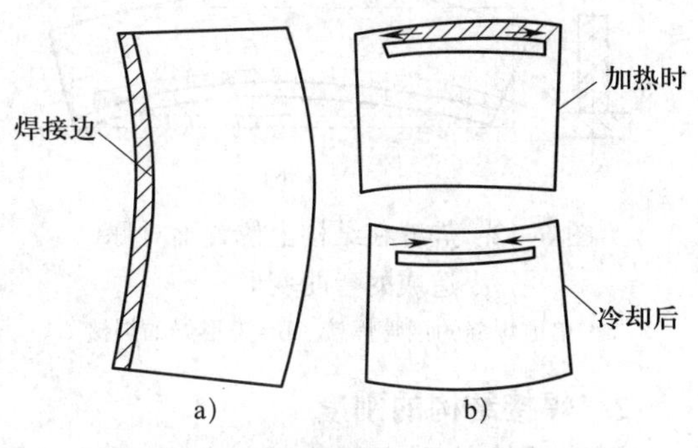

图 6–6　由纵向收缩变形造成的弯曲变形

（2）由横向收缩变形造成的弯曲变形

如图 6–7 所示为一工字梁，其下部焊有肋板，由于肋板角焊缝横向收缩，会使焊件产生向下弯曲的弯曲变形。

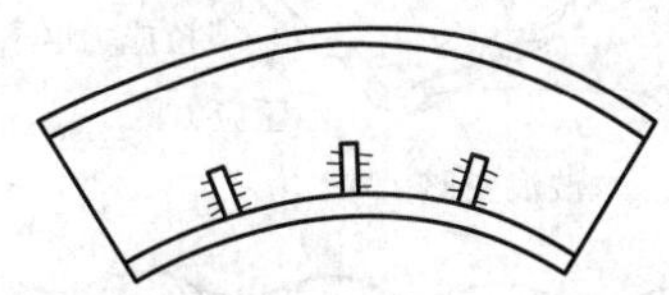

图 6–7　由横向收缩变形造成的弯曲变形

3. 角变形

在焊接对接接头、T 形接头、搭接接头及堆焊时都可能产生角变形，如图 6–8 所示。在焊接（单面）较厚的钢板时，在钢板厚度方向上的温度分布是不均匀的，温度高的一面受热膨胀较大，另一方面膨胀小，甚至不膨胀。由于焊接面膨胀受阻，出现了较大的横向压缩塑性变形，这样在冷却时就产生了在钢板厚度方向上收缩不均匀的现象，焊缝一面收缩大，另一面收缩小。这种在焊后由于焊缝的横向收缩不均匀使得两连接件间相对角度发生变化的变形叫作角变形。

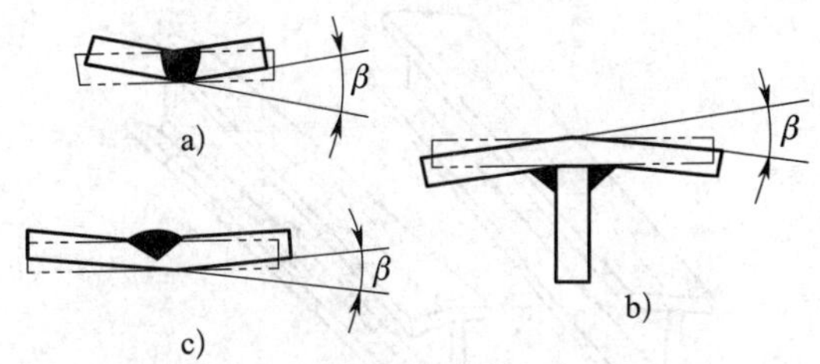

图 6–8　几种焊接接头的角变形

a）对接接头　b）T 形接头　c）堆焊

4. 波浪变形

波浪变形又称失稳变形，常在板厚小于 6 mm 的薄板焊接结构中产生。产生波浪变形有两种原因：一种是由于薄板结构焊接时，纵向和横向的压应力使薄板失去稳定而造成波浪形的变形，如图 6–9a 所示；另一种是由于角焊缝的横向收缩引起角变形而造成的，如图 6–9b 所示。

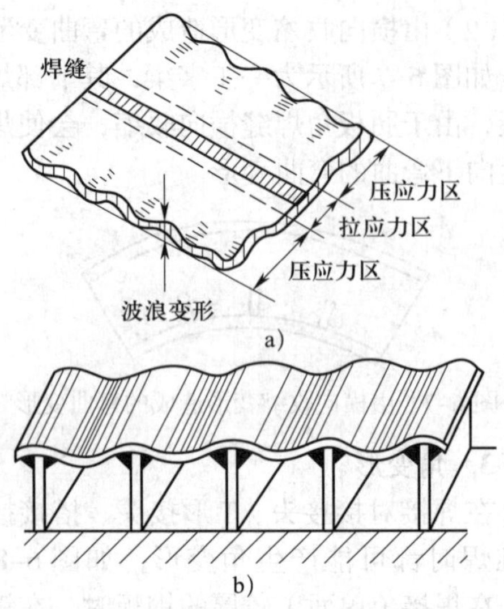

图 6–9　薄板焊接的波浪变形

5. 扭曲变形

扭曲变形是指构件焊后两端绕中性轴相反方向扭转一定角度。它产生的原因较复杂：装配质量不高，即在装配之后焊接之前的焊件位置尺寸不符合图样的要求；构件的零部件形状不正确而强行装配；焊件在焊接时位置搁置不当，焊接顺序及方向不当等。如图 6–10 所示为工字梁的扭曲变形。

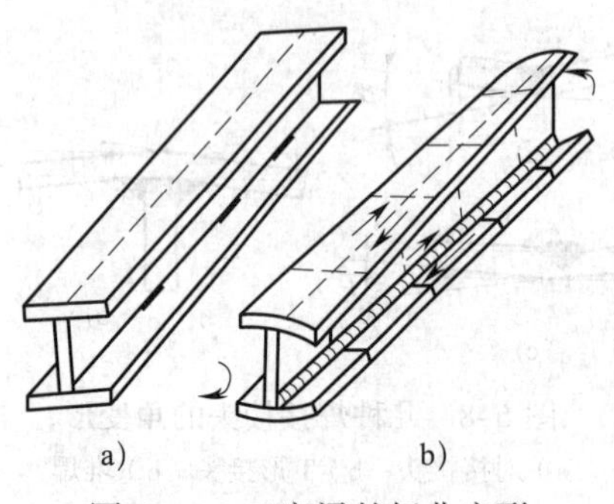

图 6–10　工字梁的扭曲变形

a）焊前　b）焊后

6. 错边变形

错边变形是指两块板材在焊接过程中因刚度或散热程度不等所引起的纵向或厚度方向上位移不一致而造成的变形，如图 6–11 所示。引起焊件错边变形的因素主要包括：装配不良；组成焊件的两零件在装夹时夹紧程度不一致；组成焊件的两零件的刚度不同或它们的热物理性质不同；电弧偏离坡口中心等。

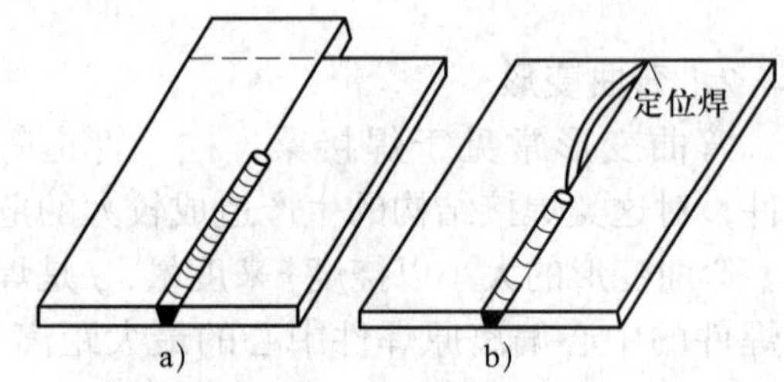

图 6–11　错边变形

a）长度方向的错边　b）厚度方向的错边

二、影响焊接残余变形的因素

1. 焊缝在结构中的位置

在焊接结构刚度不高，焊缝在结构中布置对称，或焊缝在结构的中性轴上且施焊顺序合理时，主要产生纵向缩短和横向缩短。焊缝在结构中布置不对称时，则焊后会产生弯曲变形，弯曲方向朝向焊缝较多的一侧。焊缝偏离结构中性轴时，则焊后会产生弯曲变形，弯曲方向朝向焊缝一侧；焊缝偏离结构中性轴越远，则越容易产生弯曲变形，如图 6–12 所示。

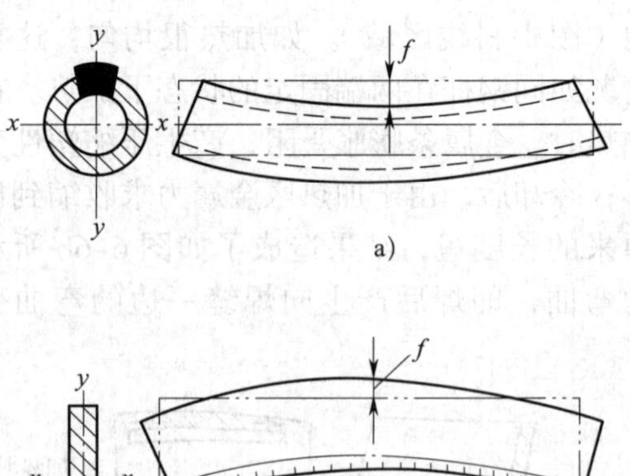

图 6–12　焊缝在结构上位置不对称造成的弯曲变形

a）单道焊缝的钢管焊接　b）T 形梁的焊接

2. 焊接结构的刚度

焊接结构的刚度是指焊接结构抵抗变形（拉伸、弯曲、扭曲）的能力。结构的刚度高，变形就小；结构的刚度低，变形就大。金属结构的刚度主要取决于结构的截面形状及其尺寸的大小。

（1）结构抵抗拉伸的刚度

主要取决于结构截面积的大小。截面积越大，结构抵抗拉伸的刚度越高，变形就越小。

在焊接残余变形的6种基本变形形式中，最基本的是收缩变形，收缩变形加上不同的影响因素，就构成了其他5种基本变形形式。

（2）结构抵抗弯曲的刚度

主要看结构的截面形状（见图6–13）和尺寸大小。就梁来说，一般封闭截面的抗弯刚度高；板厚大（即截面积大），抗弯刚度也高；截面形状、面积、尺寸完全相同的两根梁，长度小的抗弯刚度高；在相同的受力情况下，同一根封闭截面的箱形梁，垂直放置比横向放置时的抗弯刚度高。

（3）结构抵抗扭曲的刚度

除了取决于结构的尺寸大小外，最主要的是结构的截面形状。如结构截面是封闭形式的，则抗扭曲刚度比非封闭截面的高。如图6–13a、b所示的截面，其抗扭曲能力比图6–13c、d、e所示的大。

一般来说，短而粗的焊接结构刚度较高；细而长的构件抗弯刚度低。结构整体刚度总是比部件刚度高。因此，生产中常采用整体装配后再进行焊接的方法来减少焊接变形。

3. 焊接结构的装配及焊接顺序

焊接结构的刚度是在装配和焊接过程中逐渐提高的，结构的整体刚度比它的零部件刚度高。所以，应尽可能先装配成整体，然后再焊接，可减少焊接结构的变形。以工字梁为例，如图6–14c所示，先整体装配再焊接，其焊后的上拱弯曲变形要比按图6–14b所示边装边焊所产生的弯曲变形小得多。但是，并不是所有焊接结构都可以采用先装配后焊接的方法。

有了合理的装配方法，若没有合理的焊接顺序，结构还是达不到变形最小的程度。即使焊缝布置对称的焊接结构，如焊接顺序不合理，结果还会引起变形。在图6–14c中，若按1′、2′、3′、4′的顺序焊接，焊接后同样还会产生上拱的弯曲变形。而如果按1′、4′、3′、2′的顺序焊接，焊接后的弯曲变形将会减小。如图6–15所示为对称的双Y形坡口对接接头在不同焊接顺序下角变形的比较。

4. 其他因素

（1）结构材料的线膨胀系数

线膨胀系数大的金属，其焊后变形也大。常用材料中铝、不锈钢、Q355钢、碳素钢的线膨胀系数依次减小，可见焊后铝的变形最大。

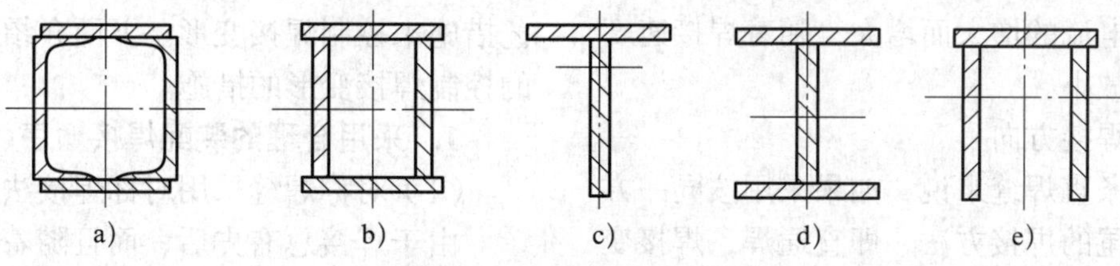

图6–13　几种梁的截面形状

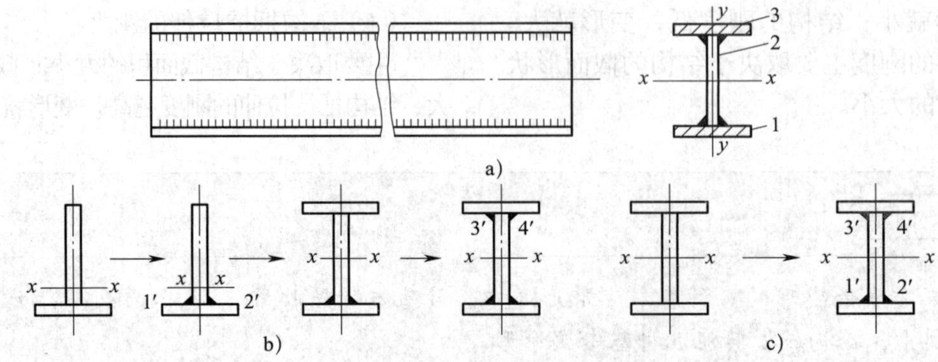

图 6-14　工字梁的装配顺序和焊接顺序

a）工字梁的结构形式　b）边装边焊顺序　c）总装后再焊接顺序

1—下盖板　2—腹板　3—上盖板

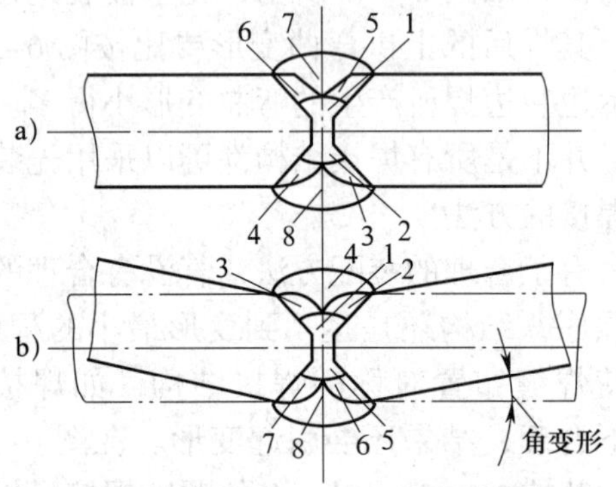

图 6-15　双 Y 形坡口对接接头的角变形

a）合理的焊接顺序　b）不合理的焊接顺序

（2）焊接方法

一般气焊的焊后变形比电弧焊的焊后变形大。这是因为气焊时焊件受热范围大，加上焊接速度慢，使金属受热体积增大，导致焊后变形大。而电弧焊尽管热源温度高，但由于热源较集中，焊接速度远大于气焊，因此，焊件受热面积相对较小，焊后变形也就较小。

（3）焊接参数

焊接参数主要指焊接电流和焊接速度，两者直接影响热输入的大小。一般焊后变形随着焊接电流的增大而增大，随着焊接速度的增大而减小。

（4）焊接方向

对一条直焊缝来说，如果采用按同一方向从头至尾的焊接方法，即直通焊，焊接变形较大。而且焊缝越长，焊后变形越大。

（5）焊接坡口形式

双 V 形或双 Y 形坡口焊缝比 V 形或 Y 形坡口焊缝的角变形小，因为前者是双面焊，能尽量做到两边的角变形互相抵消。U 形坡口焊缝比 V 形坡口焊缝的角变形小，但一般比双 V 形坡口焊缝的角变形大。

此外，焊接结构的自重和形状、焊缝装配间隙大小都会影响焊后的变形量。

总之，各种影响焊接残余变形的因素并不是孤立地起作用的。因此，在分析焊接结构的应力和变形时，要考虑各种影响因素，以便能制定出较合理的防止和减少焊接残余变形的措施。

三、控制焊接残余变形的措施

控制焊接残余变形，可以从两个方面考虑：一是从设计上考虑，如在保证结构有足够强度的前提下，适当采用冲压结构来代替焊接结构；减少焊缝的数量和尺寸；尽量使焊缝对称布置；避免交叉焊缝和焊缝集中等，这些措施都可以防止或减少焊接变形。二是从工艺方面考虑，即采取一些适当的工艺措施来控制焊接变形。下面介绍几种常用的控制焊接变形的措施。

1. 采用合理的装配焊接顺序

（1）对称焊缝采用对称焊接法

由于焊接总有先后，而且随着焊接过程的进行，结构的刚度也不断提高。因此，一般先焊的焊缝容易使结构产生变形。这样即使结构的焊缝对称，焊后也会出现焊接变形。对称焊接的目的是克服或减少由于先焊焊缝在焊件刚度较低时造成的变形。对实际上无法做到完全对称且同时进行焊接的结构，可允许焊缝焊接有先后，但在顺序上应尽量做到对称，以便最大限度地减少结构变形。如图 6–15a 所示就是对称焊接的方法之一，图 6–16 所示的圆筒体环形焊缝就是由两名焊工按图中顺序对称且同时进行施焊的。

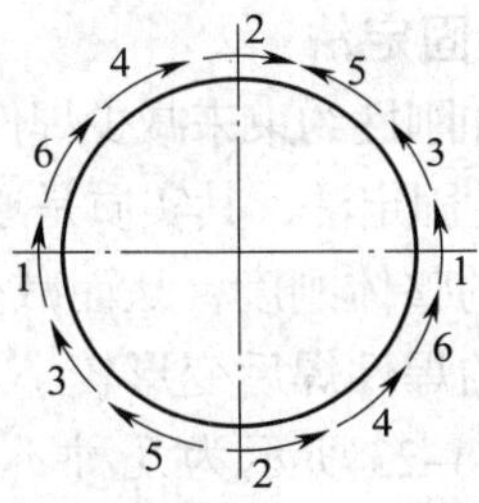

图 6–16　圆筒体环形焊缝对称焊接顺序

（2）不对称焊缝先焊焊缝少的一侧

对于不对称焊缝的结构，应先焊焊缝少的一侧，后焊焊缝多的一侧。这样可使后焊的变形足以抵消先焊一侧的变形，以减少总体变形。如图 6–17 所示为压力机的压型上模结构，由于其焊缝不对称，将出现总体下挠弯曲变形（即向焊缝多的一侧弯曲）。如按图 6–17b 所示，先焊焊缝 1 和 1′，即先焊焊缝少的一侧，焊后会出现如图 6–17c 所示的上拱变形。接着按图 6–17d 所示的顺序焊接焊缝多的一侧 2、2′及 3、3′焊缝，焊后它们的收缩足以抵消先前产生的上拱变形。同时由于结构的刚度已提高，也不至于使整体结构产生下挠弯曲变形。

当只有一名焊工操作时，由于是多层焊，可按图 6–17e 所示的顺序进行船形位置的焊接，这样焊后变形最小。

（3）采用不同的焊接顺序控制焊接变形

对于结构中的长焊缝，如果采用连续的直通焊，将会造成较大的变形，除了有焊接方向因素影响外，焊缝受到长时间加热也是一个主要的原因。如果在可能的情况下，将连续焊改成分段焊，并适当地改变焊接方向，使局部焊缝造成的变形适当减小或相互抵消，以达到减少总体变形的目的。如图 6–18 所示为对接焊缝采用不同的焊接顺序，长度 1 m 以上的焊缝，常采用分段退焊法、分中分段退焊法、跳焊法和交替焊法；长度为 0.5 ~ 1 m 的焊缝可用分中对称焊法。交替焊法在实际生产中较少使用。退焊法和跳焊法的每段焊缝长度一般以 100 ~ 350 mm 较为适宜。

2. 反变形法

根据焊件变形规律，预先把焊件人为地制造一个变形，使这个变形与焊接变形的方向相反而数值相等，从而防止产生焊接残余变形的方法称为反变形法。反变形法在实际生产中使用较广泛，如图 6–19 所示的锅炉汽包就采用了反变形焊接法。由两名焊工在

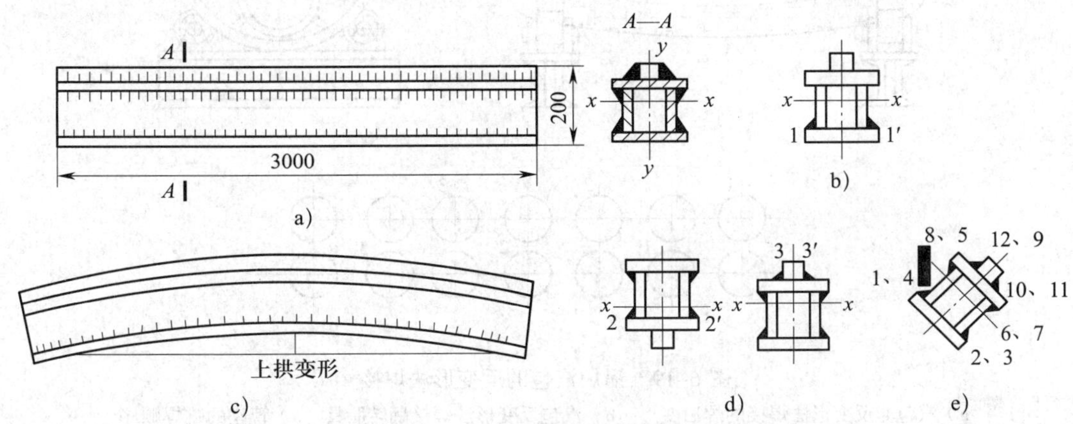

图 6–17　压型上模及其焊接顺序

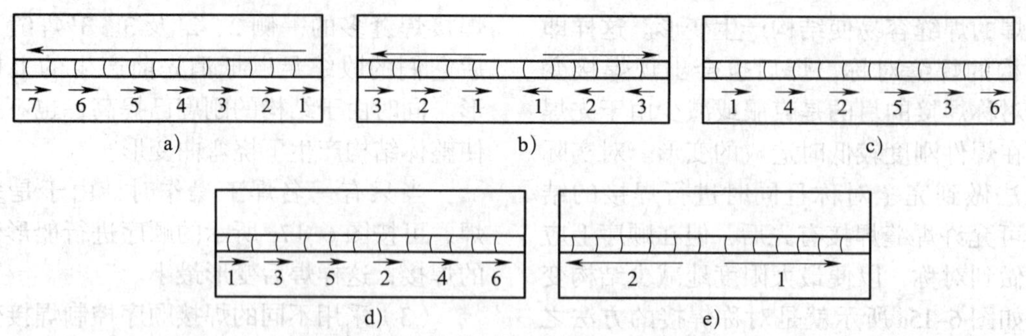

图 6–18　长焊缝的几种焊接顺序

a）分段退焊法　b）分中分段退焊法　c）跳焊法　d）交替焊法　e）分中对称焊法

同一汽包上各焊一排管座，按图 6–19c 所示的跳焊顺序焊接，当焊完一个汽包的两排管座后，再用同样的方法焊接另一个汽包的管座，如此交替焊接直至焊完，焊后能明显地防止变形。如图 6–20 所示的 Y 形坡口对接焊是采用反变形法控制角变形的又一实例。

反变形法主要用来控制角变形和弯曲变形。

3. 刚性固定法

利用外加刚性约束来减少焊件焊后变形的方法称为刚性固定法，其实质是通过刚性约束来提高结构的整体刚度，从而减少焊接变形，因为刚度高的焊件焊后变形较小。如图 6–21、图 6–22、图 6–23 所示为几种不同焊接结构采用刚性固定法减少焊接变形的实例。

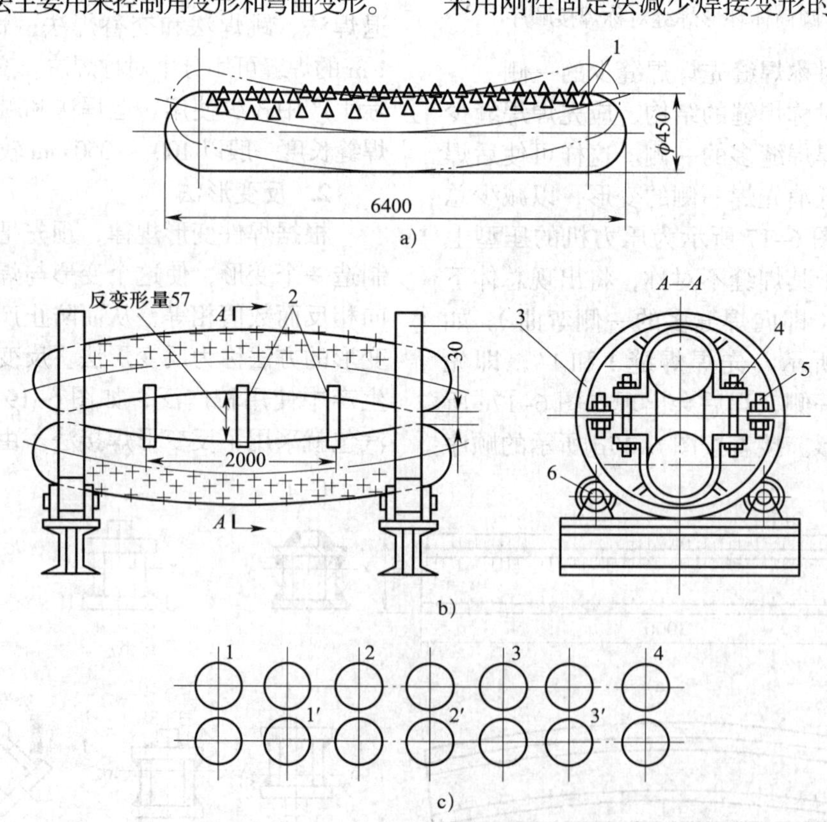

图 6–19　锅炉汽包的反变形法焊接

a）汽包非反变形法焊接的焊后变形　b）汽包反变形法焊接翻转胎具　c）管座的跳焊顺序

1—管座　2—垫铁　3—支承圈　4—螺栓夹紧装置　5—连接螺栓　6—滚轮转胎

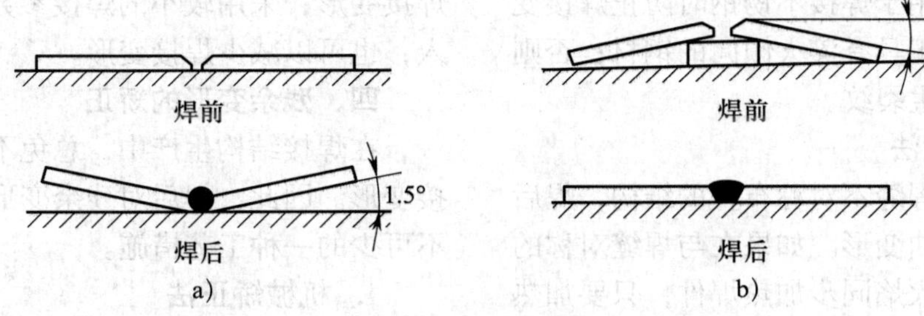

图 6-20　Y 形坡口对接的反变形法焊接

a）产生角变形　b）采取反变形法

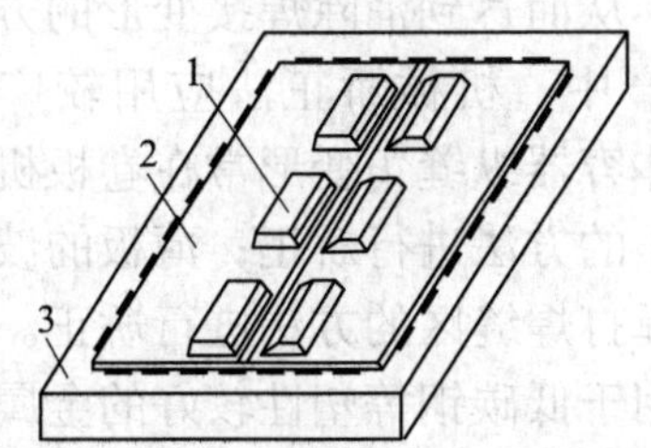

图 6-21　薄板焊接的刚性固定法

1—压铁　2—焊件　3—平台

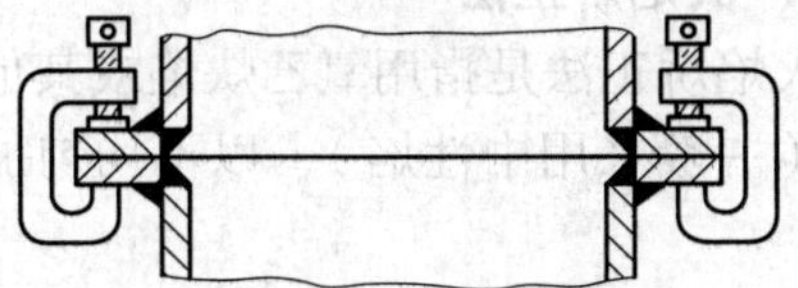
图 6-22　刚性固定防止法兰角变形

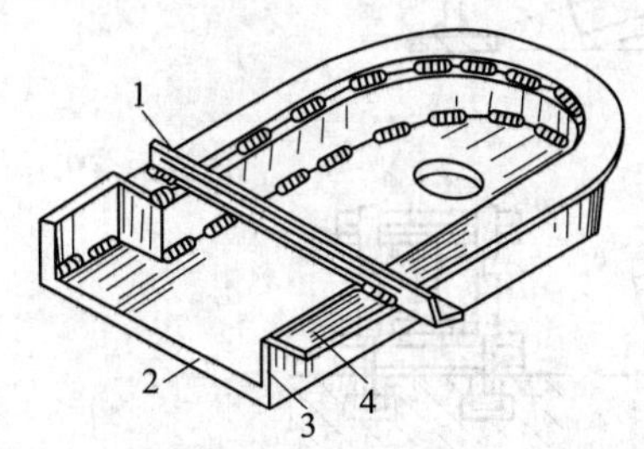

图 6-23　防护罩用临时支承的刚性固定

1—临时支承　2—底平板

3—立板　4—圆周法兰盘

在生产实践中，常采用手动、气动、磁力等通用夹具及专用装焊夹具来控制焊接残余变形。

4. 散热法

散热法又称强迫冷却法，是将焊接处的热量迅速散发，使焊缝附近金属受热区域大大减小，以达到减小焊接变形的目的。如图 6-24a 所示为喷水散热焊接；图 6-24b 所示为将工件浸入水中散热焊接；图 6-24c 所示为用水冷铜块散热焊接。

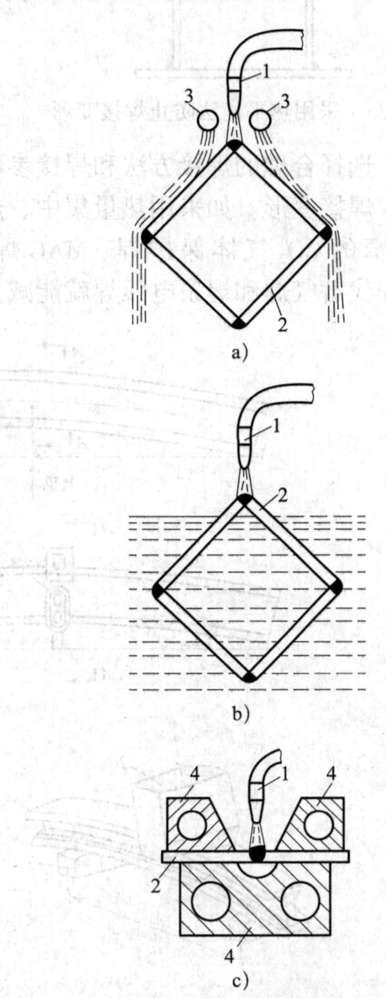

图 6-24　采用散热法防止焊接变形

a）喷水散热　b）浸入水中散热　c）水冷铜块散热

1—焊炬　2—焊件　3—喷水管　4—水冷铜块

散热法常用于焊接不锈钢时防止焊接变形，但不适用于具有淬火倾向的钢材；否则在焊接时易产生裂纹。

5. 热平衡法

对于某些焊缝不对称布置的结构，焊后往往会产生弯曲变形。如果在与焊缝对称的位置上用气体火焰同步加热焊件，只要加热的焊接参数选择适当，就可以减少或防止弯曲变形。如图 6–25 所示为采用热平衡法对箱形梁结构的焊接变形进行控制。

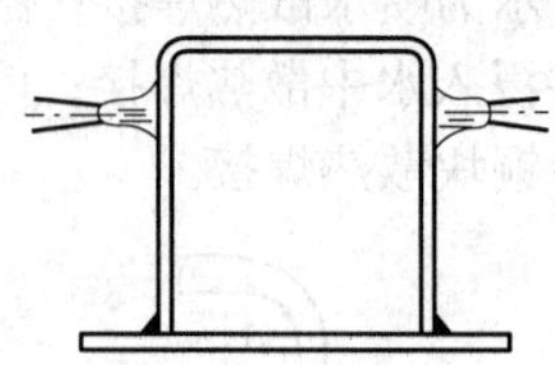

图 6–25　采用热平衡法防止焊接变形

此外，选择合理的焊接方法和焊接参数也可以减少焊接变形。如采用热量集中、热影响区较窄的 CO_2 气体保护焊、MAG 焊、等离子弧焊代替气焊和焊条电弧焊就能减少焊接变形；采用较小的焊接参数以减小热输入，也可以减少焊接变形。

四、残余变形的矫正

在焊接结构生产中，总免不了要出现焊接变形。因此，焊后对残余变形的矫正是必不可少的一种工艺措施。

1. 机械矫正法

机械矫正法是指利用机械力的作用使焊件产生与焊接变形相反的塑性变形，并使两者抵消，从而达到消除焊接变形的方法。在焊接生产中，机械矫正法应用较广泛，例如，筒体容器纵缝角变形常在卷板机上采用反复碾压的方法进行矫正；薄板的波浪变形常采用锤打焊缝区的方法进行矫正。机械矫正法适用于低碳钢等塑性较好的金属材料焊接变形的矫正。如图 6–26 所示为工字梁焊后变形的机械矫正。

2. 火焰矫正法

火焰矫正法是指用氧乙炔焰或其他气体火焰（一般采用中性焰），以不均匀加热的

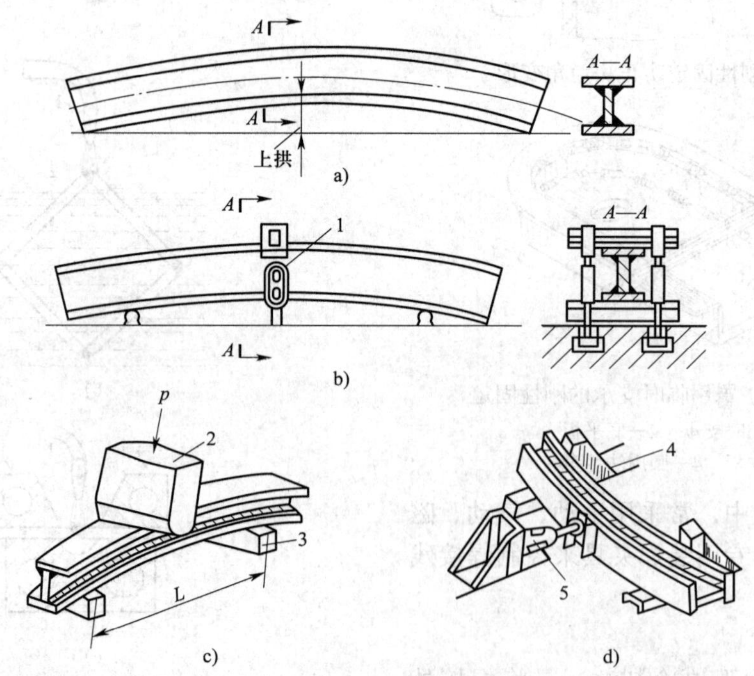

图 6–26　工字梁焊后变形的机械矫正

a）拱曲焊件　b）用拉紧器拉　c）用压头压　d）用千斤顶顶

1—拉紧器　2—压头　3—支承　4—支承架　5—千斤顶

方式引起结构变形，来矫正原有的焊接残余变形的一种方法。具体操作方法如下：将变形构件的伸长部位加热到 600 ~ 800 ℃，然后让其冷却，用加热部分冷却后产生的收缩变形来抵消原有的变形。

火焰矫正法的关键是正确确定加热位置和加热温度。此法适用于低碳钢、Q355 等淬硬倾向不大的低合金结构钢构件，不适用于淬硬倾向较大的钢及奥氏体型不锈钢构件。

火焰矫正法的加热方式有点状加热、线状加热和三角形加热三种，如图 6–27 所示。

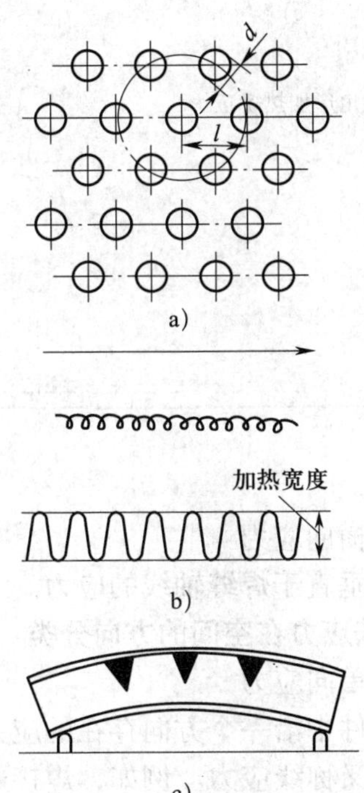

图 6–27　火焰矫正法的加热方式

a）点状加热　b）线状加热　c）三角形加热

（1）点状加热矫正

火焰加热的区域为一个点或多个点，加热点直径一般小于 15 mm。点间距离应随变形量的大小而变化，残余变形越大，点间距离越小，一般在 50 ~ 100 mm 之间。这种矫正方法一般用于矫正薄板的波浪变形。

（2）线状加热矫正

火焰沿着直线方向或者同时在宽度方向做横向摆动的移动，形成带状加热，称为线状加热。在线状加热矫正时，加热线的横向收缩大于纵向收缩，加热线的宽度越大，横向收缩也越大。因此，在线状加热矫正时要尽可能发挥加热线横向收缩的作用。加热线宽度一般取钢板厚度的 0.5 ~ 2 倍。这种矫正方法多用于变形较大或刚度较高的结构，也可用于薄板矫正。

线状加热矫正时，还可同时用水冷却，即水火矫正。水火矫正如图 6–28 所示，这种方法一般用于厚度小于 8 mm 的钢板，水火距离通常为 25 ~ 30 mm。

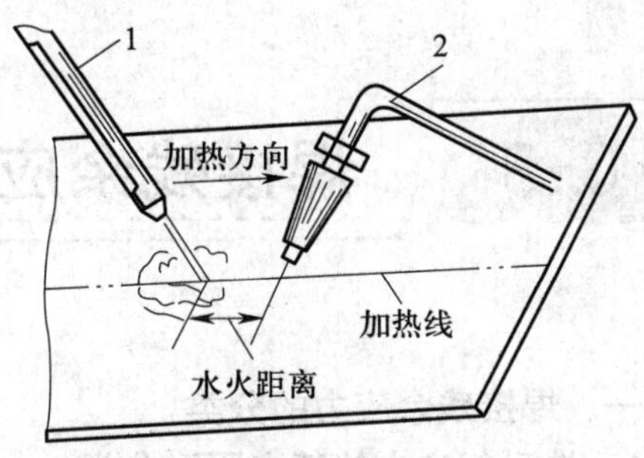

图 6–28　水火矫正

1—水管　2—焊炬

（3）三角形加热矫正

三角形加热即加热区呈三角形，加热的部位是在弯曲变形构件的凸缘，三角形的底边在被矫正构件的边缘，顶点朝内，由于加热面积较大，因此收缩量也较大。这种方法常用于矫正厚度较大、刚度较高构件的弯曲变形。

火焰矫正法实例如图 6–29 所示。

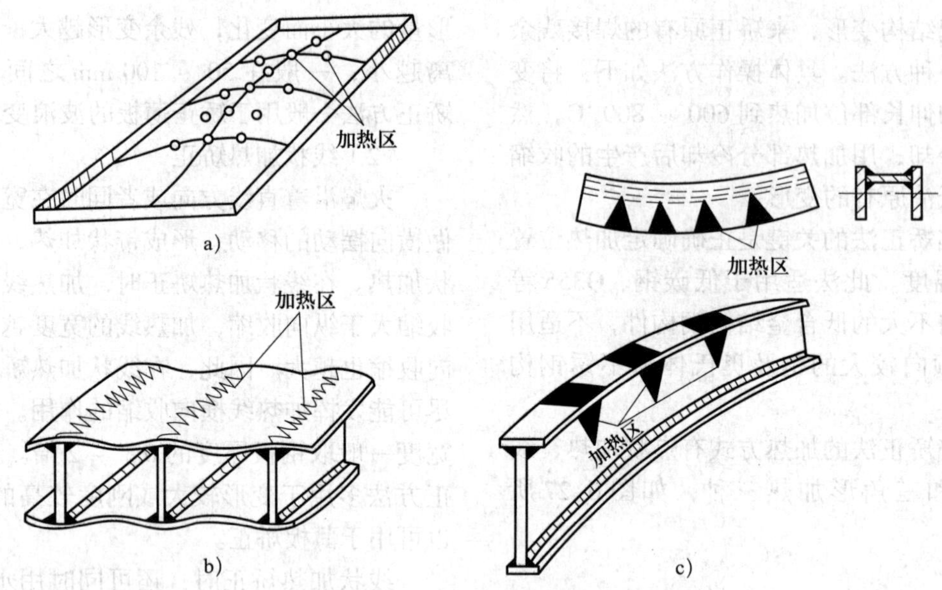

图 6-29 火焰矫正法实例
a）点状加热矫正 b）线状加热矫正 c）三角形加热矫正

§6-3 焊接残余应力

一、焊接残余应力的分类

1. 按引起应力的基本原因分类

（1）热应力

由于焊接时温度分布不均匀而引起的应力称为热应力，又称温度应力。

（2）相变应力

在焊接时由于温度变化而引起的组织变化所产生的应力称为相变应力，又称组织应力。

（3）拘束应力

由于结构本身或外加拘束作用而引起的应力称为拘束应力。

2. 按应力的作用方向分类

（1）纵向应力

方向平行于焊缝轴线的应力。

（2）横向应力

方向垂直于焊缝轴线的应力。

3. 按应力在空间的方向分类

（1）单向应力

在焊件中沿一个方向存在的应力称为单向应力，又称线应力。例如，焊接薄板的对接焊缝和在焊件表面堆焊时产生的应力是单向应力。

（2）双向应力

作用在焊件某一平面内两个互相垂直的方向上的应力称为双向应力，又称平面应力。它通常发生在厚度为 15 ~ 20 mm 的中、厚板焊接结构中。

（3）三向应力

作用在焊件内互相垂直的三个方向的应

力称为三向应力，又称体积应力。例如，焊接厚板的对接焊缝和互相垂直的三个方向焊缝交汇处的应力。

实际上，焊件中产生的残余应力总是三向应力。当在一个或两个方向上的应力值很小可以忽略不计时，就可以认为它是双向应力或单向应力。

二、控制焊接残余应力的措施

控制焊接残余应力可从以下两个方面来考虑：一是从设计上考虑，如在保证结构有足够强度的前提下，尽量减小焊缝的数量和尺寸；适当采用冲压结构以减少焊接结构；将焊缝布置在最大工作应力区域以外等。二是从工艺上考虑，即采取一些适当的工艺措施来调节或减小焊接残余应力。

下面介绍几种常用的减小焊接残余应力的工艺措施。

1. 选择合理的焊接顺序

（1）尽可能考虑焊缝能自由收缩

尽可能让焊缝能自由收缩，以减小焊接结构在施焊时的拘束度，最大限度地减小焊接应力。

如图 6–30 所示为一大型容器底部，它是由许多平板拼接而成的。考虑到焊缝能自由收缩的原则，应从中间向四周进行焊接，使焊缝的收缩由中间向外依次进行。同时，应先焊错开的短焊缝，后焊直通的长焊缝；否则，若先焊直通的长焊缝，再焊短焊缝时，会由于其横向收缩受阻而产生很大的应力。正确的焊接顺序如图 6–30 中数字顺序所示。

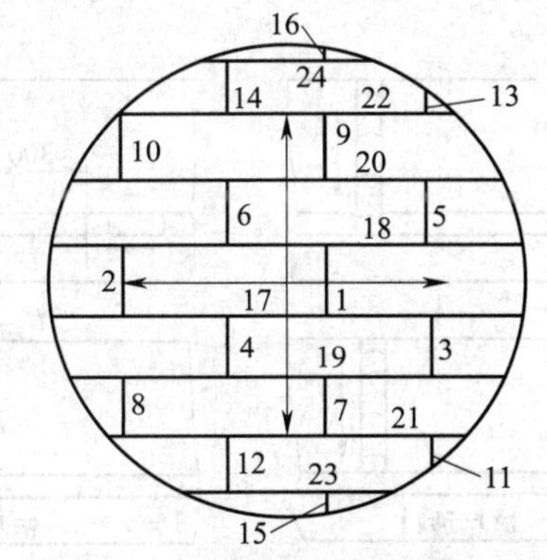

图 6–30　大型容器底部拼接的焊接顺序

（2）先焊收缩量最大的焊缝

先焊收缩量大、焊后可能产生较大焊接应力的焊缝，使它能在拘束较小的情况下收缩，以减小焊接残余应力。如对接焊缝的收缩量比角焊缝的收缩量大，故同一构件中应先焊对接焊缝。如图 6–31 所示为带盖板的双工字梁结构，应先焊盖板上的对接焊缝 1，后焊盖板与工字梁之间的角焊缝 2。

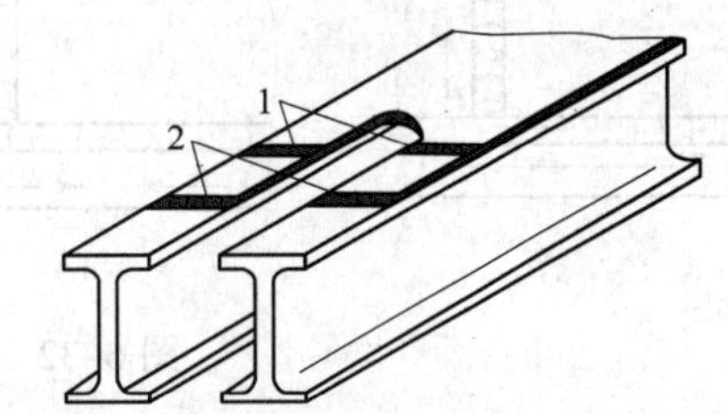

图 6–31　带盖板的双工字梁结构焊接顺序

1—对接焊缝　2—角焊缝

（3）平面交叉焊缝的焊接顺序

焊接平面交叉焊缝时，由于在焊缝交叉点易产生较大的焊接残余应力，因此，应采用保证交叉点部位不易产生缺欠且刚度拘束较小的焊接顺序。例如，T 形焊缝、十字形交叉焊缝正确的焊接顺序如图 6–32a、b、c 所示，图 6–32d 所示为不合理的焊接顺序。

2. 选择合理的焊接参数

焊接时应尽量采用小的焊接热输入，选用小直径焊条、较小的焊接电流和快速焊等，以减小焊件受热范围，从而减小焊接残余应力。焊接热输入的减小须视焊件的具体情况而定。

3. 采用预热法

预热法是指在焊前对焊件的全部（或局部）进行加热的工艺措施，一般预热的温度在 150 ~ 350 ℃之间。其目的是减小焊接区和结构整体的温差，使焊缝区与结构整体尽可能地均匀冷却，从而减小应力。此法常用于易裂材料的焊接，预热温度视材料、结构刚度等具体情况而定。

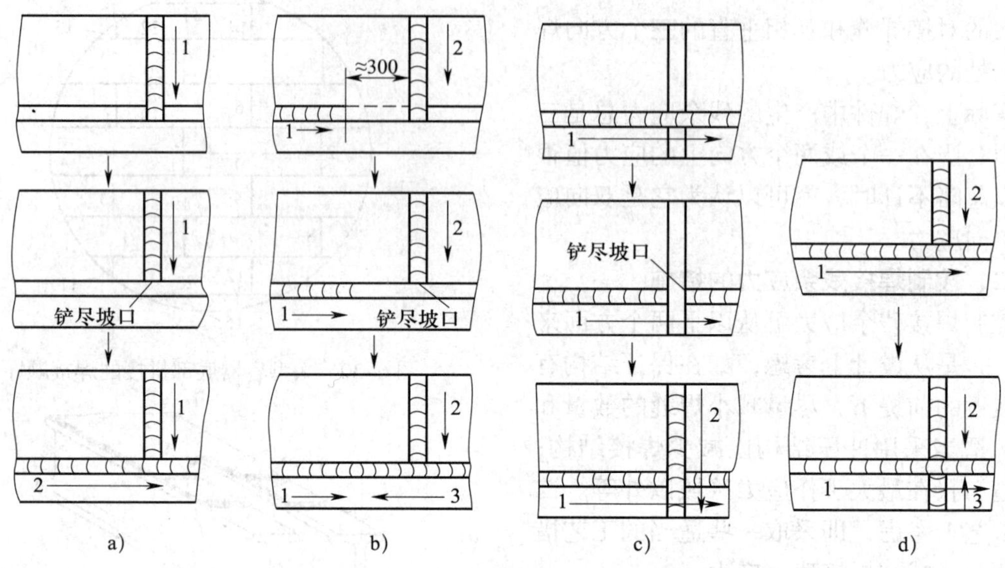

图 6-32　平面交叉焊缝的焊接顺序

4. 加热减应区法

加热减应区法是指在焊接或焊补刚度很高的焊接结构时，选择构件的适当部位进行加热，使之伸长，然后再进行焊接，这样焊接残余应力可大大减小，这个加热部位就叫作减应区。减应区应在阻碍焊接区自由收缩的部位，加热该部位的实质是使它能与焊接区近乎均匀地冷却和收缩，以减小内应力。如图 6-33 所示为框架及带轮轮辐和轮缘断口采用加热减应区法进行修补。

5. 锤击法

由于焊缝区金属在冷却收缩时受阻而产生拉伸应力，如在焊接每条焊道后用锤子锤击焊缝金属，促使它产生延伸塑性变形，以抵消焊接时产生的压缩塑性变形，这样便能起到减小焊接残余应力的作用。试验证明，锤击多层焊第一层焊缝金属，几乎能使内应力完全消失。锤击必须在焊缝塑性较好的热态时进行，以防止因锤击而产生裂纹。另外，为保持焊缝表面美观，表层焊缝一般不锤击。

三、消除残余应力的方法

消除焊接残余应力的方法有消除应力热处理、机械拉伸法、温差拉伸法、振动时效法等。钢结构常用的方法是消除应力热处理，即消除应力退火。

1. 消除应力退火

焊后把焊件总体或局部均匀加热至相变点以下某一温度（一般为 600 ~ 650 ℃），保温一定时间，然后均匀缓慢冷却，从而消除焊接残余应力的方法叫作消除应力退火。消除应力退火虽然加热的温度在相变点以下，金属未发生相变，但在此温度下其屈服强度降低了，使内部在残余应力的作用下产生一定的塑性变形，使应力得以消除。消除应力退火有整体消除应力退火和局部消除应力退火两种。

整体消除应力退火一般在炉内进行。退火加热温度越高，保温时间越长，应力消除越彻底。整体消除应力退火一般可消除 80% ~ 90% 的残余应力。对于某些不允许或无法用加热炉进行加热的，可采用局部加热消除应力退火，即对焊缝及其附近局部区域进行加热退火，局部消除应力退火效果不如整体消除应力退火。如图 6-34 所示为 14MnMoVB 消除应力退火工艺曲线。

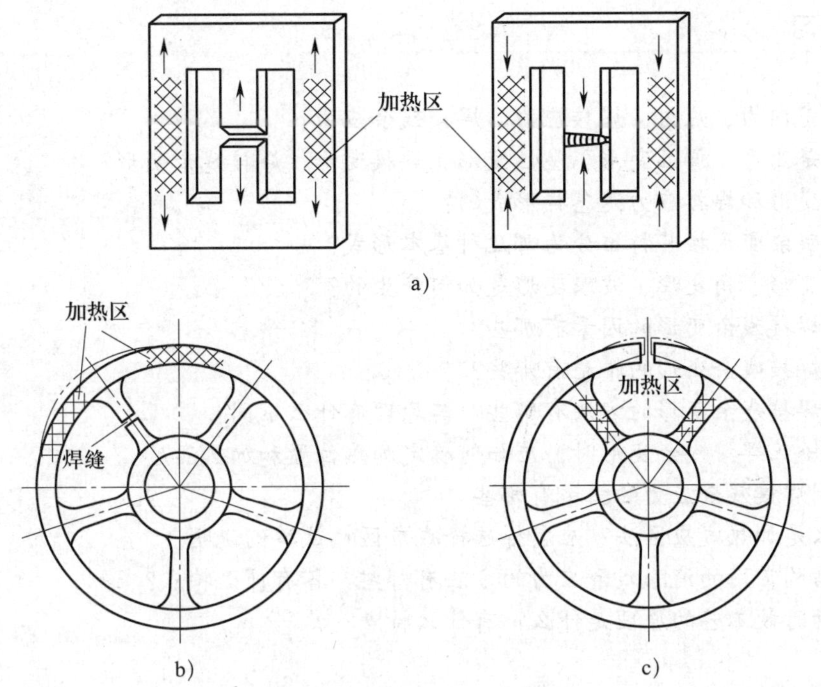

图 6–33　加热减应区法的应用

a）框架断口焊接　b）轮辐断口焊接　c）轮缘断口焊接

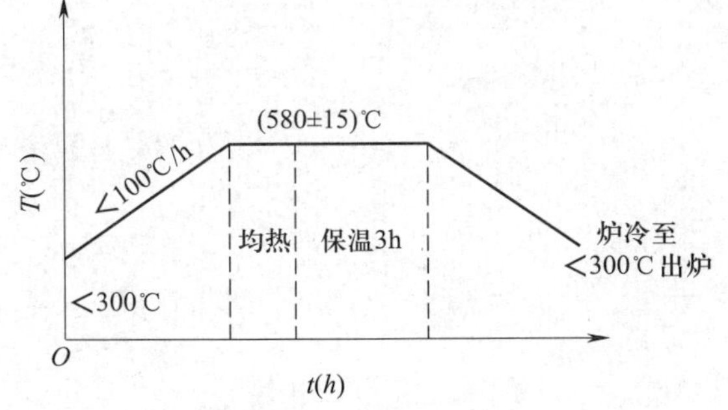

图 6–34　14MnMoVB 消除应力退火工艺曲线

2. 振动时效

振动时效又称振动消除应力法，简称VSR，是将焊接结构在其固有频率下进行数分钟至数十分钟的振动处理，以消除其残余应力，获得稳定的尺寸精度的一种方法。振动时效具有投资相对较少，生产周期短；设备体积小、质量轻、便于携带，节约能源，降低成本；可避免金属零件在时效过程中产生变形、氧化、脱碳及硬度降低等缺欠；操作简便，易于实现自动化等特点。因此，近年来振动时效消除残余应力法得到了迅速发展和广泛应用。

此外，机械拉伸法、温差拉伸法等也能取得较好的消除焊接残余应力的效果。

振动时效工艺大多数是共振时效，是将激振器牢固地夹持在被处理工件的适当位置上，通过振动设备的控制部分，根据工件的大小和形状调节激振力，并根据工件的固有频率调节激振频率，直至工件达到共振，并在共振状态下持续一段时间，以消除焊接残余应力。

思考与练习

1. 什么是内力、应力、焊接应力、焊接残余应力？
2. 什么是变形、弹性变形、塑性变形、焊接变形、焊接残余变形？
3. 焊接变形和焊接应力是怎样形成的？
4. 焊接残余变形按其特征分为哪几种基本形式？
5. 弯曲变形、角变形、波浪变形是如何产生的？
6. 影响焊接残余变形的因素有哪些？
7. 控制焊接残余变形的措施有哪些？
8. 矫正焊接残余变形的方法有哪些？其原理有什么不同？
9. 火焰矫正焊接残余变形时，应如何确定加热位置和加热温度？
10. 控制焊接残余应力的措施有哪些？
11. 什么是加热减应区法？应怎样选择减应区？试举例说明。
12. 钢结构常用的消除残余应力的方法有哪些？各有什么特点？
13. 振动时效工艺的原理是什么？有什么特点？

第七章

埋　弧　焊

埋弧焊是指电弧在颗粒状焊剂层下燃烧的一种焊接方法。焊接时，焊机的启动、引弧、焊丝的送进及热源的移动全由机械控制，是一种以电弧为热源的高效的机械化焊接方法。现已广泛应用于锅炉、压力容器、石油化工、船舶、桥梁、冶金及机械制造工业中。

§7-1　埋弧焊的原理及特点

一、埋弧焊过程

埋弧焊的工作过程如图 7-1 所示，先将焊丝由送丝机构送进，经导电嘴与焊件轻微接触，焊剂由漏斗口经软管流出后，均匀地堆敷在待焊处。引弧后电弧将焊丝和焊件熔化形成熔池，同时将电弧区周围的焊剂熔化，有部分熔剂蒸发，形成一个封闭的电弧燃烧空间。密度较低的熔渣浮在熔池表面，将液态金属与空气隔绝开来，有利于焊接冶金反应的进行。随着电弧向前移动，熔池液态金属随之冷却凝固而形成焊缝，浮在表面的液态熔渣也随之冷却而形成渣壳。如图 7-2 所示为埋弧焊焊缝断面。

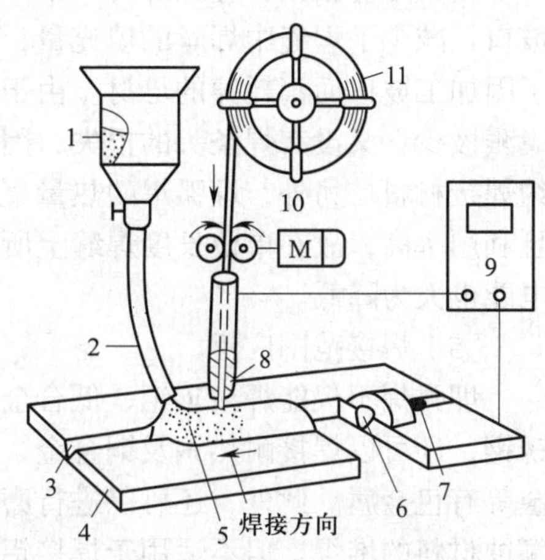

图 7-1　埋弧焊的工作过程

1—焊剂漏斗　2—软管　3—坡口　4—母材
5—焊剂　6—熔敷金属　7—渣壳　8—导电嘴
9—电源　10—送丝机构　11—焊丝

二、埋弧焊的特点

1. 埋弧焊的优点

（1）焊接生产效率高

埋弧焊可采用较大的焊接电流，同时因电弧加热集中，使熔深增加，单丝埋弧焊可一次焊透 20 mm 以下不开坡口的钢板。而且埋弧焊的焊接速度也比焊条电弧焊快，单丝埋弧焊的焊接速度可达 30 ~ 50 m/h，而焊条电弧焊的焊接速度不超过 8 m/h，从而提高了焊接生产效率。

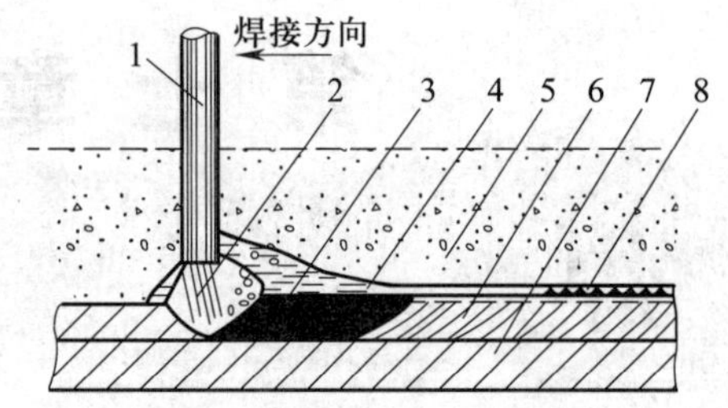

图 7–2　埋弧焊焊缝断面

1—焊丝　2—电弧　3—熔池　4—熔渣　5—焊剂　6—焊缝　7—焊件　8—渣壳

（2）焊接质量好

因熔池有熔渣和焊剂的保护，使空气中的氮、氧难以侵入，提高了焊缝金属的强度和韧性。同时，由于焊接速度快，热输入相对减少，故热影响区的宽度比焊条电弧焊小，有利于减少焊接变形及防止近缝区金属过热。另外，焊缝表面光洁、平整、成形美观。

（3）改善焊工的劳动条件

由于实现了焊接过程机械化，操作较简便，而且电弧在焊剂层下燃烧没有弧光的有害影响，焊工操作时可省去面罩，同时放出烟尘也少，因此，焊工的劳动条件得到了改善。

（4）节约焊接材料及电能

由于熔深较大，埋弧焊时可不开或少开坡口，减少了焊缝中焊丝的填充量，也节省了因加工坡口而消耗掉的母材。由于焊接时飞溅极少，又没有焊条头的损失，因此可节约焊接材料。另外，埋弧焊的热量集中，而且利用率高，故在单位长度焊缝上所消耗的电能也大为降低。

（5）焊接范围广泛

埋弧焊不仅能焊接碳钢、低合金钢、不锈钢，还可以焊接耐热钢及铜合金、镍基合金等有色金属。此外，还可以进行磨损、耐腐蚀材料的堆焊。但不适用于焊接铝、钛等氧化性强的金属及其合金。

2. 埋弧焊的缺点

（1）埋弧焊采用颗粒状焊剂进行保护，一般只适用于平焊或倾斜度不大的位置及角焊位置焊接，其他位置的焊接则需采用特殊装置来保证焊剂对焊缝区的覆盖及防止熔池金属的漏淌。

（2）焊接时不能直接观察电弧与坡口的相对位置，容易产生焊偏及未焊透等缺欠，不能及时调整工艺参数，故需要采用焊缝自动跟踪装置来保证焊炬对准焊缝而不焊偏。

（3）埋弧焊使用电流较大，电弧的电场强度较高，电流小于 100 A 时，电弧稳定性较差，因此，不适宜焊接厚度小于 1 mm 的薄件。

（4）焊接设备比较复杂，维修及保养工作量比较大，且仅适用于直的长焊缝和环形焊缝的焊接，对于一些形状不规则的焊缝无法焊接。

三、埋弧焊自动调节

合理地选择焊接参数，并保证预定的焊接参数在焊接过程中稳定，是获得优质焊缝的重要条件。

焊条电弧焊通过人工调节来保证选定的焊接参数稳定，即依靠焊工的肉眼观察焊接过程，经分析比较，然后用手调整焊条的运条动作来完成。离开这种人工调节作用，焊条电弧焊的质量是无法保证的。因此，以机械代替手工送进焊丝和移动电弧的埋弧焊必须具有相应的自动调节作用来取代人工调节作用；否则，当遇到弧长干扰等因素时，就不能保证电弧的稳定。由此可见，自动调节是埋弧焊等自动化电弧焊接方法必须包含的内容。

在焊接过程中，当弧长变化时希望能迅速得到调整，恢复到原来的长度，而电弧长度是由焊丝送给速度和焊丝熔化速度决定的，只有使送丝的速度等于焊丝熔化的速度，电弧长度才有可能保持稳定不变。因此，当电弧长度发生变化时，为了恢复弧长，可通过两种方法来实现：一是调节焊丝送丝速度；二是调节焊丝熔化速度。

焊丝送丝速度是指在单位时间送入焊接区的焊丝长度，而焊丝熔化速度是指单位时间内熔化送入焊接区的焊丝长度。

根据上述两种不同的调节方法，埋弧焊有两种形式：一是焊丝送丝速度在焊接过程中恒定不变，通过改变焊丝熔化速度来消除弧长干扰的等速送丝式，焊机型号有 MZ1-1000 型；二是焊丝送丝速度随电弧电压变化，通过改变送丝速度来消除弧长干扰的变速送丝式，焊机型号有 MZ-1000 型。

§7-2 埋弧焊机

一、埋弧焊机的分类

埋弧焊机按用途可分为专用焊机和通用焊机两种，通用焊机如小车式的埋弧焊机，专用焊机如埋弧角焊机、埋弧堆焊机等。

按送丝方式可分为等速送丝式埋弧焊机和变速送丝式埋弧焊机两种，前者适用于细焊丝、高电流密度条件下的焊接，后者则适用于粗焊丝、低电流密度条件下的焊接。

按焊丝的数目和形状可分为单丝埋弧焊机、多丝埋弧焊机和带状电极埋弧焊机。目前应用最广泛的是单丝埋弧焊机。常用的多丝埋弧焊机有双丝埋弧焊机和三丝埋弧焊机。带状电极埋弧焊机主要用于大面积堆焊。

按焊机的结构形式可分为小车式、悬挂式、车床式、门架式、悬臂式等。目前小车式和悬臂式用得较多。

尽管生产中使用的焊机类型很多，但根据其自动调节的原理，可以归纳为电弧自身调节的等速送丝式埋弧焊机和电弧电压自动调节的变速送丝式埋弧焊机。

常用的小车式埋弧焊机的组成如图 7-3 所示。

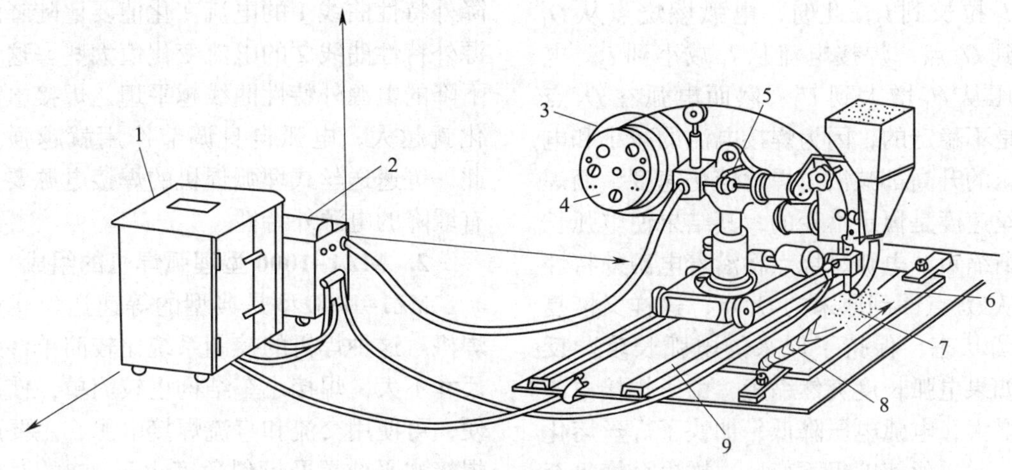

图 7-3 小车式埋弧焊机的组成

1—弧焊电源 2—控制箱 3—焊丝盘 4—控制盘
5—焊接小车 6—焊件 7—焊剂 8—焊缝 9—导轨

二、等速送丝式埋弧焊机

1. 等速送丝式埋弧焊机的工作原理

等速送丝式埋弧焊机是根据焊接过程中电弧的自身调节作用，通过改变焊丝的熔化速度，使变化的弧长很快恢复正常，从而保证焊接过程稳定。

（1）电弧自身调节作用

如图 7–4 所示，曲线 C 为等熔化速度曲线（又称电弧自身调节系统静特性曲线），在曲线 C 上焊丝的熔化速度是不变的，且恒等于送丝速度。O_1 是电源外特性曲线、电弧静特性曲线和等熔化速度曲线的三线交点，是电弧稳定燃烧点。电弧在这一点燃烧时，焊丝的熔化速度等于其送丝速度，焊接过程稳定。

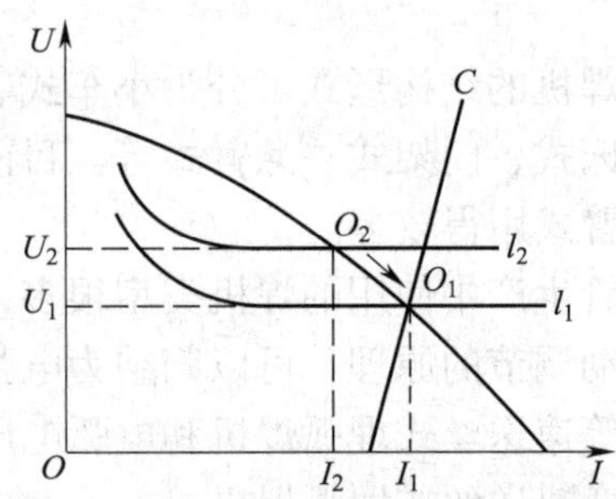

图 7–4　弧长变化时的电弧自身调节过程

当由于某种外界的干扰，使电弧长度突然从 l_1 拉长到 l_2，此时，电弧燃烧点从 O_1 点移到 O_2 点，焊接电流从 I_1 减小到 I_2，电弧电压从 U_1 增大到 U_2。然而电弧在 O_2 点燃烧是不稳定的，因为焊接电流的减小和电弧电压的升高都减慢了焊丝熔化速度，而焊丝送丝速度是恒定不变的，其结果使电弧长度逐渐缩短，电弧燃烧点将沿着电源外特性曲线从 O_2 点回到原来的 O_1 点，这样又恢复至平衡状态，保持了原来的电弧长度。反之，如果电弧长度突然缩短，由于焊接电流随之增大，电弧电压降低，加快了焊丝熔化速度，而送丝速度仍不变，这样也会恢复至原来的电弧长度。

在受到外界的干扰使电弧长度发生改变时，会引起焊接电流和电弧电压的变化，尤其是焊接电流的变化显著，从而引起焊丝熔化速度的自行变化，使电弧恢复至原来的长度而稳定燃烧，这种作用称为电弧自身调节作用。

（2）影响电弧自身调节性能的因素

1）焊接电流。电弧长度改变后，焊接电流变化越显著，则电弧长度恢复得越快。当电弧长度改变的条件相同时，选用大电流焊接的电流变化值（ΔI_1）要大于选用小电流焊接的电流变化值（ΔI_2），如图 7–5 所示。因此，采用大电流焊接时，电弧自身调节作用较强，即电弧自行恢复到原来长度的时间较短。

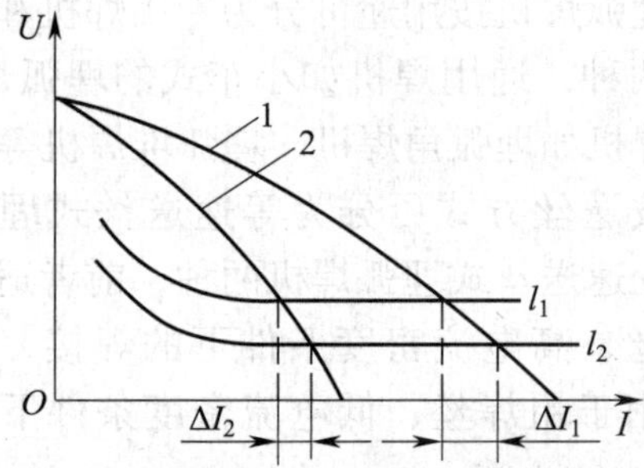

图 7–5　焊接电流和电源外特性的影响

2）电源外特性。从图 7–5 中还可以看出，当电弧长度改变相同时，较为平坦的下降外特性曲线 1 的电流变化值要比陡降的电源外特性曲线 2 的电流变化值大些。这说明下降的电源外特性曲线越平坦，焊接电流变化就越大，电弧自身调节作用就越强。因此，等速送丝式埋弧焊机的焊接电源要求具有缓降的电源外特性。

2. MZ1–1000 型埋弧焊机的组成

MZ1–1000 型是典型的等速送丝式埋弧焊机。这种焊机的控制系统比较简单，外形尺寸不大，焊接小车结构也较简单，使用方便，可使用交流和直流焊接电源，主要用于焊接水平位置及倾斜角度小于 15° 的对接和角接焊缝，也可以焊接直径较大的环形焊缝。

MZ1-1000 型埋弧焊机由焊接小车、控制箱和弧焊电源三部分组成。

（1）焊接小车

焊接小车如图 7-6 所示。交流电动机为送丝机构和行走机构共同使用，电动机有两个输出轴，一头经送丝机构减速器送给焊丝，另一头经行走机构减速器带动焊接小车。

图 7-6　MZ1-1000 型埋弧焊小车

焊接小车的前轮和主动后轮与车体绝缘，主动后轮的轴与行走机构减速器之间装有摩擦离合器，脱开时可以用手推动焊接小车。焊接小车的回转托架上装有焊剂漏斗、控制板、焊丝盘、焊丝校直机构和导电嘴等。焊丝从焊丝盘经校直机构、送丝滚轮和导电嘴送入焊接区，所用的焊丝直径为 1.6 ~ 5 mm。

焊接小车的传动系统中有两对可调齿轮，通过改换齿轮的方法可调节焊丝送给速度和焊接速度。焊丝送给速度调节范围为 0.87 ~ 6.7 m/min，焊接速度调节范围为 16 ~ 126 m/h。

（2）控制箱

控制箱内装有电源接触器、中间继电器、降压变压器、电流互感器等电气元件，在外壳上装有控制电源的转换开关、接线板及多芯插座等。

（3）弧焊电源

常见的埋弧焊交流电源采用 BX2-1000 型同体式弧焊变压器，有时也采用具有缓降外特性的弧焊整流器。

三、变速送丝式埋弧焊机

1. 变速送丝式埋弧焊机的工作原理

变速送丝式埋弧焊机是根据电弧电压自动调节作用，把电弧电压作为反馈量，通过改变焊丝送丝速度来消除弧长的干扰，以保持电弧长度不变。

（1）变速送丝式埋弧焊机的电气原理

如图 7-7 所示，送丝电动机 M 是他励式直流电动机，它通过减速机构带动送丝滚轮进行焊丝送给。直流发电机 G 为直流电动机 M 供电。因此，它控制着电动机的转速和转向，即控制着焊丝送给速度的快慢和方向。

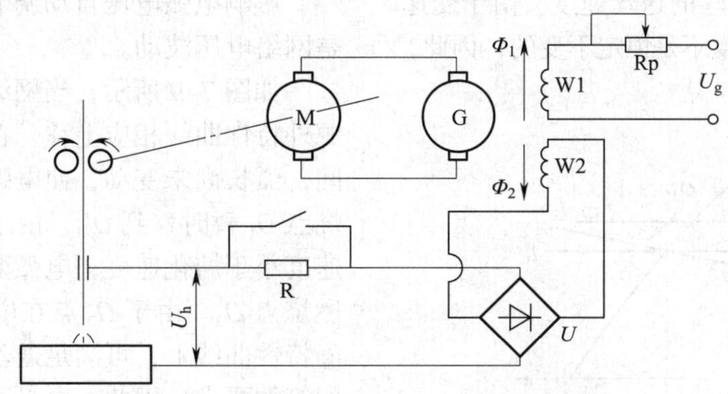

图 7-7　变速送丝式埋弧自动焊机电气原理图

G—他励式直流发电机　M—他励式直流电动机　Rp—电位器　U—桥式整流器

U_h—电弧电压　U_g—给定电压　W1、W2—励磁线圈　Φ_1、Φ_2—励磁线圈 W1、W2 的磁通

直流发电机 G 有磁通方向相反的两个励磁线圈 W1 和 W2，励磁线圈 W1 由网路经降压、整流后再经给定电压调节电位器 Rp 供电，因而磁通 Φ_1 的大小取决于给定电压；励磁线圈 W2 是引入焊接回路中电弧电压的反馈，则磁通 Φ_2 的大小由反馈的电弧电压的高低决定。当直流发电机中只有线圈 W1 工作时，电动机 M 的转动方向使焊丝上抽；当线圈 W2 工作时，则促使焊丝下送。当两个线圈同时工作时，电动机 M 的转速、转向就由它们产生的合成磁通决定。当 $\Phi_2>\Phi_1$ 时，直流电动机正转，焊丝下送，Φ_2 越大，下送速度越快；当 $\Phi_2<\Phi_1$ 时，电动机反转，焊丝上抽。

焊机启动时，焊丝与焊件之间在接触短路的条件下，电弧电压为零，因而励磁线圈 W2 不起作用，直流发电机只受到励磁线圈 W1 的作用，所以焊丝上抽，电弧被引燃。随着电弧的逐渐拉长，电弧电压不断增大，励磁线圈 W2 的作用也不断增强，当 W2 的磁通 Φ_2 大于 W1 的磁通 Φ_1 时，电动机的转向也相应改变，焊丝就下送，直至焊丝送给速度等于焊丝熔化速度时，电弧燃烧趋向稳定状态，进入正常的焊接过程。

（2）电弧电压自动调节作用

如图 7–8 所示，曲线 A 为电弧电压自动调节静特性曲线，在该曲线上任意一点焊丝的熔化速度等于焊丝的送丝速度。由于变速送丝式焊机送给速度不是恒定不变的，因此，

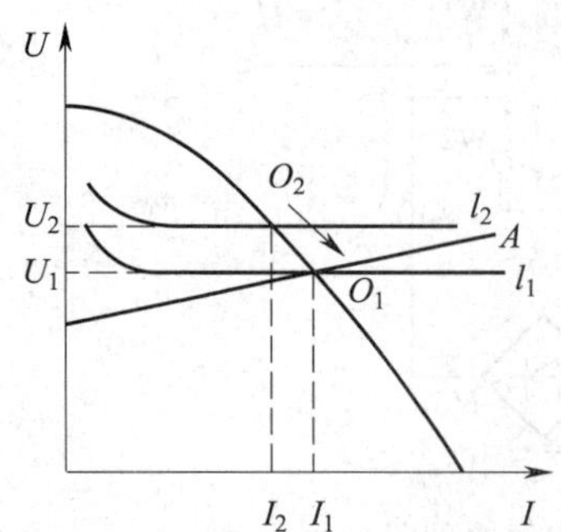

图 7–8　弧长变化时电弧电压的自动调节过程

在曲线上的各不同点都有不同的焊丝送给速度，但都分别对应着一定的焊丝熔化速度。

O_1 点是电源外特性曲线、电弧静特性曲线和电弧电压自动调节静特性曲线的三线交点，是电弧稳定燃烧点，电弧在 O_1 点燃烧时，焊丝的熔化速度等于送丝速度，焊接过程稳定。

当受到某种外界干扰，使电弧长度突然从 l_1 拉长至 l_2 时，电弧燃烧点从 O_1 点移到 O_2 点，电弧电压从 U_1 增大到 U_2，一方面，因为电弧电压的反馈作用，使焊丝送给速度加快；另一方面，由于焊接电流由 I_1 减小到 I_2，引起焊丝熔化速度减慢。由于焊丝送给速度的加快，同时焊丝熔化速度又减慢，因此，电弧长度迅速缩短，电弧从不稳定燃烧的 O_2 点迅速恢复至平衡状态，即恢复了原来的电弧长度。反之，如果电弧长度突然缩短时，由于电弧电压随之减小，使焊丝送给速度减慢，同时，焊接电流的增大引起焊丝熔化速度加快，结果也是恢复到原来的电弧长度。

在受到外界干扰使电弧长度发生改变时，会引起电弧电压变化，从而使焊丝送给速度相应改变，以达到恢复原来的电弧长度而稳定燃烧的目的，这种作用称为电弧电压自动调节作用。

（3）影响电弧电压自动调节性能的因素

影响电弧电压自动调节性能的主要因素是网络电压波动。

如图 7–9 所示，当网络电压升高时，电源外特性曲线相应上移，在网络电压变化瞬间，弧长尚未变动，使电弧从原来的稳定燃烧点 O_1 暂时移到 O'_1，由于电流增大，送丝速度小于熔化速度，电弧变长直至新的稳定燃烧点 O_2。由于 O_2 点在电弧电压自动调节静特性曲线上，可满足送丝速度与熔化速度相等的要求，因此，电弧不会再恢复到原来的稳定燃烧点 O_1，从而焊接参数不能恢复到原来的稳定状态。

虽然变速送丝式埋弧焊机靠电弧电压自动调节作用进行自动调节，但同时还存在电弧自身调节作用，所以变速送丝式埋弧焊机比等速送丝式埋弧焊机的自动调节作用强得多。

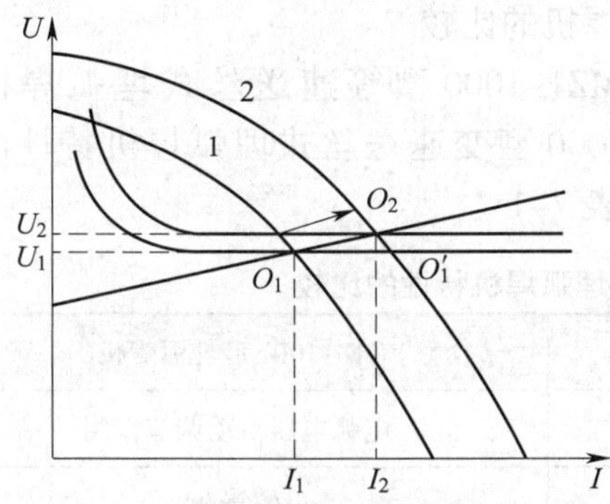

图 7–9　网络电压波动对焊接参数的影响

由于电弧电压自动调节静特性曲线近似于水平，因此，网络电压波动对电弧电压影响较小，而对焊接电流影响较大。当网络电压波动时，陡降外特性电源引起的焊接电流的偏差比缓降外特性电源引起的小。因此，为避免网络电压波动而引起焊接电流的较大变化，变速送丝式焊机适宜采用陡降外特性的焊接电源。

2. MZ–1000 型埋弧焊机的组成

MZ–1000 型是典型的变速送丝式埋弧焊机，它是根据电弧电压自动调节原理设计的。这种焊机的焊接过程自动调节灵敏度较高，而且对焊丝送给速度和焊接速度的调节方便，但电气控制线路较为复杂，可使用交流和直流焊接电源。主要用于平焊位置的对接焊，也可用于船形位置的角焊缝。

MZ–1000 型埋弧焊机由焊接小车、控制箱和弧焊电源三部分组成。

（1）焊接小车

焊接小车如图 7–10 所示，小车的横臂上悬挂着机头、焊剂漏斗、焊丝盘和控制盘。机头的功能是送给焊丝，它由一台直流电动机、减速机构和送丝滚轮组成，焊丝从滚轮中送出，经过导电嘴进入焊接区，焊丝直径为 3 ~ 6 mm，焊丝送给速度可在 0.5 ~ 2 m/min 范围内调节。控制盘和焊丝盘

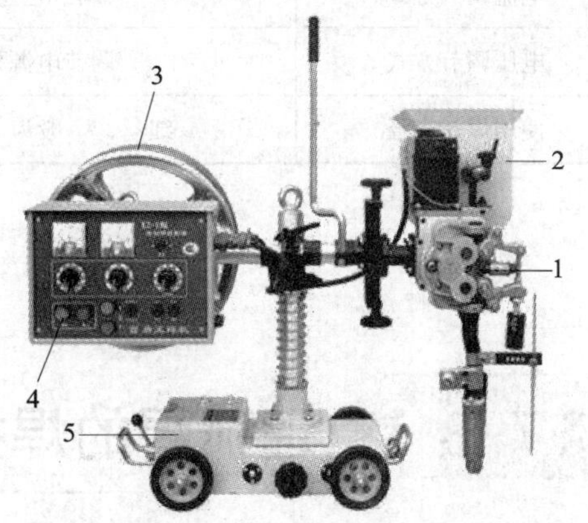

图 7–10　MZ–1000 型埋弧焊小车

1—机头　2—焊剂漏斗　3—焊丝盘　4—控制盘　5—台车

师傅点拨

变速送丝式埋弧焊机有两种类型，一是 MZ–1000 型埋弧焊机，它的工作过程是由发电机—电动机系统完成的。二是 MZ–1–1000 型埋弧焊机，它是前者的改进型，其工作过程是由晶闸管—电动机系统完成的。前者有发电机，一般有控制箱，是目前应用最广泛的埋弧焊机；后者将控制线路安装在电源箱或控制盘内，结构紧凑，体积小，成本低，同时增加了刮擦引弧和定电压熄弧功能，故较受欢迎。

安装在横臂的另一端，控制盘上有电流表、电压表、用来调节小车行走速度和焊丝送给速度的电位器、控制焊丝上下的按钮、电流增大和减小按钮等。

焊接小车由台车上的直流电动机通过减速器和离合器带动，焊接速度可在 15 ~ 70 m/h 范围内调节。为适应不同形式的焊缝，焊接小车可在一定的方位上转动。

（2）控制箱

控制箱内装有电动机—发电机组，还有接触器、中间继电器、降压变压器、电流互感器等电气元件。

（3）弧焊电源

一般选用 BX2–1000 型弧焊变压器，或选用具有陡降外特性的弧焊整流器。

四、等速送丝式埋弧焊机与变速送丝式埋弧焊机的比较

MZ1–1000 型等速送丝式埋弧焊机与 MZ–1000 型变速送丝式埋弧焊机特性的比较见表 7–1。

表 7–1　　MZ1–1000 型埋弧焊机与 MZ–1000 型埋弧焊机特性的比较

比较内容	MZ1–1000 型埋弧焊机	MZ–1000 型埋弧焊机
自动调节原理	电弧自身调节作用	电弧电压自动调节作用
控制电路及机构	较简单	较复杂
送丝方式	等速送丝式	变速送丝式
电源外特性	缓降外特性	陡降外特性
电流调节方式	调节送丝速度	调节电源外特性
电压调节方式	调节电源外特性	调节给定电压
使用焊丝直径	细丝，一般为 1.6 ~ 3 mm	粗丝，一般为 3 ~ 5 mm

§7–3　埋弧焊的焊接材料

埋弧焊的焊接材料有焊丝和焊剂，它们的作用相当于焊条电弧焊的焊芯和药皮。

一、焊丝

埋弧焊中焊丝既作为导电的电极，又作为填充金属的金属丝。目前，埋弧焊普遍使用的是实心焊丝。埋弧焊的焊丝与焊条电弧焊焊条的焊芯同属一个国家标准。焊丝按照成分和用途不同，主要有碳素结构钢、合金结构钢、不锈钢等焊丝。

对埋弧焊所用焊丝的要求与焊条的焊芯基本相同。常用的焊丝直径有 2 mm、3 mm、4 mm、5 mm 和 6 mm 等。焊丝在使用时表面要清洁，不应有氧化皮、铁锈及油污等杂质。

二、焊剂

进行埋弧焊时，能够熔化形成熔渣和气体，对熔化金属起保护作用并进行复杂的冶金反应的颗粒状物质叫作焊剂。

1. 焊剂的作用

（1）焊接时熔化的焊剂产生气体和熔渣，有效地保护电弧和熔池，防止空气中氮、氧等有害气体侵入熔池。焊后熔渣覆盖在焊缝上，减缓了焊缝金属的冷却速度，改善焊缝的结晶状况及气体逸出的条件。

（2）对焊缝金属渗合金，改善焊缝的化学成分，提高其力学性能。

（3）改善焊接工艺性能，使电弧稳定燃烧，脱渣容易，焊缝成形美观。

2. 焊剂的分类

（1）焊剂按制造方法不同主要有熔炼焊剂和烧结焊剂。熔炼焊剂是将原料混合后入炉熔炼，经水冷粒化、烘干而成的。其颗粒强度高，化学成分均匀，且不易吸潮，但需经过高温熔炼，因此，不能依靠焊剂向焊缝金属大量渗入合金元素。熔炼焊剂是目前应用最多的一类焊剂，常用于碳钢、低合金钢的焊接。

烧结焊剂是在原料中加入黏结剂混合搅拌后烧结而成的。由于没有熔炼过程，容易通过焊剂向焊缝金属渗入合金元素，且脱渣性好，但化学成分不均匀，易吸潮。烧结焊剂常用于焊接高合金钢或堆焊。

（2）焊剂按化学成分不同有高锰焊剂、中锰焊剂、低锰焊剂和无锰焊剂等，并可根据焊剂中二氧化硅和氟化钙的含量高低分成不同的类型。

3. 焊剂的牌号

（1）熔炼焊剂牌号的表示方法

焊剂牌号表示为“HJ× × ×”，HJ 后面有三位数字，具体内容如下：

1）第一位数字表示焊剂中氧化锰的平均含量，见表 7–2。

表 7–2　焊剂牌号与氧化锰的平均含量

牌号	焊剂类型	氧化锰平均含量
HJ1× ×	无锰	<2%
HJ2× ×	低锰	2% ~ 15%
HJ3× ×	中锰	15% ~ 30%
HJ4× ×	高锰	>30%

2）第二位数字表示焊剂中二氧化硅、氟化钙的平均含量，见表 7–3。

3）第三位数字表示同一类型焊剂的不同牌号。对同一种牌号，焊剂生产有两种颗粒度，在细颗粒产品后面加“X”。

例如：

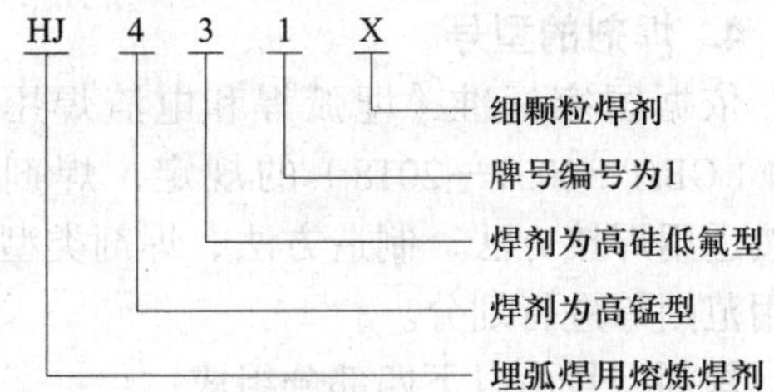

（2）烧结焊剂牌号的表示方法

焊剂牌号表示为“SJ× × ×”，SJ 后面有三位数字，具体内容如下：

1）第一位数字表示焊剂熔渣的渣系类型，见表 7–4。

2）第二、第三位数字表示同一渣系类型焊剂中的不同牌号，按 01、02、…、09 顺序排列。

表 7–3　焊剂牌号与二氧化硅、氟化钙的平均含量

牌号	焊剂类型	二氧化硅、氟化钙平均含量
HJ×1×	低硅低氟	$w(SiO_2)<10\%$；$w(CaF_2)<10\%$
HJ×2×	中硅低氟	$w(SiO_2)\approx 10\% \sim 30\%$；$w(CaF_2)<10\%$
HJ×3×	高硅低氟	$w(SiO_2)>30\%$；$w(CaF_2)<10\%$
HJ×4×	低硅中氟	$w(SiO_2)<10\%$；$w(CaF_2)\approx 10\% \sim 30\%$
HJ×5×	中硅中氟	$w(SiO_2)\approx 10\% \sim 30\%$；$w(CaF_2)\approx 10\% \sim 30\%$
HJ×6×	高硅中氟	$w(SiO_2)>30\%$；$w(CaF_2)\approx 10\% \sim 30\%$
HJ×7×	低硅高氟	$w(SiO_2)<10\%$；$w(CaF_2)>30\%$
HJ×8×	中硅高氟	$w(SiO_2)\approx 10\% \sim 30\%$；$w(CaF_2)>30\%$

表 7–4　　　　　　　　　　　烧结焊剂牌号及其渣系类型

焊剂牌号	熔渣渣系类型	主要组分范围
SJ1××	氟碱型	$w(CaF_2) \geq 15\%$; $w(CaO+MgO+CaF_2) > 50\%$; $w(SiO_2) \leq 20\%$
SJ2××	高铝型	$w(Al_2O_3) \geq 20\%$; $w(Al_2O_3+CaO+MgO) > 45\%$
SJ3××	硅钙型	$w(CaO+MgO+SiO_2) > 60\%$
SJ4××	硅锰型	$w(MnO+SiO_2) > 50\%$
SJ5××	铝钛型	$w(Al_2O_3+TiO_2) > 45\%$
SJ6××	其他型	

例如：

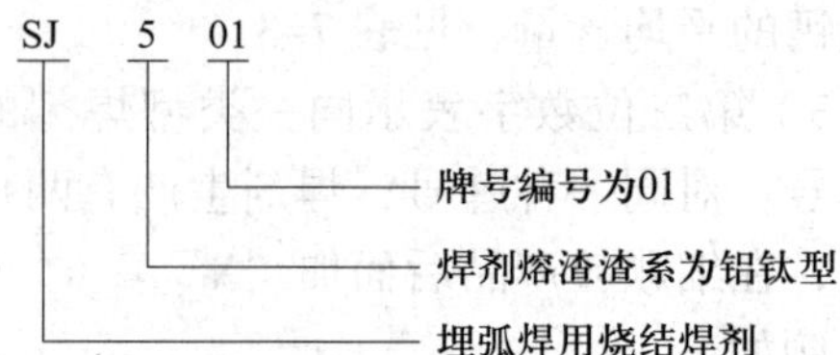

4. 焊剂的型号

依据国家标准《埋弧焊和电渣焊用焊剂》（GB/T 36037—2018）的规定，焊剂型号按适用焊接方法、制造方法、焊剂类型和适用范围等进行划分。

焊剂型号由以下四部分组成：

第一部分表示焊剂适用的焊接方法，S表示适用于埋弧焊，ES表示适用于电渣焊。

第二部分表示焊剂制造方法，F表示熔炼焊剂，A表示烧结焊剂，M表示混合焊剂。

第三部分表示焊剂类型代号，见表7–5。

第四部分表示焊剂适用范围代号，见表7–6。

除以上强制分类代号外，根据供需双方协商，可在型号后依次附加可选代号，主要包括：冶金性能代号，用数字、元素符号、元素符号和数字组合等表示焊剂烧损或增加合金程度；电流类型代号，用字母表示，DC表示适用于直流焊接，AC表示适用于交流和直流焊接；扩散氢代号H×，其中×可为数字2、4、5、10或15，分别表示每100 g熔敷金属中扩散氢含量最大值（mL）。

表 7–5　　　　　　　　　　　焊剂类型代号及主要化学成分

焊剂类型代号	主要化学成分（质量分数）（%）	
MS （硅锰型）	$MnO+SiO_2$	≥50
	CaO	≤15
CS （硅钙型）	$CaO+MgO+SiO_2$	≥55
	CaO+MgO	≥15
CG （镁钙型）	CaO+MgO	5~50
	CO_2	≥2
	Fe	≤10
CB （镁钙碱型）	CaO+MgO	30~80
	CO_2	≥2
	Fe	≤10
CG–I （铁粉镁钙型）	CaO+MgO	5~45
	CO_2	≥2
	Fe	15~60

续表

焊剂类型代号	主要化学成分（质量分数）（%）	
CB- I（铁粉镁钙碱型）	CaO+MgO	10~70
	CO_2	≥ 2
	Fe	15~60
GS（硅镁型）	$MgO+SiO_2$	≥ 42
	Al_2O_3	≤ 20
	$CaO+CaF_2$	≤ 14
ZS（硅锆型）	ZrO_2+SiO_2+MnO	≥ 45
	ZrO_2	≥ 15
RS（硅钛型）	TiO_2+SiO_2	≥ 50
	TiO_2	≥ 20
AR（铝钛型）	$Al_2O_3+TiO_2$	≥ 40
BA（碱铝型）	$Al_2O_3+CaF_2+SiO_2$	≥ 55
	CaO	≥ 8
	SiO_2	≤ 20
AAS（硅铝酸型）	$Al_2O_3+SiO_2$	≥ 50
	CaF_2+MgO	≥ 20
AB（铝碱型）	$Al_2O_3+CaO+MgO$	≥ 40
	Al_2O_3	≥ 20
	CaF_2	≤ 22
AS（硅铝型）	$Al_2O_3+SiO_2+ZrO_2$	≥ 40
	CaF_2+MgO	≥ 30
	ZrO_2	≥ 5
AF（铝氟碱型）	$Al_2O_3+CaF_2$	≥ 70
FB（氟碱型）	$CaO+MgO+CaF_2+MnO$	≥ 50
	SiO_2	≤ 20
	CaF_2	≥ 15
G[a]	其他协定成分	

[a] 表中未列出的焊剂类型可用相类似的符号表示，词头加字母“G”，化学成分范围不进行规定，两种分类之间不可替换。

表 7–6　　焊剂适用范围代号

代号[a]	适用范围
1	用于非合金钢及细晶粒钢、高强钢、热强钢和耐候钢，适合于焊接接头和 / 或堆焊 在接头焊接时，一些焊剂可应用于多道焊和单 / 双道焊
2	用于不锈钢和 / 或镍及镍合金 主要适用于接头焊接，也能用于带极堆焊
2B	用于不锈钢和 / 或镍及镍合金 主要适用于带极堆焊
3	主要用于耐磨堆焊
4	1 类 ~3 类都不适用的其他焊剂，例如铜合金用焊剂

[a] 由于匹配的焊丝、焊带或应用条件不同，焊剂按此划分的适用范围代号可能不止一个，在型号中应至少标出一种适用范围代号。

例如：

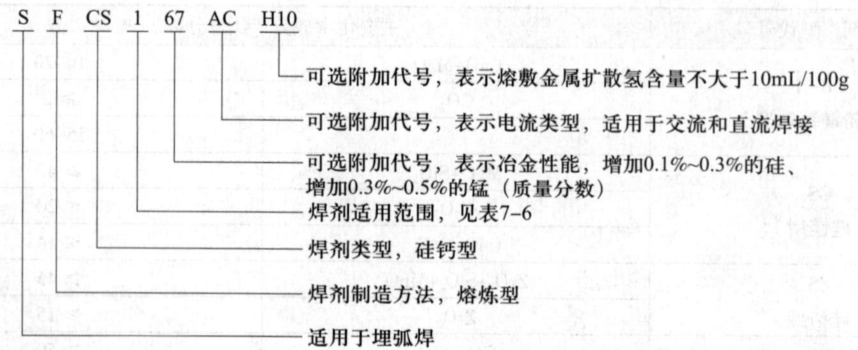

三、焊剂与焊丝的选配

为保证焊缝金属的化学成分和力学性能与基体金属相近，埋弧焊时，合理地选配焊丝和焊剂极为重要。

焊接低碳钢和强度较低的低合金高强度结构钢时，为保证焊缝金属的力学性能，宜采用低锰或含锰焊丝，配合高锰高硅焊剂，如 HJ431、HJ430 配焊丝 H08A 或 H08MnA，或采用高锰焊丝配合无锰高硅或低锰高硅焊剂，如 HJ130、HJ230 配焊丝 H10Mn2。

焊接有特殊要求的合金钢，如低温钢、耐热钢、耐蚀钢等，为保证焊缝金属的化学成分，要选用相应的合金钢焊丝，配合碱性较强的中硅、低硅型焊剂。

常用焊剂与焊丝的选配及用途见表 7–7。

表 7–7 常用焊剂与焊丝的选配及用途

焊剂牌号	成分类型	酸碱性	配用焊丝	电流种类	用途
HJ131	无锰高硅低氟	中性	镍基焊丝	交直流	镍基合金
HJ150	无锰中硅中氟	中性	H2Cr13	直流	轧辊堆焊
HJ151	无锰中硅中氟	中性	相应钢种焊丝	直流	奥氏体不锈钢
HJ172	无锰低硅高氟	碱性	相应钢种焊丝	直流	高铬铁素体钢
HJ251	低锰中硅中氟	碱性	CrMo 钢焊丝	直流	珠光体耐热钢
HJ260	低锰高硅中氟	中性	不锈钢焊丝	直流	不锈钢、轧辊堆焊
HJ350	中锰中硅中氟	中性	MnMo、MnSi 及含镍高强钢焊丝	交直流	重要低合金高强度结构钢
HJ430	高锰高硅低氟	酸性	H08A、H08MnA	交直流	优质碳素结构钢
HJ431	高锰高硅低氟	酸性	H08A、H08MnA	交直流	优质碳素结构钢、低合金钢
SJ101	氟碱型	碱性	H08MnA、H08MnMoA	交直流	重要低碳钢、低合金钢
SJ301	硅钙型	中性	H08MnA、H08MnMoA	交直流	低碳钢、锅炉钢
SJ401	硅锰型	酸性	H08A	交直流	低碳钢、低合金钢
SJ501	铝钛型	酸性	H08MnA	交直流	低碳钢、低合金钢
SJ502	铝钛型	酸性	H08A	交直流	重要低碳钢和低合金钢
SJ601	其他型	碱性	H03Cr21Ni10、H08Cr19Ni10Ti 等	直流	多道焊不锈钢
SJ604	其他型	碱性	H03Cr21Ni10、H08Cr19Ni10Ti 等	直流	多道焊不锈钢

焊剂需正确保管和使用，应存放在干燥库房内，防止受潮。熔炼焊剂使用前应在 250 ~ 300 ℃下烘干 1 ~ 2 h，烧结焊剂应在 300 ~ 400 ℃下烘干 1 ~ 2 h；对回收的焊剂，应清除其中的渣壳和杂物后方可与新焊剂混匀使用。

§7-4 埋弧焊工艺

一、埋弧焊焊接参数

埋弧焊的焊接参数有焊接电流、电弧电压、焊接速度、焊丝直径、焊丝伸出长度、焊丝倾角、焊件倾斜、装配间隙与坡口角度等。其中对焊缝成形和焊接质量影响最大的是焊接电流、电弧电压和焊接速度。

1. 焊接电流

焊接时若其他因素不变，焊接电流增大，则电弧吹力增强，焊缝厚度增大。同时，焊丝的熔化速度也相应加快，焊缝余高稍有增大，但电弧的摆动小，所以焊缝宽度变化不大。电流过大，容易产生咬边或成形不良，使热影响区增大，甚至造成烧穿；电流过小，焊缝厚度减小，容易产生未焊透缺欠，电弧稳定性也差。焊接电流对焊缝成形的影响如图 7-11 所示。

2. 电弧电压

在其他因素不变的条件下，增大电弧长度，则电弧电压增大。随着电弧电压增大，焊缝宽度显著增大，而焊缝厚度和余高减小。这是因为电弧电压越高，电弧就越长，则电弧的摆动范围扩大，使焊件被电弧加热面积增大，以致焊缝宽度增大。然而电弧长度增大以后，电弧热量损失加大，所以，用来熔化母材和焊丝的热量减少，使焊缝厚度和余高减小，如图 7-12 所示。

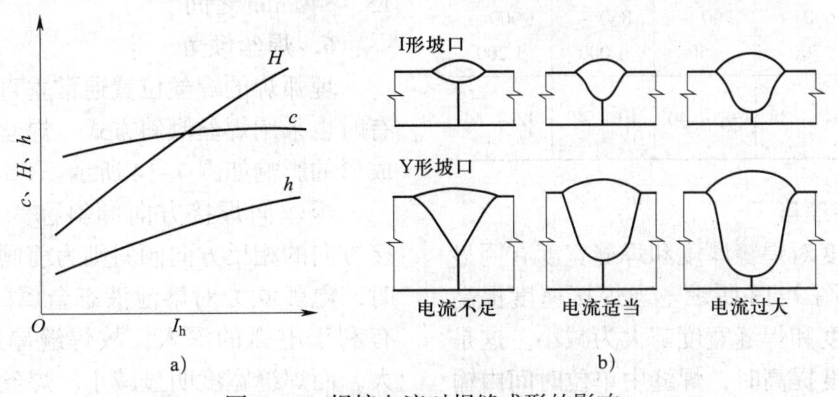

图 7-11　焊接电流对焊缝成形的影响

a）影响规律　b）焊缝成形的变化

H—焊缝厚度　c—焊缝宽度　h—余高

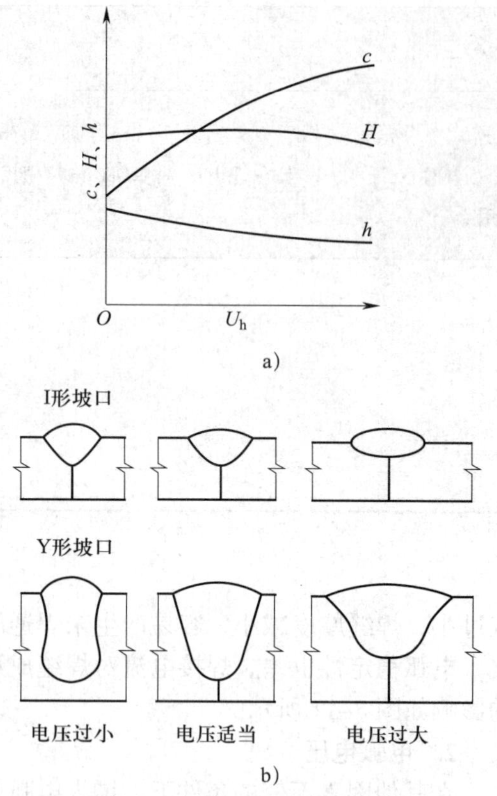

图 7–12　电弧电压对焊缝成形的影响

a）影响规律　b）焊缝成形的变化

H—焊缝厚度　*c*—焊缝宽度　*h*—余高

由此可见，电流是决定焊缝厚度的主要因素，而电压则是影响焊缝宽度的主要因素。为了获得良好的焊缝成形，焊接电流必须与电弧电压进行良好的匹配，见表 7–8。

表 7–8　焊接电流与电弧电压的匹配关系

焊接电流（A）	600 ~ 700	700 ~ 850	850 ~ 1 000	1 000 ~ 1 200
焊接电压（V）	34 ~ 38	38 ~ 40	40 ~ 42	42 ~ 44

3. 焊接速度

焊接速度对焊缝厚度和焊缝宽度有明显的影响，如图 7–13 所示。当焊接速度提高时，焊缝厚度和焊缝宽度都大为减小。这是因为焊接速度提高时，焊缝中单位时间内输入的热量减少。焊接速度过快，则易形成未焊透、咬边、焊缝粗糙不平等缺欠；焊接速度过慢，则会形成易裂的“蘑菇形”焊缝或产生烧穿、夹渣、焊缝不规则等缺欠。

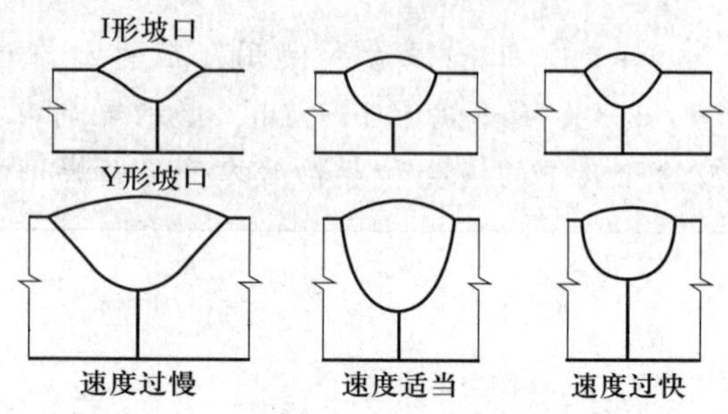

图 7–13　焊接速度对焊缝成形的影响

4. 焊丝直径

当焊接电流不变时，随着焊丝直径的增大，电流密度减小，电弧吹力减弱，电弧的摆动作用加强，使焊缝宽度增大而焊缝厚度减小；焊丝直径减小时，电流密度增大，电弧吹力增大，使焊缝厚度增大。故用同样大小的电流焊接时，小直径焊丝可获得较大的焊缝厚度。不同直径的焊丝所适用的焊接电流见表 7–9。

5. 焊丝伸出长度

一般将导电嘴出口到焊丝端部的长度称为焊丝伸出长度。当焊丝伸出长度增大时，则电阻热作用增大，使焊丝熔化速度加快，以致焊缝厚度稍有减小，余高略有增大；若焊丝伸出长度太短，则易烧坏导电嘴。焊丝伸出长度随焊丝直径的增大而增大，一般在 15 ~ 40 mm 之间。

6. 焊丝倾角

埋弧焊的焊丝位置通常垂直于焊件，但有时也采用焊丝倾斜方式。焊丝倾角对焊缝成形的影响如图 7–14 所示。

焊丝向焊接方向倾斜称为后倾，向焊接方向的相反方向倾斜则为前倾。焊丝后倾时，电弧吹力对熔池液态金属的作用加强，有利于电弧的深入，故焊缝厚度和余高增大，而焊缝宽度明显减小。焊丝前倾时，电弧对熔池前面的焊件预热作用加强，使焊缝宽度增大，而焊缝有效厚度减小。

表 7-9　　　　　　　　　　焊丝直径与焊接电流的关系

焊丝直径（mm）	2.0	3.0	4.0	5.0	6.0
焊接电流（A）	200 ~ 400	350 ~ 600	500 ~ 800	700 ~ 1 000	800 ~ 1 200

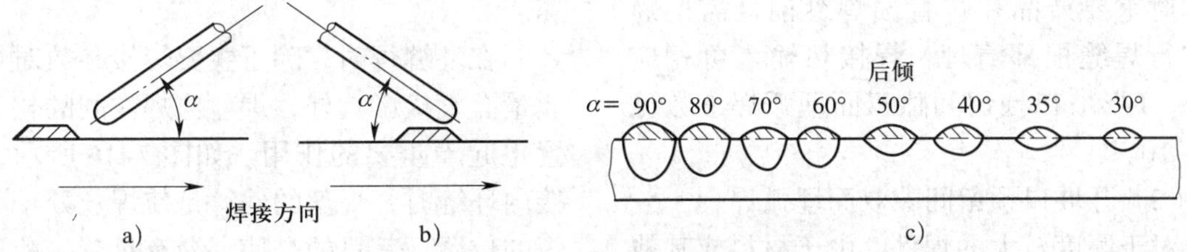

图 7-14　焊丝倾角对焊缝成形的影响

a）焊丝后倾　b）焊丝前倾　c）焊丝后倾角对焊缝厚度和焊缝宽度的影响

7. 焊件倾斜

焊件有时因处于倾斜位置，因而有上坡焊和下坡焊之分，如图 7-15 所示。上坡焊与焊丝后倾作用相似，焊缝厚度和余高增大，焊缝宽度减小，形成窄而高的焊缝，甚至产生咬边。下坡焊与焊丝前倾作用相似，焊缝厚度和余高都减小，而焊缝宽度增大，且熔池内液态金属容易下淌，严重时会造成未焊透的缺欠。所以，无论是上坡焊或下坡焊，焊件的倾角 β 都不得超过 6°；否则会破坏焊缝成形，产生焊接缺欠。

8. 装配间隙与坡口角度

当其他焊接工艺条件不变时，焊件装配间隙与坡口角度的增大使焊缝厚度增大，而余高减小，但焊缝厚度加上余高的焊缝总厚度大致保持不变。因此，为了保证焊缝的质量，埋弧焊对焊件装配间隙与坡口加工的工艺要求较严格。

二、埋弧焊技术

1. 对接焊缝焊接技术

对接焊缝的焊接方法有两种基本类型，即单面焊和双面焊，它们又可分为有坡口和无坡口（I 形坡口）两种形式。同时，根据钢板厚薄不同，又可分成单层焊和多层焊；根据防止熔池金属泄漏的不同情况，又有各种衬垫法或无衬垫法。

（1）I 形坡口预留间隙双面埋弧焊

在焊剂垫上进行 I 形坡口的双面埋弧焊时，为保证焊透，必须预留间隙，钢板厚度越大，其间隙也应越大。一般在定位

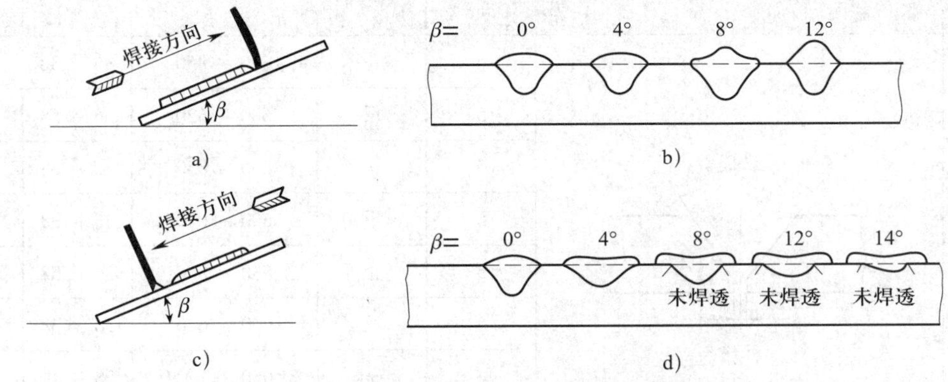

图 7-15　焊件倾斜对焊缝成形的影响

a）上坡焊　b）上坡焊焊件倾角的影响　c）下坡焊　d）下坡焊焊件倾角的影响

焊的反面进行正面焊缝的施焊，并选择恰当的焊接参数，保证正面焊缝的厚度超过工件厚度的60% ~ 70%，背面焊缝使用的焊接参数可与正面焊缝相同或稍许减小。对重要产品在焊背面焊缝前，需挑焊根进行焊缝根部清理，焊接热输入可相应减小。I形坡口预留间隙双面埋弧焊参数见表7–10。

（2）开坡口预留间隙双面埋弧焊

对于厚度较大的焊件，由于材料或其他原因，当不允许使用较大的热输入焊接，或不允许焊缝有较大的余高时，采用开坡口焊接的方式，坡口形式由板厚决定。表7–11所列为这类焊缝单道焊焊接常用的工艺参数。

环缝焊接时，焊接小车可固定安放在悬臂架上，焊接速度可由筒形焊件所搁置的滚轮架进行调节，一般是调节变速电动机的转速。

在环缝焊时，除了主要焊接参数对焊缝质量有直接影响外，焊丝与焊件间的相对位置也起着重要的作用。如图7–16所示，焊接内环缝时，焊丝的偏移是使焊丝处于上坡焊的位置，其目的是使焊缝有足够的熔透程度；焊接外环缝时，焊丝的偏移是使焊丝处于下坡焊的位置，这样一是可避免烧穿，二是使焊缝成形美观。

表7–10　I形坡口预留间隙双面埋弧焊参数

焊件厚度（mm）	装配间隙（mm）	焊丝直径（mm）	焊接电流（A）	电弧电压（V）	焊接速度（m/h）
10	2 ~ 3	4	550 ~ 600	32 ~ 34	32
12	2 ~ 3	4	600 ~ 650	32 ~ 34	32
14	3 ~ 4	4	650 ~ 700	34 ~ 36	30
16	3 ~ 4	5	700 ~ 750	34 ~ 36	28
20	4 ~ 5	5	850 ~ 900	36 ~ 40	27
24	4 ~ 5	5	900 ~ 950	38 ~ 42	25
28	5 ~ 6	5	900 ~ 950	38 ~ 42	20

表7–11　开坡口预留间隙双面埋弧焊参数

焊件厚度（mm）	坡口形式	焊丝直径（mm）	焊缝顺序	焊接电流（A）	电弧电压（V）	焊接速度（m/h）
14	70°，3，3	5	正	830 ~ 850	36 ~ 38	25
		5	反	600 ~ 620	36 ~ 38	45
16		5	正	830 ~ 850	36 ~ 38	20
		5	反	600 ~ 620	36 ~ 38	45
18		5	正	830 ~ 860	36 ~ 38	20
		5	反	600 ~ 620	36 ~ 38	45
22		6	正	1 050 ~ 1 150	38 ~ 40	18
		5	反	600 ~ 620	36 ~ 38	45

续表

焊件厚度（mm）	坡口形式	焊丝直径（mm）	焊缝顺序	焊接电流（A）	电弧电压（V）	焊接速度（m/h）
24	70° 3 3 70°	6	正	1 100	38 ~ 40	24
		5	反	800	36 ~ 38	28
30		6	正	1 000 ~ 1 100	36 ~ 40	18
		6	反	900 ~ 1 000	36 ~ 38	20

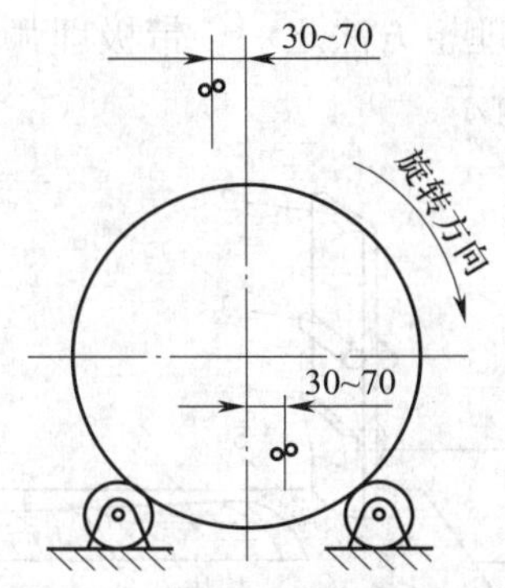

图 7–16　环缝埋弧焊焊丝偏移位置

环缝埋弧焊焊丝的偏移距离（指与圆形焊件断面中心线的距离）与圆形焊件的直径、焊接速度有关。一般直径越大，焊接速度越快，焊丝偏移距离越大。

2. 角焊缝焊接技术

埋弧焊的角焊缝主要出现在T形接头和搭接接头中。角焊缝的自动焊一般可采取船形焊和平角焊两种形式，当焊件易于翻转时多采用船形焊，对于一些不易翻转的焊件则都使用平角焊。

（1）船形焊

船形焊时由于焊丝为垂直状态，熔池处于水平位置，容易保证焊缝质量。但当焊件间隙大于 1.5 mm 时，则易出现烧穿或熔池金属溢漏的现象，故船形焊要求严格的装配质量，或者在焊缝背面设衬垫。在确定焊接参数时，电弧电压不宜过大，以免产生咬边缺欠。另外，焊缝的成形系数应保证不大于 2，这样可避免焊缝根部的未焊透缺欠。

（2）平角焊

当工件不便采用船形焊时，对角焊缝采用平角焊的方法，即焊丝倾斜。这种方法的优点是对装配间隙要求比较低，即使间隙较大，一般也不至于产生流渣和熔池金属流溢现象。其缺点是单道焊缝的焊脚尺寸最大不能超过 8 mm，所以，当要求焊脚尺寸大于 8 mm 时，只能采用多道焊。

三、高效埋弧焊技术

传统的埋弧焊是单丝的，焊接厚板时，一般开坡口双面焊。人们在长期的实践中，在不断改进常规埋弧焊的基础上，又研究及发展了一些新的、高效率的埋弧焊方法，如多丝埋弧焊、带极埋弧焊和窄间隙埋弧焊等，这些高效埋弧焊技术拓宽了埋弧焊的应用领域。

1. 多丝埋弧焊

使用两根以上焊丝完成同一条焊缝的埋弧焊称为多丝埋弧焊，是一种高生产效率的焊接方法。按照所用焊丝数目不同可分为双丝埋弧焊、三丝埋弧焊等，在一些特殊应用中焊丝数目可达 14 根。目前工业中应用最多的是双丝埋弧焊和三丝埋弧焊。多丝埋弧焊按焊丝排列方式不同可分为纵列式、横列式和直列式三种，如图 7–17 所示。

双丝埋弧焊多采用纵列式，即两根焊丝沿着焊接方向顺序排列。焊接过程中，每根焊丝所用的电流和电压各不相同，因而它们

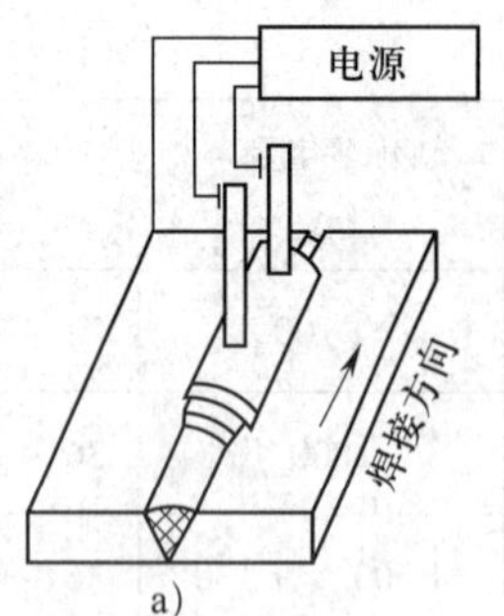

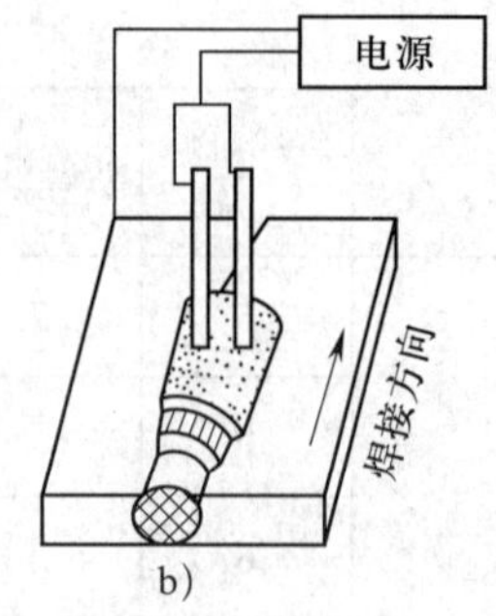

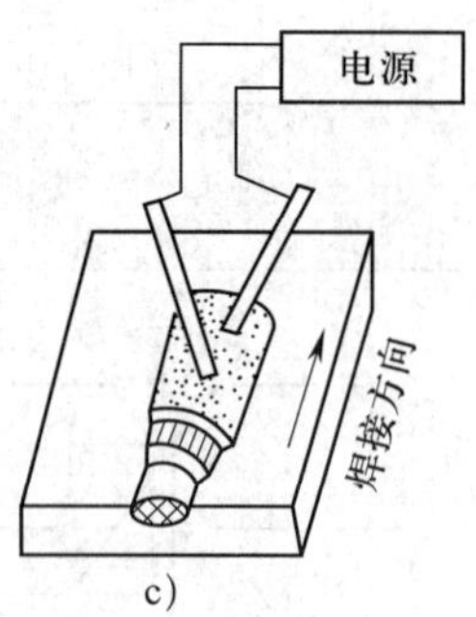

图 7-17 双丝埋弧焊原理

a）纵列式 b）横列式 c）直列式

在焊缝成形过程中所起的作用也不同。一般由前列电弧获得足够的熔深，后列电弧调节熔宽或起改善成形作用。

多丝埋弧焊主要用于厚板的焊接，通常采用在焊件背面使用衬垫的单面焊双面成形工艺。多丝埋弧焊与常规埋弧焊相比具有焊接速度快、耗能低、填充金属少等优点。如图 7-18 所示为采用多丝埋弧焊机进行厚壁压力容器的焊接。

图 7-18 采用多丝埋弧焊机进行厚壁压力容器的焊接

2. 带极埋弧焊

带极埋弧焊是由横列式多丝埋弧焊发展而成的。由于它是用矩形截面的钢带取代圆形截面的焊丝作电极，因此，不仅可提高填充金属的熔化量和焊接生产效率，而且可增大焊缝成形系数，即在熔深较小的情况下大大增大焊道宽度，适用于多层焊时表面焊缝的焊接，尤其适用于埋弧焊堆焊，因此是表面堆焊的理想方法之一。带极埋弧焊原理如图 7-19 所示。

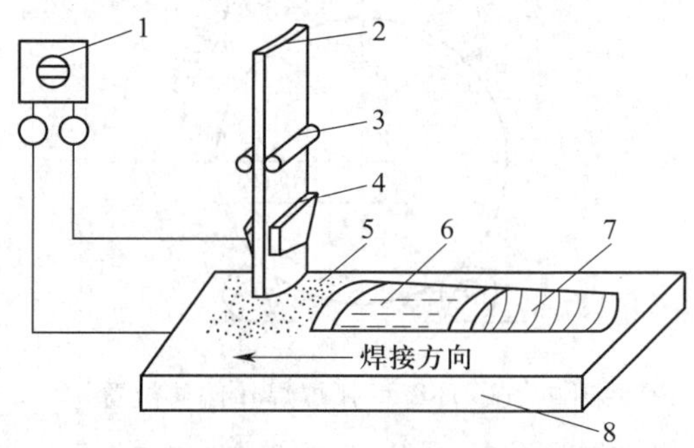

图 7-19 带极埋弧焊原理

1—电源 2—带极 3—带极送进装置 4—导电嘴
5—焊剂 6—渣壳 7—焊道 8—焊件

3. 窄间隙埋弧焊

厚板对接时，焊前不开坡口或只开小角度坡口，并留有窄而深的间隙，采用埋弧焊而完成整条焊缝的高效率焊接方法称为窄间隙埋弧焊。

由于窄间隙埋弧焊避免了常规埋弧焊焊接厚板（50 mm 以上）时须开 V 形或 U 形坡口，致使焊接层数多，填充金属量大，焊接时间长及焊接变形大，且难以控制等缺点，因此，20 世纪 80 年代窄间隙埋弧焊一出现，很快就被应用于工业生产，现其主要应用领域是低合金钢厚壁容器及其他重型结构的焊接。

窄间隙埋弧焊已有各种单丝、双丝和多丝的成套设备出现，但多为单丝焊，主要用于水平或接近水平位置的焊接。

思考与练习

1. 什么是埋弧焊？简述埋弧焊的工作过程。

2. 埋弧焊与焊条电弧焊相比有哪些优、缺点？

3. 什么是人工调节作用？埋弧焊为什么必须采用自动调节系统？

4. 埋弧焊自动调节的目标是什么？自动调节的途径有哪些？

5. 电弧长度发生变化时，等速送丝式埋弧焊机的电弧自身调节过程是怎样的？试用图示说明。

6. 电弧长度发生变化时，变速送丝式埋弧焊机的电弧电压自动调节过程是怎样的？试用图示说明。

7. 影响电弧自身调节性能的因素有哪些？其情况如何？

8. 试分析网络电压对电弧电压自动调节性能的影响。

9. 什么是焊剂？焊剂的作用是什么？焊剂是如何分类的？

10. 简述焊剂牌号、型号的编制方法，并举例说明。

11. 焊剂与焊丝的选配原则有哪些？

12. MZ–1000 型焊机如何控制焊丝送给？如何进行电弧电压自动调节？

13. MZ–1000 型和 MZ1–1000 型焊机分别由哪些部分组成？各自的作用是什么？

14. 埋弧焊的焊接参数有哪些？试分析焊接电流、电弧电压、焊接速度对焊缝成形的影响。

15. 埋弧焊焊接环焊缝时，焊丝为什么要偏离环形零件断面中心线一段距离？偏移距离的大小与哪些因素有关？

16. 简述多丝埋弧焊、带极埋弧焊及窄间隙埋弧焊的特点。

第八章

气体保护电弧焊

焊条电弧焊、埋弧焊是以熔渣保护为主的电弧焊方法。随着工业生产和科学技术的迅速发展，各种有色金属、高合金钢、稀有金属的应用日益增多，对于这些金属材料的焊接，以熔渣保护为主的焊接方法是难以适应的，而使用气体保护形式的气体保护电弧焊不仅能够弥补它们的局限性，而且还具备独特的优越性，因此，气体保护电弧焊已在国内外焊接生产中得到了广泛的应用。

§8-1 气体保护电弧焊的原理及特点

一、气体保护电弧焊的原理及分类

1. 气体保护电弧焊的原理

气体保护电弧焊是指用外加气体作为电弧介质并保护电弧和焊接区的电弧焊方法，简称气体保护焊。

气体保护焊直接依靠从喷嘴中连续送出的气流在电弧周围形成局部的气体保护层，使电极端部、熔滴和熔池金属与周围空气机械地隔绝开来，以保证焊接过程的稳定性，并获得质量优良的焊缝。

2. 气体保护电弧焊的分类

（1）按所用的电极材料不同，可分为熔化极气体保护焊和非熔化极气体保护焊，如图 8–1、图 8–2 所示，其中熔化极气体保护焊应用最广泛。非熔化极气体保护焊是钨极惰性气体保护焊，如钨极氩弧焊等。熔化极气体保护焊又可分为熔化极惰性气体保护焊（MIG）、熔化极活性气体保护焊（MAG）、CO_2 气体保护焊（CO_2 焊）三种，如图 8–3 所示。

（2）按照保护气体的种类不同，可分为氩弧焊、氦弧焊、氮弧焊、氢原子焊、CO_2 气体保护焊等。

（3）按操作方式不同，可分为手工气体保护焊、半自动气体保护焊和自动气体保护焊等。

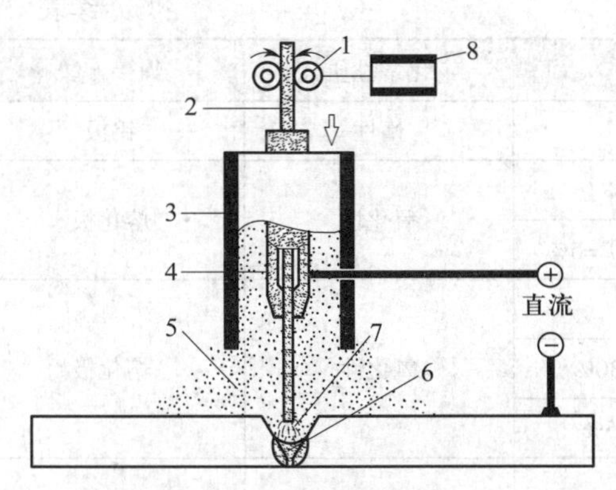

图 8-1 熔化极气体保护焊

1—送丝滚轮 2—焊丝 3—喷嘴 4—导电嘴

5—保护气体 6—焊缝金属 7—电弧 8—送丝机

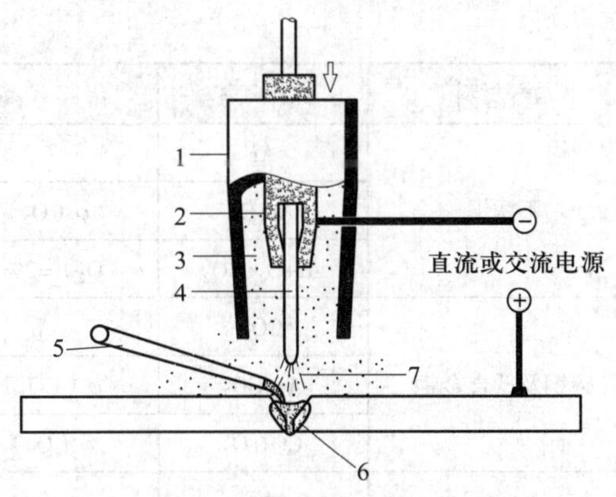

图 8-2 非熔化极气体保护焊

1—喷嘴 2—钨极夹头 3—保护气体 4—钨极

5—填充金属 6—焊缝金属 7—电弧

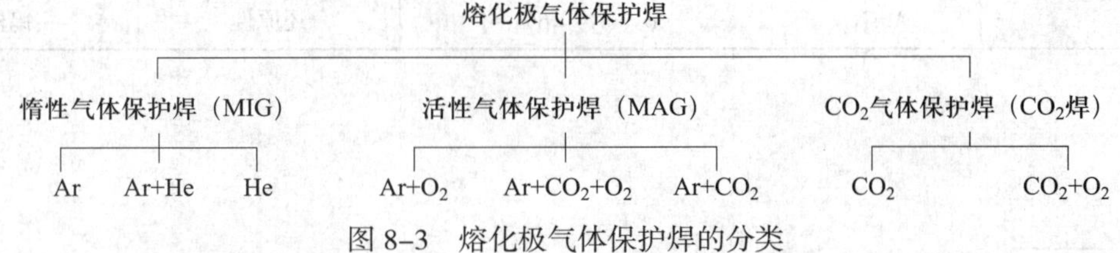

图 8-3 熔化极气体保护焊的分类

二、气体保护电弧焊的特点

气体保护电弧焊与其他电弧焊方法相比具有以下特点：

1．采用明弧焊，一般不必用焊剂，没有熔渣，熔池可见度好，便于操作。而且保护气体是喷射的，适宜进行全位置焊接，不受空间位置的限制，有利于实现焊接过程的机械化和自动化。

2．由于电弧在保护气流的压缩下热量集中，焊接熔池和热影响区很小，因此，焊接变形小，焊接裂纹倾向不大，尤其适用于薄板焊接。

3．采用氩、氦等惰性气体保护，焊接化学性质较活泼的金属或合金时，可获得高质量的焊接接头。

4．气体保护焊不宜在有风的地方施焊，在室外作业时须有专门的防风措施。此外，电弧光的辐射较强，焊接设备较复杂。

三、保护气体的种类及应用

焊接时可用作保护气体的种类主要有氩气（Ar）、氦气（He）、氮气（N_2）、氢气（H_2）、二氧化碳（CO_2）及混合气体。常用保护气体的应用见表 8-1。

表 8-1 常用保护气体的应用

被焊材料	保护气体	混合比	化学性质	焊接方法
铝及铝合金	Ar		惰性	熔化极和钨极
	Ar+He	φ（He）=10%		
铜及铜合金	Ar		惰性	熔化极和钨极
	Ar+N_2	φ（N_2）=20%		熔化极
	N_2		还原性	

续表

被焊材料	保护气体	混合比	化学性质	焊接方法
不锈钢	Ar		惰性	钨极
	$Ar+O_2$	φ（O_2）=1% ~ 2%	氧化性	熔化极
	$Ar+O_2+CO_2$	φ（O_2）=2%、φ（CO_2）=5%		
碳钢及低合金钢	CO_2		氧化性	熔化极
	$Ar+CO_2$	φ（CO_2）=20% ~ 30%		
	CO_2+O_2	φ（O_2）=10% ~ 15%		
钛锆及其合金	Ar		惰性	熔化极和钨极
	Ar+He	φ（He）=25%		
镍基合金	Ar+He	φ（He）=15%	惰性	熔化极和钨极
	$Ar+N_2$	φ（N_2）=6%	还原性	钨极

§8-2 二氧化碳气体保护电弧焊

一、CO_2 气体保护焊的原理及特点

1. CO_2 气体保护焊的原理及分类

（1）CO_2 气体保护焊的原理

CO_2 气体保护焊是指利用 CO_2 作为保护气体的一种熔化极气体保护电弧焊方法，简称 CO_2 焊。其工作原理如图 8-4 所示，电源的两输出端分别接在焊枪和焊件上。盘状焊丝由送丝机构带动，经软管和导电嘴不断地向电弧区域送给；同时，CO_2 气体以一定的压力和流量送入焊枪，通过喷嘴后，形成一股保护气流，使熔池和电弧不受空气的侵入。随着焊枪的移动，熔池金属冷却凝固形成焊缝，从而将被焊的焊件连成一体。

（2）CO_2 气体保护焊的分类

CO_2 焊按所用的焊丝直径不同，可分为细丝 CO_2 气体保护焊（焊丝直径≤ 1.2 mm）及粗丝 CO_2 气体保护焊（焊丝直径≥ 1.6 mm）。由于细丝 CO_2 焊工艺比较成熟，因此应用最广泛。

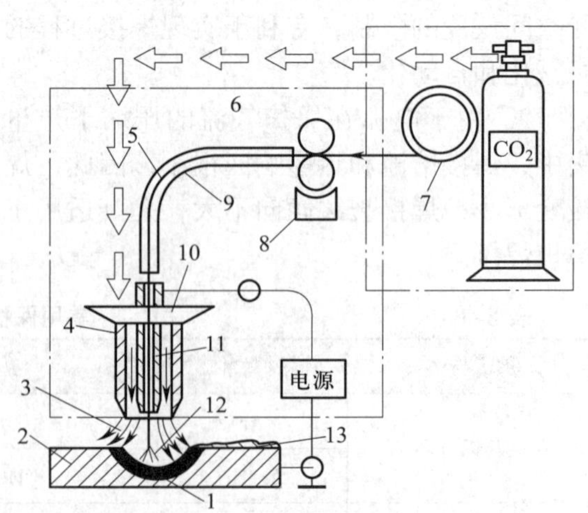

图 8-4 CO_2 气体保护焊工作原理

1—熔池 2—焊件 3—CO_2 气体 4—喷嘴 5—焊丝 6—焊接设备 7—焊丝盘 8—送丝机构 9—软管 10—焊枪 11—导电嘴 12—电弧 13—焊缝

CO_2焊按操作方式不同又可分为CO_2半自动焊和CO_2自动焊，其主要区别在于：CO_2半自动焊用手工操作焊枪完成电弧热源移动，而送丝、送气等与CO_2自动焊一样，由相应的机械装置来完成。CO_2半自动焊的机动性较大，适用于不规则或较短的焊缝焊接。CO_2自动焊主要用于较长的直线焊缝和环形焊缝的焊接。

2. CO_2气体保护焊的特点

（1）CO_2气体保护焊的优点

1）焊接成本低。CO_2气体来源广、价格低，而且消耗的焊接电能少，因此，CO_2焊的成本低，仅为埋弧焊的40%，焊条电弧焊的37% ~ 42%。

2）生产效率高。由于CO_2焊的焊接电流密度大，使焊缝厚度增大，焊丝的熔化率提高，熔敷速度加快。另外，焊丝又是连续送进的，且焊后没有熔渣，特别是多层焊接时节省了清渣时间，所以其生产效率比焊条电弧焊高1 ~ 4倍。

3）焊接质量高。CO_2焊对铁锈的敏感性不大，因此焊缝中不易产生气孔。而且焊缝含氢量低，抗裂性能好。

4）焊接变形和焊接应力小。由于电弧热量集中，焊件加热面积小，同时CO_2气流具有较强的冷却作用，因此，焊接应力和变形小，特别适用于薄板焊接。

5）操作性能好。因为是明弧焊，可以看清电弧和熔池情况，便于掌握与调整，也有利于实现焊接过程的机械化和自动化。

6）适用范围广泛。CO_2焊可进行各种位置的焊接，不仅适用于焊接薄板，还常用于中、厚板的焊接，而且也用于磨损零件的修补堆焊。

（2）CO_2气体保护焊的缺点

1）使用大电流焊接时，焊缝表面成形较差，飞溅较多。

2）不能焊接容易氧化的有色金属材料。

3）很难用交流电源焊接及在有风的地方施焊。

4）弧光较强，特别是大电流焊接时，电弧的光、热辐射均较强。

由于CO_2焊的优点显著，而且随着对CO_2焊的设备、材料和工艺的不断改进，其缺点将逐步得到完善与克服。因此，CO_2焊是一种值得推广应用的高效焊接方法。

二、CO_2气体保护焊的冶金特点

在常温下，CO_2气体的化学性能呈中性，但在电弧高温下，CO_2气体被分解而呈很强的氧化性，能使合金元素氧化烧损，降低焊缝金属的力学性能，CO_2气体还是产生气孔和飞溅的根源。因此，CO_2焊的冶金特点具有特殊性。

1. 合金元素的氧化与脱氧

（1）合金元素的氧化

CO_2在电弧高温作用下易分解为一氧化碳和氧，使电弧气氛具有很强的氧化性。其中CO在焊接条件下不溶于金属，也不与金属发生反应，而原子状态的氧使铁、锰、硅等焊缝有用的合金元素大量氧化烧损，降低力学性能。同时，溶入金属的FeO与C元素作用产生CO气体，一方面使熔滴和熔池金属发生爆破，产生大量的飞溅；另一方面结晶时来不及逸出，导致焊缝产生气孔。

（2）脱氧

CO_2焊通常的脱氧方法是采用具有足够脱氧元素的焊丝。常用的脱氧元素是锰、硅、铝、钛等，对于低碳钢及低合金钢的焊接，主要采用锰、硅联合脱氧的方法，因为锰和硅脱氧后生成的MnO和SiO_2能形成复合物浮出熔池，形成一层微薄的渣壳覆盖在焊缝表面。

2. CO_2焊的气孔问题

焊缝金属中产生气孔的根本原因是熔池金属中的气体在冷却结晶过程中来不及逸出。CO_2焊时，熔池表面没有熔渣覆盖，CO_2气流又有冷却作用，因此，结晶较快，容易在焊缝中产生气孔。CO_2焊可能产生的气孔有以下三种：

（1）一氧化碳气孔

当焊丝中脱氧元素不足，使大量的 FeO 不能还原而溶于金属中，在熔池结晶时发生下列反应：

$$FeO+C \rightarrow Fe+CO \uparrow$$

若所生成的 CO 气体来不及逸出，就会在焊缝中形成气孔。因此，应保证焊丝中含有足够的脱氧元素 Mn 和 Si，并严格限制焊丝中的含碳量，就可以减小产生 CO 气孔的可能性。CO_2 焊时，只要焊丝选择适当，产生 CO 气孔的可能性不大。

（2）氢气孔

氢的来源主要是焊丝和焊件表面的铁锈、水分、油污以及 CO_2 气体中含有的水分。如果熔池金属溶入大量的氢，就可能形成氢气孔。

为防止产生氢气孔，应尽量减小氢的来源，焊前要适当清除焊丝和焊件表面的杂质，并需对 CO_2 气体进行提纯与干燥处理。此外，由于 CO_2 焊的保护气体氧化性很强，可减弱氢的不利影响，因此，CO_2 焊时形成氢气孔的可能性较小。

（3）氮气孔

当 CO_2 气流的保护效果不好，如 CO_2 气流量太小，焊接速度过快，喷嘴被飞溅物堵塞等，以及 CO_2 气体纯度不高，含有一定量的空气时，空气中的氮就会大量溶入熔池金属内。当熔池金属结晶凝固时，若氮来不及从熔池中逸出，便形成氮气孔。

应当指出，CO_2 焊最常产生的是氮气孔，而氮主要来自空气。因此，必须加强 CO_2 气流的保护效果，这是防止 CO_2 焊的焊缝中产生气孔的重要途径。

三、CO_2 气体保护焊的熔滴过渡

CO_2 焊熔滴过渡主要有短路过渡和滴状过渡两种形式。一般来说，喷射过渡在 CO_2 焊时很难出现。

1. 短路过渡

CO_2 焊在采用细焊丝、小电流和低电弧电压焊接时，可获得短路过渡。短路过渡时，电弧长度较短，焊丝端部熔化的熔滴尚未成为大滴时便与熔池表面接触而短路。此时电弧熄灭，熔滴在电磁收缩力和熔池表面张力共同作用下，迅速脱离焊丝端部过渡到熔池。随后电弧又重新引燃，重复上述过程。CO_2 焊短路过渡的电流、电压波形变化和熔滴过渡情况如图 8-5 所示。

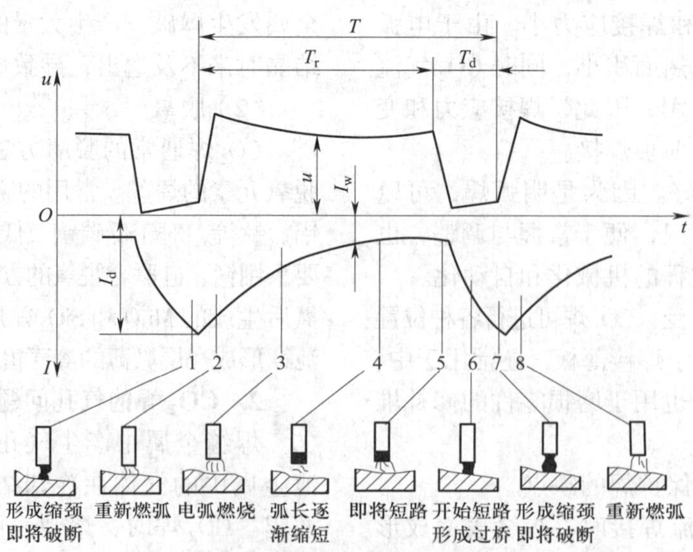

图 8-5　短路过渡过程及焊接电流、电弧电压波形变化

T—一个短路过渡周期的时间　T_r—电弧燃烧时间　T_d—短路时间

u—电弧电压　I_d—短路最大电流　I_w—稳定的焊接电流

CO_2焊的短路过渡，由于过渡频率高，电弧非常稳定，飞溅小，焊缝成形良好，同时焊接电流较小，焊接热输入低，故适宜于薄板及全位置焊缝的焊接。

2. 滴状过渡

CO_2焊在采用粗焊丝、较大电流和较高电压时会出现滴状过渡。

滴状过渡有两种形式：一是大颗粒过渡，这时的电流、电压比短路过渡稍高，电流一般在 400 A 以下。此时，熔滴较大且不规则，过渡频率较低，易形成偏离焊丝轴线方向的非轴向过渡，如图 8–6 所示。这种大颗粒非轴向过渡电弧不稳定，飞溅很大，焊缝成形较差，在实际生产中不宜采用。二是细滴过渡，这时焊接电流、电弧电压进一步增大，焊接电流在 400 A 以上。此时，由于电磁收缩力的加强，熔滴细化，过渡频率也随之增大。虽然仍为非轴向过渡，但飞溅相对较少，电弧较稳定，焊缝成形较好，故在生产中应用较广泛。因此，粗丝CO_2焊滴状过渡时，由于焊接电流较大，电弧穿透力强，母材的焊缝厚度较大，多用于中、厚板的焊接。

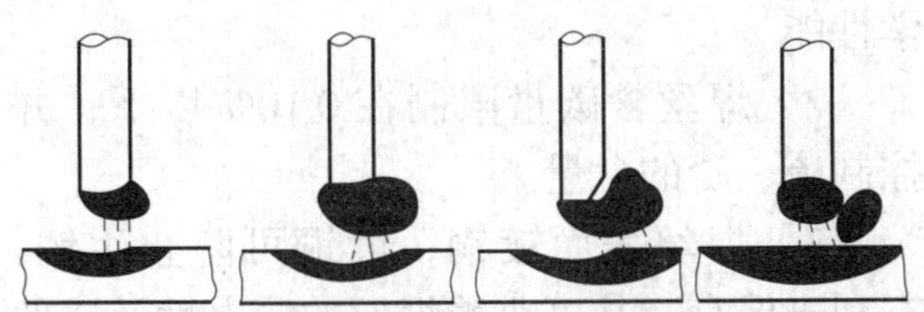

图 8–6　非轴线方向颗粒过渡

四、CO_2气体保护焊的飞溅问题

容易引起飞溅是CO_2焊的主要缺点，颗粒过渡的飞溅程度要比短路过渡时严重得多。一般金属飞溅损失约占焊丝熔化金属的 10%，严重时可达 30% ~ 40%。在最佳情况下，飞溅损失可控制在 2% ~ 4% 范围内。

1. CO_2焊飞溅对焊接造成的有害影响

（1）CO_2焊时，飞溅增大会降低焊丝的熔敷系数，从而增加焊丝及电能的消耗量，降低焊接生产效率，增加焊接成本。

（2）飞溅金属黏附在导电嘴端面和喷嘴内壁上，会使送丝不畅而影响电弧稳定性，或者降低保护气体的保护作用，容易使焊缝产生气孔，影响焊缝质量。同时，飞溅金属黏附在导电嘴、喷嘴、焊缝及焊件表面，需待焊后进行清理，增加了焊接的辅助工时。

（3）焊接过程中飞溅出的金属还容易烧坏焊工的工作服，甚至烫伤焊工皮肤，使劳动条件恶化。

2. CO_2焊产生飞溅的原因及防止飞溅的措施

（1）由冶金反应引起的飞溅

这种飞溅主要由 CO 气体引起。焊接过程中，熔滴和熔池中的碳氧化成 CO，CO 在电弧高温作用下体积急速膨胀，压力迅速增大，使熔滴和熔池金属产生爆破，从而产生大量飞溅。减少这种飞溅的方法是采用含有脱氧元素锰、硅的焊丝，并降低焊丝中的含碳量。

（2）由斑点压力引起的飞溅

这种飞溅主要取决于焊接时的极性。当使用正极性焊接时（焊件接正极，焊丝接负极），正离子飞向焊丝端部的熔滴，机械冲击力大，形成大颗粒飞溅。而反极性焊接时，飞向焊丝端部的电子撞击力小，致使斑点压力大为降低，因而飞溅较少。所以CO_2焊应选用直流反接。

（3）熔滴短路时引起的飞溅

这种飞溅发生在短路过渡过程中，当焊接电源的动特性不好时，则显得更严重。当熔滴与熔池接触时，若短路电流增长速度过快，或者短路最大电流值过大时，会使缩颈处的液态金属发生爆破，产生较多的细颗粒飞溅；若短路电流增长速度过慢，则短路电流不能及时增大到要求的电流值，此时，缩颈处就不能迅速断裂，使伸出导电嘴的焊丝在电阻热的长时间加热下成段软化和断落，并伴随着较多的大颗粒飞溅。减少这种飞溅的方法主要是通过调节焊接回路中的电感来调节短路电流增长速度。

（4）非轴向颗粒过渡造成的飞溅

这种飞溅是在颗粒过渡时由于电弧的斥力作用而产生的。熔滴在斑点压力和弧柱中气流压力的共同作用下被推到焊丝端部的一边，并抛到熔池外面，产生大颗粒飞溅。

（5）焊接参数选择不当引起的飞溅

这种飞溅是因为焊接电流、电弧电压和回路电感等焊接参数选择不当而引起的。如随着电弧电压的增大，电弧拉长，熔滴易长大，且在焊丝末端产生无规则摆动，致使飞溅增大。焊接电流增大，熔滴体积变小，熔敷率增大，飞溅减少。因此，必须正确地选择 CO_2 焊的焊接参数，才会减少产生这种飞溅的可能性。

另外，还可以从焊接技术上采取措施，如采用 CO_2 潜弧焊，该方法是采用较大的焊接电流、较小的电弧电压，把电弧压入熔池形成潜弧，使产生的飞溅落入熔池，从而使飞溅大大减少。这种方法熔深大，生产效率高，现已广泛应用于厚板焊接，如图 8–7 所示。

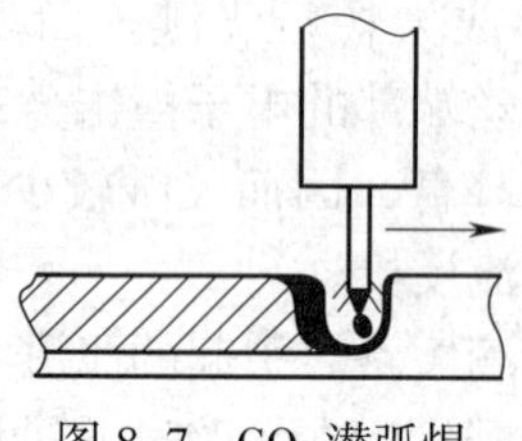

图 8–7　CO_2 潜弧焊

五、CO_2 气体保护焊的焊接材料

CO_2 气体保护焊所用的焊接材料是 CO_2 气体和焊丝。

1. CO_2 气体

焊接用的 CO_2 一般是将其压缩成液体储存于钢瓶内。CO_2 气瓶的容量为 40 L，可装 25 kg 的液态 CO_2，占容积的 80%，满瓶压力为 5 ~ 7 MPa，气瓶外表涂铝白色，并标有黑色“液化二氧化碳”的字样。

液态 CO_2 在常温下容易汽化。溶于液态 CO_2 中的水分易蒸发成水汽混入 CO_2 气体中，影响 CO_2 气体的纯度。在气瓶内汽化 CO_2 气体中的含水量与瓶内的压力有关，随着使用时间的增加，瓶内压力降低，水汽增多。当压力降低到 0.98 MPa 时，CO_2 气体中含水量大为增加，不能继续使用。焊接用 CO_2 气体的纯度应大于 99.5%，含水量不超过 0.05%。

2. 焊丝

（1）对焊丝的要求

1）CO_2 焊焊丝必须比母材含有较多的 Mn 和 Si 等脱氧元素，以防止焊缝产生气孔，减少飞溅，保证焊缝金属具有足够的力学性能。

2）焊丝含碳量限制在 0.10% 以下，并控制硫、磷的含量。

3）焊丝表面镀铜，镀铜可防止生锈，有利于保存，并可改善焊丝的导电性及送丝的稳定性。

（2）焊丝型号及规格

根据国家标准《气体保护电弧焊用碳钢、低合金钢焊丝》（GB/T 8110—2008）的

CO_2 气瓶内的压力与外界温度有关，其压力随着外界温度的升高而增大，因此，CO_2 气瓶严禁靠近热源或置于烈日下暴晒，以免压力增大而发生爆炸危险。

规定，焊丝型号由三部分组成。ER 表示焊丝；ER 后面的两位数字表示熔敷金属最低抗拉强度，短划“–”后面的字母或数字表示焊丝化学成分分类代号；如还附加其他化学成分时，直接用元素符号表示，并以短划“–”与前面的数字分开。例如：

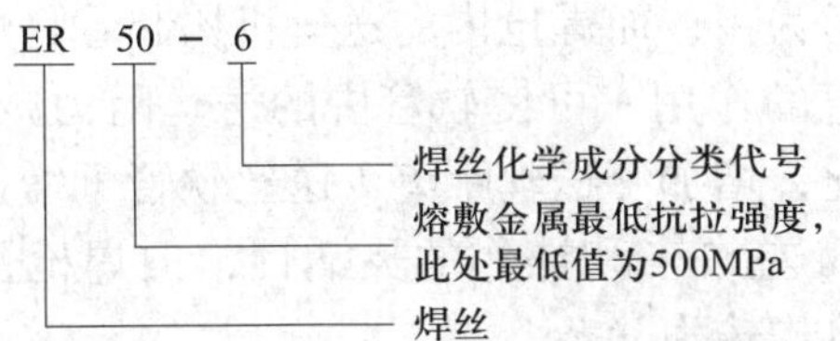

目前常用的 CO_2 焊焊丝有 ER49–1 和 ER50–6 等。对于低碳钢及低合金高强钢常用焊丝 ER50–6。

CO_2 焊所用的焊丝直径在 0.5 ~ 5 mm 范围内，CO_2 半自动焊常用的焊丝直径有 0.6 mm、0.8 mm、1.0 mm、1.2 mm 等几种，CO_2 自动焊除上述细焊丝外，大多采用直径为 2.0 mm、2.5 mm、3.0 mm、4.0 mm、5.0 mm 的焊丝。

六、CO_2 气体保护焊设备

CO_2 气体保护焊设备有半自动焊设备和自动焊设备。其中，CO_2 半自动焊在生产中应用较广泛，其设备如图 8–8 所示，主要由焊接电源、送丝系统及焊枪、CO_2 供气系统、控制系统等部分组成。

1. 焊接电源

CO_2 焊采用交流电源焊接时，电弧不稳定，飞溅较大，所以，必须使用直流电源，通常选用平外特性的弧焊整流器。

因为 CO_2 焊电弧静特性曲线工作在上升段，所以平的、下降的外特性都可以满足电弧稳定燃烧，但 CO_2 焊在等速送丝的条件下焊接时，采用平外特性曲线电源的电弧自身调节作用最好，如图 8–9 所示。虽然缓降外特性曲线电源电弧自身调节作用比平外特性差，但在短路过渡焊接中，焊接过程的稳定性和焊接质量有时也可满足实际生产要求，因此，在有些情况下，也可采用下降率不大（4 V/100 A 左右）的缓降外特性电源。常用的弧焊整流器有抽头式硅弧焊整流器、晶闸管弧焊整流器和逆变弧焊整流器。

2. 送丝系统及焊枪

（1）送丝系统

送丝系统由送丝机（包括电动机、减速器、焊丝校直轮和送丝轮）、送丝软管、焊丝盘等组成，如图 8–10 所示。CO_2 半自动

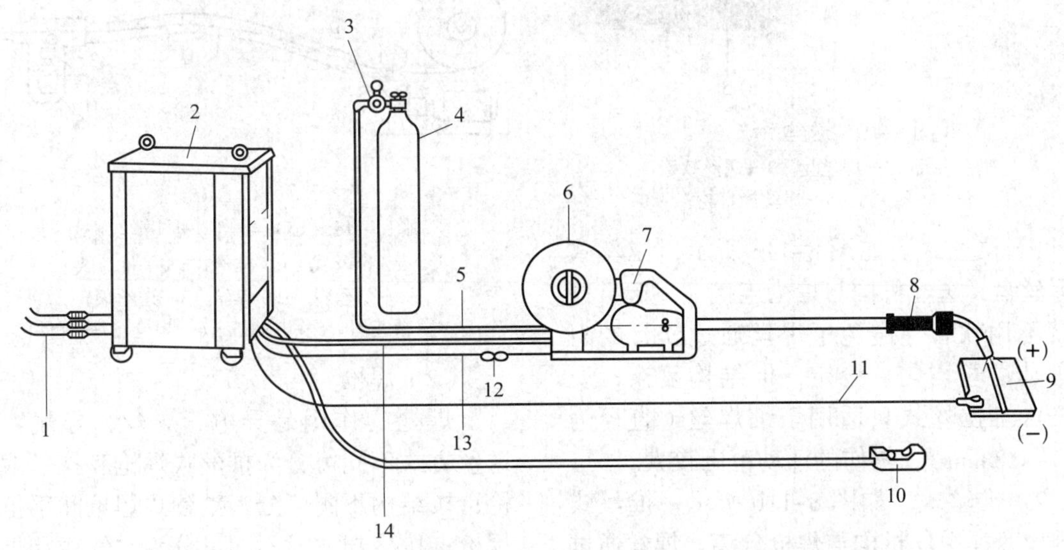

图 8–8 CO_2 半自动焊设备

1—一次电缆 2—焊接电源 3—气体流量调节器 4—气瓶 5—通气软管 6—焊丝 7—送丝机 8—焊枪 9—母材 10—遥控盒 11—母材侧电缆 12—电缆接头 13—焊接电缆 14—控制电缆

焊的焊丝送给为等速送丝，其送丝方式主要有拉丝式、推丝式和推拉式三种。

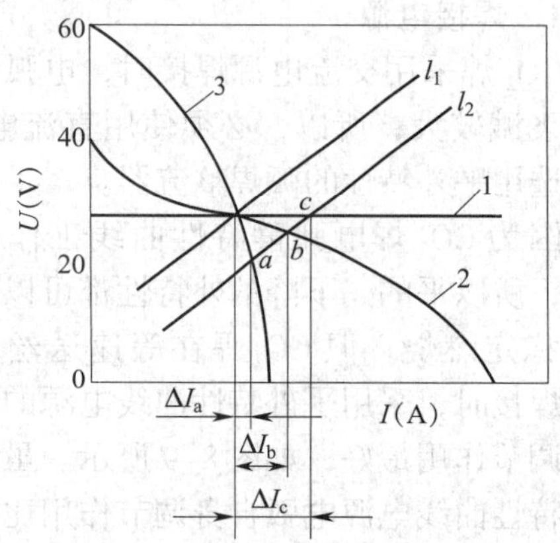

图 8–9　焊接电源外特性与电弧自身调节作用的关系

1—平硬外特性曲线　2—缓降外特性曲线
3—陡降外特性曲线

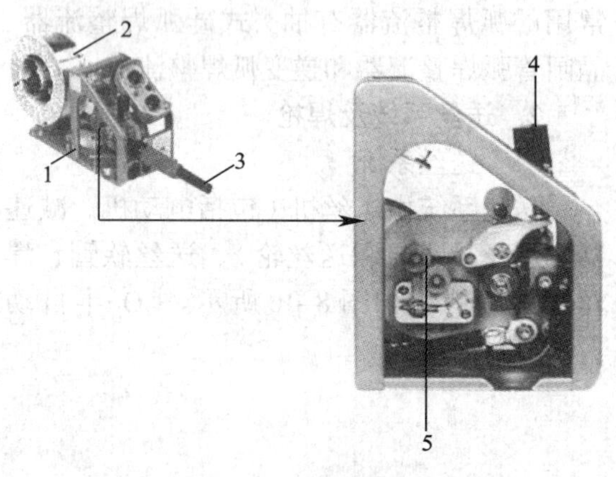

图 8–10　送丝系统

1—送丝机　2—焊丝盘　3—送丝软管
4—加压手柄　5—焊丝校直轮

1）拉丝式。如图 8–11a 所示，拉丝式的焊丝盘、送丝机构与焊枪连接在一起，这样就不用软管，避免了焊丝通过软管的阻力。其送丝均匀、稳定，但结构复杂，质量增大。拉丝式只适用于细焊丝（直径为 0.5 ~ 0.8 mm），操作的活动范围较大。

2）推丝式。如图 8–11b 所示，推丝式的焊丝盘、送丝机构与焊枪分离，焊丝通过一段软管送入焊枪，因而焊枪结构简单，质量减轻，但焊丝通过软管时会受到阻力作用，故软管长度受到限制。通常推丝式所用的焊丝直径宜在 0.8 mm 以上，其焊枪的操作范围在 2 ~ 4 m 以内。目前，CO_2 半自动焊多采用推丝式焊枪。

3）推拉式。如图 8–11c 所示，推拉式具有前两种送丝方式的优点，焊丝送给时以推丝为主，而焊枪内的送丝机构起着将焊丝拉直的作用，可使软管中的送丝阻力减小，因此，增加了送丝距离（送丝软管可增长到 15 m 左右）和操作的灵活性，但焊枪及送丝机构较为复杂。

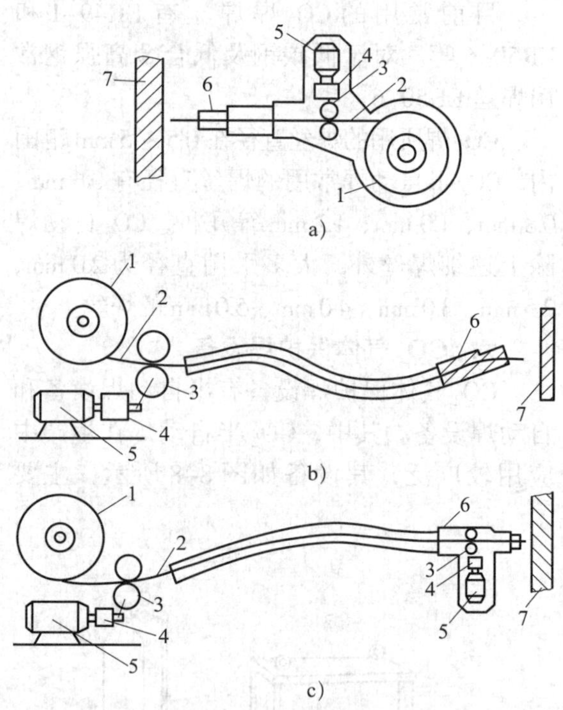

图 8–11　CO_2 半自动焊送丝方式

a）拉丝式　b）推丝式　c）推拉式

1—焊丝盘　2—焊丝　3—送丝滚轮
4—减速器　5—电动机　6—焊枪　7—焊件

（2）焊枪

焊枪的作用是导电、导丝、导气。按送丝方式不同可分为推丝式焊枪和拉丝式焊枪；按结构不同可分为鹅颈式焊枪和手枪式焊枪；按冷却方式不同可分为空气冷却焊枪和内循环水冷却焊枪。其中，鹅颈式空气冷却焊枪应用最广泛，如图 8–12 所示。

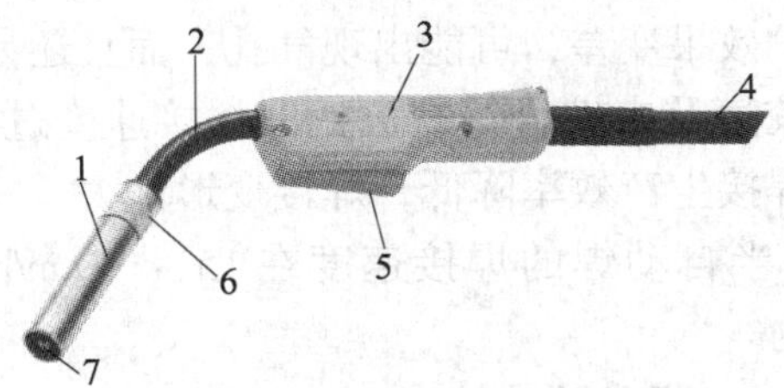

图 8-12　鹅颈式焊枪

1—喷嘴　2—鹅颈管　3—焊把　4—电缆
5—扳机开关　6—绝缘接头　7—导电嘴

3. CO_2 供气系统

CO_2 供气系统由气瓶、预热器、干燥器、减压器、流量计和气阀组成。

瓶装的液态 CO_2 汽化时要吸热，吸热反应可使瓶阀及减压器冻结，因此，在减压器之前需经预热器加热，并在输送到焊枪之前应经过干燥器吸收 CO_2 气体中的水分，使保护气体符合焊接要求。减压器的作用是将瓶内高压 CO_2 气体调节为低压（工作压力）气体；流量计的作用是控制和测量 CO_2 气体的流量，以形成良好的保护气流。电磁气阀控制 CO_2 气体的接通与关闭。现在生产的减压流量调节器将预热器、减压器和流量计合为一体，使用起来很方便。

4. 控制系统

CO_2 焊控制系统的作用是对供气、送丝和供电系统实现控制，其控制程序方框图如图 8-13 所示。

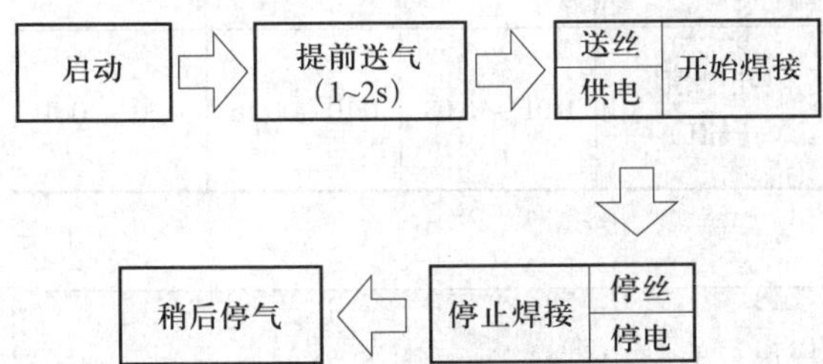

图 8-13　CO_2 半自动焊控制程序方框图

目前，我国定型生产使用较广泛的 NBC 系列 CO_2 半自动焊机有 NBC-160 型、NBC-250 型、NBC1-300 型、NBC1-500 型等。此外，OTC 公司 XC 系列 CO_2 半自动焊机（见图 8-14）、唐山松下公司 KR 系列 CO_2 半自动焊机使用也较广泛。

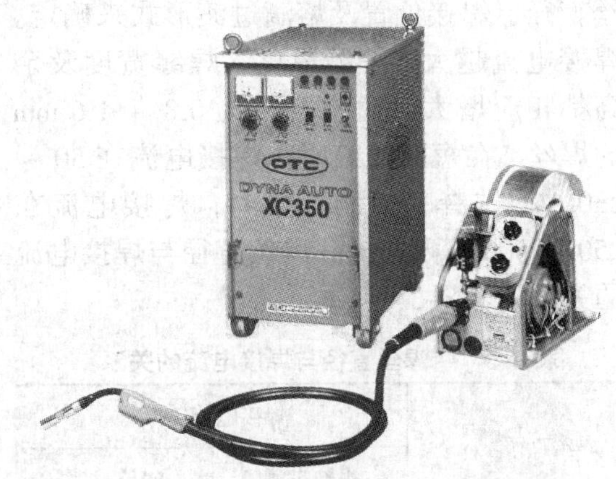

图 8-14　XC 系列 CO_2 半自动焊机

七、CO_2 气体保护焊的焊接参数

CO_2 气体保护焊的主要焊接参数有焊丝直径、焊接电流、电弧电压、焊接速度、焊丝伸出长度、气体流量、电源极性、回路电感、装配间隙与坡口尺寸等。

1. 焊丝直径

焊丝直径应根据焊件厚度、焊接空间位置及生产效率的要求来选择。当焊接薄板或进行中、厚板的立焊、横焊、仰焊时，多采用直径 1.6 mm 以下的焊丝；在平焊位置焊接中、厚板时，可以采用直径 1.2 mm 以上的焊丝。焊丝直径的选择见表 8-2。

表 8-2　焊丝直径的选择

焊丝直径（mm）	熔滴过渡形式	焊件厚度（mm）	焊接位置
0.5 ~ 0.8	短路过渡	1.0 ~ 2.5	全位置
	颗粒过渡	2.5 ~ 4.0	平焊
1.0 ~ 1.4	短路过渡	2.0 ~ 8.0	全位置
	颗粒过渡	2.0 ~ 12.0	平焊
1.6	短路过渡	3.0 ~ 12.0	全位置
≥ 1.6	颗粒过渡	>6.0	平焊

2. 焊接电流

焊接电流的大小应根据焊件厚度、焊丝直径、焊接位置及熔滴过渡形式来确定。焊接电流越大，焊缝厚度、焊缝宽度及余高都相应增大。通常直径为 0.8 ~ 1.6 mm 的焊丝，在短路过渡时，焊接电流在 50 ~ 230 A 内选择；细滴过渡时，焊接电流在 250 ~ 500 A 内选择。焊丝直径与焊接电流的关系见表 8–3。

表 8–3　　焊丝直径与焊接电流的关系

焊丝直径（mm）	焊接电流（A）	
	颗粒过渡	短路过渡
0.8	150 ~ 250	60 ~ 160
1.2	200 ~ 300	100 ~ 175
1.6	350 ~ 500	100 ~ 180
2.4	500 ~ 750	150 ~ 200

3. 电弧电压

电弧电压必须与焊接电流配合恰当；否则会影响焊缝成形及焊接过程的稳定性。电弧电压随着焊接电流的增大而增大。短路过渡焊接时，通常电弧电压在 16 ~ 24 V 范围内。细滴过渡焊接时，对于直径为 1.2 ~ 3.0 mm 的焊丝，电弧电压可在 25 ~ 36 V 范围内选择。

4. 焊接速度

在一定的焊丝直径、焊接电流和电弧电压条件下，随着焊接速度的加快，焊缝宽度与焊缝厚度减小。焊接速度过快，不仅气体保护效果变差，可能出现气孔，而且还易产生咬边及未熔合等缺欠；但焊接速度过慢，则焊接生产效率降低，焊接变形增大。一般 CO_2 半自动焊的焊接速度在 15 ~ 30 m/h 范围内。

5. 焊丝伸出长度

焊丝伸出长度取决于焊丝直径，一般约等于焊丝直径的 10 倍，且不超过 15 mm。焊丝伸出长度过大，会成段熔断，飞溅严重，气体保护效果差；伸出长度过小，不但易造成飞溅物堵塞喷嘴，影响保护效果，也影响焊工视线。

6. CO_2 气体流量

CO_2 气体流量应根据焊接电流、焊接速度、焊丝伸出长度及喷嘴直径等选择，过大或过小的气体流量都会影响气体保护效果。通常在细丝 CO_2 焊时，CO_2 气体流量为 8 ~ 15 L/min；粗丝 CO_2 焊时，CO_2 气体流量为 15 ~ 25 L/min。

7. 电源极性与回路电感

为了减少飞溅，保证焊接电弧的稳定性，CO_2 焊应选用直流反接。焊接回路的电感值应根据焊丝直径和电弧电压来选择，不同直径焊丝适合的电感值见表 8–4。

表 8–4　　不同直径焊丝适合的电感值

焊丝直径（mm）	0.8	1.2	1.6
电感值（mH）	0.01 ~ 0.08	0.10 ~ 0.16	0.30 ~ 0.70

在实际生产中，常用经验公式来确定电弧电压值。当焊接电流≤ 250 A 时，电弧电压（V）=0.04× 焊接电流（A）+（16±1.5）；当焊接电流 >250 A 时，电弧电压（V）=0.04× 焊接电流（A）+（20±2.0）。

小提示

在焊接生产中，有时焊接电缆较长，常常将一部分电缆盘绕起来，这相当于在焊接回路中串入了一个附加电感。由于回路电感值的改变，使飞溅等发生变化，因此，焊接过程正常后，电缆盘绕的圈数就不宜变动。

8. 装配间隙与坡口尺寸

由于CO_2焊焊丝较细，电流密度大，电弧穿透力强，电弧热量集中，一般对于12 mm以下的焊件不开坡口也可焊透；对于必须开坡口的焊件，一般坡口角度可由焊条电弧焊的60°左右减为30°～40°，钝边可相应增大2～3 mm，根部间隙可相应减小1～2 mm。

§8-3 氩弧焊

一、氩弧焊的原理、特点和分类

1. 氩弧焊的原理

氩弧焊是指使用氩气作为保护气体的一种气体保护电弧焊方法。焊接时，氩气流从焊枪喷嘴中连续喷出，在电弧区形成严密的保护气层，将电极和金属熔池与空气隔离。同时，利用电极（钨极或焊丝）与焊件之间产生的电弧热量来熔化附加的填充焊丝或自动送给的焊丝及基体金属形成熔池，液态熔池金属凝固后形成焊缝。

2. 氩弧焊的特点

氩弧焊除了具有气体保护焊共有的特点外，还有以下特点：

（1）焊缝质量高

由于氩气是一种惰性气体，不与金属起化学反应，合金元素不会被氧化烧损，而且氩气也不溶解于金属，焊接过程基本上是金属熔化和结晶的简单过程，因此，保护效果好，能获得较为纯净及高质量的焊缝。

（2）焊接变形与应力小

由于电弧受氩气流的冷却和压缩作用，电弧的热量集中，且氩弧的温度又很高，故热影响区很窄。因此，焊接变形与应力小，尤其适用于焊接很薄的材料。

（3）焊接范围很广泛

几乎所有的金属材料都可以进行氩弧焊，特别适宜焊接化学性质活泼的金属和合金。常用于铝、镁、钛、铜及其合金和低合金钢、不锈钢及耐热钢等材料的焊接，有时还可用于焊接结构的打底焊。

3. 氩弧焊的分类

氩弧焊根据所用的电极材料不同，可分为钨极（不熔化极）氩弧焊和熔化极氩弧焊。按其操作方式不同又可分为手工氩弧焊、半自动氩弧焊和自动氩弧焊。根据采用的电源种类不同，又可分为直流氩弧焊、交流氩弧焊和脉冲氩弧焊等。

二、钨极氩弧焊

钨极氩弧焊是使用纯钨或活化钨（钍钨、铈钨）为电极的氩气保护焊，简称 TIG 焊。钨极本身不熔化，只起发射电子、产生电弧的作用，故又称不熔化极氩弧焊。

进行钨极氩弧焊时，由于所用的焊接电流受到钨极的熔化与烧损的限制，因此电弧功率较小，只适用于焊接厚度小于 6 mm 的焊件。

1. 钨极氩弧焊的焊接材料

钨极氩弧焊的焊接材料主要是钨极、氩气和焊丝。

（1）钨极

钨极氩弧焊要求钨极具有电流容量大、损耗小、引弧和稳弧性能好等特性。常用的钨极有纯钨极、钍钨极和铈钨极三种。

纯钨极（如牌号 W1、W2）要求电源空载电压高，且易烧损；钍钨极（如牌号 WTh-10、WTh-7）有微量放射性，对人体有害；而铈钨极（如牌号 WCe20）克服了纯钨极和钍钨极的缺点，因而应用最广泛。

（2）氩气

氩气是无色、无味的惰性气体，不与金属起化学反应，也不溶解于金属。而且氩气比空气重 25%，使用时气流不易漂浮散失，有利于对焊接区的保护作用。

氩气的电离能较高，引燃电弧较困难，故需采用高频引弧及稳弧装置。但氩弧一旦引燃，燃烧就很稳定。在常用的保护气体中，氩弧的稳定性最好。

氩弧焊对氩气的纯度要求很高，如果氩气中含有一些氧、氮和少量其他气体，将会降低氩气的保护性能，对焊接质量造成不良影响。按我国现行标准规定，其纯度应达到 99.99%。

焊接用工业纯氩以瓶装供应，在温度 20 ℃时满瓶压力为 14.7 MPa，容积一般为 40 L。氩气钢瓶外表漆成银灰色，并标注深绿色“氩”字样。

（3）焊丝

焊丝选用的原则是熔敷金属化学成分或力学性能与被焊材料相当。对于碳钢、低合金钢按国家标准《气体保护电弧焊用碳钢、低合金钢焊丝》（GB/T 8110—2008）选用，不锈钢焊丝按黑色冶金行业标准《焊接用不锈钢丝》（YB/T 5092—2016）选用，第三章所列的铜、铝、铸铁气焊焊丝均可作为氩弧焊焊丝。

2. 钨极氩弧焊设备

手工钨极氩弧焊设备包括焊机、焊枪、供气系统、冷却系统、控制系统等部分，如图 8-15 所示。

自动钨极氩弧焊（简称 TIG）设备比手工 TIG 设备多了焊枪移动装置。如果需要填充焊丝，则还包括一个送丝机构，通常将焊枪和送丝机构共同安装在一台可行走的焊接小车上。如图 8-16 所示为焊枪与导丝

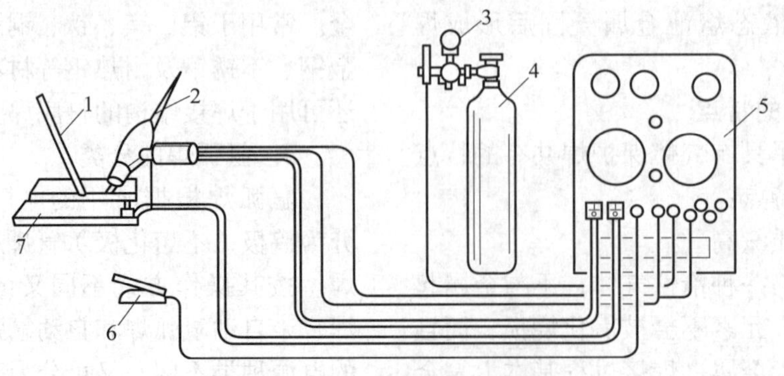

图 8-15　手工钨极氩弧焊设备

1—填充金属　2—焊枪　3—流量计　4—氩气瓶　5—焊机　6—开关　7—焊件

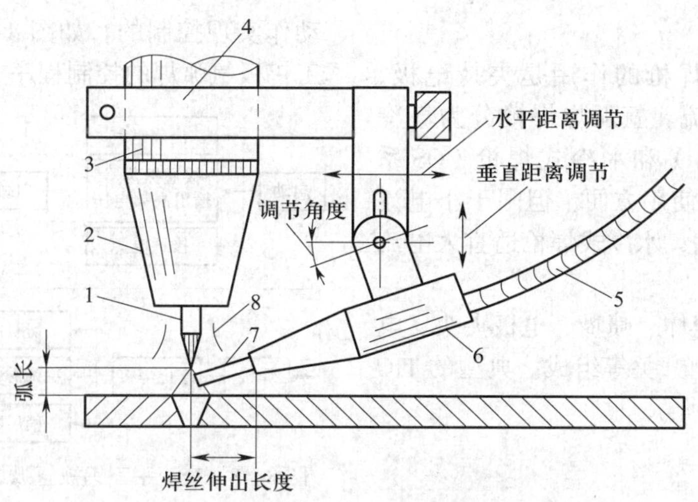

图 8–16　自动焊焊枪与导丝嘴的调节

1—钨极　2—喷嘴　3—焊枪　4—焊枪夹　5—焊丝软管　6—导丝嘴　7—焊丝　8—保护气体

嘴在焊接小车上的相互位置。生产中常用的专用自动 TIG 设备是根据用途和产品结构而设计的，如管子—管板孔口环缝自动 TIG 设备等。当然也可采用弧焊机器人进行 TIG 焊，可以实现柔性自动化程度更高的焊接。

（1）焊机

焊机包括焊接电源及高频振荡器、脉冲稳弧器、消除直流分量装置等控制装置。若采用焊条电弧焊的电源，则应配用单独的控制箱。直流钨极氩弧焊的焊机较为简单，直流焊接电源附加高频振荡器即可。

1）焊接电源。由于钨极氩弧焊电弧静特性曲线工作在水平段，因此应选用具有陡降外特性的电源。一般焊条电弧焊的电源（如弧焊变压器、弧焊整流器等）都可作为手工钨极氩弧焊电源。

2）引弧及稳弧装置。由于氩气的电离能较高，难以电离，引燃电弧困难，但又不宜使用提高空载电压的方法，因此钨极氩弧焊必须使用高频振荡器来引燃电弧。对于交流电源，由于电流每秒钟有 100 次经过零点，电弧不稳定，故还需使用脉冲稳弧器，以保证重复引燃电弧并稳弧。

选用钨极时，尽量用铈钨极。修磨钨极时，要戴口罩和手套，工作后要洗手。存放钨极时，若数量较大，最好放在铅盒中保存。

高频振荡器是钨极氩弧焊设备专用的引弧装置，是在钨极和工件之间加入约 3 000 V 的高频电压，这种焊接电源空载电压只要 65 V 左右即可达到钨极与焊件非接触而点燃电弧的目的。高频振荡器一般仅供焊接时初次引弧，不用于稳弧，引燃电弧后马上切断。

脉冲稳弧器施加一个高压脉冲而迅速引弧，并保持电弧连续燃烧，从而起到稳定电弧的作用。

（2）焊枪

钨极氩弧焊焊枪的作用是夹持电极、导电和输送氩气流。氩弧焊焊枪分为气冷式焊枪（QQ 系列）和水冷式焊枪（QS 系列）。气冷式焊枪使用方便，但限于小电流（150 A）焊接使用；水冷式焊枪适宜大电流和自动焊接使用。

焊枪一般由枪体、喷嘴、电极夹头、电极帽、手柄和控制开关等组成。典型的 TIG 焊焊枪如图 8–17 所示。

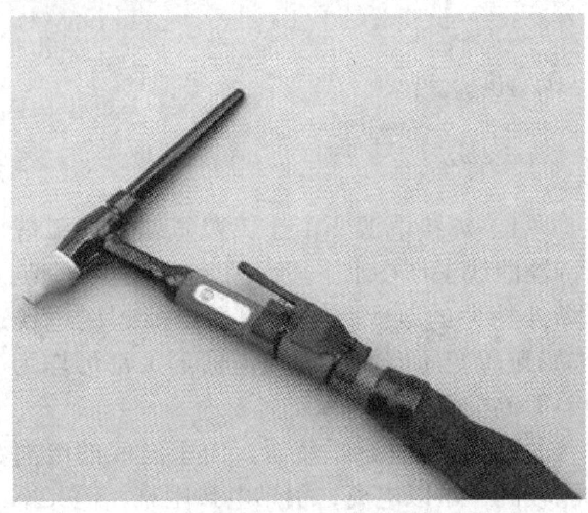

图 8–17　TIG 焊焊枪

（3）供气系统

钨极氩弧焊的供气系统由氩气瓶、减压器、流量计和电磁阀组成。减压器用以减压和调压，流量计用来调节及测量氩气流量的大小，有时也将减压器与流量计制成一体，成为组合式。电磁阀是控制气体通断的装置。

（4）冷却系统

一般选用的最大焊接电流在 150 A 以上焊接时，必须通水冷却焊枪和电极。冷却水接通并有一定压力后，才能启动焊接设备，通常在钨极氩弧焊设备中用水压开关或手动来控制水流量。

（5）控制系统

钨极氩弧焊的控制系统是通过控制线路，对供电、供气、引弧与稳弧等各阶段的动作实现控制的。如图 8–18 所示为交流手工钨极氩弧焊的控制程序方框图。

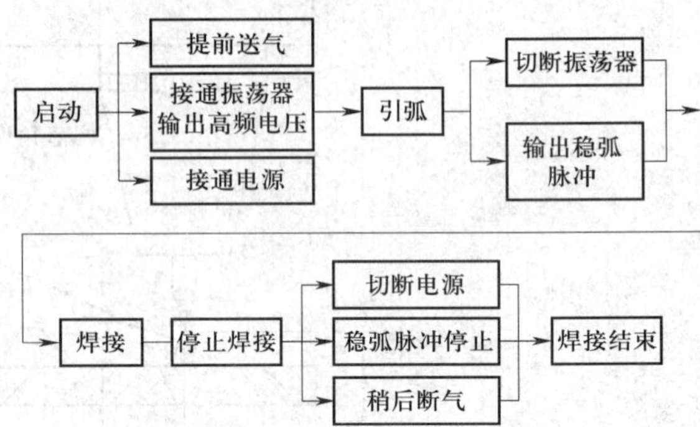

图 8–18　交流手工钨极氩弧焊的控制程序方框图

目前，常用的手工钨极氩弧焊机型号有 WS–250 型、WS–400 型等直流钨极氩弧焊机，WSJ–150 型、WSJ–500 型等交流钨极氩弧焊机，WSE–150 型、WSE–400 型等交直流钨极氩弧焊机。

3. 钨极氩弧焊工艺

（1）焊前清理

进行钨极氩弧焊前，必须对被焊材料的坡口、坡口附近 20 mm 范围内及焊丝进行清理，去除金属表面的氧化膜和油污等杂质，以确保焊缝的质量。焊前清理的常用方法有机械清理法、化学清理法和化学—机械清理法。

1）机械清理法。这种方法比较简便，而且效果较好，适用于大尺寸、焊接周期长的焊件。通常使用直径细小的钢丝刷等工具进行打磨，也可用刮刀铲去表面的氧化膜，直至露出金属光泽。

2）化学清理法。是指依靠化学反应去除焊丝或工件表面氧化膜的方法。对于填充焊丝及小尺寸焊件多采用化学清理法。这种方法与机械清理法相比，具有清理效率高、质量稳定均匀、保持时间长等特点。

3）化学—机械清理法。清理时先用化学清理法，焊前再对焊接部位进行机械清理。这种联合清理的方法适用于质量要求高的焊件。

（2）焊接参数的选择

钨极氩弧焊的焊接参数主要有电源种类和极性、钨极直径和端部形状、焊接电流、电弧电压、氩气流量和喷嘴直径、焊接速度等。正确地选择焊接参数是获得优质焊接接头的重要保证。

1）电源种类和极性。钨极氩弧焊可以使用直流电，也可以使用交流电。电源种类和极性可根据焊件材质进行选择。

①直流反接。钨极氩弧焊采用直流反接时（即钨极为正极、焊件为负极），由于电弧阳极区温度高于阴极区温度，使接正极的钨棒容易因过热而烧损，许用电流小，同时焊件上产生的热量不多，因而焊缝厚度较浅，焊接生产效率低，因此很少采用。

但是，直流反接有去除氧化膜的作用，对焊接铝、镁及其合金有利。因为铝、镁及其合金在焊接时极易氧化，形成熔点很高的氧化膜（如 Al_2O_3 的熔点为 2 050 ℃）覆盖在熔池表面，阻碍基体金属和填充金属的熔合，造成未熔合、夹渣、焊缝表面形成皱皮及内部气孔等缺欠。

采用直流反接时，电弧空间的正离子由钨极的阳极区飞向焊件的阴极区，撞击金属熔池表面，将致密难熔的氧化膜击碎，以达到清理氧化膜的目的，这种作用称为“阴极破碎”作用，又称“阴极雾化”，如图 8–19 所示。

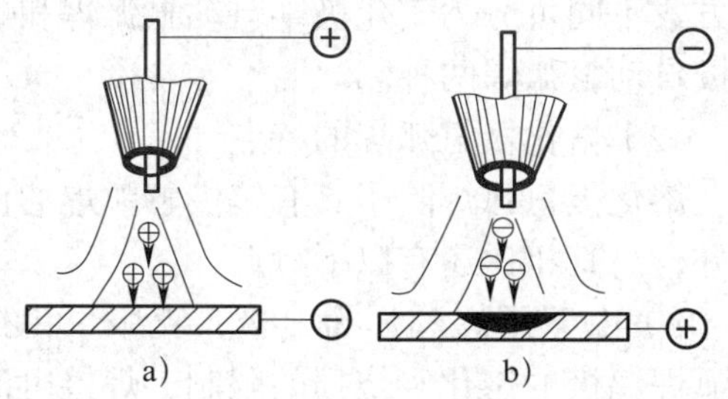

图 8–19 阴极破碎作用

a）直流反接 b）直流正接

尽管直流反接能将被焊金属表面的氧化膜去除，但钨极的许用电流小，易烧损，电弧燃烧不稳定。因此，铝、镁及其合金一般不采用此法，而应尽可能使用交流电来焊接。

②直流正接。钨极氩弧焊采用直流正接时（即钨极为负极、焊件为正极），由于电弧在焊件阳极区产生的热量大于钨极阴极区，致使焊件的焊缝厚度增大，焊接生产效率高。而且钨极不易过热与烧损，使钨极的许用电流增大，电子发射能力增强，电弧燃烧稳定性比直流反接时好。但焊件表面受到比正离子质量小得多的电子撞击，不能去除氧化膜，因此没有“阴极破碎”作用，故适用于焊接表面无致密氧化膜的金属材料。

③交流钨极氩弧焊。由于交流电极性是不断变化的，这样在交流正极性的半周波中（钨极为负极），钨极可以得到冷却，以减少烧损。而在交流负极性的半周波中（焊件为负极）有“阴极破碎”作用，可以清除熔池表面的氧化膜。因此，交流钨极氩弧焊兼有直流钨极氩弧焊正、反接的优点，是焊接铝、镁及其合金的最佳方法。各种材料的电源种类与极性的选用见表 8–5。

表 8–5 电源种类与极性的选用

电源种类与极性	被焊金属材料
直流正接	低碳钢、低合金钢、不锈钢、耐热钢、铜及铜合金、钛及钛合金
直流反接	适用于各种金属的熔化极氩弧焊，钨极氩弧焊很少采用
交流电源	铝、镁及其合金

2）钨极直径和端部形状。钨极直径主要按焊件厚度、焊接电流、电源极性来选择。如果钨极直径选择不当，将造成电弧不稳定、严重烧损钨极和焊缝夹钨。钨极端部形状如图 8–20 所示，对电弧稳定性有一定影响，进行交流钨极氩弧焊时，一般将钨极端部磨成圆球形；直流小电流施焊时，钨极可以磨成尖锥角；直流大电流施焊时，钨极宜磨成钝角。为了使用方便，钨极一端常涂

有颜色，以便于识别，钍钨极为红色，铈钨极为灰色，纯钨极为绿色。

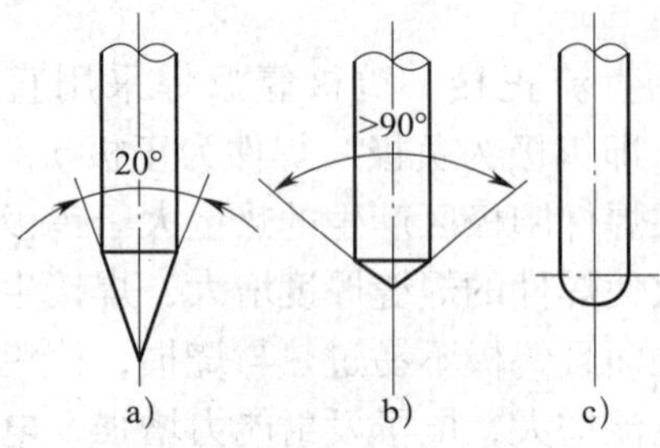

图 8-20 常用的电极端部形状

a）直流小电流 b）直流大电流 c）交流

3）焊接电流。焊接电流主要根据焊件厚度、钨极直径和焊缝空间位置来选择，过大或过小的焊接电流都会使焊缝成形不良或产生焊接缺欠。各种直径的钨极许用电流范围见表 8–6。

表 8–6 各种直径的钨极许用电流范围

钨极直径（mm）	直流正接（A）	直流反接（A）	交流（A）
1.0	15 ~ 80		20 ~ 60
1.6	70 ~ 150	10 ~ 20	60 ~ 120
2.4	150 ~ 250	15 ~ 30	100 ~ 180
3.2	250 ~ 400	25 ~ 40	160 ~ 250
4.0	400 ~ 500	40 ~ 55	200 ~ 320
5.0	500 ~ 750	55 ~ 80	290 ~ 390
6.0	750 ~ 1 000	80 ~ 125	340 ~ 525

4）电弧电压。电弧电压增大，焊缝厚度减小，熔宽显著增大，且随着电弧电压的增大，气体保护效果随之变差。当电弧电压过高时，易产生未焊透、焊缝被氧化和气孔等缺欠。因此，应尽量采用短弧焊，电弧电压一般为 10 ~ 24 V。

5）氩气流量和喷嘴直径。对于一定孔径的喷嘴，选用的氩气流量要适当，如果流量过大，不仅造成浪费，而且容易形成紊流，使空气卷入，对焊接区的保护不利，同时还会带走电弧区的热量，影响电弧稳定燃烧。而流量过小也不好，气流挺度差，容易受到外界气流的干扰，以致降低气体保护效果。通常氩气流量在 3 ~ 20 L/min 范围内。喷嘴直径随着氩气流量的增加而增大，一般为 5 ~ 14 mm。

6）焊接速度。在一定的钨极直径、焊接电流和氩气流量条件下，焊接速度过快会使保护气流偏离钨极与熔池，影响气体保护效果，易产生未焊透等缺欠；焊接速度过慢时，焊缝易咬边和烧穿。因此应选择合适的焊接速度。

7）其他因素。主要包括喷嘴至焊件的距离、钨极伸出长度等。它们对焊接过程及气体保护效果都有不同程度的影响，所以应按具体的焊接要求选定。一般喷嘴至焊件的距离以 5 ~ 15 mm 为宜；钨极伸出喷嘴的长度一般应为 3 ~ 6 mm。

铝及铝合金（平对接）手工交流钨极氩弧焊的焊接参数见表 8–7。

三、熔化极氩弧焊

熔化极氩弧焊是用填充焊丝作为熔化电极的氩气保护焊。

1. 熔化极氩弧焊的原理及特点

（1）熔化极氩弧焊的原理

熔化极氩弧焊采用焊丝作为电极，在氩气保护下，电弧在焊丝与焊件之间燃烧。焊丝连续送给并不断熔化，而熔化的熔滴也不断向熔池过渡，与液态的焊件金属熔合，经冷却凝固后形成焊缝。熔化极氩弧焊按其操作方式不同可分为熔化极半自动氩弧焊和熔化极自动氩弧焊两种。

（2）熔化极氩弧焊的特点

熔化极氩弧焊除了具有钨极氩弧焊的优点外，与其相比还有以下特点：

1）由于用焊丝作为电极，克服了钨极氩弧焊钨极的熔化和烧损的限制，焊接电流可大大提高，焊缝厚度大，焊丝熔敷速度快，因此一次焊接的焊缝厚度显著增大。例如，焊接铝及铝合金，当焊接电流为 450 ~ 470 A 时，焊缝的厚度可达 15 ~ 20 mm。

表 8-7　　铝及铝合金（平对接）手工交流钨极氩弧焊的焊接参数

焊件厚度（mm）	钨极直极（mm）	焊接电流（A）	焊丝直径（mm）	喷嘴直径（mm）	氩气流量（L/min）	焊接速度（mm/min）
1.2	1.6 ~ 2.4	45 ~ 75	1 ~ 2	6 ~ 11	3 ~ 5	220~270
2	1.6 ~ 2.4	80 ~ 110	2 ~ 3	6 ~ 11	3 ~ 5	180 ~ 230
3	2.4 ~ 3.2	100 ~ 140	2 ~ 3	7 ~ 12	6 ~ 8	110 ~ 160
4	3.2 ~ 4	140 ~ 210	3 ~ 4	7 ~ 12	6 ~ 8	100 ~ 150
5	4 ~ 6	210 ~ 300	4 ~ 5	10 ~ 12	8 ~ 12	80 ~ 130
6	5 ~ 6	240 ~ 300	5 ~ 6	12 ~ 14	12 ~ 16	80 ~ 130

2）采用自动焊或半自动焊，具有较高的焊接生产效率，并改善了劳动条件。

3）不仅能焊薄板也能焊厚板，特别适用于中等和大厚度焊件的焊接。

2. 熔化极氩弧焊的熔滴过渡形式

当采用短路过渡或颗粒过渡焊接时，由于飞溅较严重，电弧复燃困难，焊件金属熔化不良及容易产生焊缝缺欠。因此，熔化极氩弧焊一般不采用短路过渡或颗粒过渡形式，而多采用喷射过渡形式。

3. 熔化极氩弧焊设备

熔化极氩弧焊设备与 CO_2 气体保护焊设备类似。熔化极半自动氩弧焊设备主要由焊接电源、供气系统、送丝机构、控制系统、半自动焊枪、冷却系统等部分组成。熔化极自动氩弧焊设备与半自动焊设备相比多了一套行走机构，并且通常将送丝机构与焊枪安装在焊接小车或专用的焊接机头上，这样可使送丝机构更为简单、可靠。如图 8-21 所示为熔化极自动氩弧焊设备构成图。

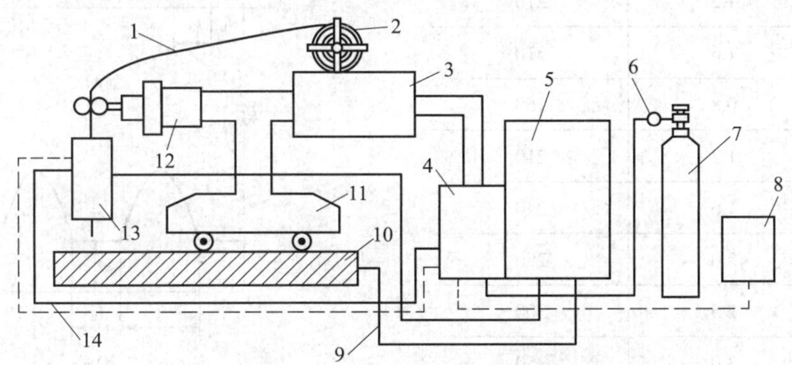

图 8-21　熔化极自动氩弧焊设备构成图

1—焊丝　2—焊丝盘　3—送丝、行走控制盘　4—控制箱　5—弧焊电源　6—减压阀、流量计　7—气瓶　8—水箱　9—电缆　10—工件　11—行走台车　12—送丝电动机　13—焊枪　14—水管

熔化极半自动氩弧焊设备由于多用细焊丝施焊，因此采用等速送丝式系统配用平外特性电源。熔化极自动氩弧焊设备自动调节工作原理与埋弧焊基本相同。选用细焊丝时采用等速送丝系统，配用缓降外特性的焊接电源；选用粗焊丝时，采用变速送丝系统，配用陡降外特性的焊接电源，以保证自动调节作用及焊接过程稳定性。熔化极自动氩弧焊大多采用粗焊丝。

熔化极氩弧焊的供气系统与钨极氩弧焊相同。半自动氩弧焊的焊枪送丝方式与 CO_2 半自动焊枪一样。

我国定型生产的熔化极半自动氩弧焊机有 NBA 系列，如 NBA1-500 型等；熔化极自动氩弧焊机有 NZA 系列，如 NZA-1000 型等。

4. 熔化极氩弧焊的焊接参数

熔化极氩弧焊的主要焊接参数有焊丝直径、焊接电流、电弧电压、焊接速度、喷嘴直径、氩气流量等。

焊接电流和电弧电压是获得喷射过渡形式的关键，只有焊接电流大于临界电流值，才能获得喷射过渡，不同材料和不同焊丝直径的临界电流见表 8–8。但焊接电流也不能过大，当焊接电流过大时，熔滴将产生不稳定的非轴向喷射过渡，飞溅增加，破坏熔滴过渡的稳定性。

表 8–8　不同材料和不同焊丝直径的临界电流

材料	焊丝直径（mm）	临界电流（A）
铝	0.8	95
	1.2	135
	1.6	180
脱氧铜	0.9	180
	1.2	210
	1.6	310
不锈钢	0.8	160
	1.2	210
	1.6	240
	2.0	280
	2.5	300
	3.0	350

要获得稳定的喷射过渡，在选定焊接电流后，还要匹配合适的电弧电压。实践表明，对于一定的临界电流值都有一个最低的电弧电压值与之相匹配，如果电弧电压低于这个值，即使电流比临界电流大得多，也不能获得稳定的喷射过渡。但电弧电压也不能过高；否则不仅影响保护效果，还会使焊缝成形恶化。

由于熔化极氩弧焊对熔池和电弧区的保护要求较高，而且电弧功率及熔池体积一般比钨极氩弧焊时大，因此，氩气流量和喷嘴孔径相应增大，通常喷嘴孔径为 20 mm 左右，氩气流量为 30 ~ 60 L/min。

熔化极氩弧焊采用直流反接。这是因为直流反接易实现喷射过渡，飞溅少，并且还可发挥“阴极破碎”作用。

四、脉冲氩弧焊

脉冲氩弧焊与一般氩弧焊的主要区别在于它能提供周期性脉冲式的焊接电流。周期性脉冲式的焊接电流包括基值电流（维弧电流）和脉冲电流，基值电流用来维持电弧燃烧及预热电极与焊件，脉冲电流用来熔化焊件和焊丝。如图 8–22 所示为脉冲焊接电流波形。

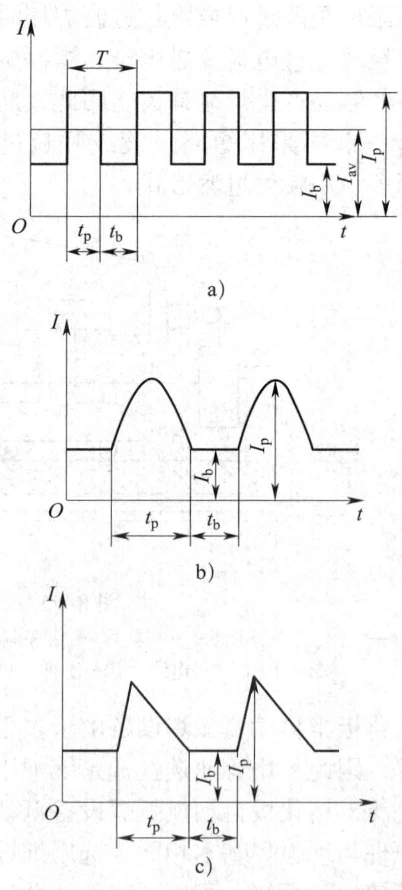

图 8–22　脉冲焊接电流波形

a）矩形波　b）正弦波　c）三角波

T—脉冲周期　t_p—脉冲时间　t_b—基值时间

I_b—基值电流　I_p—脉冲电流　I_{av}—平均电流值

脉冲氩弧焊有钨极脉冲氩弧焊和熔化极脉冲氩弧焊两种，这里仅介绍钨极脉冲氩弧焊。

1. 钨极脉冲氩弧焊的原理

焊接时，脉冲电流产生的大而明亮的脉冲电弧和基值电流产生的小而暗淡的基值电弧交替作用在焊件上。当每一次脉冲电流通过时，焊件上就形成一个点状熔池，待脉冲电流停歇后，由于热量减少，点状熔池结晶形成一个焊点，这时由基值电流来维持电弧燃烧，以便下一次脉冲电流来临时，脉冲电弧能可靠而稳定地复燃。下一个脉冲作用时，原焊点的一部分与焊件新的接头处产生一个新的点状熔池，如此循环，最后形成一条呈鱼鳞纹形、由许多焊点连续搭接而成的链状脉冲焊缝，如图 8–23 所示。通过对脉冲电流、基值电流和脉冲电流持续时间等的调节与控制，可改变及控制焊接热输入，从而控制焊缝质量及尺寸。

图 8–23 链状脉冲焊缝

2. 钨极脉冲氩弧焊的特点

（1）接头质量好

此焊法能有效控制焊接热输入和接头金属的高温停留时间，因此，减少了焊缝和热影响区金属过热，提高了接头的力学性能，并可减少焊接变形与应力。

（2）扩大了氩弧焊的使用范围

钨极脉冲氩弧焊比钨极氩弧焊的焊缝厚度大，可焊板厚范围广。在减小平均电流的情况下，可焊接钨极氩弧焊不能焊接的薄板构件，用它焊接厚度小于 0.1 mm 的薄钢板仍能获得满意的结果。

（3）适用于全位置焊

采用脉冲电流后，可用较小的平均电流值进行焊接，减小了熔池体积，并且熔滴过渡和熔池金属加热是间歇性的，因此更易进行全位置焊接。

3. 钨极脉冲氩弧焊的焊接参数

钨极脉冲氩弧焊的焊接参数除普通钨极氩弧焊的参数外，还有脉冲电流、基值电流、脉冲时间、基值时间、脉冲频率等。

（1）脉冲电流和脉冲时间

脉冲电流和脉冲时间是决定焊缝成形尺寸的主要参数。若脉冲电流大，脉冲时间长，焊缝的熔深和熔宽都会增大，其中脉冲电流的作用比脉冲持续时间大。脉冲电流的选择主要取决于工件材料的性质与厚度，脉冲电流过大易产生咬边现象。

（2）基值电流

一般选用较小的基值电流，只要能维持电弧的稳定燃烧即可。在其他参数不变时，改变基值电流可调节工件的预热和熔池的冷却速度。

（3）基值时间

对焊缝成形尺寸的影响较小，如基值时间太长，将明显地减小对工件的热输入，使焊缝冷却时间增加；若基值时间太短，又相当于“连续”焊，发挥不出脉冲焊的优点。

（4）脉冲频率

脉冲频率是通过改变脉冲时间和基值时间来进行调节的。常用的低频脉冲钨极氩弧焊机频率区间为 0.5 ~ 10 周 /s。如果频率过高，第一个焊点来不及形成，第二个脉冲电流又来到，则不能显示出脉冲工艺的特点。

§8-4 熔化极活性混合气体保护焊

熔化极活性混合气体保护焊是采用在惰性气体氩（Ar）中加入少量的氧化性气体（CO_2、O_2或其混合气体）而成的混合气体作为保护气体的一种熔化极气体保护焊方法，简称 MAG 焊。由于混合气体中氩气所占比例大，又常称为富氩混合气体保护焊。现常用氩（Ar）与 CO_2 混合气体来焊接碳钢和低合金钢。

一、富氩混合气体保护焊的特点

富氩混合气体保护焊除了具有一般气体保护焊的特点外，与纯氩弧焊、纯 CO_2 焊相比还具有以下特点：

1. 与纯氩气体保护焊相比

（1）富氩气体保护焊的熔池、熔滴温度比纯氩弧焊高，电流密度大，所以熔深大，焊缝厚度大，并且焊丝熔化速度快，熔敷效率高，有利于提高焊接生产效率。

（2）由于具有一定的氧化性，克服了纯氩气保护时表面张力大、液态金属黏稠、易咬边及斑点漂移等问题。同时，改善了焊缝成形，由纯氩的指状（蘑菇）熔深成形改变为深圆弧状成形，接头的力学性能高。

（3）由于加入一定量较便宜的 CO_2 气体，降低了焊接成本，但 CO_2 的加入提高了产生喷射过渡的临界电流，引起熔滴和熔池金属的氧化及合金元素的烧损。

2. 与纯 CO_2 气体保护焊相比

（1）由于电弧温度高，易形成喷射过渡，故电弧燃烧稳定，飞溅物减少，熔敷系数提高，节省焊接材料，焊接生产效率提。

（2）由于大部分气体为惰性的氩气，对熔池的保护性能较好，焊缝气孔产生概率下降，力学性能有所提高。

（3）与纯 CO_2 焊相比，焊缝成形好，焊缝平缓，焊波细密，均匀美观，但经济方面不如 CO_2 焊，成本比 CO_2 焊高。

二、MAG 焊常用混合气体及应用

1. Ar+O_2

Ar+O_2 活性混合气体可用于碳钢、低合金钢、不锈钢等高合金钢和高强钢的焊接。焊接不锈钢等高合金钢和高强钢时，O_2 的含量（体积分数）应控制在 1% ~ 5%；焊接碳钢、低合金钢时，O_2 的含量（体积分数）可达 20%。

2. Ar+CO_2

Ar+CO_2 混合气体既具有氩气的优点，如电弧稳定性好，飞溅少，容易获得轴向喷射过渡等，同时又因为具有氧化性，克服了用单一氩气气焊时产生的阴极漂移现象及焊缝成形不好等问题。氩气与 CO_2 气体的比例（体积分数）通常为（70% ~ 80%）:（30% ~ 20%），这种比例既可用于喷射过渡电弧，也可用于短路过渡及脉冲过渡电弧。但在用短路过渡电弧进行立焊和仰焊时，氩气与 CO_2 气体的比例最好是 50%:50%，这样有利于控制熔池。现在常用 80%（体积分数）氩气 +20% 的 CO_2 气体焊接碳钢和低合金钢。

3. Ar+O_2+CO_2

Ar+O_2+CO_2 活性混合气体可用于焊接低碳钢、低合金钢，其焊缝成形、接头质量以及金属熔滴过渡和电弧稳定性比 Ar+O_2 或 Ar+CO_2 强。

三、MAG 焊设备

富氩混合气体保护焊设备的组成如图 8-24 所示，与 CO_2 气体保护焊设备类似，只是在 CO_2 气体保护焊设备系统中加入了氩气源和混合气体配比器。

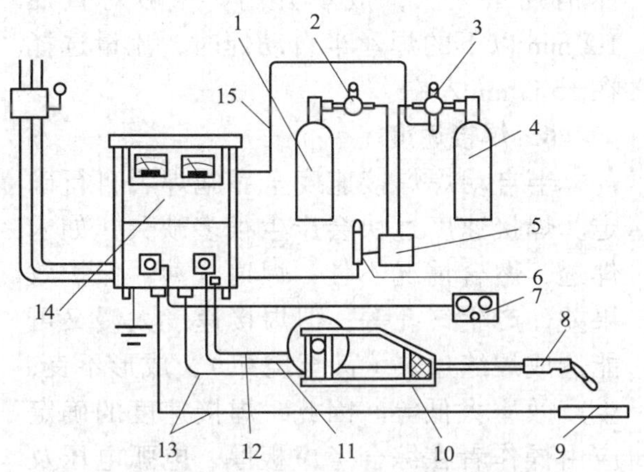

图 8-24　富氩混合气体保护焊设备的组成

1—氩气瓶　2—减压器　3—减压器（带预热器）　4—CO_2 气瓶　5—混合气体配比器　6—气体流量计　7—遥控盒　8—焊枪　9—焊件　10—送丝机　11—控制电缆　12—送气软管　13—焊接电缆　14—弧焊电源及控制系统　15—预热器连线

为了有效地保证焊接时使用的混合气体组分配比正确、可靠和均匀，必须使用合适的混合气体配比装置。对于集中供气系统，则由整个系统来保证；但对于单台焊机使用混合气体作为保护气体时，则必须使用专门的混合气体配比器。常用的有 QP-Ⅰ型混合气体配比器和 GH-Ⅱ型混合气体配比器。现在市场上已有瓶装的氩气和 CO_2 混合气体供应了，使用起来十分方便。

四、MAG 焊的焊接参数

正确地选择焊接参数是获得高生产效率和高质量焊缝的先决条件。富氩混合气体保护焊的焊接参数主要有焊丝的选择、焊接电流、电弧电压、焊丝伸出长度、气体流量、焊接速度、电源种类和极性等。

1. 焊丝的选择

进行富氩混合气体保护焊时，由于保护气体有一定的氧化性，故必须使用含有 Si、Mn 等脱氧元素的焊丝。焊接低碳钢、低合金钢时常选用 ER50-3、ER50-6、ER49-1 型焊丝。

焊丝直径的选择与 CO_2 气体保护焊相同，在进行半自动焊时，常使用直径为 1.6 mm 以下的焊丝进行施焊。当采用直径大于 2 mm 的焊丝时，一般均采用自动焊。

2. 焊接电流

焊接电流是富氩混合气体保护焊的重要焊接参数，焊接电流的大小应根据工件的厚度、坡口形状、所采用的焊丝直径以及所需要的熔滴过渡形式来选择。

焊接电流的选择除参照有关经验数据外，还可以通过工艺评定试验得出的焊接电流值进行调节。实际生产中富氩混合气体保护焊的焊接参数见表 8-9。

表 8-9　　富氩混合气体保护焊（MAG）的焊接参数

材质	板厚（mm）	焊丝层次	焊丝直径（mm）	焊接电流（A）	电弧电压（V）	气体流量（L/min）	焊接速度（mm/min）
Q235A	16	打底层	1.2	95 ~ 105	18 ~ 19	15	250 ~ 300
		中间层	1.2	200 ~ 220	23 ~ 25		250 ~ 300
		盖面层	1.2	190 ~ 210	22 ~ 24		250 ~ 300
Q355	16	打底层	1.6	250 ~ 275	30 ~ 31	25	300 ~ 350
		中间层	1.6	325 ~ 350	34 ~ 35		300 ~ 350
		盖面层	1.6	325 ~ 350	34 ~ 35		300 ~ 350
		封底层	1.6	325 ~ 350	34 ~ 35		300 ~ 350

3. 电弧电压

电弧电压也是关键的焊接参数之一。电弧电压的高低决定了电弧长短与熔滴的过渡形式。只有当电弧电压与焊接电流有机地匹配时，才能获得稳定的焊接过程。当电流与电弧电压匹配良好时，电弧稳定，飞溅少，声音柔和，焊缝熔合情况良好。表 8–9 列举了富氩混合气体保护焊平焊操作时的电弧电压值，在其他位置操作时，其电弧电压和焊接电流的选择可按照平焊位置进行适当衰减调整。

4. 焊丝伸出长度

焊丝伸出长度与 CO_2 气体保护焊基本相同，一般为焊丝直径的 10 倍左右。

5. 气体流量

气体流量也是一个重要的焊接参数。流量太小，起不到保护作用；流量太大，由于紊流的产生，保护效果也不好，而且气体消耗量太大，成本升高。一般对直径 1.2 mm 以下的焊丝半自动焊时，流量选择在 15 L/min 左右。

6. 焊接速度

半自动焊焊接速度全靠施焊者自行确定。焊接速度过快会产生很多缺欠，如未焊透，熔合情况不佳，焊道太薄，保护效果差，产生气孔等；但焊接速度太慢又可能造成焊缝过热（甚至烧穿），成形不良，生产效率太低等。因此，焊接速度的确定应由操作者在综合考虑板厚、电弧电压及焊接电流、层次、坡口形状及大小、熔合情况和施焊位置等因素后再确定并及时调整。

7. 电源种类和极性

富氩混合气体保护焊与 CO_2 气体保护焊一样，为了减少飞溅，一般均采用直流反极性焊接，即焊件接负极，焊枪接正极。

在实际生产中，MAG 焊的电弧电压常用经验公式来确定。平焊时，电弧电压（V）= 0.05× 焊接电流（A）+（16±1）；立焊、横焊、仰焊时，电弧电压（V）=0.05× 焊接电流（A）+（10±1）。

§8–5 药芯焊丝气体保护电弧焊

药芯焊丝是继焊条、实心焊丝之后广泛应用的又一类焊接材料，使用药芯焊丝作为填充金属的各种电弧焊方法称为药芯焊丝电弧焊。药芯焊丝电弧焊根据外加保护方式不同可分为药芯焊丝气体保护电弧焊、药芯焊丝埋弧焊和药芯焊丝自保护焊。药芯焊丝气体保护焊又有药芯焊丝 CO_2 气体保护焊、药芯焊丝熔化极惰性气体保护焊和药芯焊丝混合气体保护焊等，其中应用最广泛的是药芯焊丝 CO_2 气体保护焊。

一、药芯焊丝气体保护焊的原理及特点

1. 药芯焊丝气体保护焊的原理

药芯焊丝气体保护焊的基本工作原理与普通熔化极气体保护焊一样，是以可熔化的药芯焊丝作为电极及填充材料，在外加气体（如 CO_2 等）的保护下进行焊接的电弧焊方法。与普通熔化极气体保护焊的主要区别在于焊丝内部装有药粉，焊接时，在电弧热作用下熔化状态的药芯、焊丝金属、母材金属和保护气体相互之间发生冶金作用，同时形成一层较薄的液态熔渣包覆熔滴并覆盖熔池，对熔化金属形成了又一层的保护。实质上这种焊接方法是一种气渣联合保护的方法，其原理如图 8–25 所示。

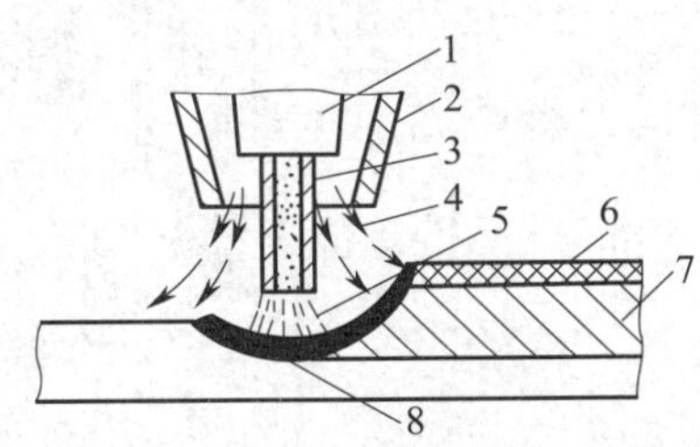

图 8–25　药芯焊丝气体保护焊的原理

1—导电嘴　2—喷嘴　3—药芯焊丝　4—CO_2 气体　5—电弧　6—熔渣　7—焊缝　8—熔池

2. 药芯焊丝气体保护焊的特点

药芯焊丝气体保护焊综合了焊条电弧焊和普通熔化极气体保护焊的优点。

（1）采用气渣联合保护，保护效果好，抗气孔能力强，焊缝成形美观，电弧稳定性好，飞溅少且颗粒细小。

（2）焊丝熔敷速度快，熔敷速度明显高于焊条，并略高于实心焊丝，熔敷效率和生产效率都较高，生产效率比焊条电弧焊高 3 ~ 4 倍，经济效益显著。

（3）焊接各种钢材的适应性强，通过调整药粉的成分与比例，可焊接及堆焊不同成分的钢材。

（4）由于药粉改变了电弧特性，对焊接电源无特殊要求，交流、直流，平缓外特性电源均可。

药芯焊丝气体保护焊也有不足之处：焊丝制造过程复杂；送丝比实心焊丝困难，需要采用降低送丝压力的送丝机构；焊丝外表易锈蚀，药粉易吸潮，故使用前应对焊丝外表进行清理，并在 250 ~ 300 ℃烘干。

二、药芯焊丝

1. 药芯焊丝的组成

药芯焊丝是由金属外皮（如 08A 钢）和心部药粉组成的，即由薄钢带卷成圆形钢管或异形钢管的同时，填满一定成分的药粉后经拉制而成。其截面形状有 E 形、O 形、梅花形、中间填丝形、T 形等，如图 8–26 所示。药粉的成分与焊条的药皮类似。目前国产的 CO_2 气体保护焊药芯焊丝多为钛型药粉焊丝，其直径有 2.0 mm、2.4 mm、2.8 mm、3.2 mm 等几种。

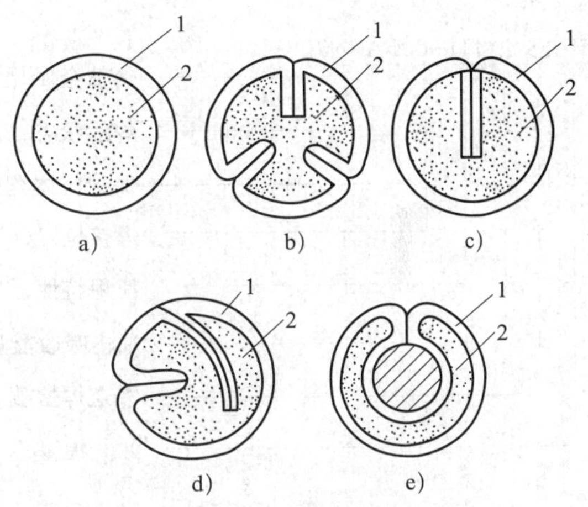

图 8–26　药芯焊丝的截面形状

a）O 形　b）梅花形　c）T 形　d）E 形　e）中间填丝形

1—钢带　2—药粉

2. 药芯焊丝的型号

根据国家标准《非合金钢及细晶粒钢药芯焊丝》（GB/T 10045—2018）规定，非合金钢及细晶粒钢焊丝型号按力学性能、使用特性、焊接位置、保护气体类型、焊后状态和熔敷金属化学成分划分。仅适用于单道焊的焊丝，其型号划分中不包括焊后状态和熔敷金属化学成分。该标准适用于最小抗拉强

度不大于 570 MPa 的气体保护焊和自保护电弧焊用药芯焊丝。

焊丝型号由以下八部分组成：

第一部分：字母 T 表示药芯焊丝。

第二部分：用于多道焊时焊态或焊后热处理条件下熔敷金属的抗拉强度代号（43、49、55、57）。或者表示用于单道焊时焊态条件下焊接接头的抗拉强度代号（43、49、55、57）。

第三部分：冲击吸收能量不小于 27J 时的试验温度代号。仅适用于单道焊的焊丝无此代号。

第四部分：使用特性代号，见表 8-10。

第五部分：焊接位置代号。0 表示平焊、平角焊，1 表示全位置焊。

第六部分：保护气体类型代号，自保护为 N，仅适用于单道焊的焊丝在该代号后添加字母 S。

第七部分：焊后状态代号。其中 A 表示焊态，P 表示焊后热处理状态，AP 表示焊态和焊后热处理两种状态均可。

第八部分：熔敷金属化学成分分类。

除以上强制代号外，可在其后依次附加可选代号，例如，字母 U 表示在规定的试验温度下冲击吸收能量应不小于 47J；扩散氢代号 HX，其中 X 可为数字 15、10 或 5，分别表示每 100 g 熔敷金属中扩散氢含量最大值（mL）。

焊丝型号举例如下：

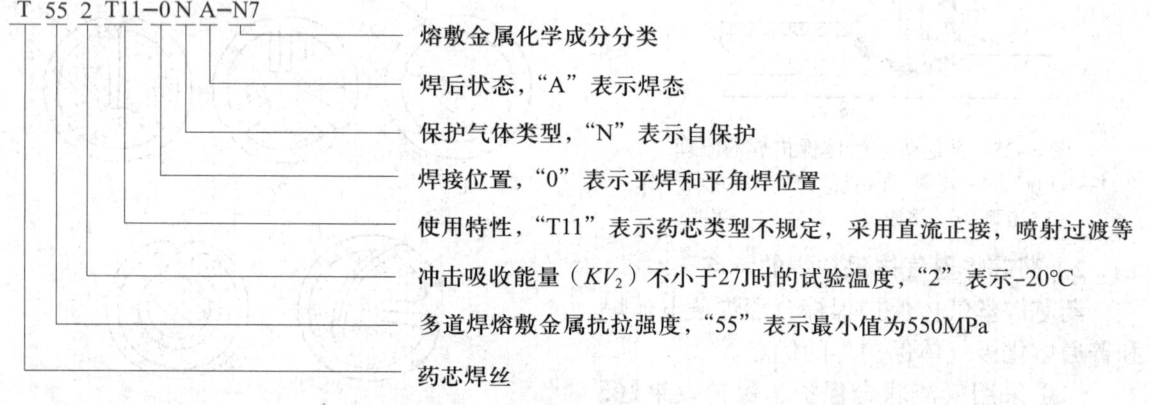

表 8-10　　　　使用特性代号

使用特性代号	保护气体	电流	熔滴过渡	药芯类型	焊接位置	特性	焊接类型
T1	要求	直流反接	喷射过渡	金红石	0 或 1	飞溅少，平或微凸焊道，熔敷速度高	单道焊和多道焊
T2	要求	直流反接	喷射过渡	金红石	0	与 T1 相似，高锰和/或高硅提高性能	单道焊
T3	不要求	直流反接	粗滴过渡	不规定	0	焊接速度极高	单道焊
T4	不要求	直流反接	粗滴过渡	碱性	0	熔敷速度极高，优异的抗热裂性能，熔深小	单道焊和多道焊

续表

使用特性代号	保护气体	电流	熔滴过渡	药芯类型	焊接位置	特性	焊接类型
T5	要求	直流反接	粗滴过渡	氧化钙—氟化物	0 或 1	微凸焊道，不能完全覆盖焊道的薄渣，与 T1 相比冲击韧度高，有较好的抗冷裂和热裂性能	单道焊和多道焊
T6	不要求	直流反接	喷射过渡	不规定	0	冲击韧度高，焊缝根部熔透性好，深坡口中仍有优异的脱渣性能	单道焊和多道焊
T7	不要求	直流正接	细熔滴到喷射过渡	不规定	0 或 1	熔敷速度高，优异的抗热裂性能	单道焊和多道焊
T8	不要求	直流正接	细熔滴或喷射过渡	不规定	0 或 1	良好的低温冲击韧度	单道焊和多道焊
T10	不要求	直流正接	细熔滴过渡	不规定	0	任何厚度上具有高的熔敷速度	单道焊
T11	不要求	直流正接	喷射过渡	不规定	0 或 1	仅用于薄板焊接，制造商需要给出板厚限制	单道焊和多道焊
T12	要求	直流反接	喷射过渡	金红石	0 或 1	与 T1 相似，提高冲击韧度和低锰要求	单道焊和多道焊
T13	不要求	直流正接	短路过渡	不规定	0 或 1	用于有根部间隙的焊接	单道焊
T14	不要求	直流正接	喷射过渡	不规定	0 或 1	在涂层、镀层薄板上进行高速焊接	单道焊
T15	要求	直流反接	微细熔滴喷射过渡	金属粉型	0 或 1	药芯含有合金和铁粉，熔渣覆盖率低	单道焊和多道焊
TG	供需双方协定						

3. 药芯焊丝的牌号

焊丝牌号以字母“Y”表示药芯焊丝，其后的字母表示用途或钢种类别，见表 8–11。字母后的第一、第二位数字表示熔敷金属抗拉强度最小值，单位为 MPa；第三位数字表示药芯类型及电源种类（与焊条相同）；第四位数字代表保护类型，见表 8–12。

表 8-11　　药芯焊丝钢种类别

字母	钢类别	字母	钢类别
J	结构钢用	G	铬不锈钢
R	低合金耐热钢	A	奥氏体不锈钢
D	堆焊		

表 8-12　　药芯焊丝的保护类型

牌号	焊接时保护类型	牌号	焊接时保护类型
YJ××-1	气体保护	YJ××-3	气体保护、自保护两用
YJ××-2	自保护	YJ××-4	其他保护形式

焊丝牌号举例如下：

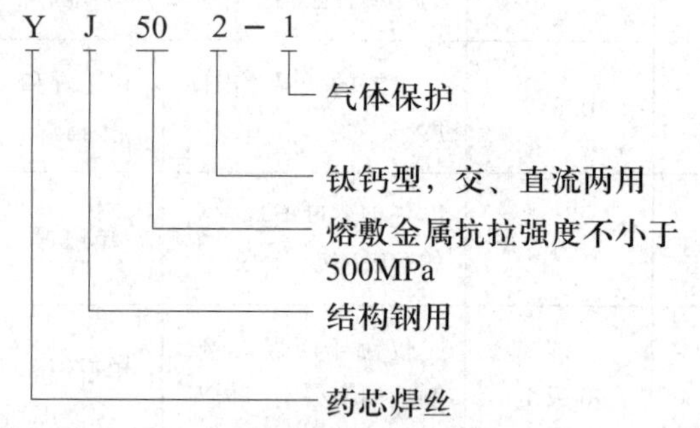

三、药芯焊丝 CO_2 气体保护焊的焊接参数

药芯焊丝 CO_2 气体保护焊的焊接工艺与实心焊丝 CO_2 气体保护焊相似，其焊接参数主要有焊接电流、电弧电压、焊接速度、焊丝伸出长度等。电源一般采用直流反接，焊丝伸出长度一般为 15 ~ 25 mm，焊接速度通常在 30 ~ 50 cm/min 范围内。焊接电流与电弧电压必须恰当匹配，一般焊接电流增大，电弧电压应适当提高。不同直径药芯焊丝 CO_2 气体保护焊常用焊接电流、电弧电压见表 8-13。药芯焊丝半自动 CO_2 气体保护焊焊接参数见表 8-14。

表 8-13　不同直径药芯焊丝 CO_2 气体保护焊常用焊接电流、电弧电压

焊丝直径（mm）	1.2	1.4	1.6
焊接电流（A）	110 ~ 350	130 ~ 400	150 ~ 450
电弧电压（V）	18 ~ 32	20 ~ 34	22 ~ 38

表 8-14　　药芯焊丝半自动 CO_2 气体保护焊焊接参数

工件厚度（mm）		坡口形式及尺寸		焊接电流（A）	电弧电压（V）	气体流量（L/min）	备注
		坡口形式	尺寸（mm）				
3		I 形坡口对接	b=0 ~ 1	260 ~ 270	26 ~ 27	15 ~ 16	焊一层
6			b=0 ~ 2	270 ~ 280	27 ~ 28	16 ~ 17	焊一层
9				260 ~ 270	26 ~ 27	16 ~ 17	正面焊一层
				270 ~ 280	27 ~ 28	16 ~ 17	反面焊一层
12		Y 形坡口对接	α=40° ~ 45° p=3 b=0 ~ 2	280 ~ 300	29 ~ 31	16 ~ 18	正面焊两层
15				270 ~ 280	27 ~ 28	16 ~ 17	正面焊一层
				280 ~ 290	28 ~ 30	17 ~ 18	反面焊一层
20		双 Y 形坡口对接	α=40° ~ 45° p=3 b=0 ~ 1	300 ~ 320	30 ~ 32	18 ~ 19	正面焊一层
				310 ~ 320	31 ~ 32	17 ~ 19	反面焊一层
焊脚尺寸（mm）	6	I 形坡口、T 形接头	b=0 ~ 2	280 ~ 290	28 ~ 30	17 ~ 18	焊一层
	9			290 ~ 310	29 ~ 31	18 ~ 19	焊两层两道
	12			280 ~ 290	28 ~ 30	17 ~ 18	焊两层三道
	15			290 ~ 310	29 ~ 31	19 ~ 20	焊两层三道

§8-6 气电立焊

气电立焊（EGW）是厚板立焊时，在接头两侧使用成形器具（固定式或移动式冷却块）保持熔池形状，强制焊缝成形的一种电弧焊。它是由普通熔化极气体保护焊和电渣焊发展而形成的一种熔化极气体保护电弧焊方法。气电立焊及其原理如图 8-27 所示。

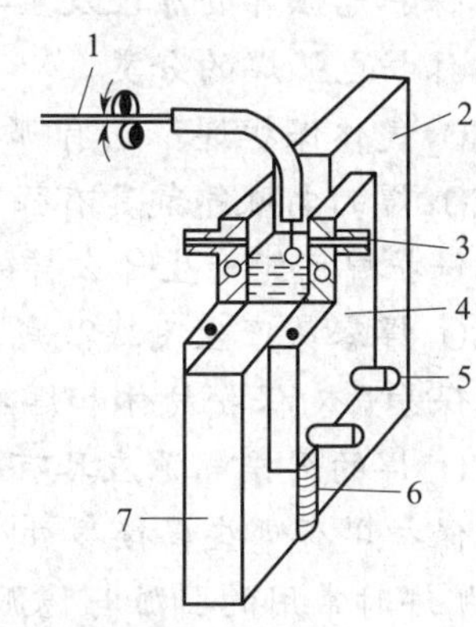

图 8-27 气电立焊及其原理

1—焊丝 2—焊件 1 3—保护气体 4—滑块 5—冷却水 6—焊缝 7—焊件 2

一、气电立焊的原理及特点

气电立焊利用类似于电渣焊所采用的水冷滑块挡住熔化金属，强迫其成形，以实现立向位置焊接。气电立焊与电渣焊的主要区别在于熔化金属的热量是电弧热而不是熔渣的电阻热。焊接时，焊丝连续向下送入由焊件坡口面和两个水冷滑块面形成的凹槽中，在焊丝与母材金属之间形成电弧，并不断熔化和流向电弧下的熔池中。随着熔池上升，电弧与水冷滑块也随之上移，原先的凹槽被熔化金属填充，形成焊缝。

气电立焊的优点是可不开坡口焊接厚板，一次焊接成形，生产效率高，成本低。气电立焊通常用于较厚的低碳钢和中碳钢等材料的焊接，也可用于奥氏体型不锈钢和其他合金的焊接。板材厚度在 12 ~ 80 mm 之间为宜。

二、气电立焊设备

气电立焊设备主要由焊接电源、导电嘴、水冷滑块、送丝机构、焊丝摆动机构和供气装置等组成。焊接电源采用直流电源反接，一般采用陡降外特性，也可采用平特性。因焊缝较长，往往需要长时间连续工作，所以电源的负载持续率为 100%，额定电流为 750 ~ 1 000 A。除焊接电源外，其余部分都被组装在一起，并随着焊接过程的进行而垂直向上移动。这种方法可以看成一种焊缝在垂直上升的平焊。

三、气电立焊工艺

气电立焊通常采用熔化极活性混合气体 80%（Ar）+20%（CO_2）（体积分数）或纯 CO_2 气体。焊丝可选用实心焊丝或药芯焊丝，焊丝的直径通常为 1.6 ~ 4 mm。常用的坡口形状有 I 形坡口、V 形坡口或 X 形坡口等。一般在接头两端处加引弧板和引出板。

气电立焊的熔深是指对接接头侧面母材的熔入深度。通常熔深随焊接电流增大而减小，即焊缝熔宽减小，同时焊接电流增大，送丝速度、熔敷率和接头填充速度（即焊接速度）将提高，焊接电流通常在750 ~ 1 000 A范围内。随着电弧电压增大，熔深增大，而焊缝宽度增大，电弧电压通常为30 ~ 55 V。焊丝伸出长度为38 ~ 40 mm，因此焊丝熔化速度较快。一般焊接板材厚度大于30 mm的焊件时焊丝要做横向摆动，摆动速度为7 ~ 8 mm/s。导电嘴在距每侧冷却滑块约10 mm处停留，停留时间为1 ~ 3 s，以抵消水冷滑块对金属的冷却作用，使焊缝表面完全熔合。

思考与练习

1. 简述气体保护电弧焊的原理及主要特点。
2. 简述气体保护电弧焊的分类。
3. 什么是CO_2气体保护焊？它有哪些特点？
4. 为什么CO_2焊的电弧气氛具有强烈氧化性？从焊接冶金方面应如何解决？
5. CO_2气体保护焊可能产生什么样的气孔？应如何防止？
6. 为什么CO_2焊容易产生飞溅？减少飞溅的主要措施是什么？
7. CO_2气体保护焊对保护气体和焊丝有什么要求？
8. 为什么CO_2焊的焊接电源应具有平硬外特性？
9. CO_2气体保护焊有哪些焊接参数？如何选择焊接电流？
10. 钨极氩弧焊时常用的引弧与稳弧方法有哪些？
11. 手工钨极氩弧焊设备由哪几部分组成？
12. 钨极氩弧焊时为什么通常采用直流正接？在焊接铝、镁及其合金时又应采用哪种电源和极性？为什么？
13. 什么是“阴极破碎”作用？
14. 简述熔化极氩弧焊的原理及特点。
15. 简述钨极脉冲氩弧焊的原理及特点。
16. 熔化极氩弧焊的熔滴过渡形式有哪几种？通常采用哪种形式？
17. 什么是MAG焊？它与纯CO_2焊及纯氩弧焊相比有什么特点？
18. MAG焊的焊接参数有哪些？应如何选择？
19. 简述药芯焊丝气体保护电弧焊的原理及特点。
20. 简述气电立焊的原理及特点。

第九章

等离子弧焊与等离子弧切割

等离子弧是利用等离子枪将阴极（如钨极）和阳极之间的自由电弧压缩成高温、高电离、高能量密度和高焰流速度的电弧。利用等离子弧作热源进行焊接或切割的工艺方法称为等离子弧焊与等离子弧切割。等离子弧焊与等离子弧切割是现代科学领域中的新技术，应用范围广泛。

§9-1 等离子弧产生的原理及特点

一、等离子弧产生原理

1. 等离子弧

一般的焊接电弧未受到外界的压缩，称为自由电弧。自由电弧中的气体电离是不充分的，能量不能高度集中，并且弧柱直径随着功率的增大而增大，因此，弧柱中的电流密度近乎为常数，其温度也就被限制在 5 730 ~ 7 730 ℃。如果对自由电弧的弧柱进行强迫“压缩”，就能获得导电截面较小而能量更加集中，弧柱中的气体几乎达到全部电离状态的电弧，这种电弧称为等离子弧。

2. 等离子弧的产生

目前广泛采用的压缩电弧的方法是将钨极缩入喷嘴内部，并在水冷喷嘴中通以一定压力和流量的等离子气，强迫电弧通过喷嘴孔道，以形成高温、高能量密度的等离子弧。等离子弧的产生如图 9-1 所示（等离子弧切割时无保护气和保护罩），此时电弧受到以下三种压缩作用：

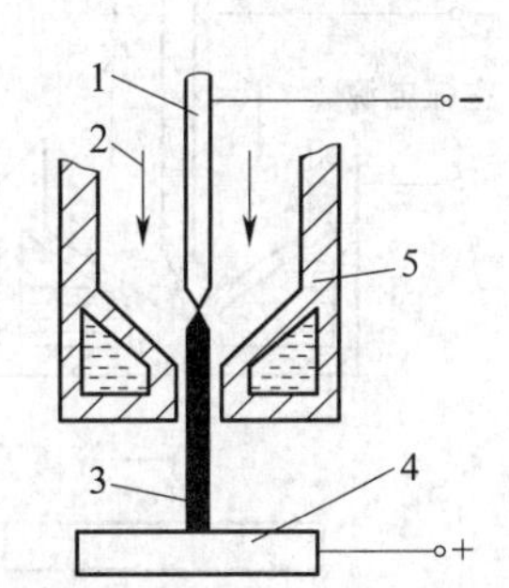

图 9-1　等离子弧的产生

1—钨极　2—等离子气流　3—等离子弧　4—工件　5—水冷喷嘴

（1）机械压缩作用

电弧弧柱被强迫通过细孔道的喷嘴，使弧柱截面压缩变细，而不能自由扩大。

（2）热收缩作用

电弧通过水冷喷嘴，同时又受到外部不断送来的高速冷却气流（如氮气、氩气等）的冷却作用，这样弧柱外围受到强烈冷却，使其外围的电离度大大减弱，电弧电流只能从弧柱中心通过，电弧弧柱进一步被压缩。

（3）磁收缩作用

带电粒子在弧柱内的运动可看成电流在一束平行的“导线”内移动，由于这些“导线”自身磁场所产生的电磁力使它们相互吸引，从而产生磁收缩效应。由于前述两种效应使电弧中心的电流密度已经很高，使得磁收缩作用明显增强，从而使电弧更进一步地受到压缩。

电弧在以上三种压缩作用下，弧柱截面很细，温度极高，弧柱内气体也得到了高度电离，从而形成稳定的等离子弧。

在等离子弧的三种压缩作用中，喷嘴孔径的机械压缩作用是前提；热收缩作用则是电弧被压缩的主要原因；磁收缩作用是必然存在的，它对电弧的压缩也起到一定的作用。

二、等离子弧的特点

1. 温度高，能量高度集中

等离子弧的导电性高，承受的电流密度大，因此，温度能高达 16 000 ~ 33 000 ℃，并且截面很小，能量高度集中。

2. 电弧挺度好，燃烧稳定

自由电弧的扩散角度约为 45°，而等离子弧由于电离程度高，放电过程稳定，在压缩作用下，其扩散角仅为 5°，故电弧挺度好，燃烧稳定。

3. 具有很强的机械冲刷力

由于等离子弧发生装置内通入的常温压缩气体受到电弧高温加热而膨胀，使气体压力大大增加，高压气流通过喷嘴细通道喷出时，可达到很高的速度，甚至可超过声速，因此，等离子弧有很强的机械冲刷力。

三、等离子弧的类型及应用

根据电极的不同接法，等离子弧可分为非转移弧、转移弧、联合型弧三种，如图 9–2 所示。

1. 非转移弧

电极接负极，喷嘴接正极，焊件不接电源，等离子弧在电极和喷嘴内表面之间燃烧并从喷嘴喷出，如图 9–2a 所示，这种等离子弧称为非转移弧，又称等离子焰。由于工件不接电源，工作时只靠等离子焰加热，因

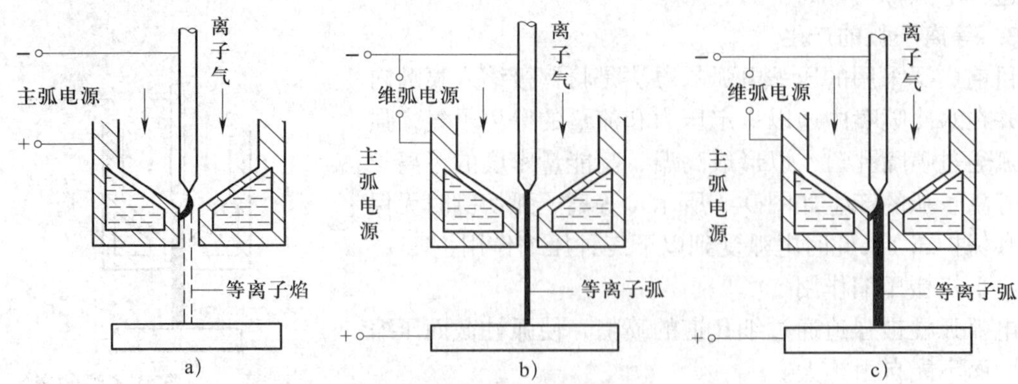

图 9–2　等离子弧的类型

a）非转移弧　b）转移弧　c）联合型弧

此，加热能量和温度比转移弧低，主要用于喷涂、焊接、切割较薄的金属和非金属材料。

2. 转移弧

电极接负极，焊件接正极，电弧首先在电极与喷嘴之间引燃，当电极与焊件间加上一个较高的电压后，再转移到电极与焊件间，使电极与焊件间产生等离子弧，这种电弧称为转移弧，这时电极与喷嘴间的电弧就熄灭，如图 9-2b 所示。这种电弧是在非转移弧的基础上形成的，高温的阳极斑点直接作用在工件上，电弧热有效利用率大为提高，所以可用作中、厚板的切割、焊接和堆焊的热源。

3. 联合型弧

转移弧和非转移弧同时存在的电弧称为联合型弧，如图 9-2c 所示。联合型弧中转移弧为主弧，非转移弧在工作中起补充加热和稳定电弧的作用（称为维持电弧，简称维弧），即在某种因素影响下，等离子弧中断时，依靠维持电弧可立即使等离子弧复燃。这种等离子弧稳定性好，电流很小时也能保持电弧稳定，主要用于微束等离子弧焊和粉末等离子弧堆焊。

§9-2 等离子弧切割

一、等离子弧切割的原理、特点及类型

1. 等离子弧切割的原理

利用等离子弧的热能实现切割的方法称为等离子弧切割。等离子弧切割与氧乙炔焰切割有本质上的区别，它是以高温、高速的等离子弧为热源，将被切割件局部熔化，并利用压缩的高速气流的机械冲刷力，将已熔化的金属或非金属吹走而形成狭窄切口的过程，如图 9-3 所示。

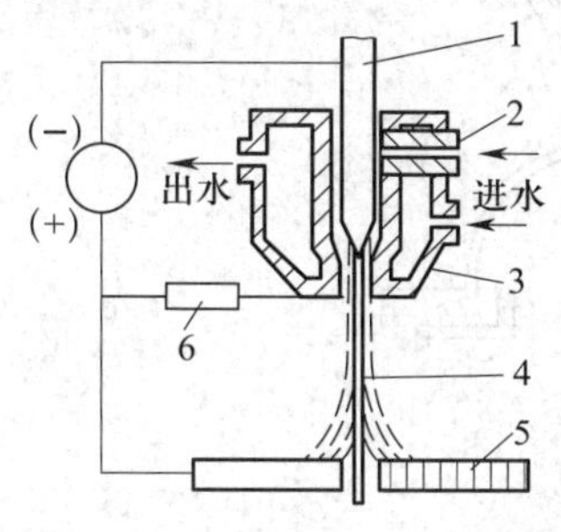

图 9-3　等离子弧切割

1—钨极　2—进气管　3—喷嘴
4—等离子弧　5—割件　6—电阻

2. 等离子弧切割的特点

（1）应用范围广泛

等离子弧可以切割各种高熔点金属及其他切割方法不能切割的金属，如不锈钢、耐热钢、钛、钼、钨、铸铁、铜及铜合金、铝及铝合金等，切割不锈钢、铝材时厚度可达 200 mm 以上。

转移弧适用于金属材料的切割；非转移弧既可用于非金属材料的切割，如耐火砖、混凝土、花岗石、碳化硅等，也可用于金属材料的切割，但由于工件不接电源，电弧挺度较差，故能切割的金属材料厚度较小。

（2）切割速度快，生产效率高

在目前采用的各种切割方法中，等离子弧切割的速度比较快，生产效率也比较高。例如，切割 10 mm 厚的铝板时速度可达 200 ~ 300 m/h。

（3）切割质量高

等离子弧切割时，能得到比较狭窄、光

洁、整齐、无黏渣、接近于垂直的切口，而且切口的变形和热影响区较小，其硬度变化也不大，切割质量高。

3. 等离子弧切割的类型

根据工作气体不同，等离子弧切割包括氩等离子弧切割、氮等离子弧切割、空气等离子弧切割等，其类型及应用见表 9–1。

二、等离子弧切割设备

等离子弧切割设备包括电源、控制系统、水路系统、气路系统和割炬等几部分，其设备组成如图 9–4 所示。

1. 电源

等离子弧切割均采用具有陡降外特性的直流电源，并采用直流正接。要求具有较高的空载电压，一般空载电压在 150 ~ 400 V 之间。电源类型有两种：一种是专用弧焊整流器；另一种可用两台以上普通弧焊发电机或弧焊整流器串联。

2. 控制系统

控制系统主要包括程序控制接触器、高频振荡器、电磁气阀、水压开关等部件，目的是对供电、供气、供水及引弧等进行控制。等离子弧切割过程的控制程序方框图如图 9–5 所示。

3. 水路系统

由于等离子弧切割的割炬在 10 000 ℃以上的高温下工作，为保持正常切割必须通水冷却，冷却水流量应大于 3 L/min，水压为

表 9–1　　等离子弧切割的类型及应用

等离子弧切割的类型	工作气体	主要应用	常用切割厚度（mm）	所用电极
氩等离子弧切割	$Ar+H_2$ $Ar+N_2$ $Ar+N_2+H_2$	常用于切割不锈钢、有色金属及其合金	4 ~ 150	钍钨极
氮等离子弧切割	N_2、N_2+H_2		0.5 ~ 100	钍钨极
空气等离子弧切割	压缩空气	常用于切割碳钢和低合金钢，也可切割不锈钢、铜及铜合金、铝及铝合金等	0.1 ~ 40	纯锆或纯铪

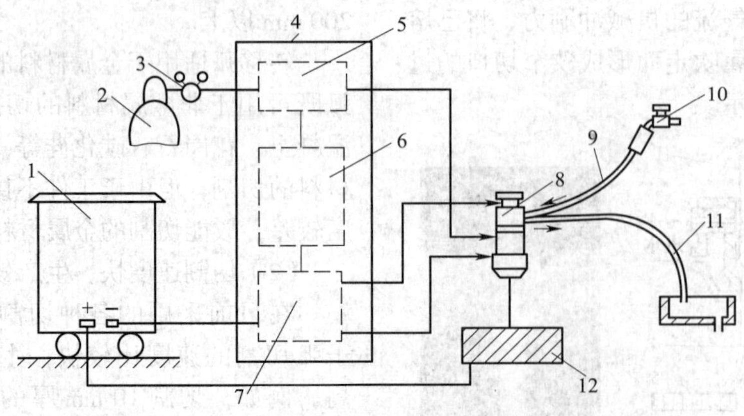

图 9–4　等离子切割设备的组成

1—电源　2—气源　3—调压表　4—控制箱　5—气路控制　6—程序控制
7—高频发生器　8—割炬　9—进水管　10—水源　11—出水管　12—工件

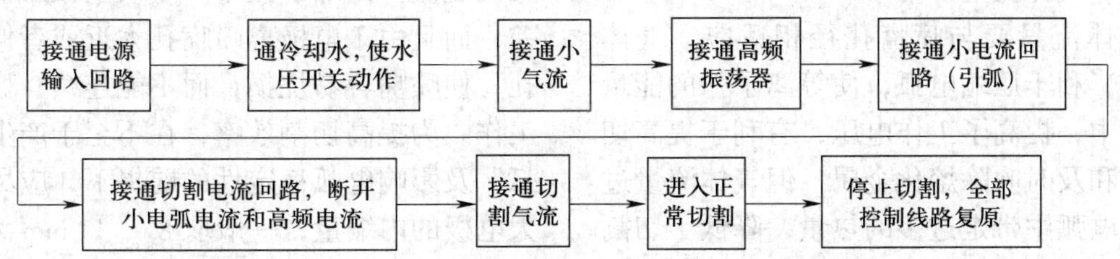

图 9-5　等离子弧切割过程的控制程序方框图

0.15 ~ 0.2 MPa。水管设置不宜太长，一般自来水即可满足要求，也可采用循环水。

4. 气路系统

气路系统由气瓶、减压器、流量计和电磁气阀组成。气路系统的气体用于防止钨极氧化、压缩电弧及保护喷嘴不被烧毁。一般气体压力应在 0.25 ~ 0.35 MPa 之间。

5. 割炬

割炬（又称割枪）是产生等离子弧的装置，也是直接进行切割的工具。等离子弧割炬主要由本体、电极组件、喷嘴和压帽等部分组成。其中喷嘴是割炬的核心部分，其结构形式和几何尺寸对等离子弧的压缩和稳定有重要影响。

常用的等离子弧切割机型号有 LG-400-1 型、LG-400-2 型和 LGK8-40 型等。型号中的 L 表示等离子弧焊割设备，G 表示切割，K 表示空气等离子，400 或 40 表示额定切割电流为 400 A 或 40 A。

三、等离子弧切割工艺

1. 电极与工作气体

等离子弧切割的电极材料一般采用铈钨极，空气等离子弧切割一般采用纯锆或纯铪电极。等离子弧切割的工作气体是氮气、氩气、氢气以及它们的混合气体，其中 Ar—H_2 及 N_2—H_2 混合气体切口质量最高，但由于氮气价格低廉，故常用的是氮气，且氮气纯度不低于 99.5%。此外，在碳素钢和低合金钢切割中常使用以压缩空气作为工作气体的空气等离子弧切割。

2. 切割参数

等离子弧切割参数主要有切割电流、切割电压、切割速度、气体流量、喷嘴与割件的距离、电极端部与喷嘴的距离等。

（1）切割电流和切割电压

当切割电流和切割电压增大时，等离子弧功率增大，可切割厚度和切割速度也增大。虽然可以通过提高电流来增大切割厚度和切割速度，但单纯增大电流会使弧柱变粗，切口加宽，喷嘴容易烧损，因此，切割大厚度工件时提高切割电压更为有效。可以通过调整或改变切割气体成分提高切割电压，但切割电压超过电源空载电压 2/3 时，电弧不稳定，容易熄弧，因此，选择的电源空载电压一般应是切割电压的两倍。

（2）切割速度

在切割功率不变的前提下，提高切割速度能使切口变窄，热影响区减小。因此，在保证切透的前提下应尽可能选择大的切割速度。

（3）气体流量

气体流量要与喷嘴孔径相适应。气体流量大，利于压缩电弧，使等离子弧的能量更为集中，提高了工作电压，有利于提高切割速度和及时吹除熔化金属。但气体流量过大，从电弧中带走过多的热量，降低了切割能力，不利于电弧稳定。

（4）喷嘴与割件的距离

喷嘴与割件的距离一般为 6 ~ 8 mm，切割厚度较大的工件时可增大到 10 ~ 15 mm，空气等离子弧切割所需距离略小，正常切割时一般为 2 ~ 5 mm。

（5）电极端部与喷嘴的距离

电极端部与喷嘴的距离 L_y 称为电极内缩量，如图 9–6 所示。它对电弧压缩效果及电极的烧损影响很大。内缩量越大，电弧压缩效果越强，但内缩量太大时，电弧稳定性反而变差。内缩量太小，不仅电弧压缩效果差，而且由于电极离喷嘴孔太近或者伸进喷孔，使喷嘴容易烧损，而不能连续、稳定地工作。为提高切割效率，在不至于产生“双弧”及影响电弧稳定性的前提下，应尽量增大电极的内缩量，一般取 8 ~ 11 mm 为宜。

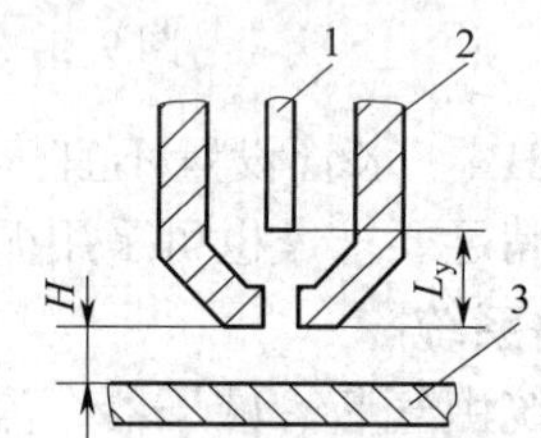

图 9–6　电极内缩量

1—电极　2—喷嘴　3—割件

H—喷嘴与割件的距离　L_y—电极内缩量

常用金属材料等离子弧切割参数见表 9–2。

表 9–2　常用金属材料等离子弧切割参数

材料	厚度（mm）	喷嘴孔径（mm）	空载电压（V）	切割电流（A）	切割电压（V）	氮气流量（L/h）	切割速度（m/h）
不锈钢	8	3	160	185	120	2 100 ~ 2 300	45 ~ 50
	20	3	160	220	120 ~ 125	2 200 ~ 2 400	32 ~ 40
	30	3	230	280	135 ~ 140	2 700	35 ~ 40
	45	3.5	240	340	145	2 500	20 ~ 25
铝及铝合金	12	2.8	215	250	125	4 400	78
	21	3.0	230	300	130		75 ~ 80
	34	3.2	240	350	140		35
	80	3.5	245	350	150		10
纯铜	5			310	70	1 420	94
	18	3.2	180	340	84	1 660	30
	38	3.2	252	304	106	1 770	11.3
碳钢	50	10	252	300	110	1 230	10
	85	7				1 050	5
铸铁	5	4	180	300	70	1 450	60
	18	4	230	360	73	1 510	25
	35	5	245	370	100	1 500	8.4

四、空气等离子弧切割

采用压缩空气作为工作气体的等离子弧切割称为空气等离子弧切割。空气等离子弧切割方法可切割铜、不锈钢、铝等材料，尤其适合切割厚度在 30 mm 以下的碳钢及低合金钢，近年来已得到了广泛应用。

1. 空气等离子弧切割的特点

（1）用压缩空气作为工作气体，来源广泛，价格低廉，可大大降低成本。

（2）空气等离子弧能量大，加上在切割过程中氧与被切割金属发生氧化反应而放热，切割速度快，生产效率高。

（3）压缩空气中的氧极易使电极氧化烧损，使电极使用寿命大大缩短，故不能采用纯钨极或含氧化物的钨极。

2. 空气等离子弧切割设备

空气等离子弧切割机及切割设备如图 9–7 所示。空气等离子弧切割设备比较简单，主要由电源（焊机）、气源（空气压缩机）和割炬等组成。

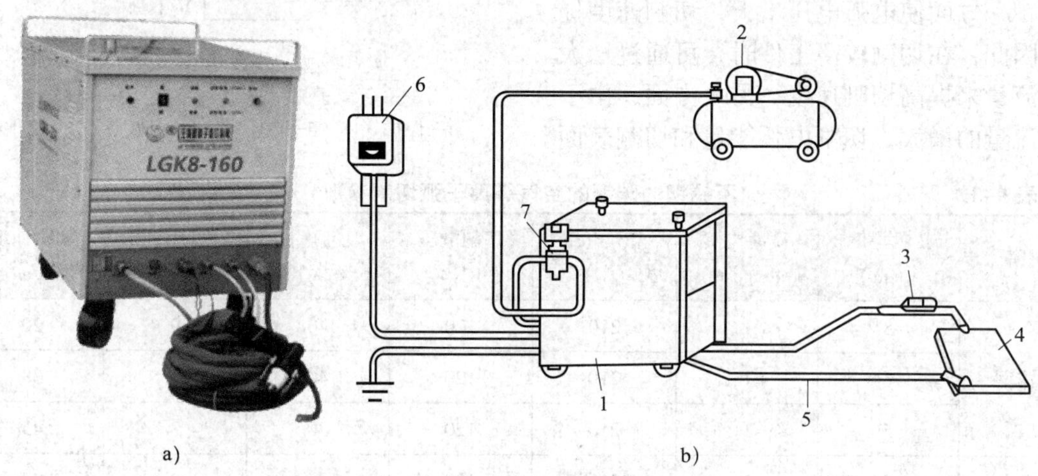

图 9–7　空气等离子弧切割机及切割设备

a）切割机　b）切割设备

1—电源　2—空气压缩机　3—割炬　4—工件　5—接工件电缆　6—电源开关　7—过滤减压阀

（1）电源

空气等离子弧切割电源一般为陡降外特性的直流电源，目前大多采用晶闸管整流或逆变直流电源。由于空气的电离电位较高，因此电源的空载电压应稍高些。

（2）气源

空气等离子弧切割设备的气源是压缩空气机，大多数企业都有压缩空气站，使用时只需接通压缩空气管路即可；若没有压缩空气站或在野外施工时，则需购置一台压力为 0.6 MPa、容积为 0.3 m^3 的小型空气压缩机，就可满足切割需要。

（3）割炬

空气等离子弧切割设备的割炬与其他等离子弧切割的割炬基本相同，其区别只是采用的电极材料不同。前者所用电极是用锆或铪金属的镶芯电极，把锆或铪镶入纯铜电极座上使用。电极座可制成空心或实心，可采用水冷或气冷冷却方式，其结构如图 9–8 所示。

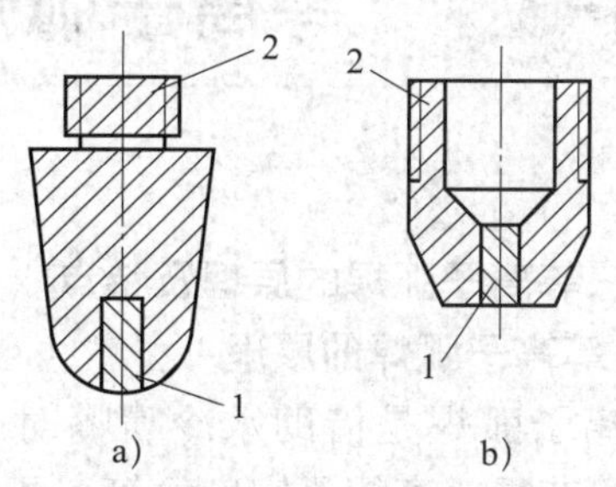

图 9–8　空气等离子弧切割用电极的结构

a）实心电极　b）空心电极

1—镶入的锆、铪等耐高温氧化金属电极　2—纯铜电极座

需要注意的是，即使采用锆或铪金属电极，其工作寿命也只有 5 ~ 10 h。为降低电极烧损，可采用双层复合式割嘴，即在内喷嘴通入惰性气体对电极加以保护，在外喷嘴通入压缩空气，如图 9–9 所示。

3. 空气等离子弧切割工艺

空气等离子弧切割的主要参数有气体流量、切割电压、切割电流和切割速度等。其中，在特定条件下，气体流量是一项非常重要的参数。当其他条件相同时，气体流量的增大，一方面使电弧电压增大，切割速度提高，因此，在切割较薄工件时，可通过增大气体流量来提高切割速度；另一方面，由于气体流量的增大，切割电弧能量和切割表面质量都会得到提高。但过大的气流会造成等离子弧不稳定。不锈钢、碳钢的空气等离子弧切割参数见表 9–3。

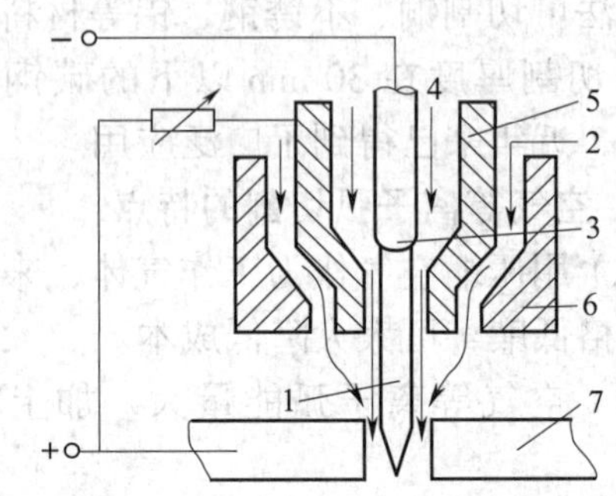

图 9–9　双层复合式割嘴

1—等离子弧　2—压缩空气　3—电极
4—保护气体　5—内喷嘴　6—外喷嘴　7—工件

表 9–3　　不锈钢、碳钢的空气等离子弧切割参数

材料	工件厚度（mm）	喷嘴孔径（mm）	空载电压（V）	切割电压（V）	切割电流（A）	气体流量（L/min）	切割速度（cm/min）
不锈钢	8	1	210	120	40	9	20
	6	1	210	120	40	8	38
	5	1	210	120	30	8	43
碳钢	8	1	210	120	45	9	24
	6	1	210	120	40	8	42
	5	1	210	120	30	8	56

§9–3　等离子弧焊

一、等离子弧焊的原理及特点

1. 等离子弧焊的原理

等离子弧焊是借助水冷喷嘴对电弧的拘束作用获得较高能量密度的等离子弧进行焊接的一种方法。它是利用特殊构造的等离子焊枪所产生的高温等离子弧，并在保护气体的保护下来熔化金属实现焊接的，如图 9–10 所示。它几乎可以焊接电弧焊所能焊接的所有材料以及多种难熔金属和特种金属材料，并具有很多优越性。在极薄金属焊接方面，它解决了氩弧焊所不能进行的材料和焊件的焊接问题。

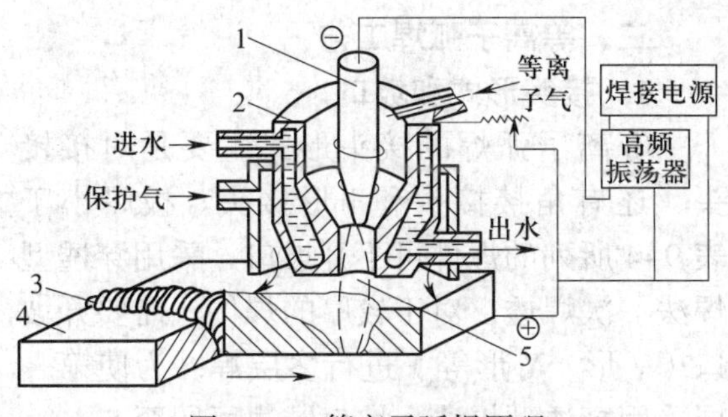

图 9–10　等离子弧焊原理

1—钨极　2—喷嘴　3—焊缝
4—焊件　5—等离子弧

2. 等离子弧焊的特点

等离子弧焊与钨极氩弧焊相比有下列特点：

（1）由于等离子弧的温度高，能量密度大（即能量集中），熔透能力强，焊接 8 mm 或更厚的金属时可不开坡口，不加填充金属，可用比钨极氩弧焊高得多的焊接速度施焊。这不仅提高了焊接生产效率，而且可减小熔宽，增大焊缝厚度，因而可减小热影响区宽度和焊接变形。

（2）由于等离子弧的形态近似于圆柱形，挺直性好，几乎在整个弧长上都具有高温。因此，当弧长发生波动时，熔池表面的加热面积变化不大，对焊缝成形的影响较小，容易得到均匀的焊缝成形。

（3）由于等离子弧的稳定性好，特别是用联合型等离子弧时，使用很小（大于 0.1 A）的焊接电流也能保持稳定的焊接过程，因此其可焊接超薄的工件。

（4）由于等离子弧焊的钨极是内缩在喷嘴里面的，焊接时不会与焊件接触。因此，不仅可减少钨极损耗，还可防止焊缝金属产生夹钨等缺欠。

二、等离子弧焊设备

手工等离子弧焊设备由焊接电源、焊枪、控制系统、气路系统和水路系统等部分组成，如图 9–11 所示。

1. 焊接电源

等离子弧焊一般采用具有陡降或垂直下降外特性的直流弧焊电源。电源空载电压根据所用等离子气体而定，当采用氩气作为等离子气时，空载电压应为 60 ~ 85 V；当采用氩气和氢气或氩气与其他双原子的混合气体作为等离子气时，电源空载电压应为 110 ~ 120 V。需要特别指出：微束等离子弧焊机最好采用垂直下降外特性的电源，以提高等离子弧的稳定性。

2. 焊枪

等离子弧焊的焊枪（又称等离子弧发生器）是等离子弧焊设备中的关键组成部分，主要由上枪体、下枪体、压缩喷嘴、中间绝

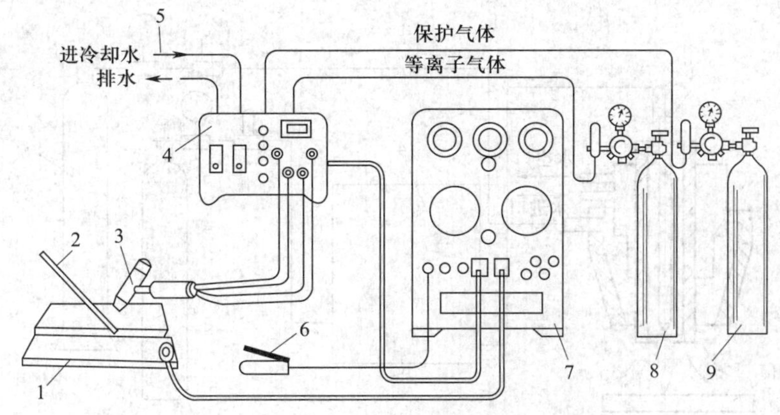

图 9–11　等离子弧焊设备

1—焊件　2—填充焊丝　3—焊枪　4—控制系统　5—水冷系统
6—启动开关（常安装在焊枪上）　7—焊接电源　8、9—供气系统

缘体和冷却套等组成。其中，最关键的部件为喷嘴，圆柱形压缩孔道喷嘴的应用最广泛。

3. 控制系统

等离子弧焊设备的控制系统一般包括高频引弧电路、拖动控制电路、延时电路和程序控制电路等部分。控制系统一般应具备以下功能：可预调气体流量，并实现等离子气流的衰减；焊前能进行对中调试；提前送气，滞后停气；可靠的引弧及转换；实现起弧电流递增，熄弧电流递减；无冷却水时不能开机；发生故障及时停机。

4. 气路系统

与氩弧焊或 CO_2 气体保护电弧焊相比，等离子弧焊机的气路系统比较复杂。典型的气路系统如图 9–12 所示，包括等离子气、保护气等。为避免保护气对等离子气的干扰，保护气和等离子气最好由独立的气路分开供给。

5. 水路系统

由于等离子弧的温度在 10 000 ℃以上，为了防止烧坏喷嘴并增加对电弧的压缩作用，必须对电极及喷嘴进行有效的水冷却。冷却水的流量应不小于 3 L/min，水压不小于 0.2 MPa。水路中应设有水压开关，在水压达不到要求时切断供电回路。

三、等离子弧焊工艺

1. 接头形式和坡口

等离子弧焊的接头形式主要是对接接头，还有角接接头和 T 形接头。板厚小于表 9–4 所列的焊件可不开坡口，采用穿透型焊法一次焊透；对于较厚的焊件，需要开坡口（V 形、Y 形等）进行多层焊，为使第一层采用穿透型焊法，坡口钝边可留至 5 mm，坡口角度也可减小，如图 9–13 所示。

2. 等离子弧焊极性、电极及工作气体

等离子弧焊一般采用直流正接，焊接镁、铝薄件时可采用直流反接，焊接镁、铝厚件时可采用交流电源。等离子弧焊的电极材料一般采用铈钨极或钍钨极。等离子弧焊的工作气体分为等离子气和保护气，均为氩、氮或其与氢的混合气体。进行大电流等离子弧焊时，等离子气和保护气成分应相同；小电流焊接时，等离子气一律用氩气，保护气可用氩气，也可选用其他成分的气体，如 $Ar+H_2$ 等。

3. 等离子弧焊方法

（1）穿透型等离子弧焊

焊接时，电弧在熔池前穿透工件形成小孔，随着热源移动，在小孔后形成焊道的焊接方法称为穿透型焊接法。它是利用等离子弧的高温及能量集中的特点，迅速将焊件的

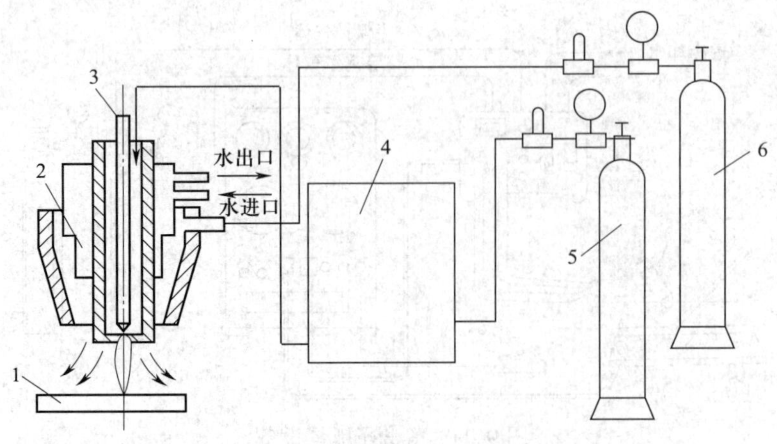

图 9–12　等离子弧焊气路系统

1—焊件　2—焊枪　3—电极　4—控制箱　5—等离子气　6—保护气

表 9-4　等离子弧焊一次焊透的焊件厚度

mm

材料	不锈钢	钛及其合金	镍及其合金	低合金钢	低碳钢
厚度范围	≤ 8	≤ 12	≤ 6	≤ 7	≤ 8

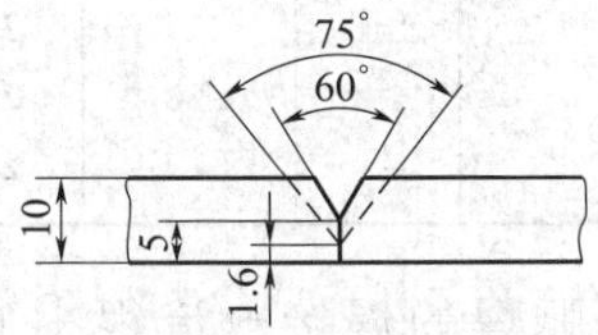

图 9-13　10 mm 不锈钢板采用不同焊接方法的坡口、钝边对比

------ 钨极氩弧焊

——— 等离子弧焊

焊接处金属加热到熔化状态，在焊件底部穿透形成一个小孔，即所谓的"小孔效应"（小孔面积保持在 7 ~ 8 mm² 以下），熔化金属在表面张力的作用下不会从小孔中滴落下去。随着等离子弧向前移动，熔池底部继续保持小孔，熔化金属围绕着小孔向后流动，并冷却结晶，最后形成正、反面都有波纹的焊缝。穿透型等离子弧焊过程如图 9-14 所示。

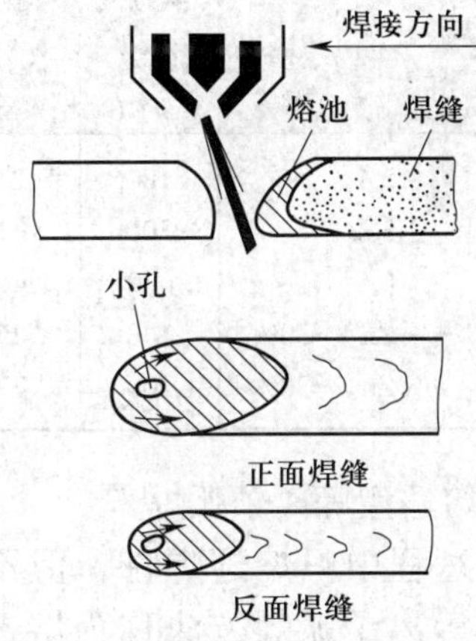

图 9-14　穿透型等离子弧焊过程

穿透法焊接采用的焊接电流较大（为 100 ~ 300 A），适用于焊接厚度为 3 ~ 8 mm 的不锈钢、12 mm 以下的钛合金、2 ~ 6 mm 的低碳钢或低合金钢以及铜、镍的对接焊。它的主要优点是厚板可在不开坡口和背面不用衬垫时进行单面焊双面成形（单道焊）。常用金属穿透型等离子弧焊焊接参数见表 9-5。

表 9-5　常用金属穿透型等离子弧焊焊接参数

材料	厚度（mm）	电流（A）	电压（V）	焊接速度（cm/min）	气体成分（体积分数）	坡口形式	气体流量（L/min）		备注
							等离子气	保护气	
碳钢	3.2	185	28	30	Ar	I 形	6.1	28	穿透
低合金钢	4.2 6.4	200 275	29 33	25 36	Ar	I 形	5.7 7.1	28	
不锈钢	2.4 3.2 4.8 6.4	115 145 165 240	30 32 36 38	61 76 41 36	Ar95%+$H_2$5%	I 形	2.8 4.7 6.1 8.5	17 17 21 24	
钛合金	3.2 4.8 9.9 12.7 15.1	185 175 225 270 250	21 25 38 36 39	51 33 25 25 18	Ar Ar Ar25%+He75% Ar50%+He50% Ar50%+He50%	I 形 I 形 I 形 I 形 V 形	3.8 8.5 15.1 12.7 14.2	28	

续表

材料	厚度（mm）	电流（A）	电压（V）	焊接速度（cm/min）	气体成分（体积分数）	坡口形式	气体流量（L/min）		备注
							等离子气	保护气	
铜和黄铜	2.4	180	28	25	Ar	I形	4.7	28	熔透
	3.2	300	33	25	He		3.8	5	
	6.4	670	46	51	He		2.4	28	穿透
	2.0［w（Zn）=30%］	140	25	51	Ar		3.8	28	
	3.2［w（Zn）=30%］	200	27	41	Ar		4.7	28	

（2）熔透型等离子弧焊

焊接过程中只熔透焊件，但不产生小孔效应的等离子弧焊方法称为熔透型焊接法，简称熔透法。它采用较小的焊接电流（30 ~ 100 A）和较低的等离子气流量，主要用于薄板（厚度为0.5 ~ 2.5 mm）焊接及厚板多层焊盖面等。

（3）微束等离子弧焊

利用小电流（通常小于30 A）进行焊接的等离子弧焊称为微束等离子弧焊。微束等离子弧焊的焊接电流很小（为0.2 ~ 30 A），主要用来焊接厚度为0.01 ~ 2 mm的薄板及金属丝网等，在电子工业、仪表工业及精密仪器制造中应用较广泛。

微束等离子弧焊主要用于焊接薄件或薄件与厚件的连接件。一般不开坡口，对于板厚小于0.2 mm的对接接头，通常采用卷边的接头形式。不锈钢的微束等离子弧焊焊接参数见表9–6。

表 9–6　不锈钢的微束等离子弧焊焊接参数

材料	板厚（mm）	电流（A）	电压（V）	焊接速度（cm/min）	等离子气 Ar（L/min）	保护气（L/min）	喷嘴孔径（mm）	备注
不锈钢	0.025	0.3	—	12.7	0.2	8Ar	0.75	卷边焊
	0.075	1.6	—	15.2	0.2	8（Ar+$H_2$1%）	0.75	
	0.125	1.6	—	37.5	0.28	7（Ar+$H_2$0.5%）	0.75	
	0.175	3.2	—	77.5	0.28	9.5（Ar+$H_2$4%）	0.75	
	0.25	5	30	32.0	0.5	7Ar	0.6	
	0.2	4.3	25	—	0.4	5	0.8	对接焊（背后加铜垫）
	0.2	4	26	—	0.4	6	0.8	
	0.1	3.3	24	37.0	0.15	4Ar	0.6	
	0.25	6.5	24	27.0	0.6	6	0.8	
	1.0	2.7	25	27.5	0.6	11	1.2	
	0.25	6	—	20.0	0.28	9.5（Ar+$H_2$1%）	0.75	
	0.75	10	—	12.5	0.28	9.5（Ar+$H_2$1%）	0.75	
	1.2	13	—	15.0	0.42	7（Ar+$H_2$8%）	0.8	

四、等离子弧焊（切割）的双弧

在使用转移型等离子弧进行焊接或切割的过程中，正常的等离子弧应稳定地在钨极和工件之间燃烧，如图 9–15 中的弧 1。但由于某些原因往往还会在钨极和喷嘴及喷嘴和工件之间产生与主弧并列的电弧（如弧 2 和弧 3），这种现象就称为双弧现象。

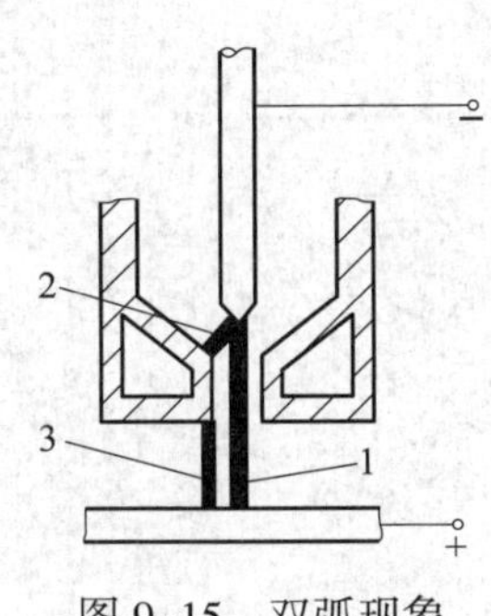

图 9–15　双弧现象

1—主弧　2、3—并列弧

1. 双弧的危害性

（1）破坏等离子弧的稳定性，使焊接或切割过程不能稳定地进行，焊缝成形和切口质量差。

（2）产生双弧时，在钨极和工件之间同时形成两条并列的导电通路，减小了主弧电流，降低了主弧的电功率。因而使焊接时熔透能力和切割时的切割厚度减小。

（3）双弧一旦产生，喷嘴就成为并列弧的电极，就有并列弧的电流通过。此时等离子弧和喷嘴内孔壁之间的冷气膜受到破坏，使喷嘴受到强烈加热，故容易烧坏喷嘴，使焊接或切割工作无法进行。

2. 双弧形成的原因

在等离子弧焊或等离子弧切割时，等离子弧弧柱与喷嘴孔壁之间存在着由等离子气所形成的冷气膜。这层冷气膜由于喷嘴的冷却作用，具有比较低的温度和电离度，对弧柱向喷嘴的传热和导电都具有较强的阻滞作用。因此，冷气膜的存在一方面起到绝热作用，可防止喷嘴因过热而烧坏；另一方面，冷气膜的存在相当于在弧柱和喷嘴孔壁之间有一绝缘套筒存在，它隔断了喷嘴与弧柱间电的联系，因此等离子弧能稳定燃烧，不会产生双弧。焊接或切割时，当冷气膜被击穿遭到破坏时，绝热和绝缘作用消失，就会产生双弧现象。

3. 防止双弧产生的措施

（1）正确选择焊接电流及等离子气种类和流量

焊接电流增大，等离子弧的弧柱直径也增大，使冷气膜的厚度减小，容易被击穿，故易产生双弧现象。等离子气种类不同，产生双弧的可能性也不一样，如采用 $Ar+H_2$ 的混合气体时，由于 H_2 的冷却作用强，弧柱热收缩作用增大，弧柱直径缩小，冷气膜厚度增大，故不易被击穿形成双弧。同样，增大等离子气流量，冷却作用增强，也可减少产生双弧的可能性。

（2）正确选择喷嘴

喷嘴结构参数对双弧形成有着决定性作用，喷嘴孔径减小，喷嘴孔道长度增大或钨极内缩量增大都易产生双弧。

（3）电极与喷嘴尽可能同轴

电极与喷嘴不同轴往往是引起双弧的主要原因。因为电极偏心时，等离子弧在喷嘴中分布也偏心，从而使冷气膜厚度不均匀。这时，冷气膜厚度小的地方就容易被击穿产生双弧。

（4）正确确定喷嘴离工件的距离

喷嘴离工件的距离过小易引起双弧，一般在 5 ～ 12 mm 之间为宜。

（5）其他措施

加强对喷嘴和电极的冷却，保持喷嘴端面清洁，采用切向进气的焊枪等措施也可以防止双弧的形成。

等离子弧切割与焊接时，电源的空载电压较高，要注意防止触电；产生的气体，如臭氧、氮氧化物等会影响人体健康，操作时应注意通风；使用高频振荡器引弧应预防高频对人体产生危害；等离子弧会产生高强度、高频率的噪声，操作者必须戴耳塞及采取其他隔音措施。此外，弧光辐射强度大，需注意预防弧光辐射。

思考与练习

1. 什么是等离子弧？它的特点是什么？有哪几种类型？
2. 简述等离子弧切割的原理及特点。
3. 等离子弧切割设备由哪几部分组成？各有什么作用？
4. 等离子弧切割参数有哪些？如何选用？
5. 简述等离子弧焊的原理、特点及类型。
6. 等离子弧焊设备主要由哪几部分组成？
7. 简述穿透型等离子弧焊的原理。
8. 简述等离子弧焊中双弧产生的原因、危害性及防止措施。

第十章

电　阻　焊

电阻焊是压焊中应用最广泛的一种焊接方法，现已在航空、汽车、自行车、地铁车辆、建筑行业、量具、刃具及无线电器件等工业生产中得到了广泛应用。

§10-1　电阻焊的原理及特点

一、电阻焊的原理

电阻焊是指焊件组合后通过电极施加压力，利用电流通过接头的接触面及邻近区域产生的电阻热进行焊接的方法。进行电阻焊时，产生电阻热的电阻由工件之间的接触电阻 R_c、电极与工件的接触电阻 R_{ew} 和工件本身电阻 R_w 三部分组成。这里用最常用的电阻焊方法——点焊的电阻分布来说明电阻焊电阻的组成，如图 10-1 所示。

产生电阻热的电阻用公式表示为：

$$R=2R_{ew}+R_c+2R_w$$

式中　R_{ew}——电极与工件的接触电阻，Ω；

R_c——工件之间的接触电阻，Ω；

R_w——工件本身电阻，Ω。

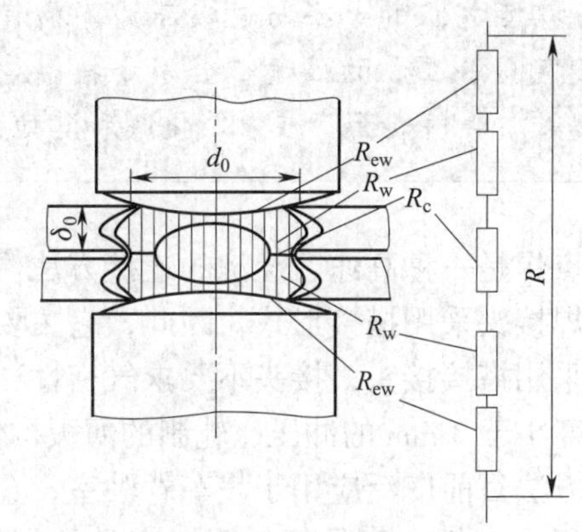

图 10-1　点焊时电阻的分布

R_c—工件之间的接触电阻　R_{ew}—电极与工件的接触电阻　R_w—工件本身电阻

众所周知，绝对平整、光滑和洁净无瑕的表面是不存在的，即任何表面都是凹凸不平的。当两个焊件相互压紧时，它们不可能在整个平面相接触，而只是在个别凸出点接触，电流就只能沿这些实际接触点通过，使电流流过的截面积减小，从而形成接触电阻。由于接触面总是小于焊件的截面积，并且焊件表面还可能有导电性较差的氧化膜或污物，故接触电阻总是大于工件本身电阻。电极与工件的接触较好，故它们之间的接触电阻较小，一般可忽略不计。

由此可见，在电阻焊过程中，焊件间接触面上产生的电阻热是电阻焊的主要热源。

二、电阻焊的特点

电阻焊与其他焊接方法相比有以下特点：

1. 由于是内部热源，热量集中，加热时间短，在焊点形成过程中始终被塑性环包围，故电阻焊冶金过程简单，热影响区小，变形小，易于获得质量较高的焊接接头。

2. 电阻焊焊接速度快，特别对点焊来说，有时 1 s 可焊接 4 ~ 5 个焊点，故生产效率高。

3. 除消耗电能外，电阻焊不需消耗焊条、焊丝、乙炔、焊剂等，可节省材料，因此成本较低。

4. 操作简便，易于实现机械化、自动化。

5. 电阻焊所产生的烟尘、有害气体少，改善了劳动条件。

6. 由于焊接在短时间内完成，需要用大电流及高电极压力，因此焊机容量大，设备成本较高，维修较困难，而且常用的大功率单相交流焊机不利于电网的正常运行。

7. 电阻焊焊机大多工作固定，不如焊条电弧焊等灵活、方便。

8. 点焊、缝焊的搭接接头不仅增大了构件的质量，而且因为在两板间熔核周围形成尖角，致使接头的抗拉强度和疲劳强度降低。

9. 目前尚缺乏简单而又可靠的电阻焊无损检测方法，只能靠工艺试样和工件的破坏性试验来检查，以及靠各种监控技术来保证焊接质量。

三、电阻焊的分类及应用

电阻焊的分类方法很多，一般可根据接头形式和工艺方法、焊接电流和电源能量种类来划分，具体分类方法如图 10–2 所示。

目前常用的电阻焊方法主要是点焊、缝焊、凸焊和对焊，如图 10–3 所示。

1. 点焊

点焊时，将焊件搭接装配后，压紧在两圆柱形电极间，并通以很大的电流，两焊件接触电阻较大，会产生大量热量，迅速将焊件接触处加热到熔化状态，形成似透镜状的液态熔池（焊核），当液态金属达到一定数量后断电，在压力的作用下，冷却凝固形成焊点。

接触电阻的大小与电极压力、材料性质、焊件表面状况以及温度有关。任何能够增大实际接触面积的因素都会减小接触电阻，如增大电极压力、降低材料硬度、提高焊件温度等。焊件表面存在着氧化膜和其他污物时，则会显著增大接触电阻。

点焊是一种高速、经济的连接方法。由于点焊接头采用搭接形式，因此，它主要适用于采用搭接接头，接头不要求气密性，焊接厚度小于 3 mm 的冲压、轧制的薄板构件。这种方法目前广泛应用于汽车驾驶室、金属车厢复合钢板、家具等低碳钢产品的焊接。在航空航天工业中，多用于连接飞机、喷气发动机、火箭以及由低合金钢、不锈钢、铝合金、钛合金等材料制成的导弹部件。

2. 缝焊

缝焊与点焊相似，也是搭接形式。在缝焊时，以旋转的滚盘代替点焊时的圆柱形电极。焊件在旋转滚盘的带动下向前移动，电流断续或连续地由滚盘流过焊件时，即形成缝焊焊缝。因此，缝焊的焊缝实质上是由许多彼此相重叠的焊点组成的。

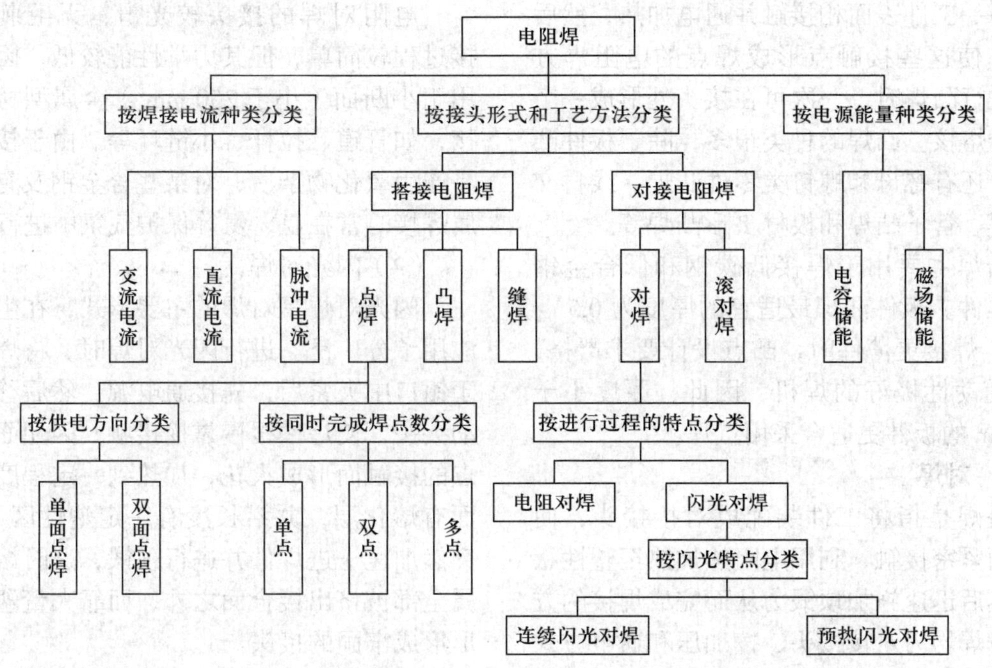

图 10–2　电阻焊的分类

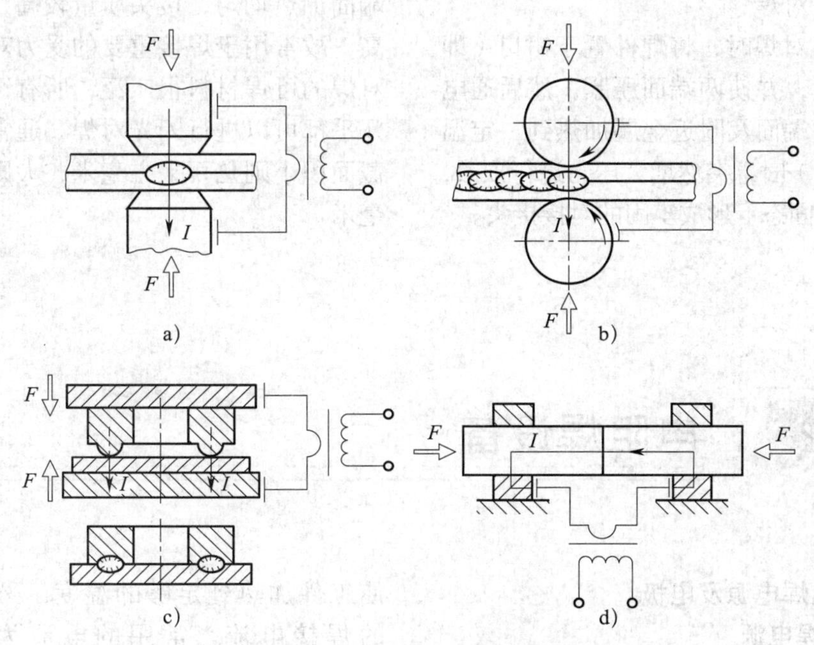

图 10–3　常用的电阻焊方法

a）点焊　b）缝焊　c）凸焊　d）对焊

由于缝焊的焊点重叠，故分流很大，因此焊件不能太厚，一般不超过 2 mm。缝焊广泛应用于油桶、罐头罐、暖气片、飞机和汽车油箱以及喷气发动机、火箭、导弹中密封容器的薄板焊接。

3. 凸焊

凸焊是点焊的一种变型，是在一工件的贴合面上预先加工出一个或多个凸起点，使其与另一工件表面相接触并通电加热，然后压塌，使这些接触点形成焊点的电阻焊方法。进行凸焊时，一次可在接头处形成一个或多个熔核。凸焊的种类很多，除了板件凸焊外，还有螺母和螺钉类零件凸焊、线材交叉凸焊、管子凸焊和板材 T 形凸焊等。

凸焊主要用于焊接低碳钢和低合金钢的冲压件。板件凸焊最适宜的厚度为 0.5 ~ 4 mm。焊接更薄件时，凸点设计要求严格，需要随动性极好的焊机，因此，厚度小于 0.25 mm 的板件更适合采用点焊。

4. 对焊

对焊是指将工件装配成对接接头，使其端面紧密接触，利用电阻热加热至塑性状态，然后迅速施加顶锻力从而完成焊接的方法。对焊均为对接接头，按加压和通电方式不同分为电阻对焊和闪光对焊。

（1）电阻对焊

进行电阻对焊时，将焊件置于钳口（即电极）中夹紧，并使两端面压紧，然后通电加热，当零件端面及附近金属加热到一定温度（塑性状态）时，突然增大压力进行顶锻，使两个零件在固态下形成牢固的对接接头。

电阻对焊的接头较光滑，无毛刺，焊接过程较简单，但其力学性能较低，因此仅用于小断面（小于 250 mm^2）金属型材的焊接，如管道、拉杆、小链环等。由于接头中易产生氧化物杂质，对某些合金钢及有色金属焊接时常在氩、氦等保护气氛中进行。

（2）闪光对焊

闪光对焊是对焊的主要形式，在生产中应用十分广泛。进行闪光对焊时，将焊件置于钳口中夹紧后，先接通电源，然后移动可动夹头，使焊件缓慢靠拢接触，因端面个别点的接触而形成火花，加热到一定程度（端面有熔化层，并沿长度有一定塑性区）后，突然加速送进焊件并进行顶锻，这时熔化金属全部被挤出接合面之外，而靠大量塑性变形形成牢固的接头。

用这种方法所焊得的接头因加热区窄，端面加热均匀，接头质量较高，生产效率也高，故常用于焊接重要的受力对接件。闪光对焊的可焊材料很广泛，所有钢及有色金属几乎都可以进行闪光对焊。通常对焊件的横截面积小则几百平方毫米，大则达数万平方毫米。

§10-2 电阻焊设备

一、电阻焊电源及电极

1. 电阻焊电源

电阻焊常采用工频变压器作为电源，电阻焊变压器采用下降的外特性，与常用变压器及弧焊变压器相比，电阻焊变压器具有以下特点：

（1）电流大，电压低

电阻焊是以电阻热为热源的，为了使工件加热到足够的温度，必须施加很大的焊接电流。常用的电流为 2 ~ 40 kA，在铝合金点焊或钢轨对焊时甚至可达 150 ~ 200 kA。由于焊件焊接回路电阻通常只有若干微欧，因此电源电压低，固定式焊机通常在 10 V 以内，悬挂式焊机因焊接回路很长，焊机电压才可达 24 V 左右。

（2）功率大，可调节

由于焊接电流很大，虽然电压不高，焊机仍可达到比较大的功率，一般电阻焊电源的容量均可达几十千瓦，大功率电源甚至高达 1 000 kW 以上，并且为了适应各种不同焊件的需要，还要求焊机的功率能方便地进行调节。

（3）断续工作状态，无空载运行

电阻焊通常是在焊件装配好后才接通电源的，电源一旦接通，变压器便在负载状态下运行，一般无空载运行的情况发生。其他工序（如装卸、夹紧等）一般不需接通电源，因此变压器处于断续工作状态。

2. 电阻焊电极

电极用于导电与加压，并决定主要散热量，所以，电极材料、形状、工作端面尺寸和冷却条件对焊接质量及生产效率都有很大影响。电阻焊电极主要是用加入 Cr、Cd、Be、Al、Zn、Mg 等合金元素的铜合金制作的。

点焊电极由四部分组成，即端部、主体、尾部和冷却水孔。标准电极（即直电极）有五种形式，如图 10–4 所示。平面电极常用于结构钢的焊接，焊接轻合金和厚度大于 3 mm 的焊件常采用球面电极。为了满足特殊形状工件点焊的要求，有时需要设计特殊形状的电极（弯电极）。

缝焊电极又称滚盘，它的工作面有平面和球面两种，滚盘直径通常在 300 mm 以内。凸焊时常使用平面、球面或曲面电极。对焊时需要根据不同的焊件尺寸来选择电极形状。

二、点焊机和对焊机

1. 点焊机

固定式点焊机的结构和外形如图 10–5 所示，它由机座、加压机构、焊接回路、电极、传动机构、开关与调节装置等组成。其中主要部分是加压机构、焊接回路和控制装置。

（1）加压机构

电阻焊在焊接中需要对工件进行加压，所以加压机构是点焊机的重要组成部分。因各种产品要求不同，点焊机上有多种形式的加压机构。小型薄零件多用弹簧、杠杆式加压机构；无气源车间则用电动机、凸轮加压机构；而更多的点焊机采用气压式加压机构和气—液压式加压机构。

（2）焊接回路

焊接回路是指除焊件之外参与焊接电流导通的全部零件所组成的导电通路，它由变压器、电极夹、电极、机臂、导电盖板、母线和导电铜排等组成。

（3）控制装置

控制装置是由开关和同步控制两部分组成的。在点焊中开关的作用是控制电流的通断；同步控制的作用是调节焊接电流的大

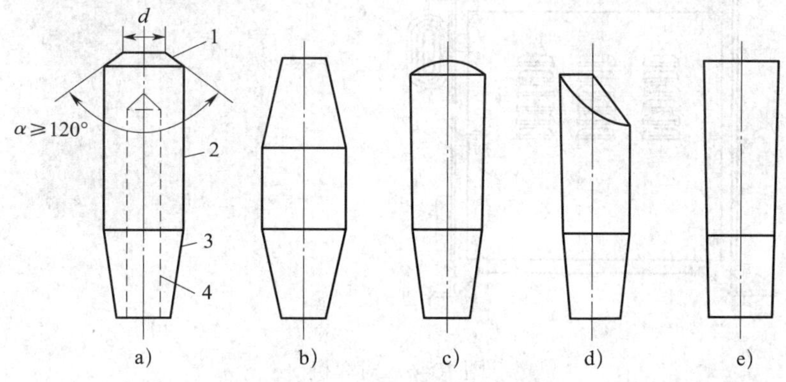

图 10–4　标准电极的形式

a）锥形电极　b）夹头电极　c）球形电极　d）偏心电极　e）平面电极

1—端部　2—主体　3—尾部　4—冷却水孔

小，精确控制焊接程序，且当网络电压有波动时能自动进行补偿等。

常用点焊机型号有 DN-10、DN-80、DN-25A、DN3-63 等。

2. 对焊机

对焊机的结构和外形如图 10-6 所示。它由机架、焊接变压器、活动电极、固定电极、送给机构、夹紧机构等部分组成。

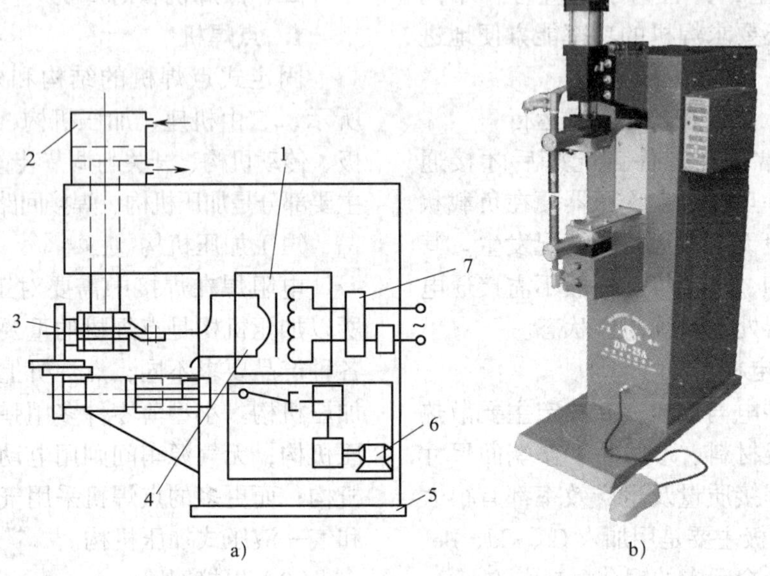

图 10-5　固定式点焊机

a）结构图　b）外形图

1—电源　2—加压机构　3—电极　4—焊接回路　5—机座　6—传动与减速机构　7—开关与调节装置

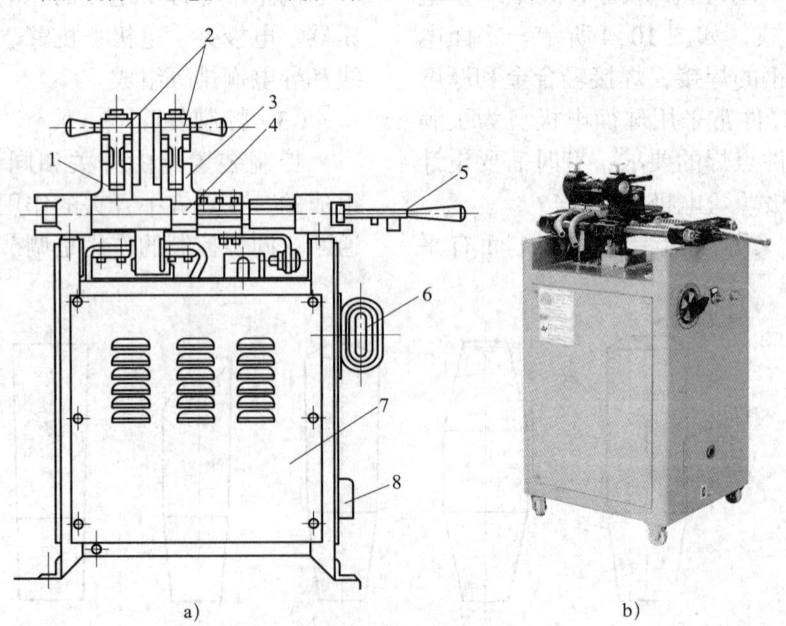

图 10-6　对焊机

a）结构图　b）外形图

1—固定夹具　2—电极与夹紧机构　3—活动夹具　4—导轨

5—送给机构　6—调节闸刀　7—机架　8—电源进线

（1）机架

机架一般由型材焊接而成，其内部装有焊接变压器、气路系统、水路系统和控制系统。机架上安装夹紧机构和送给机构，并要承受较大的顶锻力，因此要求其具有足够的强度和刚度。

（2）焊接回路

对焊机的焊接回路一般包括电极、导电平板、二次软线及变压器二次线圈。焊接回路是由刚性和柔性的导线元件相互串联（有时并联）构成的导电回路。

（3）电极与夹紧机构

电极位于夹紧机构之中。焊件置于上、下电极之间，通过手柄转动螺杆压紧。夹紧机构由两个夹具构成，一个是固定的，称为固定夹具；另一个是可移动的，称为活动夹具。固定夹具直接安装在机架上，可左右移动。目前常用的夹具结构形式有手动偏心轮夹紧、手动螺旋夹紧、气压式夹紧、气—液压式夹紧和液压式夹紧。

（4）送给机构

送给机构的作用是使焊件同夹具一起沿导轨移动，并提供必要的顶锻力，动作应平稳、无冲击。目前常用的送给机构有手动杠杆式送给机构，多用于 100 kW 以下的中、小功率焊机中；弹簧式送给机构，多用于压力小于 1 000 N 的电阻对焊机上；电动凸轮式送给机构，多用于中、大功率自动对焊机上。

常用的对焊机型号有 UN2–16 、UN2–63 、UNY–63 等。

三、缝焊机和凸焊机

缝焊、凸焊与点焊相似，仅是电极不同，凸焊多采用平面电极，而缝焊则以旋转的滚盘代替点焊时的圆柱形电极。常用的缝焊机型号有 FN–25–1、FN–63、FZ–16–1、FZ–100 等，常用的凸焊机型号有 TZ–40、TZ–125、TZ–250 等。缝焊机和凸焊机的外形如图 10–7 所示。

a)

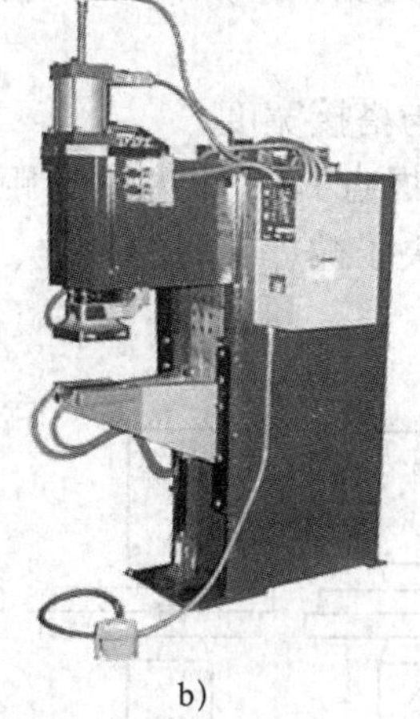

b)

图 10–7　缝焊机和凸焊机的外形

a）缝焊机　b）凸焊机

§10-3 电阻焊工艺

一、点焊工艺

1. 点焊焊接循环

点焊的焊接循环有四个基本阶段，如图10–8所示。

（1）预压阶段——电极下降到电流接通阶段，确保电极压紧工件，使工件间有适当压力。

（2）焊接阶段——焊接电流通过工件，产生热量，形成熔核。

（3）结晶阶段——切断焊接电流，电极压力继续维持至熔核冷却结晶，此阶段也称为锻压阶段。

（4）休止阶段——电极开始提起到电极再次开始下降，开始下一个焊接循环。

2. 点焊接头形式

点焊接头形式有搭接接头和卷边接头，如图10–9所示。设计接头时，必须考虑边距、搭接宽度、焊点间距、装配间隙等。

（1）边距与搭接宽度

边距是指焊点到焊件边缘的距离。边距的最小值取决于被焊金属的种类、焊件厚度和焊接参数。搭接宽度一般为边距的两倍。

（2）焊点间距

焊点间距是为避免点焊产生的分流影响焊点质量而规定的数值。焊点间距过大，则接头强度不足；焊点间距过小又有很大的分流，所以应控制焊点间距。不同厚度材料点焊搭接宽度及焊点间距最小值见表10–1。

（3）装配间隙

接头的装配间隙应尽可能小，因为靠压力消除间隙将消耗一部分压力，使实际的压力降低。一般装配间隙为0.1 ~ 1 mm。

生产中还会遇到圆棒与圆棒、圆棒与板材的点焊，其点焊的接头形式如图10–10所示。

3. 焊点尺寸

焊点尺寸包括熔核直径（d）、熔深（h）和压痕深度（C），如图10–11所示。

熔核直径（d）与电极端面直径（$d_{极}$）和焊件厚度（δ）有关，熔核直径与电极端面直径的关系为d=（0.9 ~ 1.4）$d_{极}$，同时应满足下式：

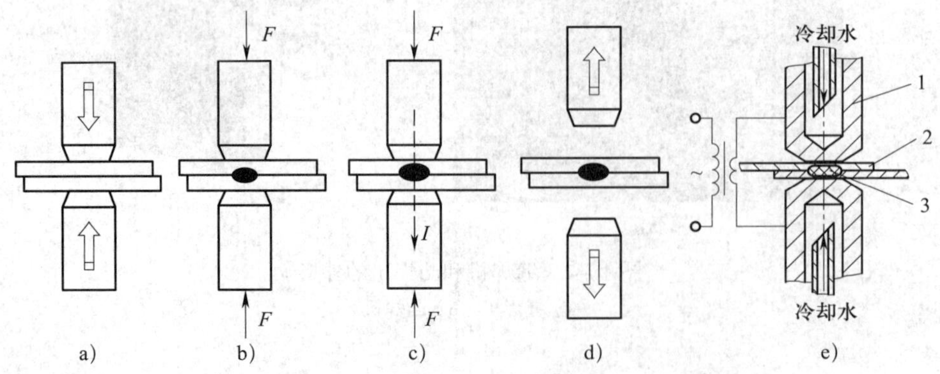

图10–8　点焊的焊接循环

a）预压阶段　b）焊接阶段　c）结晶阶段　d）休止阶段　e）结构图

1—电极　2—工件　3—熔核

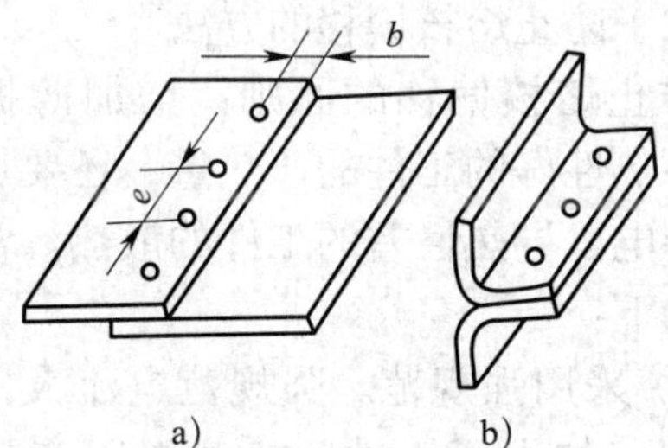

图 10–9　点焊接头形式

a）搭接接头　b）卷边接头

e—焊点间距　b—边距

$$d=2\delta+3$$

压痕深度 C 是指焊件表面至压痕底部的距离，应满足下式：

$$C=(0.1\sim0.15)\delta$$

4. 熔核偏移及其防止方法

（1）熔核偏移产生的原因

熔核偏移是指不等厚度、不同材料点焊时，熔核不对称于交界面而向厚板或导电、导热性差的一边偏移的现象。其结果是造成导电、导热性好的工件焊透率低，焊点强度降低。熔焊偏移是由两工件产热和散热条件不相同而引起的。厚度不等时，厚件一边电阻大，交界面离电极远，故产热多而散热少，致使熔核偏向厚件；材料不同时，导电、导热性差的材料（电阻率较大）产热易而散热难，故熔核也偏向这种材料，如图 10–12 所示，图中 ρ 为电阻率。

表 10–1　　点焊搭接宽度及焊点间距最小值　　mm

材料厚度	结构钢		不锈钢		铝合金	
	搭接宽度	焊点间距	搭接宽度	焊点间距	搭接宽度	焊点间距
0.3+0.3	6	10	6	7		
0.5+0.5	8	11	7	8	12	15
0.8+0.8	9	12	9	9	12	15
1.0+1.0	12	14	10	10	14	15
1.2+1.2	12	14	10	12	14	15
1.5+1.5	14	15	12	12	18	20
2.0+2.0	18	17	12	14	20	25
2.5+2.5	18	20	14	16	24	25
3.0+3.0	20	24	18	18	26	30
4.0+4.0	22	26	20	22	30	35

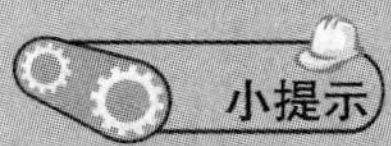

所谓分流，是指点焊时不经过焊接区、未参加形成焊点的那一部分电流。分流使焊接区的电流降低，有可能产生未焊透或使熔核形状畸变。

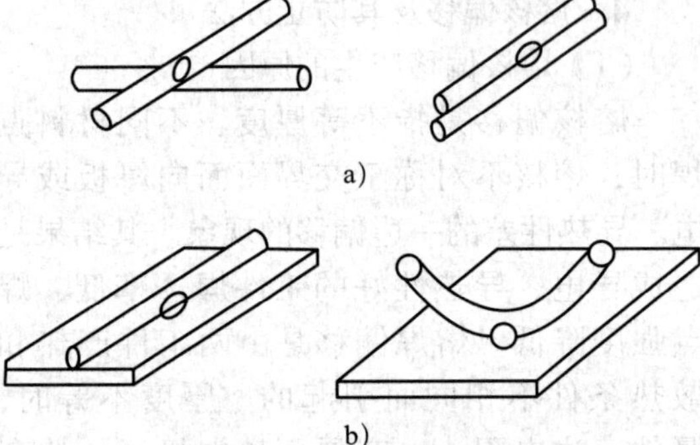

图 10-10　圆棒与圆棒及圆棒与板材的点焊

a）圆棒与圆棒的点焊　b）圆棒与板材的点焊

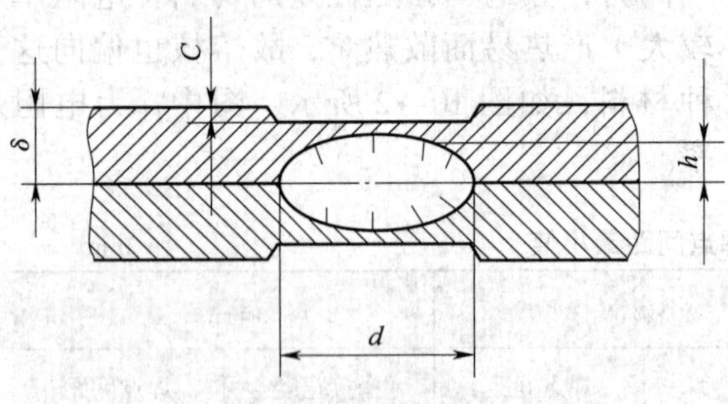

图 10-11　焊点尺寸

d—熔核直径　δ—焊件厚度

C—压痕深度　h—熔深

（2）防止熔核偏移的方法

防止熔核偏移的原则：增加薄板或导电、导热性好的工件的产热量，还要加强厚板或导电、导热性差的工件的散热。常用的方法如下：

1）采用强规范。强规范电流大，通电时间短，加大了工件间接触电阻产热的影响，降低了电极散热的影响，有利于克服熔核偏移。例如，用电容储能焊机（大电流和极短的通电时间）能够点焊厚度比达 20∶1 的焊件。

2）采用不同接触表面直径的电极。在薄件或导热、导电性好的工件一侧采用较小直径的电极，以增大该面的电流密度，同时减小电极的散热影响。

3）采用不同的电极材料。在薄件或导电性好的材料一面选用导热性差的铜合金，以减少这一侧的热损失。

4）采用工艺垫片。在薄件或导电、导热性好的工件一侧垫一块由导电、导热性差

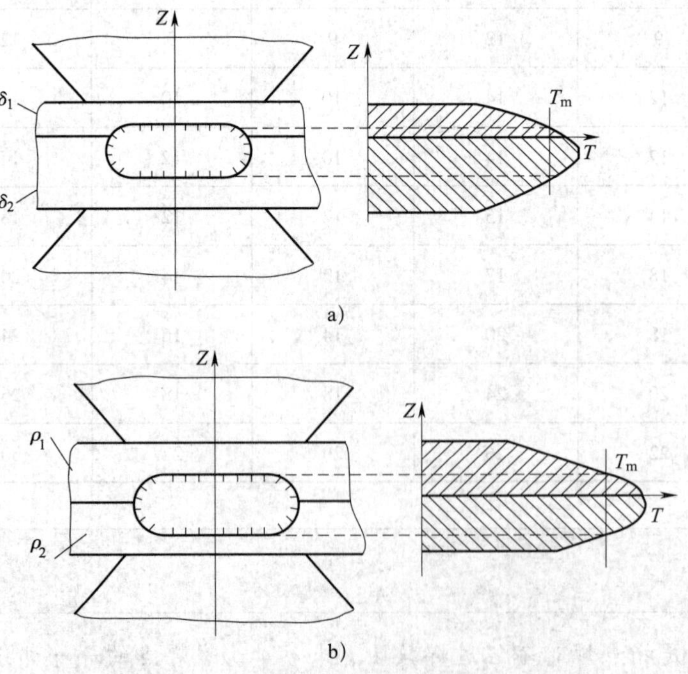

图 10-12　不等厚度、不同材料点焊时的熔核偏移

a）不等厚度（$\delta_1<\delta_2$）　b）不同材料（$\rho_1<\rho_2$）

的金属支承的垫片（厚度为 0.2 ~ 0.3 mm），以减少这一侧的散热。

5. 点焊焊接参数

点焊焊接参数主要包括焊接电流、焊接时间、电极压力、电极端部形状与尺寸等。

（1）焊接电流

焊接电流是决定产热大小的关键因素，将直接影响熔核直径与焊透率，必然影响到焊点的强度。电流太小则能量过小，无法形成熔核或熔核过小；电流太大则能量过大，容易引起飞溅。

（2）焊接时间

焊接时间对产热与散热均产生一定的影响，在焊接时间内，焊接区产出的热量除部分散失外，将逐步积累，用来加热焊接区，使熔核扩大到所要求的尺寸。如焊接时间太短，则难以形成熔核或熔核过小。要想获得所要求的熔核，应使焊接时间有一个合适的范围，并与焊接电流相配合。焊接时间一般以周波计算，一周波为 0.02 s。

（3）电极压力

电极压力大小将影响焊接区的加热程度和塑性变形程度。随着电极压力的增大，则接触电阻减小，使电流密度降低，从而减慢加热速度，导致焊点熔核直径减小。若在增大电极压力的同时适当延长焊接时间或增大焊接电流，可使焊点熔核直径增大，从而提高焊点的强度。

（4）电极端部形状与尺寸

根据焊件结构形式、焊件厚度及表面质量要求等参数的不同，应使用不同形状的电极。

低碳钢点焊焊接参数见表 10–2。

二、对焊工艺

1. 焊件准备

闪光对焊的焊件准备包括端面几何形状、毛坯端头的加工和表面清理。

进行闪光对焊时，两工件对接面的几何形状和尺寸应基本一致（见图 10–13）；否则，将不能保证两工件的加热和塑性变形一致，从而影响接头质量。在生产中，圆形工件直径的差别应不超过 15%，方形工件和管形工件应不超过 10%。在闪光对焊大断面工件时，最好将一个工件的端部倒角，使电流密度增大，以便于激发闪光。对焊毛坯端头的加工可以在剪床、冲床、车床上进行，也可以用等离子弧或气体火焰切割。

进行闪光对焊时，因端部金属在闪光时会被烧掉，故对端面清理要求不太严格，但对夹钳和工件接触面要严格清理。

2. 闪光对焊过程

闪光对焊是对焊的主要形式，在生产中应用广泛。闪光对焊可分为连续闪光对焊和预热闪光对焊。连续闪光对焊过程由闪光

表 10–2　　低碳钢点焊焊接参数

板厚（mm）	电极端部直径（mm）	电极压力（kN）	焊接时间（周波）	熔核直径（mm）	焊接电流（kA）
0.3	3.2	0.75	8	3.6	4.5
0.5	4.8	0.90	9	4.0	5.0
0.8	4.8	1.25	13	4.8	6.5
1.0	6.4	1.50	17	5.4	7.2
1.2	6.4	1.75	19	5.8	7.7
1.5	6.4	2.40	25	6.7	9.0
2	8.0	3.00	30	7.6	10.3

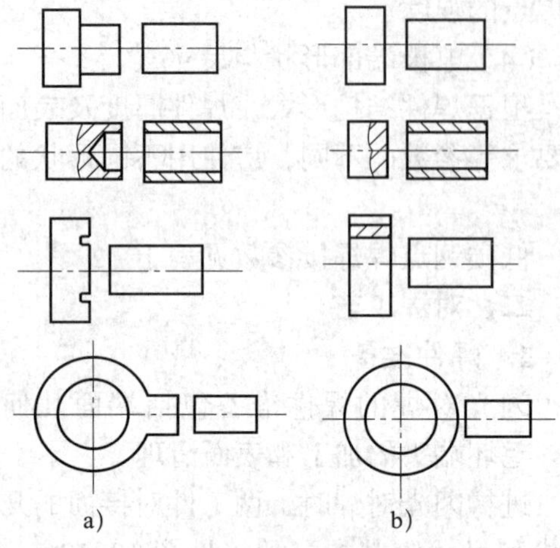

图 10-13 闪光对焊的接头形式
a）合理 b）不合理

阶段和顶锻阶段两个主要阶段组成。预热闪光对焊只是在闪光阶段前增加了预热阶段。

（1）闪光阶段

在焊件两端面接触时，许多小触点通过大的电流密度而熔化形成液态金属过梁。在高温下，过梁不断爆破，由于蒸气压力和电磁力的作用，液态金属微粒不断从接口中喷射出来，形成火花束流——闪光。闪光过程中，工件端面被加热，温度升高，闪光过程结束前，必须使工件整个端面形成一层液态金属层，使一定深度的金属达到塑性变形温度。

（2）顶锻阶段

闪光阶段结束时，立即对工件施加足够的顶锻压力，过梁爆破被停止，进入顶锻阶段。在压力作用下，接头表面液态金属和氧化物被清除，使洁净的塑性金属紧密接触并产生塑性变形，以促进再结晶进行，形成共同晶粒，获得牢固、优质的接头。

3. 闪光对焊焊接参数

闪光对焊的主要焊接参数有伸出长度、闪光电流、顶锻电流、闪光留量、闪光速度、顶锻留量、顶锻速度、顶锻压力、夹钳夹持力等。

（1）伸出长度

伸出长度影响沿工件轴向的温度分布和接头的塑性变形。一般情况下，棒材和厚壁管材伸出长度为（0.7 ~ 1.0）d，d 为圆棒料的直径或方棒料的边长。对于薄板（δ=1 ~ 4 mm），为了顶锻时不失稳，伸出长度一般取（4 ~ 5）δ，如图 10-14 所示。

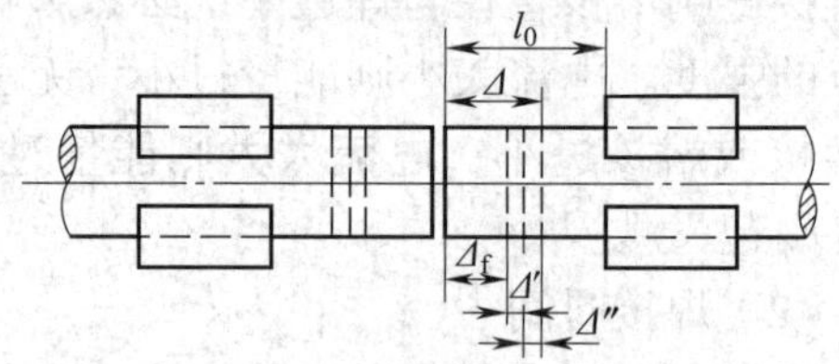

图 10-14 闪光对焊伸出长度和闪光对焊留量的分配
Δ—焊件上总留量 Δ_f—闪光留量
Δ'—有电顶锻留量 Δ''—无电顶锻留量
l_0—伸出长度

（2）闪光电流和顶锻电流

闪光电流取决于工件截面积和闪光所需要的电流密度，电流密度的大小又与被焊金属的物理性能、闪光速度、工件截面积和形状以及端面的加热状态有关。在闪光过程中，随着闪光速度的逐渐提高和接触电阻 R_c 的逐渐减小，电流密度将增大。顶锻时，R_c 迅速消失，电流将急剧增大到顶锻电流。

（3）闪光留量

选择闪光留量时，应满足在闪光结束时整个工件端面有一熔化金属层，同时在一定深度上达到塑性变形温度。若闪光留量过小，则不能满足上述要求，会影响焊接质量；若闪光留量过大，又会浪费金属材料，降低生产效率。

（4）闪光速度

足够大的闪光速度才能保证闪光强烈和稳定，但闪光速度过大会使加热区过窄，增加塑性变形的难度。同时，由于需要的焊接电流增大，会增大过梁爆破后的火口深度，因此将会降低接头质量。

（5）顶锻留量

顶锻留量影响液态金属的排出和塑性变形的大小。顶锻留量过小时，液态金属残留在接口中，易形成疏松、缩孔、裂纹等缺欠；顶锻留量过大时，也会因晶纹弯曲严重而降低接头的冲击韧度。顶锻留量根据工件截面积选取，随着面积的增大而增大。

顶锻时，为防止接口氧化，在端面接口闭合前不马上切断电流，因此，顶锻留量应包括两部分——有电流顶锻留量和无电流顶锻留量，前者为后者的 0.5 ~ 1 倍。

（6）顶锻速度

为避免接口区因金属冷却而造成液态金属排出及塑性变形的困难，以及防止端面金属氧化，顶锻速度越快越好。

（7）顶锻压力

顶锻压力通常以单位面积的压力，即顶锻压强来表示。顶锻压强的大小应保证能挤出接口内的液态金属，并在接头处产生一定的塑性变形。顶锻压强过小，则变形不足，接头强度降低；顶锻压强过大，则变形量过大，晶纹弯曲严重，还会降低接头的冲击韧度。

顶锻压强的大小取决于金属性能、温度分布特点、顶锻留量和速度、工件端面形状等因素。高温、强度高的金属要求大的顶锻压强。增大温度梯度就要提高顶锻压强。由于高的闪光速度会导致温度梯度增大，因此，焊接导热性好的金属（如铜、铝及其合金等）时需要大的顶锻压强（为 150 ~ 400 MPa）。

（8）夹钳夹持力

夹钳夹持力的大小必须保证在顶锻时不打滑，通常夹钳夹持力为顶锻压力的（1.5 ~ 4.0）倍。

此外，对于预热闪光对焊还应考虑预热温度和预热时间。预热温度根据工件截面积和材料性能选择，焊接低碳钢时，一般不超过 900 ℃，预热时间根据预热温度来确定。

低碳钢棒材闪光对焊焊接参数见表 10–3。

表 10–3　　低碳钢棒材闪光对焊焊接参数

直径（mm）	顶锻压力（MPa）	伸出长度（mm）	闪光留量（mm）	顶锻留量（mm）	闪光时间（s）
5	60	4.5	3	1	1.5
6	60	5.5	3.5	1.3	1.9
8	60	6.5	4	1.5	2.25
10	60	8.5	5	2	3.25
12	60	11	6.5	2.5	4.25
14	70	12	7	2.8	5
16	70	14	8	3	6.75
18	70	15	9	3.3	7.5
20	70	17	10	3.6	9
25	80	21	12.5	4.0	13
30	80	25	15	4.6	20
40	80	33	20	6.0	45

三、缝焊工艺

1. 缝焊形式

缝焊按其滚轮电极的转动和馈电方式不同，分为连续缝焊、断续缝焊和步进缝焊三种形式。

（1）连续缝焊

滚轮电极连续转动，焊接电流连续地通过焊接部位而完成焊接。这种形式的缝焊中滚轮电极易发热而磨损，因而很少使用。

（2）断续缝焊

滚轮电极连续转动，焊接电流断续地通过工件。这种缝焊形式使滚轮电极和焊件都有冷却机会，从而克服了连续缝焊易过热的缺点，故被广泛应用。但由于滚轮不断离开焊接区，熔核在压力减小的情况下结晶，因此很容易产生表面过热、缩孔和裂纹等缺欠。

（3）步进缝焊

滚轮断续转动，电流在焊件静止时通过。这种缝焊形式使熔核的整个结晶过程在滚轮电极不动时完成，改善了散热和压固条件，因而可以更有效地提高焊接质量，延长滚轮的使用寿命，多用于铝、镁及其合金的焊接。

2. 缝焊接头形式

缝焊的接头形式有搭接接头、压平接头和垫箔对接接头。压平接头的搭接量比一般的搭接接头小得多，为板厚的 1.0 ~ 1.5 倍。垫箔对接缝焊主要用于解决厚板缝焊的困难。

3. 缝焊焊接参数

缝焊焊接参数主要有焊接电流、电极压力、焊接时间、休止时间、焊接速度和滚轮电极的尺寸等。低碳钢缝焊焊接参数见表 10–4。

表 10–4　低碳钢缝焊焊接参数

工艺类别	板厚（mm）	滚轮尺寸（mm）			电极压力（kN）		搭接量（mm）		焊接时间（周波）	休止时间（周波）	焊接速度（m/min）	焊接电流（kA）
		最小 b	标准 b	最大 B	最小值	标准值	最小值	标准值				
高速焊缝	0.4	3.7	5.3	11	2.0	2.2	7	10	2	1	2.5	12.0
	0.8	4.7	6.5	13	2.5	3.3	9	12	2	1	2.6	15.5
	1.0	5.1	7.1	14	2.8	4.0	10	13	2	2	2.5	18.0
	1.2	5.4	7.1	14	3.0	4.7	11	14	2	2	2.4	19.0
	2.0	6.6	10.0	17	4.1	7.2	13	17	3	1	2.2	22.0
	3.2	8.0	13.6	20	5.7	10	16	20	4	2	1.7	27.5
中速焊缝	0.4	3.7	5.3	11	2.0	2.2	7	10	2	2	2.0	9.7
	0.8	4.7	6.5	13	2.5	3.3	9	12	3	2	1.8	13.0
	1.0	5.1	7.1	14	2.8	4.0	10	13	3	3	1.8	14.5
	1.2	5.4	7.1	14	3.0	4.7	11	14	4	3	1.7	16.0
	2.0	6.6	10.0	17	4.1	7.2	13	17	5	5	1.4	19.0
	3.2	8.0	13.6	20	5.7	10	16	20	11	7	1.1	22.0
低速焊缝	0.4	3.7	5.3	11	2.0	2.2	7	10	3	3	1.2	8.5
	0.8	4.7	6.5	13	2.5	3.3	9	12	2	4	1.1	11.5
	1.0	5.1	7.1	14	2.8	4.0	10	13	2	4	1	13.0
	1.2	5.4	7.1	14	3.0	4.7	11	14	3	4	0.9	14.0
	2.0	6.6	10.0	17	4.1	7.2	13	17	6	6	0.7	16.5
	3.2	8.0	13.6	20	5.7	10	16	20	6	6	0.6	20.0

注：b 为滚盘接触面宽度，B 为滚盘厚度。

思考与练习

1. 什么是电阻焊？常用的电阻焊方法有哪些？
2. 简述电阻焊的原理及特点。
3. 电阻焊电源的特点有哪些？
4. 点焊机、对焊机各由哪几部分组成？其作用是什么？
5. 点焊时，如何确定焊点间距和搭接宽度？
6. 什么是点焊时的熔核偏移？应如何防止？
7. 点焊的焊接参数有哪些？应如何选择？
8. 简述闪光对焊的过程。
9. 闪光对焊的焊接参数有哪些？应如何选择？
10. 缝焊的焊接参数主要有哪些？

第十一章

其他焊接、切割方法与技术

焊接方法的种类很多，除了焊接生产中常用的焊条电弧焊、埋弧焊、气体保护电弧焊、等离子弧焊与切割、电阻焊外，还有一些适用于特殊焊接结构的焊接方法，如电渣焊、钎焊等。同时，还涌现出了一些新的焊接方法与技术，如高能束焊、焊接机器人等，这些方法与技术对保证产品质量、提高生产效率起到了十分重要的作用。

§11-1 钎焊

一、钎焊原理

钎焊是采用比焊件熔点低的金属材料作钎料，将焊件和钎料加热到高于钎料熔点、低于焊件熔点的温度，利用液态钎料润湿母材，填充接头间隙并与母材相互扩散，实现焊件连接的方法，其过程如图 11-1 所示。

从钎焊过程可知，要获得牢固的钎焊接头，必须使熔化的钎料能很好地流入接头间隙中，并与焊件金属相互作用，这样冷却结晶后才能得到理想的接头。

二、钎焊的分类及特点

1. 钎焊的分类

按钎料熔点不同，可分为软钎焊和硬钎焊。当钎料的熔点（或液相线）低于 450 ℃时，称为软钎焊；当其熔点高于 450 ℃时，称为硬钎焊。

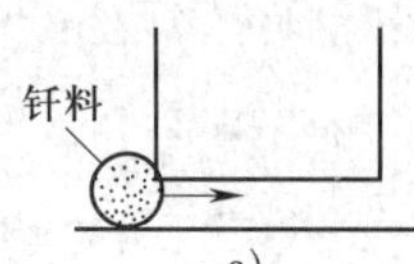

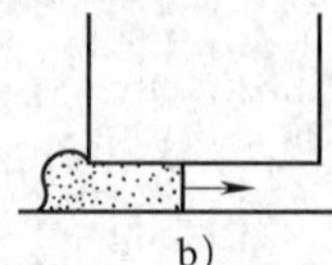

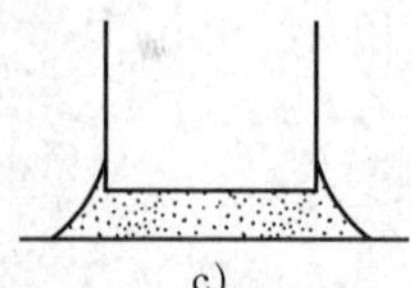

图 11-1 钎焊过程

a）在接头处安置钎料，并对焊件和钎料进行加热 b）钎料熔化并开始流入钎缝间隙

c）钎料填满整个钎缝间隙，凝固后形成钎焊接头

按照热源种类和加热方式不同，可分为火焰钎焊、感应钎焊、炉中钎焊、电阻钎焊、电弧钎焊、激光钎焊、气相钎焊、烙铁钎焊等。最简单、最常用的是火焰钎焊和烙铁钎焊。

2. 钎焊的特点

钎焊与熔焊方法比较具有以下特点：

（1）钎焊时加热温度低于焊件金属的熔点，所以，钎焊时钎料熔化，焊件不熔化，焊件金属的组织和性能变化较少。钎焊后焊件的应力与变形较少，可以用于焊接尺寸精度要求较高的焊件。

（2）某些钎焊可以一次焊几条、几十条钎缝甚至更多，所以生产效率高，如自行车车架的焊接。钎焊还可以焊接用其他方法无法焊接的结构和形状复杂的工件。

（3）钎焊不仅可以焊接同种金属，也适宜焊接异种金属，甚至可以焊接金属与非金属，例如，原子能反应堆中金属与石墨的钎焊。因此钎焊应用范围很广泛。

（4）钎焊接头的强度和耐热能力比基体金属低；装配要求比熔焊高；以搭接接头为主，使结构质量增加。

三、钎料与钎剂

1. 钎料

钎焊时用于形成钎缝的填充金属称为钎料。

（1）钎料的分类

根据钎料的熔点不同可以分为两大类：熔点低于 450 ℃的称为软钎料，这类钎料熔点低，强度也低；熔点高于 450 ℃的称为硬钎料，具有较高的强度，可以连接承受重载荷的零件，应用较广泛。

（2）钎料的型号

相关标准对钎料的型号做了规定，如国家标准《银钎料》（GB/T 10046—2018）、《镍基钎料》（GB/T 10859—2008）、《铝基钎料》（GB/T 13815—2008）、《锡铅钎料》（GB/T 3131—2001）等。

1）钎料型号由两部分组成。

2）型号中第一部分用一个大写英文字母表示钎料的类型，其中“S”表示软钎料，“B”表示硬钎料。

3）钎料型号中的第二部分由主要合金组分的化学元素符号组成。

①第一个化学元素符号表示钎料的基本组成，其他化学元素符号按其质量分数顺序排列，当几种元素具有相同质量分数时，按其原子序数顺序排列。

②质量分数小于 1% 的元素在型号中不必标出，如某元素是钎料的关键组分一定要标出时，将其元素符号用括号标出。

③软钎料每个化学元素符号后都要标出其公称质量分数。硬钎料仅第一个化学元素符号后标出。

例如，一种含锡量为 60%、含铅量为 39%、含锑量为 0.4% 的软钎料，型号表示为 SSn60Pb40Sb。

二元共晶钎料含银量为 72%，含铜量为 28%，型号表示为 BAg72Cu。

（3）钎料的牌号

钎料的牌号有原冶金工业部标准和原机械电子工业部标准两种表示方法。

1）冶金工业部标准由“HL（表示钎料）+ 两个化学元素符号（表示钎料的主要组元）+ 一组数字（表示除第一个化学元素所表示的组元外的其他合金元素的质量分数）”表示，如 HLSnPb10 表示锡铅钎料，铅的含量为 10%。

2）机械电子工业部标准由“HL（表示钎料）+ 数字（表示钎料的化学组成类型：‘1’表示铜锌合金；‘2’表示铜磷合金；‘3’表示银合金；‘4’表示铝合金；‘5’表示锌合金；‘6’表示锡铅合金；‘7’表示镍基合金）+ 两位数字（第二、第三位数字表示同一类型钎料的不同牌号）”表示，如 HL209 表示铜磷钎料，牌号为 09。

2. 钎剂

钎剂是钎焊时使用的熔剂。它的作用是清除钎料和焊件表面的氧化物，并保护焊件和液态钎料在钎焊过程中不被氧化，以改善液态钎料对焊件的润湿性。

钎剂与钎料类似，也可分为软钎剂和硬钎剂。常用的硬钎剂主要是硼砂、硼酸及其混合物，还常加入某些碱金属或碱土金属的氟化物、氯化物，如 QJ102、QJ103 等。考虑到钎剂状态的不同，还有气体钎剂。气体钎剂是炉中钎焊和气体火焰钎焊过程中起钎剂作用的一种气体，它们最大的优点是钎焊后没有固态残渣，工件不需清洗。

钎剂牌号的编制方法：QJ 表示钎剂；QJ 后的第一位数字表示钎剂的用途类型，如“1”为铜基和银基钎料用钎剂，“2”为铝及铝合金钎料用钎剂；QJ 后的第二、第三位数字表示同一类钎剂的不同牌号。

各种金属材料火焰钎焊的钎料和钎剂的选用见表 11–1。

四、常用钎焊方法

1. 火焰钎焊

火焰钎焊是一种简单而实用的钎焊方法，如图 11–2 所示。它通用性好，所需的设备简单、轻便，操作方便，燃气来源广，不依赖于电力，并能保证必要的质量。此方法主要适合用铜基钎料、银基钎料钎焊碳钢、低合金钢、不锈钢、铜及铜合金、硬质合金等，特别适用于钎焊截面不等的组件，还可以钎焊铝及铝合金等的小型薄壁工件。

火焰钎焊最常用的是氧乙炔焰，一般情况下可使用普通的气焊焊炬进行钎焊。但钎焊熔点比较低的工件时最好采用特种的多嘴喷嘴，此时得到的火焰比较分散，温度比较适当，有利于保证均匀加热。

火焰焊的缺点是手工操作时加热温度难以控制，因此要求较高的操作技术水平。此外，火焰钎焊是一个局部加热过程，可能会引起工件的应力和变形。

2. 浸渍钎焊

浸渍钎焊是指把工件局部或整体放入熔融态的盐混合物（又称盐浴）或钎料（又称金属浴）中，依靠这些金属介质的热量来实现钎焊的过程。这种钎焊方法的温度易控制，加热均匀且速度快，一般比炉中加热要快 3 ~ 6 倍，生产效率高，可保护工件不被氧化，有时还能同时完成淬火等热处理过程，特别适用于大批量生产。

3. 感应钎焊

感应钎焊是指将工件的待焊部位置于交变磁场中，通过它在交变磁场中产生的感应电流的电阻热来加热工件的一种钎焊方法。感应钎焊常用的是中频和高频交流电源。

表 11–1　各种金属材料火焰钎焊的钎料和钎剂的选用

钎焊金属	钎　料	钎　剂
碳钢	铜锌钎料 BCu54Zn 银钎料 BAg45CuZn	硼砂或 w（硼砂）60%+w（硼酸）40% 或 QJ102 等
不锈钢	铜锌钎料 BCu54Zn 银钎料 BAg50CuZnCdNi	
铸铁	铜锌钎料 BCu54Zn 银钎料 BAg50CuZnCdNi	
硬质合金	铜锌钎料 BCu54Zn 银钎料 BAg50CuZnCdNi	
铜及铜合金	铜磷钎料 BCu80AgP 铜锌钎料 BCu54Zn 银钎料 BAg45CuZn	硼砂或 w（硼砂）60%+w（硼酸）40% 或 QJ103 等（用铜磷钎料钎焊纯铜时可不用钎剂）
铝及铝合金	铝钎料 BAl67CuSi	QJ201

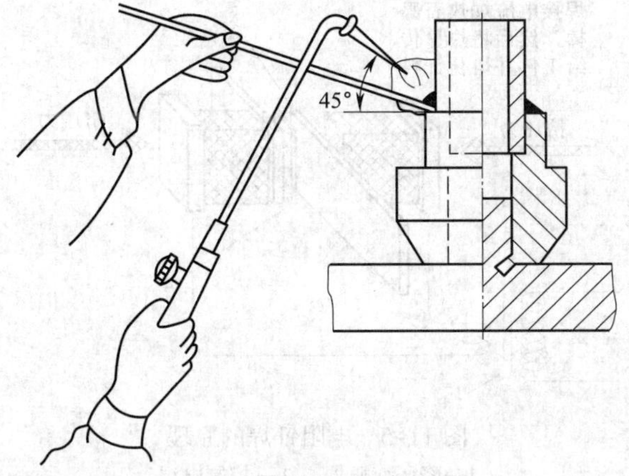

图 11–2 火焰钎焊

感应圈是传递感应电流的部件，感应圈设计得好坏对加热影响极大，如图 11–3 所示为感应圈的典型结构。正确设计和选用感应圈的基本原则是保证工件加热迅速、均匀及效率高。通常感应圈用纯铜管制成。

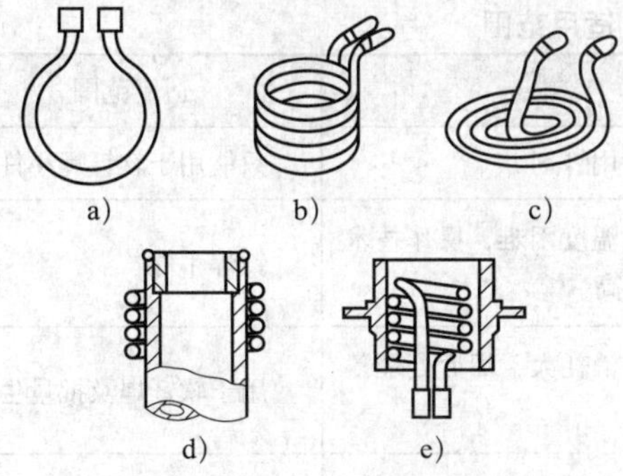

图 11–3 感应圈的典型结构

a）单匝感应圈 b）多匝螺管形感应圈 c）扁平式感应圈 d）外热式感应圈 e）内热式感应圈

感应电流的大小与交变磁场的频率成正比，频率越高，感应电流越大，加热速度就越快。但频率越高，交流电的集肤效应就越明显，工件加热的厚度（电流的渗透深度）越小。工件内部只能靠表面层内部导热来加热，加热不均匀程度增大。电流渗透深度也与材料的电导率和磁导率有关。电导率和磁导率越小，则电流渗透深度就越深。

感应钎焊由于加热速度快，钎料和钎剂都在装配时预先放好。感应钎焊除可在空气中进行外，也可在真空或保护气氛中进行。

感应钎焊加热快，质量高，但温度不易精确控制，工件形状受限，适用于批量钎焊钢、高温合金、铜及铜合金等。它既可用于软钎焊，也可用于硬钎焊，主要用于钎焊较小的工件，特别适用于钎焊对称形状的工件，如管件套接、管子与法兰、轴和轴套之类的接头，如图 11–3 所示。

4. 炉中钎焊

炉中钎焊广泛应用于已装配好的工件。钎料预先放置在接头附近或接头内，并将所选的粉状或糊状钎剂覆盖于接头上，一起置于炉中，加热至钎焊温度。依靠钎剂去除钎焊处的表面氧化膜，熔化的钎料流入钎缝间隙，冷凝后形成接头，如图 11–4 所示。

炉中钎焊可分为空气炉中钎焊、保护气氛炉中钎焊和真空炉中钎焊。空气炉中钎焊一般可钎焊碳钢、合金钢、铜及铜合金、铝

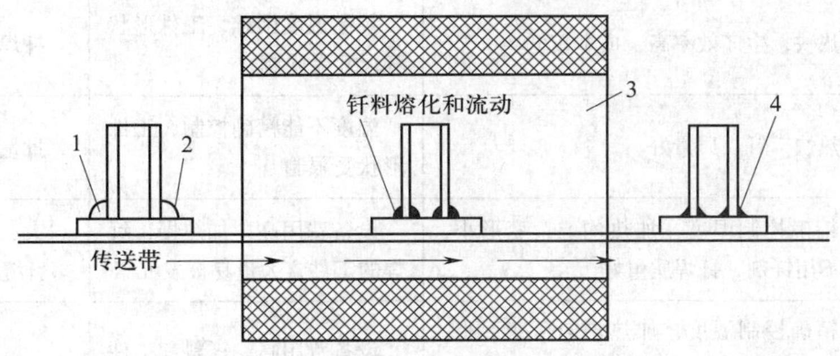

图 11–4 炉中钎焊

1—钎料 2—钎剂 3—钎焊炉 4—钎焊接头

及铝合金等材料。真空炉中钎焊常用于含有铝、钛等元素的不锈钢和高温合金以及活性金属钛、难熔金属钨及其合金的钎焊。

炉中钎焊的特点是工件整体加热，加热均匀，变形小。虽然加热速度较慢，但一炉可同时钎焊多件，生产效率仍很高。

5. 电阻钎焊

电阻钎焊的基本原理与电阻焊相同，它是利用电流通过工件的钎焊处所产生的电阻热加热工件和熔化钎料的一种钎焊方法。将预先成形的钎料放入钎焊接头处，然后将钎焊接头两端加上电极，对钎焊处施加一定的压力，将被焊工件和钎料压在一起，然后接通电源完成电阻钎焊，其原理如图 11–5 所示。电阻钎焊可在普通的电阻焊机上进行，也可采用专用的电阻钎焊设备。

电阻钎焊的优点是加热迅速，生产效率

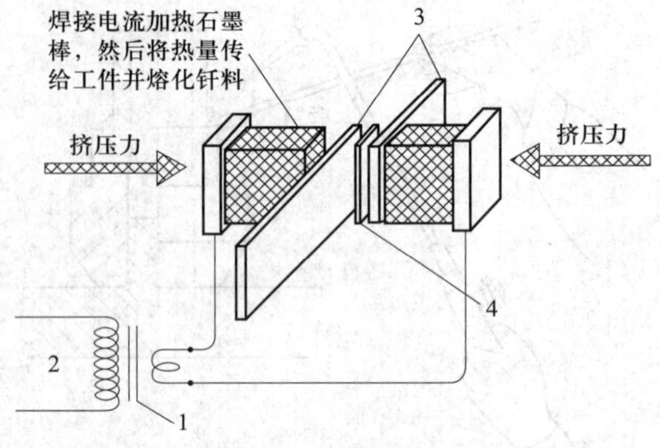

图 11–5　电阻钎焊的原理

1—降压变压器　2 —控制电源
3—焊件　4 —预先成形的钎料

高，劳动条件好，过程易实现自动化，但接头尺寸不能太大，工件形状也不能太复杂。目前主要用于刀具、带锯、导线端头等的钎焊。

钎焊方法种类较多，各种钎焊方法的优缺点及适用范围见表 11–2。

表 11–2　　各种钎焊方法的优缺点及适用范围

钎焊方法	优点	缺点	适用范围
烙铁钎焊	设备简单，灵活性好，适用于微细钎焊	需使用钎剂	只能用于软钎焊小件
火焰钎焊	设备简单，灵活性好	控制温度困难，操作技术要求较高	钎焊小件
金属浴钎焊	加热快，能精确控制温度	钎料消耗大，焊后处理复杂	用于软钎焊及批量生产
盐浴钎焊	加热快，能精确控制温度	设备费用高，焊后需仔细清洗	用于批量生产，不能钎焊密闭工件
波峰钎焊	生产效率高	钎料损耗较大	只用于软钎焊及批量生产
电阻钎焊	加热快，生产效率高，成本较低	控制温度困难，工件形状和尺寸受限制	钎焊小件
感应钎焊	加热快，钎焊质量好	温度不能精确控制，工件形状受限制	批量钎焊小件
保护气体炉中钎焊	能精确控制温度，加热均匀，变形小，一般不用钎剂，钎焊质量好	设备费用高，加热慢，钎焊的工件含大量易挥发元素	大、小件的批量生产，多钎缝工件的钎焊
真空炉中钎焊	能精确控制温度，加热均匀，变形小，能钎焊难焊的高温合金，不用钎剂，钎焊质量好	设备费用高，钎料和工件不宜含较多的易挥发元素	重要工件的钎焊

五、钎焊工艺

1. 钎焊接头形式

钎焊时钎缝的强度比母材低，若采用对接接头，则接头的强度比母材低。所以，钎焊大多采用增大搭接面积来提高承载能力的搭接接头，一般搭接接头长度为板厚的 3 ~ 4 倍，但不超过 15 mm。常用钎焊接头形式如图 11–6 所示。除火焰钎焊、烙铁钎焊外，大多数方法钎料都是预先放置在接头上的，使其熔化后在重力与毛细作用下填满钎缝。

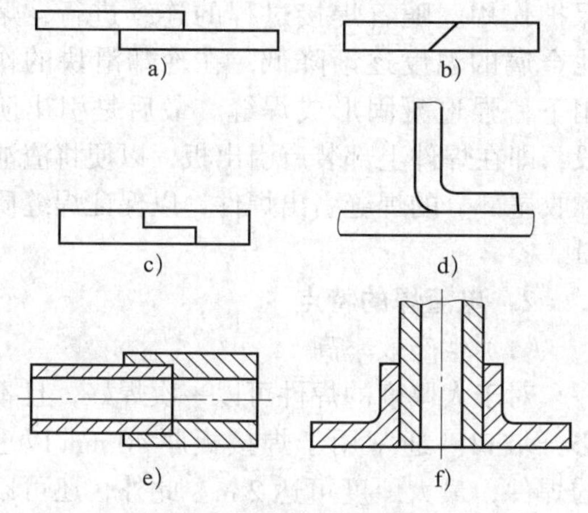

图 11–6　常用钎焊接头形式

a）搭接接头　b）、c）对接接头局部搭接
d）T 形接头局部搭接　e）管件的套接接头
f）管件与管座套管接头

2. 焊前准备

焊接前应使用机械方法或化学方法除去焊件表面的氧化膜。为防止液态钎料随意流动，常在焊件非焊接表面涂阻流剂。

3. 装配间隙

钎焊间隙应适当，若间隙过小，钎料流入困难，在钎缝内形成夹渣或未焊透，导致接头强度降低；若间隙过大，毛细作用减弱，钎料不能填满间隙，使钎缝强度降低，同时钎缝过大也使钎料消耗过多。各种材料钎焊时的接头间隙见表 11–3。

4. 钎焊参数

钎焊参数主要是钎焊温度和保温时间。

钎焊温度一般比钎料熔点高 25 ~ 60 ℃，温度过高或过低都不利于保证钎缝质量。

钎焊保温时间应使焊件金属与钎料发生足够的作用，钎料与基体金属作用强的取短些；间隙大、焊件尺寸大的则取长些。

5. 钎焊后的清洗

钎剂残渣大多数对钎焊接头有腐蚀作用，同时，也妨碍对钎缝的检查，因此钎焊后常需将其清除干净。有机类软钎剂的残渣可用汽油、酒精、丙酮等有机溶剂擦拭或清洗；氧化锌和氯化铵等的残渣腐蚀性很强，

表 11–3　各种材料钎焊时的接头间隙　　mm

钎焊金属	钎料	间隙	钎焊金属	钎料	间隙
碳钢	铜	0.01 ~ 0.05	不锈钢	铜	0.01 ~ 0.05
	铜锌	0.05 ~ 0.20		银基	0.05 ~ 0.20
	银基	0.03 ~ 0.15		锰基	0.01 ~ 0.05
	锡铅	0.05 ~ 0.20		镍基	0.02 ~ 0.10
铜及铜合金	铜锌	0.05 ~ 0.20		锡铅	0.05 ~ 0.20
	铜磷	0.03 ~ 0.15	铝及铝合金	铝基	0.10 ~ 0.25
	银基	0.05 ~ 0.20		锌基	0.10 ~ 0.30
钛及钛合金	铝基	0.05 ~ 0.25	高温合金	锰基	0.03 ~ 0.20
	铜磷	0.03 ~ 0.05		金基	0.05 ~ 0.25
	银铜	0.02 ~ 0.10		钴基	0.02 ~ 0.15

应在体积分数为 10% 的 NaOH 溶液中清洗，然后用热水或冷水洗净；硼砂和硼酸钎剂的残渣一般用机械方法或在沸水中长时间浸煮来清除。

§11-2 电渣焊

一、电渣焊的原理及特点

1. 电渣焊的原理

电渣焊是利用电流通过液态熔渣所产生的电阻热进行焊接的方法，其基本原理如图 11-7 所示。

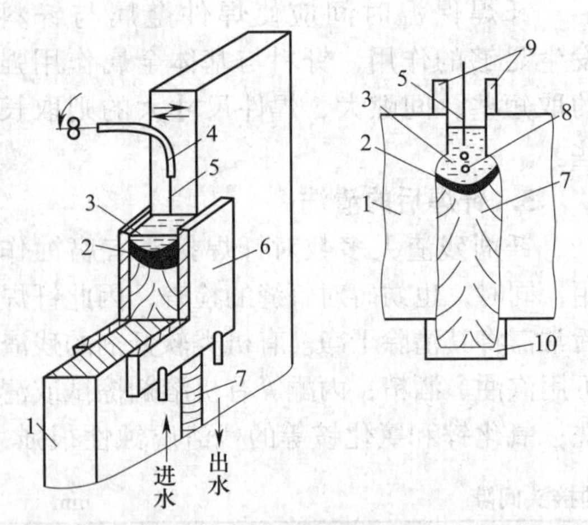

图 11-7　电渣焊的基本原理

1—焊件　2—金属熔池　3—渣池　4—导电嘴　5—焊丝　6—冷却滑块　7—焊缝　8—金属熔滴　9—引出板　10—引弧板

焊接开始时，先在电极和引弧板之间引燃电弧，电弧熔化焊剂形成渣池。当渣池达到一定深度后，电弧熄灭，这一过程称为引弧造渣阶段。随后进入正常焊接阶段，这时电流经过电极并通过渣池传到焊件。由于渣池中的液态熔渣电阻较大，通过电流时就产生大量的电阻热，将渣池加热到很高的温度（1 700 ~ 2 000 ℃），使电极及焊件熔化，并下沉到底部形成金属熔池，而密度比熔化金属小的熔渣始终浮于金属熔池上部起保护作用。随着焊接过程的连续进行，熔池金属的温度逐渐降低，在冷却滑块的作用下，强迫凝固形成焊缝。最后是引出阶段，即在焊件上部装有引出板，以便将渣池和收尾部分的焊缝引出焊件，以保证焊缝质量。

2. 电渣焊的特点

（1）生产效率高

对于大厚度的焊件可以一次焊好，且不必开坡口。通常用于焊接板厚 40 mm 以上的焊件，最大厚度可达 2 m。此外，还可以一次焊接焊缝截面变化大的焊件。因此，电渣焊要比电弧焊的生产效率高得多。

（2）经济效果好

电渣焊的焊缝准备工作简单，大厚度焊件不需要加工坡口即可进行焊接，因而可以节约大量金属和加工时间。此外，由于在加热过程中几乎全部电能都经渣池转换成热能，因此电能的损耗量小。

（3）宜在垂直位置焊接

当焊缝中心线处于垂直位置时，电渣焊形成熔池及焊缝成形条件最好，故电渣焊一般适用于垂直位置焊缝的焊接。

（4）焊缝缺欠少

进行电渣焊时，渣池在整个焊接过程中总是覆盖在焊缝上面，一定深度的渣池使液态金属得到良好的保护，以避免空气的有害作用，并对焊件进行预热，使冷却速度缓慢，有利于熔池中气体、杂质有充分的时间析出，因此，焊缝不易产生气孔、夹渣及裂纹等缺欠。

（5）焊接接头晶粒粗大

这是电渣焊的主要缺点。由于电渣焊热过程的特点，造成焊缝和热影响区的晶粒大，使焊接接头的塑性和冲击韧度降低，但是通过焊后热处理能够细化晶粒，满足对力学性能的要求。

二、电渣焊的类型

电渣焊根据所用的电极形状不同可分为丝极电渣焊、板极电渣焊和熔嘴电渣焊（包括管极电渣焊）。

1. 丝极电渣焊

丝极电渣焊是用焊丝作为熔化电极的电渣焊。根据焊件的厚度不同，可以用一根焊丝或多根焊丝焊接。焊丝还可做横向摆动，此方法一般适用于焊接厚度为 40 ~ 450 mm 的焊件及较长的焊缝，如图 11–8 所示。

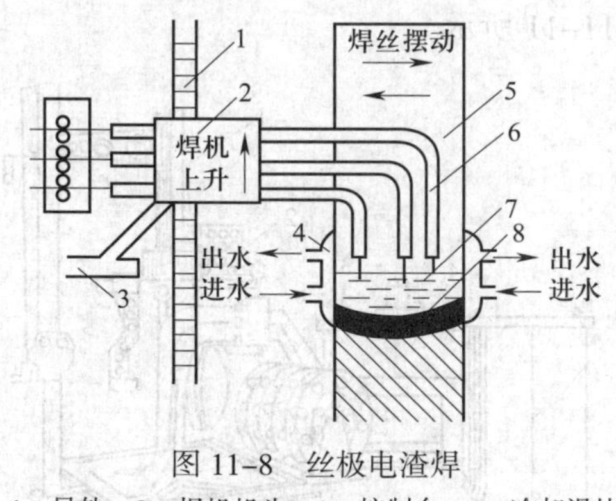

图 11–8　丝极电渣焊

1—导轨　2—焊机机头　3—控制台　4—冷却滑块　5—焊件　6—导电嘴　7—渣池　8—熔池

2. 板极电渣焊

板极电渣焊是用金属板条作为电极的电渣焊，如图 11–9 所示。其特点是设备简单，电极不需要做横向摆动，可利用边料作电极。此法要求板极长度为焊缝长度的 3 ~ 4 倍。由于板极太长而造成操作不方便，因此使焊缝长度受到限制，故多用于大断面而长度小于 1.5 m 的短焊缝及堆焊等。

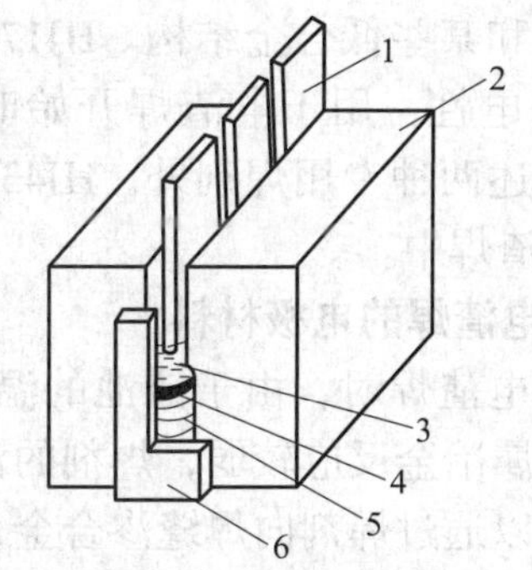

图 11–9　板极电渣焊

1—板极　2—工件　3—渣池　4—金属熔池　5—焊缝　6—水冷成形块

3. 熔嘴电渣焊

熔嘴电渣焊如图 11–10 所示，其电极由固定在接头间隙中的熔嘴（由钢板、钢管点焊而成）和焊丝构成。熔嘴起着导电、填充金属和为送丝导向的作用。熔嘴电渣焊的特点是设备简单，可焊接大断面的长焊缝和变断面的焊缝。当被焊工件较薄时，熔嘴可简化为涂有涂料的一根或两根管子，因此又称为管极电渣焊，它是熔嘴电渣焊的特例。

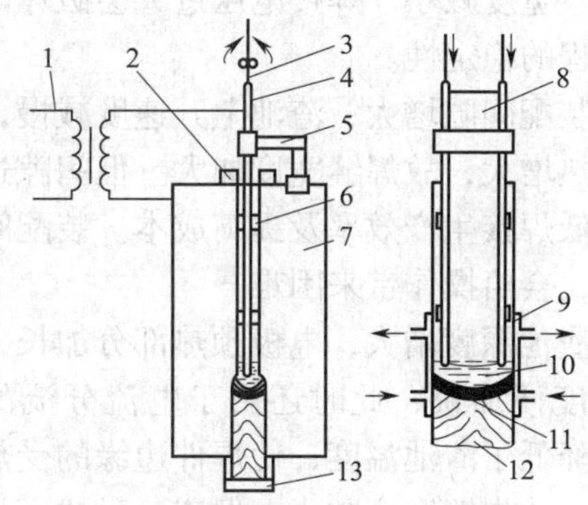

图 11–10　熔嘴电渣焊

1—电源　2—引出板　3—焊丝　4—熔嘴钢管　5—熔嘴夹持架　6—绝缘块　7—工件　8—熔嘴铜块　9—水冷成形滑块　10—渣池　11—金属熔池　12—焊缝　13—引弧板

三、电渣焊焊接材料

1. 电渣焊焊剂

目前常用的电渣焊焊剂有 HJ360、HJ170。HJ360 是中锰高硅中氟焊剂，常用于焊接大型低碳钢和某些低合金结构。HJ170 呈固态时具有导电性，用于电渣焊开始时形成渣池。除上述两种专用焊剂外，HJ431 也广泛应用于电渣焊中。

2. 电渣焊的电极材料

进行电渣焊时，由于渣池的温度较低，熔渣与金属冶金反应较弱，焊剂的消耗量又少，故难以通过焊剂向焊缝渗合金，主要靠电极直接向焊缝渗合金。

电渣焊的电极有焊丝、熔嘴、板极等。生产中多采用低合金结构钢焊丝或材料作为电极，常用焊丝有 H08MnA、H08Mn2SiA、H10Mn2 等，板极和熔嘴板的材料通常为 Q295 钢等，熔嘴管为 20 号无缝钢管。

四、电渣焊的焊接参数

电渣焊的焊接参数众多，但对于焊缝成形影响比较大的主要是焊接电流、焊接电压、装配间隙、渣池深度。

焊接电流、焊接电压增大，渣池热量增大，故焊缝宽度增大。但焊接电流过大，焊丝熔化加快，使渣池上升速度加快，反而会使焊缝宽度减小。焊接电压过大会破坏电渣焊过程的稳定性。

装配间隙增大，渣池上升速度减慢，焊件受热增大，故焊缝宽度加大。但间隙过大会降低焊接生产效率及提高成本。装配间隙过小，会给操作带来困难。

渣池深度增大，电极预热部分加长，熔化速度便加快，此时还由于电流分流的增加，降低了渣池温度，使焊件边缘的受热量减小，故焊缝宽度减小。但渣池过浅，易于产生电弧，而破坏电渣焊过程。

上述参数不仅对焊缝宽度有影响，而且对熔池形状也有明显的影响。如果要得到宽度大、厚度小的焊缝，可以增大焊接电压或减小电流，虽然减小渣池深度或增大间隙也可达到同样的目的，但允许变化范围较小，一般不采用。

五、电渣焊设备

电渣焊一般采用专用设备，生产中较为常用的是 HS–1000 型电渣焊机。它适用于丝极和板极电渣焊。可焊接 60 ~ 500 mm 厚度焊件的对接立焊缝；60 ~ 250 mm 厚度焊件的 T 形接头、角接接头焊缝；配合焊接滚轮架，可焊接直径在 3 000 mm 以下、壁厚小于 450 mm 焊件的环缝；以及用板极焊接厚度在 800 mm 以内焊件的对接焊缝。

HS–1000 型电渣焊机可按需要分别使用 1 ~ 3 根焊丝或板极进行焊接。它主要由自动焊机头、导轨、焊丝盘、控制箱等组成，并配有焊接不同焊缝形式的附加零件，焊接电源采用 BP1–3 × 1000 型焊接变压器，如图 11–11 所示。

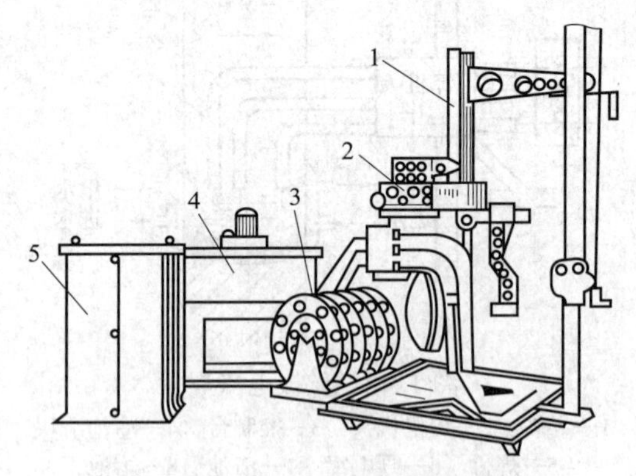

图 11–11　HS–1000 型电渣焊机

1—导轨　2—自动焊机头　3—焊丝盘
4—BP1–3 × 1000 型焊接变压器　5—控制箱

§11-3 碳弧气刨

一、碳弧气刨的原理及特点

碳弧气刨是使用石墨棒与刨件间产生电弧将金属熔化，并用压缩空气将其吹掉，实现在金属表面加工沟槽的方法，如图 11-12 所示。

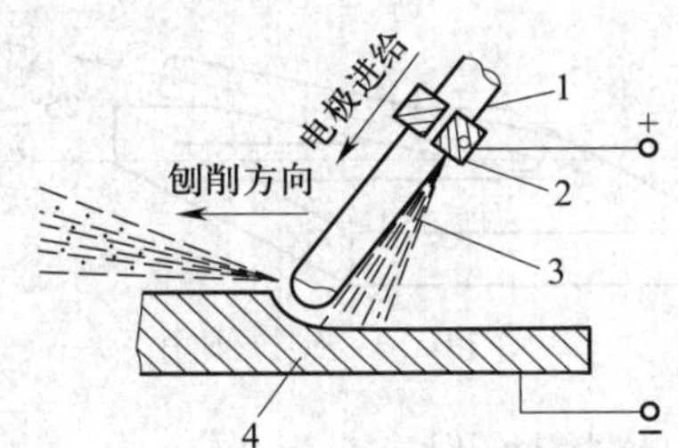

图 11-12　碳弧气刨的原理

1—电极　2—刨钳　3—压缩空气流　4—刨件

碳弧气刨的特点如下：

1. 与风铲相比，碳弧气刨可以提高生产效率 10 倍，在仰位或竖位时更具有优越性。

2. 与风铲相比，碳弧气刨噪声较低，并减轻了劳动强度，易实现机械化。

3. 在对封底焊进行碳弧气刨挑焊根时，易发现细小缺欠，并可以克服风铲由于位置狭窄而无法使用的缺点。

4. 碳弧气刨也有一些缺点，如产生烟雾，噪声较高，粉尘污染，弧光辐射等。

碳弧气刨广泛应用于清理焊根，清除焊缝缺欠，开焊接坡口（特别是 U 形坡口），清理铸件的毛边、浇冒口及铸造缺陷，还可用于切割无法用氧乙炔焰切割的各种金属材料。

二、碳弧气刨设备

碳弧气刨设备由电源、气刨枪、碳棒、电缆、气管和空气压缩机组成，如图 11-13 所示。

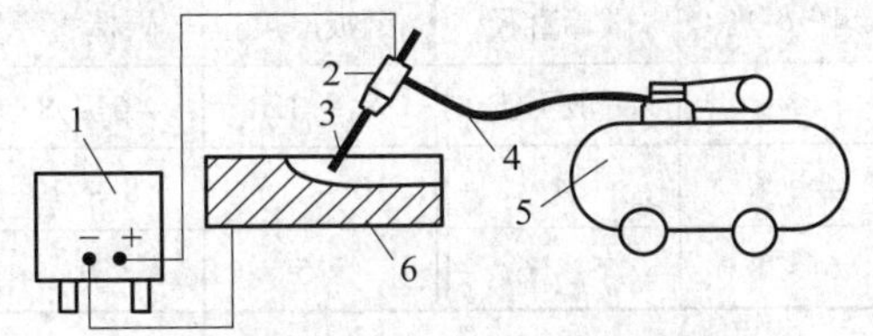

图 11-13　碳弧气刨设备

1—电源　2—气刨枪　3—碳棒

4—电缆、气管　5—空气压缩机　6—工件

碳弧气刨一般采用具有陡降外特性的直流电源，由于使用电流较大，且连续工作时间较长，因此，应选用功率较大的弧焊整流器和弧焊发电机，如 ZX-500、AX-500 等。

碳弧气刨的工具是碳弧气刨枪，它有侧面送风式和圆周送风式两种。

碳弧气刨的电极材料一般都采用镀铜实心碳棒，其断面形状有圆形和扁形，应根据刨削要求选用，其中圆形碳棒应用最广泛。

三、碳弧气刨工艺参数

碳弧气刨的工艺参数主要有电源极性、电流与碳棒直径、刨削速度、压缩空气压力、电弧长度、碳棒与工件的倾角、碳棒伸出长度等。

1. 电源极性

碳弧气刨一般都采用直流反极性（铸铁、铜及铜合金采用正极性），这样刨削过程稳定，刨槽光滑。

2. 电流与碳棒直径

碳棒直径根据被刨削金属的厚度来选择，见表 11-4。被刨削的金属越厚，碳棒直径越大。刨削电流与碳棒直径成正比，一般可根据下面的经验公式选择刨削电流：

$$I=(30 \sim 50)d$$

式中　I——刨削电流，A；

d——碳棒直径，mm。

碳棒直径还与刨槽宽度有关，刨槽越

宽，碳棒直径应越大，一般碳棒直径应比刨槽宽度小 2 ~ 4 mm。

表 11–4　钢板厚度与碳棒直径的关系

mm

钢板厚度	碳棒直径	钢板厚度	碳棒直径
3	一般不刨	8 ~ 12	6 ~ 8
4 ~ 6	4	10 ~ 15	8 ~ 10
6 ~ 8	5 ~ 6	>15	10

3. 刨削速度

刨削速度对刨槽尺寸和表面质量都有一定的影响。刨削速度太快，会造成碳棒与金属相碰，使碳黏附在刨槽的顶端，形成所谓“夹碳”的缺欠。刨削速度增大，刨削深度减小，一般刨削速度为 0.5 ~ 1.2 m/min 较合适。

4. 压缩空气压力

压缩空气的压力高，能迅速吹走液态金属，使碳弧气刨顺利进行，一般压缩空气压力为 0.4 ~ 0.6 MPa。压缩空气中的水分应适当控制，水分和油分过多会使刨槽表面质量变差。

5. 电弧长度

电弧过长，会引起操作不稳定，甚至熄弧。因此，操作时要求尽量保持短弧，这样可以提高生产效率，还可以提高碳棒的利用率；但电弧太短，又容易引起“夹碳”缺欠。因此，碳弧气刨电弧的长度一般以 1 ~ 2 mm 为宜。

6. 碳棒与工件的倾角

碳棒与刨件沿刨槽方向的夹角称为碳棒倾角。倾角的大小影响刨槽的深度，倾角增大，槽深增加，碳棒的倾角一般为 25° ~ 45°，如图 11–14 所示。

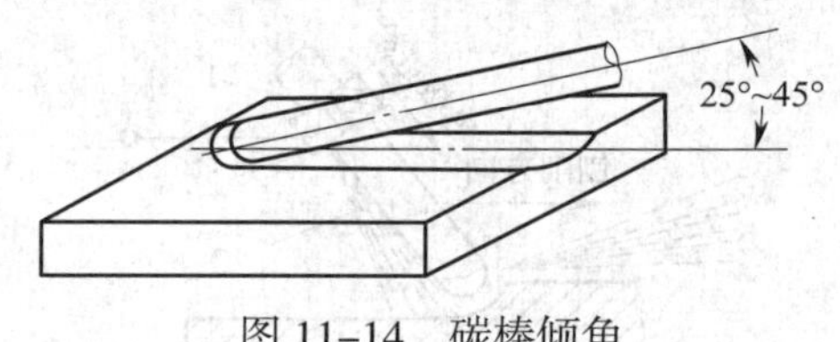

图 11–14　碳棒倾角

7. 碳棒伸出长度

碳棒从导电嘴到电弧端的长度为伸出长度。碳棒伸出长度越长，就会使压缩空气吹到熔池的风力不足，不能顺利地将熔化金属吹走；同时，碳棒伸出长度越长，碳棒的电阻增大，烧损也快。但伸出长度太短会引起操作不方便。一般碳棒伸出长度以 80 ~ 100 mm 为宜。

§11–4　摩擦焊与螺柱焊

一、摩擦焊

摩擦焊是指利用工件表面相互摩擦所产生的热，使端部达到热塑性状态，然后迅速顶锻，完成焊接的一种压焊方法。自 1957 年以来，摩擦焊在国内外得到了迅速发展，特别是 1991 年搅拌摩擦焊的出现，使摩擦焊的发展达到一个崭新阶段，目前，在航空航天、石油钻探、切削工具、汽车、拖拉机和工程机械等工业部门得到了广泛应用。

1. 摩擦焊的原理

摩擦焊的原理如图 11–15 所示。在压力作用下，待焊界面通过相对运动进行摩擦，机械能转变为热能。对于给定的材料，在足够的摩擦压力和足够的相对运动速度条件

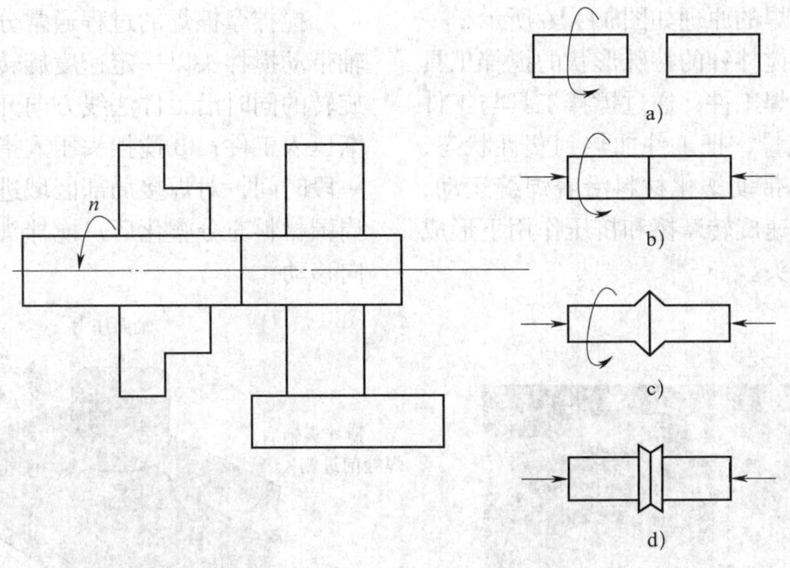

图 11-15　摩擦焊的原理

a）形成相对运动　b）施加压力，两界面接触　c）进行焊接　d）焊接结束

下，被焊材料的温度不断上升。随着摩擦过程的进行，工件产生一定的塑性变形量，在适当时刻停止工件间的相对运动，同时施加较大的顶锻力并维持一定的时间，即可实现材料间的固相连接。

从焊接过程可以看出，摩擦焊接头是在被焊金属熔点以下形成的，所以摩擦焊属于固相焊接。摩擦焊过程的特点是工件高速相对运动，加压摩擦，直至红热状态后工件旋转停止的瞬间，加压顶锻。整个焊接过程在几秒至几十秒之内完成。因此，具有相当高的焊接效率。摩擦焊过程中无须加任何填充金属，也不需焊剂和保护气体，因此，摩擦焊也是一种低耗材的焊接方法。

2. 摩擦焊的分类

摩擦焊根据工件相对运动形式和工艺特点来分，主要有连续驱动摩擦焊、惯性摩擦焊和搅拌摩擦焊三种。

（1）连续驱动摩擦焊

焊接时，两待焊工件分别固定在旋转夹具（通常轴向固定）和移动夹具内。工件被夹紧后，移动夹具夹持工件向旋转端移动，旋转端工件开始旋转，待两边工件接触后开始摩擦加热，当达到一定摩擦时间或摩擦缩短量（又称摩擦变形量）时停止旋转，开始顶锻并维持一定时间，以便接头牢固连接，最后夹具松开、退出，取出工件，焊接过程结束。

（2）惯性摩擦焊

惯性摩擦焊焊接时，工件的旋转端被夹持在飞轮里，焊接过程开始时，首先将飞轮和工件的旋转端加速到一定的转速，然后飞轮与主电动机脱开。同时，工件的移动端向前移动，工件接触后，开始摩擦加热。在摩擦加热过程中，飞轮受摩擦扭矩的制动作用，转速逐渐降低，当转速为零时，焊接过程结束。

（3）搅拌摩擦焊

搅拌摩擦焊（FSW）是一种新型的固相连接技术，由英国焊接研究所（TWI）于1991 年发明。搅拌摩擦焊最初应用于铝合金，随着研究的深入，搅拌摩擦焊适用材料的范围正在逐渐扩展。除了铝合金以外，还可以用于镁、铜、钛、钢等金属及其合金的焊接。搅拌摩擦焊是一种公认的最具潜力和应用前景的先进连接方法。

搅拌摩擦焊的原理如图 11-16 所示，一个带有轴肩和搅拌针的特殊形状的搅拌工具旋转着插入被焊工件，通过搅拌工具与工件的摩擦产生热量，把工件加热到塑性状态，然后搅拌工具带动塑化材料沿着焊缝运动，在搅拌工具高速旋转摩擦和挤压作用下形成固相连接的接头。

搅拌摩擦焊的过程通常分为四步：①主轴带动搅拌头以一定速度旋转；②搅拌头在旋转的同时沿工件法线方向开始进给，并逐渐压入工件；③搅拌头压入指定位置后停留一段时间，对焊接局部区域进行加热；④待周围材料充分塑化后，搅拌头开始沿焊接方向移动。

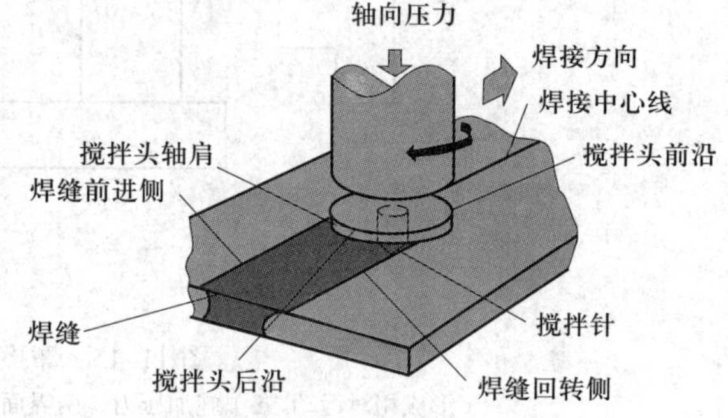

图 11-16　搅拌摩擦焊的原理

搅拌摩擦焊能完成对接、搭接等多种形式的连接。

3. 摩擦焊的特点

（1）摩擦焊的优点

1）接头质量高。摩擦焊属于固态焊接，正常情况下接合面不发生熔化，焊合区金属为锻造，不产生与熔化和凝固相关的焊接缺欠；压力与扭矩的力学冶金效应使得晶粒细化，组织致密，夹杂物弥散分布。

2）适合异种材质的连接。对于通常认为不可组合的金属材料，如铝—钢、铝—铜、钛—铜等都可进行焊接。一般来说，凡是可以进行锻造的金属材料都可以进行摩擦焊。

3）生产效率高。发动机排气门双头自动摩擦焊机的生产效率可达 800 ~ 1 200 件 /h。

4）尺寸精度高。用摩擦焊生产的柴油发动机预燃烧室全长误差为 ±0.1 mm，专用机可保证焊后的长度误差为 ±0.2 mm，同轴度误差为 0.2 mm。

5）设备易实现机械化、自动化，操作简单。

6）环境清洁。工作时不产生烟雾、弧光及有害气体等。

7）生产费用低。与闪光焊相比，电能节约 80% ~ 90%。焊前工件不需要特殊加工清理，不需要填充材料和保护气体等，因此，加工成本与电弧焊相比可以降低 30% 左右。

（2）摩擦焊的缺点与局限性

1）对非圆形截面焊接较为困难，所需设备复杂；对盘状薄零件和薄壁管件，由于不易夹固，施焊也很困难。

2）焊机的一次性投资较大，大批量生产时才能降低生产成本。

二、螺柱焊

将螺柱一端与板件（或管件）表面接触，通电引弧，待接触面熔化后，给螺柱一定压力完成焊接的方法称为螺柱焊，如图 11-17 所示。

螺柱焊在安装螺柱或类似的紧固件方面可取代铆接、钻孔后用螺栓和螺母紧固、焊条电弧焊、电阻焊或钎焊。可焊接由低碳钢、低合金钢、铜及铜合金、铝及铝合金材质制作的螺柱、焊钉（栓钉）、销钉以及各种异形钉，广泛应用于钢结构高层建筑、仪表、机车、航空、石油、高速公路、造船、汽车、锅炉、电控柜等行业。

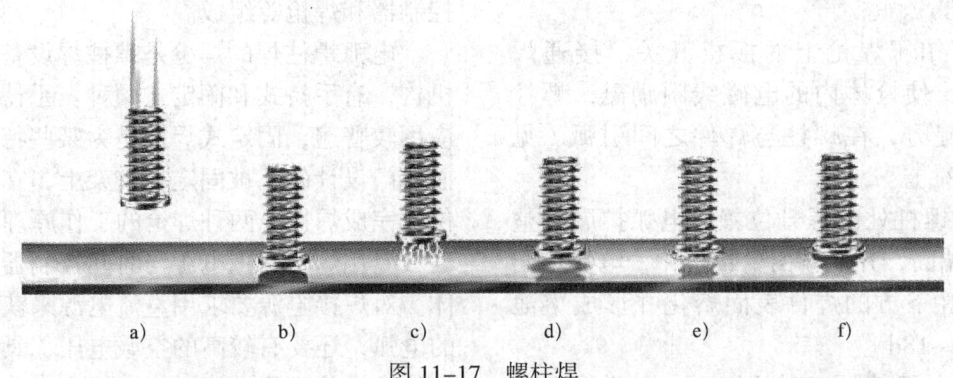

图 11–17　螺柱焊

a）螺柱（带起弧凸起）与工件保持一定距离　b）螺柱凸起接触工件表面　c）引燃电弧

d）螺柱凸起与工件表面熔化形成熔池　e）加压定位　f）焊接结束

1. 螺柱焊的特点

螺柱焊与普通电弧焊相比，或与同样能把螺柱与平板进行T形连接的其他工艺方法相比，具有以下特点：

（1）焊接时间短（通常少于1 s），不需要填充金属，生产效率高；热输入小，焊缝金属和热影响区窄，焊接变形极小。

（2）只需单面焊，熔深浅，焊接过程不会对焊件背面造成损害。安装紧固件时，不必钻孔、攻螺纹和铆接，使紧固件之间的间距达到最小，增加了防漏的可靠性。

（3）对焊件表面清理要求不高，焊后也无须清理。

（4）与螺纹拧入的螺柱相比，所需母材厚度小，因而节省材料，还可减少连接部件所需的机械加工工序，成本低。

（5）螺柱焊可焊接小螺柱、薄母材和异种金属，也可以把螺柱焊到有金属涂层的母材上，且有利于保证焊接质量。

（6）可进行全位置焊接。

（7）螺柱的形状和尺寸受焊枪夹持和电源容量限制，螺柱的底端尺寸受母材厚度的限制。

（8）焊接易淬硬金属时，由于焊接冷却速度快，易在焊缝和热影响区形成淬硬组织，接头延性较差。

2. 螺柱焊的分类

螺柱焊根据所用电源和接头形成过程的不同通常可分为电弧螺柱焊（又称标准螺柱焊）、电容储能螺柱焊和短周期螺柱焊三种基本形式。它们的主要区别在于供电电源和燃弧时间长短的不同。电弧螺柱焊由弧焊电源供电，燃弧时间为0.1 ~ 1 s；电容储能螺柱焊由电容储能电源供电，燃弧时间非常短，为1 ~ 15 ms；短周期螺柱焊是电弧螺柱焊的一种特殊形式，焊接时间只有电弧螺柱焊的十分之一到几十分之一，在焊接过程中与电容储能螺柱焊一样，不用像普通电弧螺柱焊那样采取陶瓷保护圈、焊剂及保护气体等保护措施。

3. 电弧螺柱焊

电弧螺柱焊是电弧焊方法的一种特殊应用。焊接时，先将螺柱放入焊枪夹头，在螺柱与焊件间引燃电弧，使螺柱端面和相应的焊件表面被加热到熔化状态，达到适宜的温度时，将螺柱挤压到熔池中去，使两者熔合形成焊缝。电弧螺柱焊采用保护气体或预加在螺柱引弧端的焊剂，但大多数情况下（如结构钢材料）用陶瓷保护圈来保护熔融金属。

（1）电弧螺柱焊的过程

电弧螺柱焊的焊接过程如图 11–18 所示（箭头表示螺柱运动方向）。

1）将焊枪置于焊件上（见图 11–18a）。

2）施加预压力使焊枪内的弹簧压缩，直到螺柱与保护圈紧贴焊件表面（见

图 10–18b）。

3）扣压焊枪上的扳机开关，接通焊接回路，使枪体内的电磁线圈励磁，螺柱被自动提升，在螺柱与焊件之间引弧（见图 11–18c）。

4）螺柱处于提升位置，电弧扩展到整个螺柱端面，并使端面少量熔化，电弧热同时使螺柱下方的焊件表面熔化并形成熔池（见图 11–18d）。

5）电弧按预定时间熄灭，电磁线圈去磁，靠弹簧压力快速地将螺柱熔化端压入熔池，焊接回路断开（见图 14–18e）。

6）稍停后，将焊枪从焊好的螺柱上抽起，打碎并除去保护圈（见图 11–18f）。

（2）电弧螺柱焊的设备

电弧螺柱焊设备由焊接电源、焊接时间控制器和焊枪等组成。

电弧螺柱焊的焊枪是螺柱焊设备的执行机构，有手持式和固定式两种。手持式焊枪应用较普遍，固定式焊枪是为某些特定产品而专门设计的，被固定在支架上，在一定工位上完成焊接。两种焊枪的工作原理相同。

专用焊机常把电源与时间控制器做成一体。对焊接电源要求用直流电源来获得稳定的电弧，还要有较高的空载电压，具有陡降外特性，并且能在短时间内输出大电流并迅速达到设定值。如图 11–19 所示为电弧螺柱焊设备。

（3）电弧螺柱焊的焊接参数

输入足够的能量是保证获得优质电弧螺柱焊接头的基本条件，而这个能量又与螺柱的横截面积大小、焊接电流、电弧电压及燃

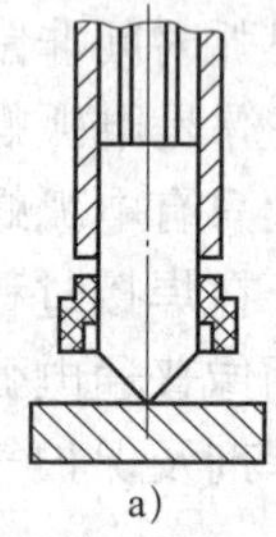
a）
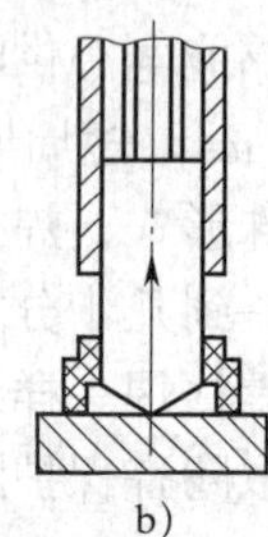
b）
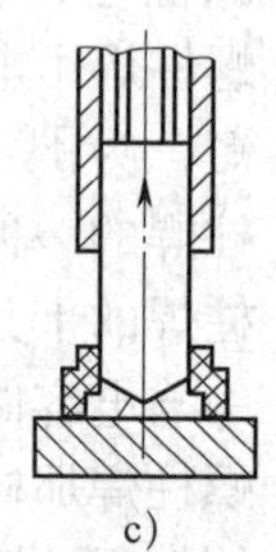
c）
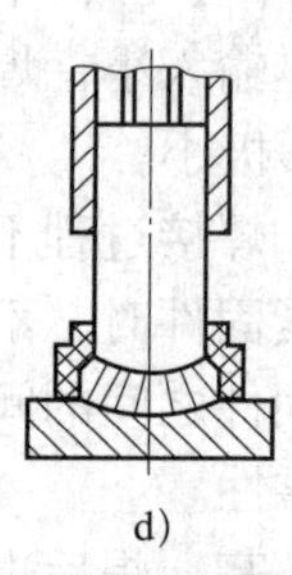
d）
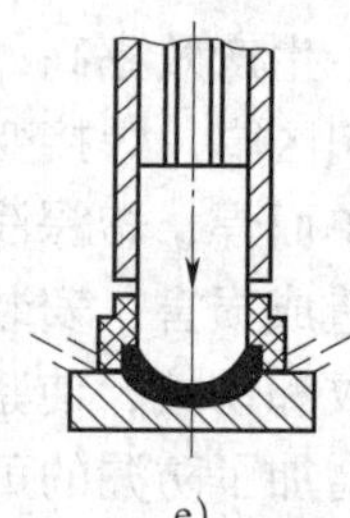
e）
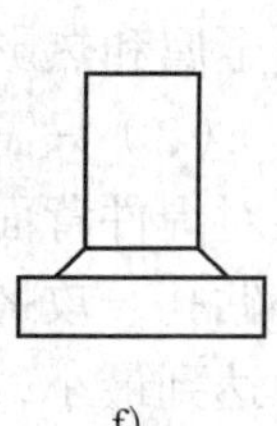
f）

图 11–18　电弧螺柱焊的焊接过程

a）
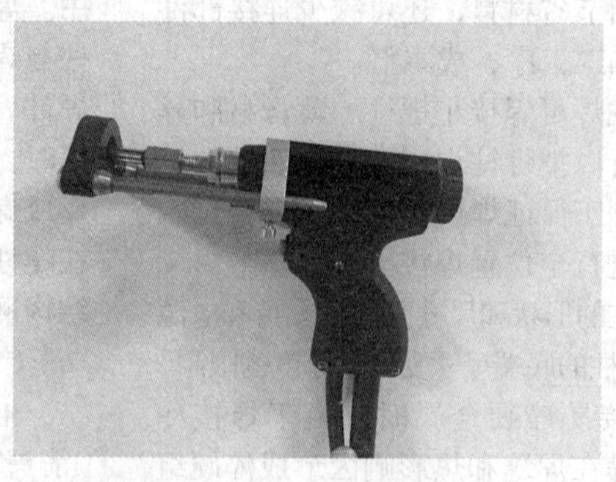
b）

图 11–19　电弧螺柱焊设备
a）焊接电源　b）焊枪

弧时间有关。焊接电弧电压取决于电弧长度或螺柱焊焊枪调定的提升高度，一旦调好，电弧电压就基本不变。因此，输入能量只由焊接电流和焊接时间决定。生产中一般根据所焊螺柱横截面尺寸来选择焊接电流和焊接时间，螺柱直径越大，焊接电流越大，焊接时间越长。此外，焊接参数也与螺柱材质有关，如铝合金电弧螺柱焊用氩气保护时，与钢螺柱焊相比，要求用较大的电弧电压、较长的焊接时间和较小的焊接电流。

§11-5 高能束焊及焊接机器人

随着科学技术的不断发展，在焊接技术领域里出现了不少先进的焊接方法与技术，如高能束焊和焊接机器人等。高能束焊是利用高能量密度的束流作为焊接热源的焊接方法，包括真空电子束焊和激光焊等。焊接机器人是由程序控制的电子机械装置，具有某些人的器官的功能，能完成一定的操作或运输任务，是一种模仿人类活动的机器。

一、真空电子束焊

电子束焊是指利用加速和聚焦的电子束轰击置于真空或非真空中的焊件所产生的热能进行焊接的方法。真空电子束焊是电子束焊的一种，是目前发展较成熟的一种先进工艺，现已在核工业、航空、航天、仪表、工具制造等领域获得了广泛应用。

1. 真空电子束焊的原理

电子束是从电子枪中产生的，如图11–20所示。电子枪的阴极通电加热到高温而发射出大量电子，电子在加速电压的作用下达到0.3 ~ 0.7倍的光速，经电子枪静电透镜和电磁透镜的作用，会聚成一束能量（动能）极大的电子束。这种电子束以极高的速度撞击焊件的表面，电子的动能转变为热能，使金属迅速熔化和蒸发。强烈的金属气流将熔化的金属排开，使电子束继续撞击深处的固态金属，很快在被焊焊件上"钻"出一个锁形小孔（匙孔），如图11–21所示。小孔被周围的液态金属包围，随着电子束与焊件的相对移动，液态金属沿小孔周围流向熔池后部逐渐冷却、凝固，形成焊缝。

2. 真空电子束焊的特点及应用

真空电子束焊与其他焊接方法相比具有以下优点：

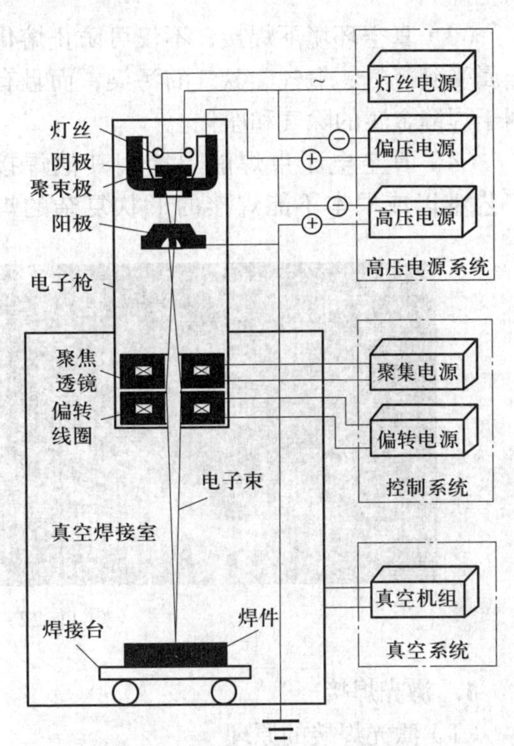

图11–20　真空电子束焊的原理

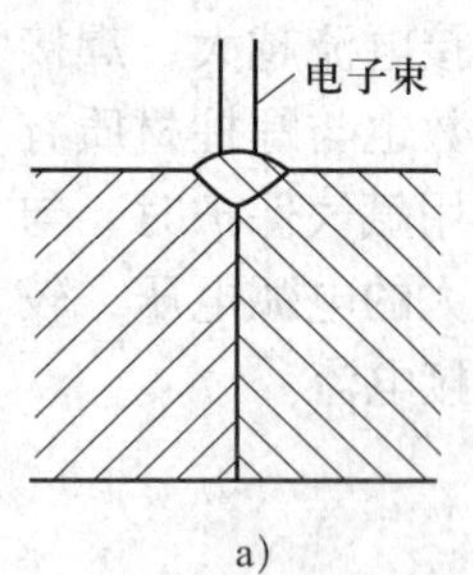

a）

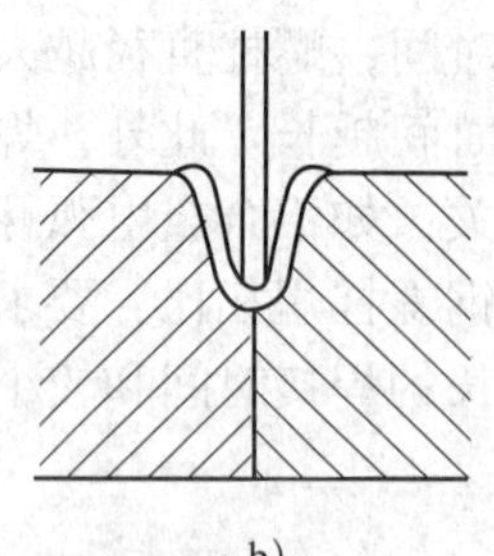

b）

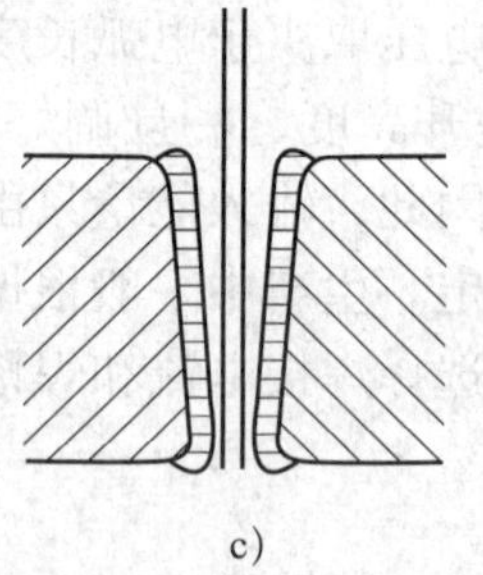

c）

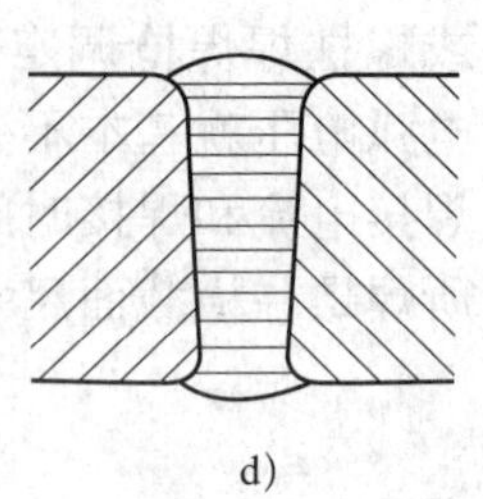

d）

图 11–21　电子束焊焊缝成形的原理

a）接头局部熔化、蒸发　b）金属蒸气排开液态金属，电子束“钻入”母材，形成“匙孔”
c）电子束穿透工件，“匙孔”由液态金属包围　d）焊缝凝固成形

（1）电子束功率密度很高，为电弧焊的 5 000 ~ 10 000 倍，所以焊接速度快，又因焊接时的电子束电流很小，焊接的热影响区和变形极小。

（2）电子束穿透能力强，焊缝深宽比大，深宽比可达 50∶1，而焊条电弧焊的深宽比约为 1∶1.5；埋弧焊约为 1∶1.3。因此，电子束焊接时可以不开坡口，实现单道、大厚度焊接，比电弧焊节省材料且降低了能量消耗。

（3）真空环境下焊接，不仅可防止熔化金属受到氢气、氧气、氮气的污染，而且有利于焊缝金属的除气和净化。

（4）真空电子束焊能焊接用其他焊接工艺难以或根本不能焊接的形状复杂的焊件，能焊接特种金属、难熔金属和某些非金属材料，也适用于异种金属、金属与非金属间的焊接及热处理后零件与缺陷的修补。

真空电子束焊的主要缺点是设备复杂，成本高，使用及维护较困难，对接头装配质量要求严格及需要防护 X 射线等。

二、激光焊接与切割

激光是一种新能源，是比等离子弧能量更为集中的热源。激光可以用来焊接、切割、打孔或进行其他加工。激光焊是以聚焦的激光束作为能源轰击焊件所产生的热量进行焊接的方法，激光切割是利用聚焦后的激光束作为热源的热切割方法。激光焊接与切割如图 11–22 所示。

图 11–22　激光焊接与切割

1. 激光焊接

（1）激光焊接的原理

激光与普通光不同，它具有能量密度高［可达 1×（10^5 ~ 10^{13}）W/cm^2］、单色性好、方向性强等特点。激光焊就是利用激光器产生的单色性、方向性非常高的激光束，经过

光学聚焦后，把其聚焦到直径为 10 μm 的焦点上，能量密度达到 1×10^6 W/cm^2 以上，通过光能转变为热能，从而熔化金属进行焊接。

（2）激光焊接的特点及应用

1）能准确聚焦为很小的光束（直径为 10 μm），焊缝极为窄小，变形极小，热影响区极窄。

2）功率密度高，加热集中，可获得深宽比大的焊缝（目前已达 12∶1），不开坡口单道焊接钢板的厚度已达 50 mm。

3）焊接过程非常快，焊件不易氧化。另外，无论是在真空、保护气体或空气中焊接，效果几乎是相同的，即能在任何空间进行焊接。

4）激光焊的不足之处在于设备的一次性投资大，设备较复杂，对高反射率的金属直接进行焊接较困难。

5）由于激光焊接具有上述特点，因此，它常被应用于仪器、微型电子工业中的超小型元件及航天技术中特殊材料的焊接。还可以焊接同种或异种材料，其中包括铝、铜、银、不锈钢、镍、锆、铌及难熔金属钽、钼、钨等。

2. 激光切割

（1）激光切割的原理

激光切割是利用经聚焦的高功率密度激光束照射工件，使被照射的材料迅速熔化、汽化、烧蚀或达到燃点；同时，借助与光束同轴的高速气流吹除熔融物质，从而将工件切割开。激光切割属于热切割方法之一。

（2）激光切割的特点

激光切割与其他切割方法相比具有以下特点：

1）激光切割质量好。表 11–5 所列为对厚 6.2 mm 的低碳钢板采用激光切割、气割及等离子弧切割三种方法所产生的切缝的宽度、形态及其他情况的比较。

激光切割的切缝几何形状好，切口两边平行，切缝几乎与表面垂直，底面完全不黏附熔渣，切缝窄，热影响区小，有些零件切割后不需加工即可直接使用。

2）切割材料的种类多。通常气割只限于低碳钢和低合金钢。在等离子弧切割中，使用非转移弧虽能切割金属和非金属，但容易损伤喷嘴；常用的是转移弧，故只能切割金属。激光能切割金属、非金属、金属基和非金属基复合材料、皮革、木材及纤维等。

3）切割效率高。激光的光斑极小，切缝狭窄，比其他切割方法节省材料。另外，激光切割机上一般配有数控工作台，只需改变一下数控程序，就可适应不同的生产需要。

4）非接触式加工。激光切割是非接触式加工，不存在工具磨损的问题，也不存在更换“刃具”的问题。

5）激光切割噪声低，污染小。

6）激光切割的不足之处在于设备费用高，一次性投资大。因此，目前激光切割主要用于中、小厚度板材和管材的切割。

（3）激光切割工艺及其应用

根据切割材料的机理不同，激光切割可分为激光汽化切割、激光熔化切割、激光氧气切割及激光划片与控制断裂。

表 11–5　激光切割与其他切割方法的比较

切割方法	切缝宽度（mm）	热影响区宽度（mm）	切缝形态	切割速度	设备费用
激光切割	0.2 ~ 0.3	0.04 ~ 0.06	平行	快	高
气割	0.9 ~ 1.2	0.6 ~ 1.2	比较平行	慢	低
等离子弧切割	3.0 ~ 4.0	0.5 ~ 1.0	楔形且倾斜	快	中高

1）激光汽化切割。当激光束照射时，金属材料被迅速加热汽化，并以蒸发的形式由切割区逸散掉。

2）激光熔化切割。材料被迅速加热到熔点，借助喷射惰性气体，如氩气、氦气、氮气等，将熔融材料从切缝中吹掉。

3）激光氧气切割。金属材料被迅速加热到熔点以上，以纯氧或压缩空气作辅助气体，此时熔融金属与氧剧烈反应，放出大量热的同时，又加热了下一层金属，金属继续被氧化，并借助气体压力将氧化物从切缝中吹掉。

4）激光划片与控制断裂。划片是指用激光在一些脆性材料表面刻上小槽，再施加一定外力使材料沿槽口断开。控制断裂是指利用激光刻槽时所产生的陡峭的温度分布，在脆性材料内产生局部热应力，使材料沿刻槽断开。

一般来说，激光汽化切割多用于极薄金属材料以及纸、布、木材、塑料、橡胶等材料的切割；激光熔化切割多用于不锈钢、钛及钛合金、铝及铝合金等材料的切割；激光氧化切割多用于碳钢、钛钢以及热处理钢等易氧化金属材料的切割。

（4）激光切割设备

激光切割设备主要由激光器、导光系统、CNC 控制的运动系统等组成，此外，还有抽吸系统以保证有效地去除烟气和粉尘。激光切割时割炬与工件间的相对移动有以下三种情况：

1）割炬不动，工件通过工作台做运动，主要用于尺寸比较小的工件。

2）工件不动，割炬移动。

3）割炬和工作台同时移动。

激光切割时，对割炬的特殊要求如下：割炬能喷射出足够的气流；气体喷射的方向与反射镜的光轴是同轴的；切割时金属的蒸气和金属的飞溅不损伤反射镜；焦距便于调节。

三、焊接机器人

1. 焊接机器人概况

工业机器人是现代制造技术发展的重要标志之一，属于新兴技术产业，它的出现对现代高新技术产业各领域以至于人们的生活产生了重要影响。利用机器人焊接是焊接自动化的革命性进步。焊接机器人是应用最广泛的一类工业机器人，在各国机器人应用比例中已占总数的 40% ~ 50%，目前，焊接机器人（见图 11-23）在汽车工业、通用机械、工程机械、金属结构、轨道交通、电器制造等行业都有应用。

焊接机器人是 20 世纪 60 年代后期迅速发展起来的，目前在工业发达的国家已进入实际应用阶段。它可以应用在电弧焊、电阻

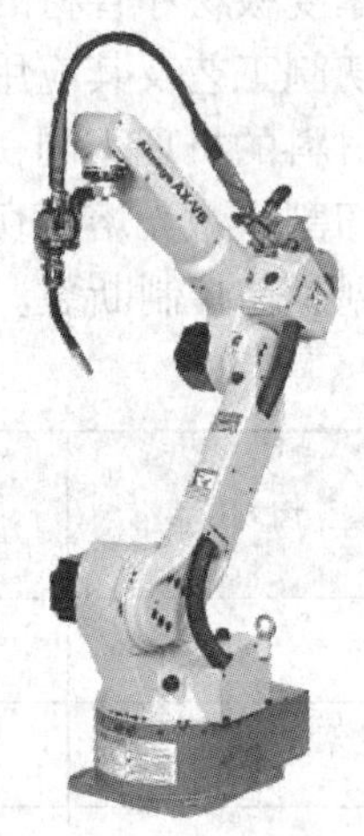

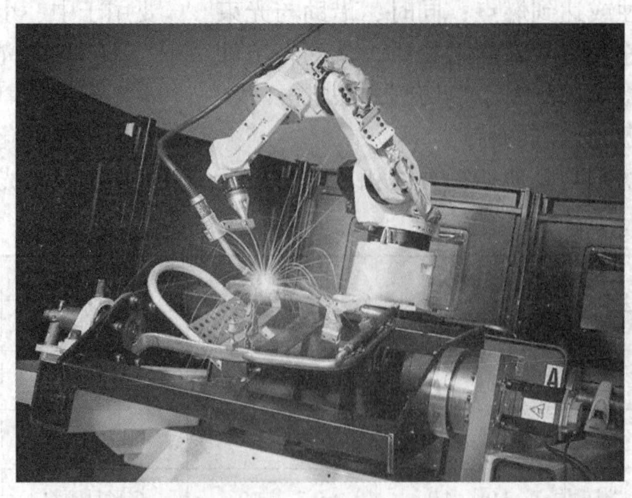

图 11-23　焊接机器人

焊、切割技术范围及类似的工艺方法中，例如，用焊接机器人电弧焊来取代有毒、有尘、高温作业的焊条电弧焊等。经常应用的范围还包括结构钢和铬镍钢的 CO_2 气体保护电弧焊、活性气体保护电弧焊、铝及特殊合金的熔化极惰性气体保护电弧焊、铬镍钢和铝的加焊丝与不加焊丝的钨极惰性气体保护电弧焊、埋弧焊、激光焊与切割等。

焊接机器人不但适用于中、大批量产品的自动化生产，也能在小批量自动化生产中发挥作用。目前，世界范围内的焊接机器人已超过 100 万台。我国从 20 世纪 80 年代起开始研制，1985 年成功生产出华宇型弧焊机器人，1989 年国产机器人已在汽车焊接生产线上应用，标志着我国焊接机器人进入实用阶段。在我国现有焊接机器人中，弧焊机器人约占 49%，点焊机器人约占 47%，其他机器人约占 4%。

就目前的示教再现型焊接机器人而言，焊接机器人完成一项焊接任务，只需操作者给它做一次示教，它即可精确地再现示教的每一步操作，如要机器人去做另一项工作，无须改变任何硬件，只要对它再做一次示教即可。因此，在一条焊接机器人生产线上，可同时自动生产若干种焊件。

2. 焊接机器人的特点

目前，工业机器人已发展到第三代智能机器人阶段。它是综合人工智能而建立起来的电子机械自动装置，具有感知和识别周围环境的能力，能根据具体情况确定行动轨迹。因此，应用焊接机器人将会带来以下优点：

（1）焊接质量的稳定和提高易于实现，保证其均一性。

（2）提高生产效率，在一天内可 24 h 连续生产。

（3）改善焊工劳动条件，可在有害环境下长期工作。

（4）降低对工人操作技术难度的要求。

（5）缩短产品改型换代的准备周期，减少相应的设备投资。

（6）可实现小批量产品焊接自动化。

（7）为焊接柔性生产线提供基础。

3. 焊接机器人的工作原理

现在广泛应用的焊接机器人的基本工作原理是“示教—再现”和“可编程控制”，如图 11–24 所示。“示教”就是机器人学习的过程，在这个过程中，操作者需利用示教器（或手动拖动）操纵机器人执行某些动作，而机器人的控制系统会以程序的形式将

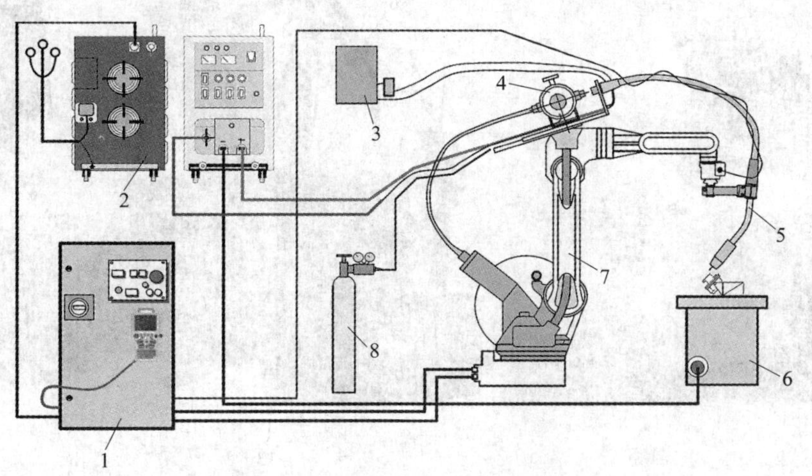

图 11–24　焊接机器人的工作原理

1—控制柜　2—焊接电源　3—冷却水箱　4—送丝机
5—焊枪　6—变位机（夹具）　7—机器人本体　8—气瓶

其记忆下来。机器人按照示教时记录下来的程序展现这些动作，就是“再现”过程。“可编程控制”即事先根据机器人的焊接任务和焊缝轨迹编制控制程序，然后将程序输入机器人的控制器。

在焊接机器人工作前，通常是通过“示教”的方法为机器人作业程序生成运动命令，在程序中的适当位置设置焊接参数及添加焊接启停控制命令。当机器人工作时，控制系统将自动逐条读取示教命令及其他有关数据，按预先设定好的路径（轨迹）和动作进行运动。在运动过程中，根据工艺参数发出各种焊接作业命令，完成焊接作业任务；同时，机器人还将利用与周边设备的通信设置对作业过程进行监测，以保证作业的正常完成。

4. 焊接机器人的组成

焊接机器人的组成如图 11–25 所示，它主要由机器人本体、焊接电源、送丝机、焊丝盘、焊枪、供气系统、清枪剪丝机、焊接变位机、烟尘净化器、控制柜、示教器和防碰撞传感器、空气压缩机等组成。

（1）机器人本体

工业机器人本体用于夹持焊枪，执行动作任务。在传统的焊接系统中，机器人和焊接电源是独立的两种产品，通过机器人控制柜的 CPU 与焊接电源的 CPU 通信，合作完成焊接过程。该通信采用模拟或数字接口连接，数据交换量有限。现在有些弧焊机器人将弧焊电源与机器人融为一体，从而大幅度提升综合性能。

（2）焊接电源

焊接电源是执行焊接作业的核心部件，为焊接系统输入能量。焊接电源的发展不断向着数字化方向迈进，弧焊机器人焊接电源的发展方向是采用全数字化焊机。全数字化是指焊接参数数字信号处理器、主控系统、显示系统和送丝系统全部都是数字式的。因此，电压和电流的反馈模拟信号必须经过转换，与主控系统输出的要求值进行对比，然后控制逆变电源的输出。

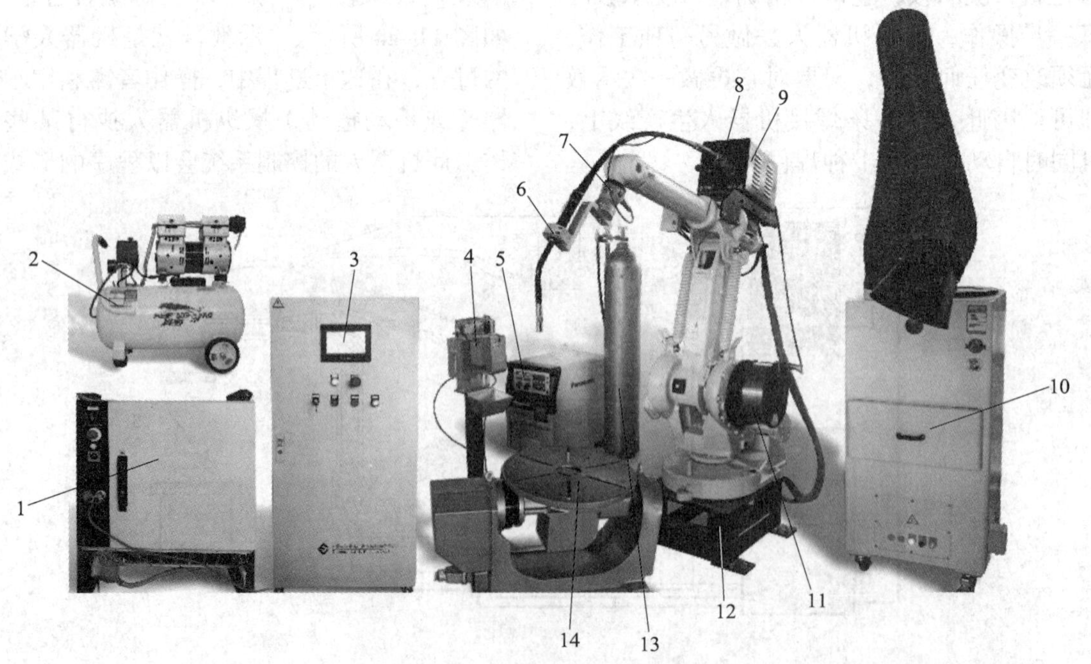

图 11–25　焊接机器人的组成

1—机器人控制柜　2—空气压缩机　3—示教器　4—清枪剪丝机　5—焊接电源　6—焊枪
7—防碰撞传感器　8—机器人本体　9—送丝机　10—烟尘净化器　11—焊丝盘　12—底座　13—气瓶　14—焊接变位机

一般焊接中，焊丝为细丝时，相应配用平外特性的焊接电源；焊丝为粗丝时，配用下降外特性的焊接电源。通过示教器控制焊接电源，可便捷地调整焊接参数，以满足不同的焊接需求。

（3）送丝装置

送丝装置是控制焊丝伸出或退回焊枪的装置，由送丝机（包括电动机、减速器、主动轮和从动轮）、送丝软管等部分组成。送丝方式多采用推丝式，即焊丝盘、送丝机构与焊枪分离，焊丝通过一段软管送入焊枪。这种方式结构简单，但焊丝通过软管时会受到阻力作用，故所用焊丝直径宜在 0.8 mm 以上。一般焊接采用细丝时配用等速送丝系统；采用粗丝时配用变速送丝系统。

焊接系统中的数字送丝机如图 11–26 所示。送丝机的伺服电动机通过输入齿轮带动两驱动轮转动，通过调节压紧旋钮改变压紧轮（即从动轮）与驱动轮的间距，可改变对焊丝的输出力，此调节方式可适用于不同直径的焊丝。这种两驱两从的方式可实现对焊丝的两点滚动输出，从而确保焊接系统在不同环境中都能稳定送丝。

图 11–26 送丝机

1—送丝机机架 2—压紧旋钮 3—从动轮 4—电动机 5—主动轮 6—驱动轮 7—从动轮支架

（4）焊枪

焊枪的作用是导电、导丝、导气。用焊枪焊接时，由于焊接电流通过导电嘴将产生电阻热和电弧的辐射热，会使焊枪发热，因此焊枪常需冷却，冷却方式有气冷和水冷两种。当焊接电流在 300 A 以上时，宜采用水冷焊枪。

焊枪在工业机器人上的安装形式可分为内置、外置两种，如图 11–27 所示。焊枪及气管、电缆、焊丝通过支架安装在机器人的手腕上，气管、电缆、焊丝从手腕、手臂外部引入的焊枪称为外置焊枪。焊枪直接安装在手腕上，气管、电缆、焊丝从机器人手腕、手臂内部引入的焊枪称为内置焊枪。

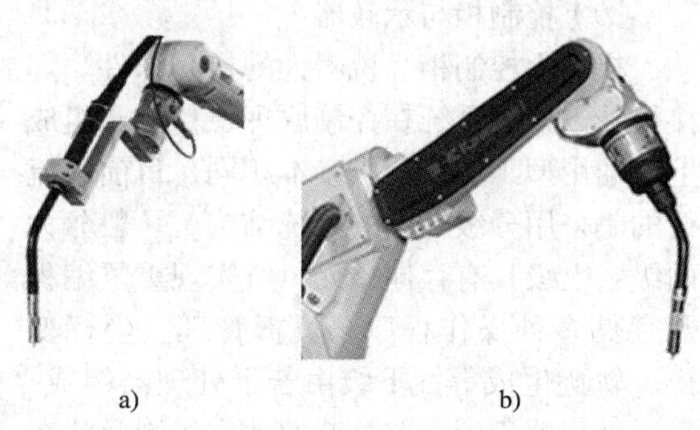

图 11–27 焊枪

a）外置焊枪 b）内置焊枪

（5）焊丝盘和气瓶

焊丝盘用于缠绕并封装焊丝，焊丝盘可安装在机器人外部轴端，也可安装在地面的焊丝盘架上。焊丝绕出焊丝盘后，通过导管与送丝机夹紧连接，再由送丝机供给至焊枪。气瓶用于存储保护气并以一定的气压和流量将保护气供给至焊接作业处。

（6）清枪剪丝机

清枪剪丝机的主要作用如下：清理焊接过程中产生的黏堵在焊枪气体保护套内的飞溅物，确保气体长期畅通无阻；清枪工位可以给焊枪保护套喷洒耐高温防堵剂，减少飞溅对枪套、枪嘴的粘连；剪丝工位可将熔滴状的焊丝端部自动剪去，废料落入废料盒，以改善焊丝的工况。

（7）焊接变位机

焊接变位机是用来改变待焊工件位置，将待焊焊缝调整至理想位置进行施焊作业的设备。通过变位机对待焊工件位置的转变，可以实现单工位全方位的焊接加工，提高焊接机器人的应用效率，确保焊接质量。

（8）烟尘净化器

烟尘净化器（净化器）是一种工业环保设备，焊接产生的烟尘被风机负压吸入除烟机内部，大颗粒飘尘被均流板和初滤网过滤而沉积下来；进入净化装置的微小级烟雾和废气通过废气装置内部被过滤及分解后排出达标气体。

（9）控制柜与示教器

机器人控制柜是机器人的核心部件。焊接机器人控制系统在控制原理、功能及组成上与通用型工业机器人基本相同，目前最流行的是采用分级控制的系统结构。一般分为两级：上级具有存储单元，可实现重复编程及存储多种操作程序，负责管理、坐标变换、轨迹生成等；下级由若干处理器组成，每一处理器负责一个关节的动作控制及状态检测，实时性好，易于实现高速、高精度控制。此外，弧焊机器人周边设备的控制，如工件定位、夹紧、变位及保护气体供、断等调控均设有单独的控制装置，可以单独编程，同时又可与机器人控制装置进行信息交换，由机器人控制系统实现全部作用的协调控制。示教器主要由液晶屏幕和操作按键组成，示教器上配有用于机器人示教编程所需的操作按键。示教—再现型机器人的所有操作基本上是通过示教器来完成的。

（10）防碰撞传感器

为保证工业机器人设备安全，在机器人手部安装工具时一般都附加一个防碰撞传感器，如图 11–28 所示，以确保及时检测到工业机器人工具与周边设备或人员发生碰撞并停机。防碰撞传感器采用高吸能弹簧，确保设备具有很高的重复定位精度，在排除故障后可自动复位，其内部置有动断触点。当传感器受到的外力超过一定限度时，其内部触点变为断开状态。

图 11–28　防碰撞传感器

思考与练习

1. 什么是钎焊？钎焊是如何分类的？
2. 简述钎焊的原理及特点。
3. 什么是钎料、钎剂？其型号、牌号是如何编制的？
4. 常用钎焊方法有哪几种？其特点分别是什么？
5. 简述钎焊工艺要点。
6. 什么是电渣焊？简述电渣焊的原理。
7. 电渣焊有什么特点？其类型有哪些？
8. 碳弧气刨的原理及特点是什么？主要应用在哪些方面？
9. 碳弧气刨的工艺参数有哪些？应如何选择？
10. 搅拌摩擦焊的原理是什么？其焊接过程分为哪四步？

11. 什么是螺柱焊？有什么特点？
12. 真空电子束焊的原理是什么？有什么特点？
13. 激光焊接的原理及特点是什么？激光切割有什么特点？
14. 什么是焊接机器人？焊接机器人有哪些优点？
15. 焊接机器人的工作原理是什么？
16. 焊接机器人由哪几部分组成？各自的作用是什么？

第十二章

常用金属材料的焊接

在工业生产中，不仅会遇到制造焊接结构的各种金属材料，如碳素钢、低合金高强度结构钢、耐热钢、低温钢、不锈钢、铜及铜合金、铝及铝合金等，而且还会遇到一些金属结构的焊接修复，如铸铁的焊补等。因此，掌握这些金属材料的焊接性能和焊接工艺对保证焊接结构的质量是至关重要的。

§12-1 金属的焊接性

一、焊接性的概念

金属的焊接性是指金属材料在限定的施工条件下，焊接成符合设计要求的构件，并满足预定服役要求的能力。也就是指金属材料在一定的焊接工艺条件下焊接成符合设计要求，满足使用要求的构件的难易程度，即金属材料对焊接加工的适应性和使用的可靠性。

二、影响焊接性的因素

影响金属焊接性的因素主要有材料、焊接方法及工艺、构件类型和使用条件四个方面。

1. 材料方面

材料方面不仅包括焊件本身，还包括使用的焊接材料，如焊条、焊丝、焊剂、保护气体等。它们在焊接时都参与熔池或半熔化区内的冶金过程，直接影响焊接质量。如母材与焊接材料匹配不当，就会造成焊缝金属化学成分不合格，力学性能和其他使用性能降低。因此，为了保证良好的焊接性，必须对材料因素予以充分重视。

2. 焊接方法及工艺方面

焊接方法对焊接性的影响主要体现在两方面，一是焊接热源性质（如能量密度大小、温度高低等），例如，对于有过热敏感的高强度钢，从防止过热出发，适宜选用等离子弧焊、电子束焊等方法，有利于改善焊接性；相反，对于灰铸铁，焊接时从防止白口出发，应选用气焊、电渣焊等方法。二是对熔池和接头的保护，如钛合金对氧气、氮气、氢气极为敏感，用气焊和焊条电弧焊不可能焊好，而用氩弧焊或真空电子束焊就比较容易焊接，其焊接性好。

工艺措施对防止焊接接头缺欠，提高使用性能也有重要的作用。例如，焊前预热、焊后缓冷和消氢处理等对防止热影响区淬硬变脆，降低焊接应力，防止裂纹等是比较有效的措施。另外，合理安排焊接顺序也能减小焊接应力与变形。

3. 构件类型方面

焊接构件的结构设计会影响应力状态，从而对焊接性也会发生影响。应使焊接接头处于刚度较低的状态，能够自由收缩，有利于防止焊接裂纹。缺口、截面突变、焊缝余高过大、交叉焊缝等都容易引起应力集中，要尽量避免。不必要地增大焊件厚度或焊缝体积，就会产生多向应力，也应注意防止。

4. 使用条件方面

焊接结构的使用是多种多样的，如在高温和低温下工作、在腐蚀介质中工作及在静载荷或动载荷条件下工作等。当在高温下工作时，可能产生蠕变；在低温或冲击载荷下工作时，容易发生脆性破坏；在腐蚀介质中工作时，接头要求具有耐腐蚀性。总之，使用条件越不利，对焊接性的要求就越高。

三、焊接性的评定方法

评定焊接性的方法很多，可分为间接估算法和直接试验法两类。

1. 间接估算法

间接估算法一般不需要焊接焊缝，只需对金属材料的化学成分、物理性能、金相组织及力学性能指标等进行分析与测定，从而推测被评估金属的焊接性，最常用的间接估算法是碳当量法。

钢材的化学成分对焊接热影响区的淬硬及冷裂倾向有直接影响，因此，可用化学成分来间接估算其焊接性。在钢材的各种化学元素中，对焊接性影响最大的是碳，碳是引起淬硬及冷裂的主要元素，故常把钢中含碳量的多少作为判断钢材焊接性的主要标志，钢中含碳量越高，其焊接性越差。为了便于分析及研究钢中合金元素对钢的焊接性影响，引入了碳当量的概念。所谓碳当量，是指把钢中合金元素（包括碳）的含量按其作用换算成碳的相当含量。用碳当量大小来评定钢材焊接性的方法称为碳当量法。由于碳当量只考虑了化学成分对焊接性的影响，而没有考虑焊接方法、构件类型等因素的影响，因此，碳当量法只是一个近似的间接估算焊接性的方法。

碳当量的估算公式有很多种形式，国际焊接学会推荐的估算碳钢及低合金钢的碳当量（C_E）的公式为：

$$C_E=w(\mathrm{C})+\frac{w(\mathrm{Mn})}{6}+\frac{w(\mathrm{Cr})+w(\mathrm{Mo})+w(\mathrm{V})}{5}+\frac{w(\mathrm{Ni})+w(\mathrm{Cu})}{15}\times 100\%$$

金属的焊接性是一个相对概念，与材料、焊接方法、工艺、构件类型及使用要求等密切相关，所以，不能脱离这些因素而单纯从材料本身的性能来评价金属材料的焊接性。若一种金属材料可以在很简单的焊接工艺条件下获得完好的接头，并能够满足使用要求，就可以说其焊接性良好；反之，若必须在较复杂的工艺条件下才能够焊接，或者所焊的接头在性能上不能很好地满足使用要求，就可以说其焊接性差。

上式中，元素符号表示其在钢中含量的百分数，计算时取上限。根据经验，当 C_E<0.4% 时，钢材的淬硬倾向不明显，焊接性优良，焊接时不必预热；当 C_E=0.4% ~ 0.6% 时，钢材的淬硬倾向增大，需要采取适当预热、控制焊接参数等工艺措施；当 C_E>0.6% 时，淬硬、冷裂倾向强，属于较难焊接的材料，需采取较高的预热温度和严格的工艺措施。

2. 直接试验法

直接试验法是通过焊接性试验来评定母材焊接性的方法，即通过焊接过程考查是否发生某种焊接缺欠，或发生缺欠的严重程度，直接去评价金属材料焊接性的优劣。直接试验法常用的有斜 Y 形坡口焊接裂纹试验等。

斜 Y 形坡口焊接裂纹试验又称小铁研法，主要用于评价碳钢和低合金高强度结构钢焊接热影响区冷裂纹敏感性，是一种在工程上广泛应用的试验方法。该方法是在试件两端开双 V 形坡口双面焊拘束焊缝，试件中间开斜 Y 形坡口单道焊试验焊缝，焊后对试验焊缝表面和断面的裂纹分别进行检查及计算。一般认为只要裂纹总长小于试验焊缝的 20%，在实际生产中就不会产生裂纹。斜 Y 形坡口焊接裂纹试验的试件形状和尺寸如图 12–1 所示。

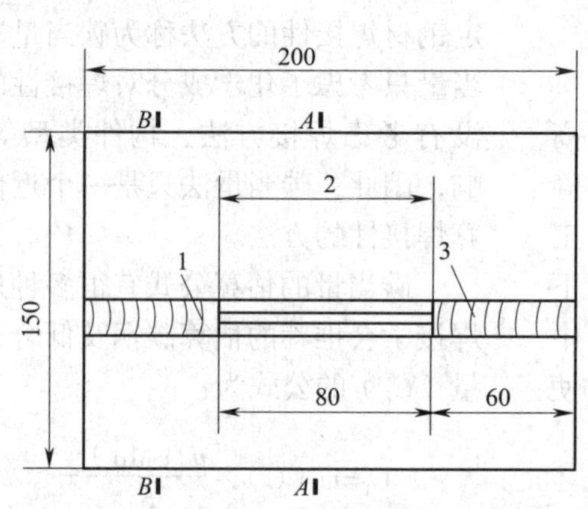

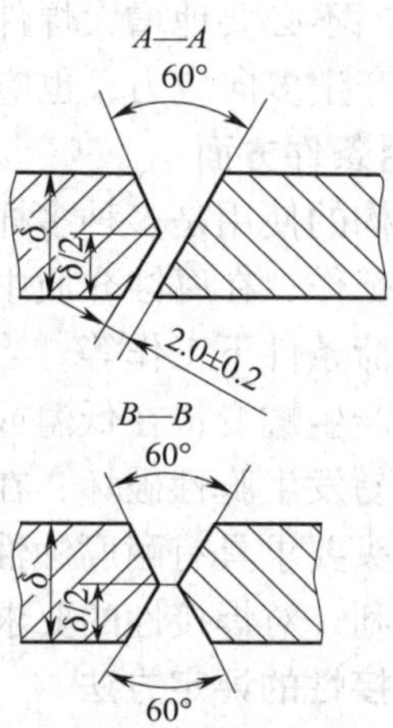

图 12–1　斜 Y 形坡口焊接裂纹试验的试件形状和尺寸

1、3—拘束焊缝　2—试验焊缝

§12–2　常用焊接工艺措施

各种金属材料的焊接性不同，且影响因素较多。因此，为了保证焊接质量，常对焊接性差或较差的金属材料采取预热、后热、焊后热处理等工艺措施。

一、预热

焊接开始前对焊件的全部（或局部）进

行加热的工艺措施称为预热。按照焊接工艺的规定，预热需要达到的温度叫作预热温度。

1. 预热的作用

预热的主要作用是降低焊后冷却速度。对于给定成分的钢种，焊缝及热影响区的组织和性能取决于冷却速度的大小。对于易淬火钢，预热可以减小淬硬程度，防止产生焊接裂纹。另外，预热还可以减小热影响区的温度差别，在较宽范围内得到比较均匀的温度分布，有助于减小因温度差别而造成的焊接应力。

对于刚度不高的低碳钢、强度等级较低的低合金钢的一般结构通常不必预热，但焊接有淬硬倾向的焊接性不好的钢材或刚度高的结构时，需焊前预热。由于对铬镍奥氏体钢预热可使热影响区在危险温度区的停留时间增加，从而增大腐蚀倾向，因此，在焊接铬镍奥氏体不锈钢时不可进行预热。

2. 预热温度的选择

焊件焊接时是否需要预热、预热温度的选择，应根据钢材的成分、厚度、结构刚度、接头形式、焊接材料、焊接方法、环境因素等综合考虑，并通过焊接性试验来确定。一般钢材碳当量越大（含碳量越多、含合金元素越多），母材越厚，结构刚度越高，环境温度越低，则预热温度越高。

在多层多道焊时，还要注意道间温度（又称层间温度）。道间温度是指在施焊后继焊道之前，其相邻焊道应保持的温度。道间温度不应低于预热温度。

3. 预热方法

预热时的加热范围，对于对接接头每侧加热宽度不得小于板厚的 5 倍，一般在坡口两侧各 75 ~ 100 mm 范围内应保持一个均热区域，测温点应取在均热区域的边缘。如果采用火焰加热，测温最好在加热面的反面进行。预热的方法有火焰加热、工频感应加热、红外线加热等。在刚度很高的结构上进行局部预热时，应注意加热部位，避免造成很大的热应力。

二、后热

焊接后立即对焊件的全部（或局部）进行加热或保温，使其缓冷的工艺措施叫作后热，它不等于焊后热处理。

1. 后热的作用

后热的作用是避免形成淬硬组织及使氢逸出焊缝表面，防止产生裂纹。对于冷裂纹倾向性大的低合金高强度结构钢等材料，还有一种专门的后热处理，称为消氢处理，即在焊后立即将焊件加热到 250 ~ 350 ℃的温度范围，保温 2 ~ 6 h 后空冷。消氢处理的目的主要是使焊缝金属中的扩散氢加速逸出，大大降低焊缝和热影响区中的含氢量，防止产生冷裂纹。消氢处理的加热温度较低，不能起到松弛焊接应力的作用。对于焊后要求进行热处理的焊件，因为在热处理过程中可以达到除氢目的，不需要另做消氢处理。但是，焊后若不能立即进行热处理而焊件又必须及时除氢时，则需及时做消氢处理；否则，焊件有可能在热处理前的放置期间产生裂纹。

2. 后热方法

后热的加热方法、加热区宽度、测温部位等要求与预热相同。

三、焊后热处理

焊后为改善焊接接头的组织和性能或消除残余应力而进行的热处理称为焊后热处理。

1. 焊后热处理的作用和种类

焊后热处理的主要作用是消除焊接残余应力，软化淬硬部位，改善焊缝与热影响区的组织和性能，提高接头的塑性和韧性，稳定结构的尺寸。

最常用的焊后热处理是在 600 ~ 650 ℃范围内的消除应力退火和低于 Ac_1 点温度的高温回火。另外，还有为改善铬镍奥氏体不锈钢耐腐蚀性的均匀化处理等。

2. 焊后热处理工艺及方法

（1）整体热处理

将焊件置于加热炉中整体加热处理，可以得到满意的处理效果。焊件进炉和出炉时的温度应在 300 ℃以下，在 300 ℃以上的加热和冷却速度与板厚有关，应符合下式要求：

$$v \leqslant 200 \times 25/\delta$$

式中　v——冷却速度，℃ /h；

δ——板材厚度，mm。

对于厚壁容器，加热和冷却速度为 50 ~ 150 ℃ /h，整体处理时炉内最大温差不得超过 50 ℃。如果焊件太长需分段处理时，重叠加热部分应在 1.5 m 以上。

（2）局部热处理

对于尺寸较长不便整体处理，但形状比较规则的简单筒形容器、管件等，可以进行局部热处理。进行局部热处理时，应保证焊缝两侧有足够的加热宽度。筒体的加热宽度与筒体半径、壁厚有关，可按下式计算：

$$B=5\sqrt{R\delta}$$

式中　B——筒体加热宽度，mm；

R——筒体半径，mm；

δ——筒体壁厚，mm。

局部热处理常采用火焰加热、红外线加热、工频感应加热等加热方法。

3. 焊后热处理的应用

一般焊接结构是不需要采用焊后热处理的，但下列情况一般应考虑焊后热处理：

（1）母材金属强度等级较高，产生延迟裂纹倾向较大的普通低合金钢。

（2）处在低温下工作的压力容器及其他焊接结构，特别是在脆性转变温度以下使用的压力容器。

（3）承受交变载荷，要求疲劳强度高的构件。

（4）大型受压容器。

（5）有应力腐蚀和焊后要求几何尺寸较稳定的焊接结构。

§12-3　非合金钢的焊接

碳素钢简称碳钢，是含碳量小于 2.11% 的铁碳合金。碳素钢是工业中应用最广泛的金属材料。工业中使用的碳素钢，含碳量很少超过 1.4%，用于制造焊接结构的碳素钢，其含碳量还要低得多。必须注意的是，国家标准《钢分类　第 1 部分　按化学成分分类》（GB/T 13304.1—2008）中已经以“非合金钢”取代传统的“碳素钢”，但在很多现行的标准中仍采用碳钢一词，所以本书仍沿用碳钢这一术语。

碳钢的焊接性主要取决于含碳量的高低，随着含碳量的增加，焊接性逐渐变差。

一、低碳钢的焊接

1. 低碳钢的焊接性

低碳钢由于含碳量较低，塑性好，而且淬硬倾向小，焊接过程中一般不需要采取预热、后热、控制道间温度、焊后热处理等工艺措施，许多焊接方法都能用于低碳钢的焊接，并可获得良好的焊接接头。因此，低碳钢焊接性优良，是焊接性最好的金属材料。

2. 低碳钢焊接工艺

（1）焊接方法和焊接材料

低碳钢几乎可采用所有的焊接方法进行焊接，并都能保证焊接接头的良好质量。用得最多的是焊条电弧焊、埋弧焊、CO_2气体保护焊、MAG焊、氩弧焊、电渣焊等。常用低碳钢焊接材料的选择见表12–1。

（2）预热和焊后热处理

低碳钢焊接过程中一般不需要采取预热、焊后热处理等工艺措施，但当焊件较厚、刚度很高或在低温条件下焊接时，可能要采取预热、焊后热处理等措施。例如，焊接锅炉汽包时，即使是Q245R（20g）等焊接性良好的低碳钢，由于板厚较大，仍要进行温度为600～650 ℃的焊后热处理。为了细化晶粒，电渣焊接头焊后必须进行正火或正火加回火处理。

表12–1　　常用低碳钢焊接材料的选择

钢材牌号	焊条电弧焊		埋弧焊	气体保护焊	电渣焊
	一般结构（包括厚度不大的低压容器）	受动载荷，厚板，中、高压及低温容器			
Q215 Q235	E4313、E4303、E4319、E4320、E4311	E4316、E4315（或E5016、E5015）	H08A H08MnA HJ431 HJ430	ER49–1 ER50–6	H10MnSi H10Mn2 HJ360
Q275	E5016、E5015	E5016、E5015	H08MnA HJ431 HJ430	ER49–1 ER50–6	H10MnSi H10Mn2 HJ360
08、10、15、20	E4303、E4319、E4320、E4310	E4316、E4315（或E5016、E5015）	H08A H08MnA HJ431 HJ430	ER49–1 ER50–6	H10MnSi H10Mn2 HJ360
Q245R（20R、20g）、25	E4303、E4319	E4316、E4315（或E5016、E5015）	H10Mn2 H08MnA HJ431 HJ430	ER49–1 ER50–6	H10MnSi H10Mn2 HJ360

注：气体保护焊是指CO_2气体保护焊、富氩气保焊（MAG）和氩弧焊。

二、中碳钢的焊接

1. 中碳钢的焊接性

中碳钢的含碳量在0.25%～0.6%之间，当含碳量处于下限附近时，焊接性良好；随着含碳量的增加，焊接性逐渐变差。焊接时会出现以下两个问题：

（1）焊缝金属易产生热裂纹

中碳钢含碳量较高，凝固温度区间较大，偏析现象较严重，在凝固收缩应力的作用下易沿液态晶界处开裂，产生热裂纹。

（2）热影响区易产生冷裂纹

中碳钢焊接时，在热影响区易产生塑性很低的淬硬组织（马氏体），含碳量越高，淬硬倾向越大。当板材较厚，刚度较高时，在热影响区容易产生冷裂纹。当焊缝金属的含碳量较高时，也有产生冷裂纹的可能。

2. 中碳钢焊接工艺

（1）焊接方法及焊接材料

中碳钢的焊接方法有焊条电弧焊、CO_2气体保护焊及MAG焊等。焊条电弧焊时应尽量采用抗裂性能较好的碱性焊条。当焊缝金属与母材不要求等强时，可选用强度低一级的焊条，如E4315、E4316等。当对焊缝金属强度要求较高时，可采用E5015、E6015–D1等碱性焊条。中碳钢焊条的选用见表12–2。

表12–2 中碳钢焊条的选用

钢材牌号	焊接性	选用的焊条型号	
		不要求等强度	要求等强度
35、ZG270–500	较好	E4303、E4319、E4316、E4315	E5016、E5015
45、ZG310–570	较差	E4303、E4319、E4316、E4315、E5016、E5015	E5516、E5515
55、ZG340–640	较差	E4303、E4319、E4316、E4315、E5016、E5015	E5716 J606

特殊情况下，也可采用铬镍不锈钢焊条焊接或焊补中碳钢。这时不需预热，也不容易产生近缝区冷裂纹。常用的铬镍奥氏体不锈钢焊条有E308–15（A107）、E309–16（A302）、E309–15（A307）、E310–16（A402）、E310–15（A407）等。

中碳钢采用CO_2气体保护焊及MAG焊时，可选用ER49–1、ER50–6等焊丝。

（2）焊接工艺措施

1）焊接时，为了控制焊缝中的含碳量，减小熔合比，一般开U形坡口或V形坡口，但尽量开成U形坡口。

2）大多数情况下焊接中碳钢时需要预热、控制道间温度及焊后热处理。一般35钢和45钢（包括铸钢）预热温度可选用150 ~ 250 ℃。含碳量更高或厚度和刚度很大时，可将预热温度提高到250 ~ 400 ℃；道间温度不低于预热温度。对含碳量较高、厚度和刚度较大的焊件，焊后应进行600 ~ 650 ℃的消除应力回火。

3）多层焊第一层焊缝应尽量采用小电流，焊接速度较慢，以减小熔合比，防止产生热裂纹。

4）焊后可锤击焊缝，以减小焊接残余应力，细化晶粒。

5）焊后应尽可能缓冷，焊件焊后可放在石棉灰或炉中缓冷。

§12–4 低合金高强度结构钢的焊接

一、低合金高强度结构钢简介

利用焊接来制造金属结构的低合金结构钢可分为强度用结构钢和专业用结构钢（如低温钢、耐热钢等），其中以低合金高强度结构钢应用最广泛。

国家标准《低合金高强度结构钢》（GB/T

1591—2018）规定，低合金高强度结构钢分为Q355、Q390、Q420、Q460、Q500、Q550、Q620和Q690八级，按质量等级分为B、C、D、E四级。低合金高强度结构钢的牌号由代表屈服强度“屈”字的汉语拼音首字母Q、规定的最小上屈服强度数值、交货状态代号、质量等级符号（B、C、D、E、F）四个部分组成。交货状态为热轧时，交货状态代号AR或WAR可省略；交货状态为正火或正火轧制时，交货状态代号均用N表示。

例如，Q355ND中，Q表示钢的屈服强度“屈”字的汉语拼音首字母；355表示规定的最小上屈服强度数值，单位为MPa；N表示交货状态为正火或正火轧制；D表示质量等级为D级。其中质量等级较低的主要用于一般用途结构钢；等级较高的主要用于锅炉、压力容器、造船、汽车、桥梁、工程机械及矿山机械等；质量等级高的主要用于核电、石油天然气管线、海洋工程、军用舰船等。低合金高强度结构钢新旧牌号对照见表12–3。

表12–3　低合金高强度结构钢新旧牌号对照

新牌号（GB/T 1591—2018）	旧牌号（GB/T 1591—2008）	旧牌号（GB 1591—1988）
		09MnV、09MnNb、09Mn2、12Mn
Q355	Q345	12MnV、14MnNb、16Mn、16MnRE、18Nb
Q390	Q390	15MnV、15MnTi、16MnNb
Q420	Q420	15MnVN、14MnVTiRE
Q460	Q460	
Q500	Q500	
Q550	Q550	
Q620	Q620	
Q690	Q690	

二、低合金高强度结构钢的焊接性

由于低合金高强度结构钢的含碳量（≤0.2%）及合金元素含量均较低，因此其焊接性总体较好，但由于这类钢中含有一定量的合金元素及微合金化元素，随着强度等级的提高，板厚增大，焊接性将变差。低合金高强度结构钢焊接时的主要问题是焊接裂纹和焊接热影响区脆化。

1. 焊接裂纹

低合金高强度结构钢焊接时容易产生的裂纹是冷裂纹。

焊接强度等级较低的低合金高强度结构钢时，由于淬硬倾向很小，焊缝和热影响区金属的塑性较好，产生冷裂纹的可能性不大。但随着钢材强度等级的提高，淬硬倾向增加，冷裂纹的倾向也增大。又因厚板的刚度高，焊接接头的残余应力也大。因此，冷裂纹主要发生在强度等级较高的厚板结构中。

低合金高强度结构钢产生热裂纹的可能性比冷裂纹小得多，只有在原材料化学成分不符合规定（如含硫量、含碳量偏高）时才有可能发生。

2. 焊接热影响区脆化

焊接低合金高强度结构钢时，热影响区中被加热到1 100 ℃以上的粗晶区是焊接接头的薄弱区，冲击韧度也最低，即所谓脆化区。

热影响区粗晶脆化主要与焊接热输入有关。对于热轧钢，焊接热输入较大时，粗晶区将因晶粒长大或出现魏氏组织等而降低韧性；焊接热输入较小时，会由于粗晶区组织中马氏体比例的增大而降低韧性。

对于正火钢，受热输入影响更大。采用过大的热输入时，粗晶区在正火状态下弥散分布的TiC、VC和VN等溶入奥氏体中，将失去抑制奥氏体晶粒的长大及削弱组织细化作用，粗晶区将出现粗大组织而使韧性显著降低。

需要注意的是，由于热机械轧制钢靠快速冷却提高强度，在采用大热输入方法焊接时，如埋弧焊、电渣焊、闪光对焊等，热影响区会出现软化现象，但不是致命弱点，采用高能量密度热源快速焊接可减小软化区宽度，防止软化对接头强度的影响。

三、低合金高强度结构钢的焊接工艺

1. 焊接方法的选择

低合金高强度结构钢对焊接方法无特殊要求，适用于各种焊接方法，其中焊条电弧焊、埋弧焊、熔化极气体保护焊是最常用的方法。在选择具体的焊接方法时，可根据产品的结构、性能要求和企业的实际条件等因素确定。

2. 焊接材料的选择

低合金高强度结构钢一般按“等强”原则选择与母材强度相当的焊接材料，并综合考虑焊缝金属的韧性、塑性及抗裂性能。只要焊缝金属的强度不低于母材强度的下限值即可。为此应优先选用低氢、超低氢以及塑性、韧性优良的焊接材料。对于刚度高的结构，考虑焊缝的塑性和韧性，有时也可选用比母材强度低一级的焊接材料。低合金高强度结构钢焊条、焊丝及焊剂的选用见表 12–4。

表 12–4　低合金高强度结构钢焊条、焊丝及焊剂的选用

钢材牌号	电渣焊		焊条型号或牌号	埋弧焊		CO_2 焊（MAG 焊）焊丝型号
	焊丝牌号	焊剂牌号		焊丝牌号	焊剂牌号	
Q355	H08MnMoA	HJ431 HJ360	E5003、E5001、E5016、E5015	不开坡口 H08A 中板开坡口 H08MnA H10Mn2 H10MnSi 厚板开坡口 H10Mn2	HJ431 HJ431 HJ431 HJ431 HJ350	ER49—1 ER50—6
Q390	H08Mn2MoVA	HJ431 HJ360	E5016、E5015、E5516–G、E5515–G	不开坡口 H08MnA 中板开坡口 H10MnSi H10Mn2 H08Mn2Si 厚板开坡口 H08MnMoA	HJ431 HJ431 HJ431 HJ431 HJ350 HJ250	ER49—1 ER50—6
Q420	H10Mn2MoVA	HJ431 HJ360	E5516–G E5515–G E5716–G E5715–G	H08MnMoA H08Mn2MoA	HJ431 HJ350	ER50—6
Q460	H10Mn2MoA H10Mn2MoVA	HJ431 HJ360	E5515–G E5516–G E5715–G E5716–G	H08Mn2MoA H08MnMoVA	HJ350 HJ250 SJ101	
Q500	H08Mn2MoA H08MnMoVA H08Mn2NiMoA	HJ431 HJ360	E5715–G J707 J707Ni	H08Mn2MoA H08MnMoVA H08Mn2NiMoA	HJ350 HJ250 SJ101	
Q550			E5715–G J707 J707Ni J607RH			

续表

钢材牌号	电渣焊		焊条型号或牌号	埋弧焊		CO_2 焊（MAG焊）焊丝型号
	焊丝牌号	焊剂牌号		焊丝牌号	焊剂牌号	
Q620			J707 J757			
Q690			J757 J807			

3. 预热

焊前预热能降低焊后冷却速度，避免出现淬硬组织，减小焊接应力，是防止裂纹的有效措施，也有助于改善接头组织与性能，是焊接低合金高强度结构钢时常用的工艺措施。焊接强度等级较低的低合金高强度结构钢时一般可以不预热。只有在厚板、刚度高的结构且环境温度低的条件下，需预热至 100 ~ 150 ℃。焊接强度等级较高的低合金高强度结构钢时一般需要预热。表 12–5 列出了几种低合金高强度结构钢的预热温度。

4. 后热及焊后热处理

低合金高强度结构钢后热主要是消氢处理，是防止产生冷裂纹的有效措施之一。低合金高强度结构钢一般焊后不进行热处理，只有在某些特殊情况下才采用焊后热处理，例如，焊接厚板或强度等级较高及有延迟裂纹倾向的钢等。此外，电渣焊焊缝焊后必须采用正火或正火加回火处理。表 12–5 列出了几种低合金高强度结构钢的焊后热处理温度和工艺。

5. 控制焊接热输入

热输入的确定主要取决于过热区的脆化和冷裂倾向。由于各种钢的脆化与冷裂倾向不同，因而对焊接热输入要求也有差别。

焊接含碳量偏低的 Q355 钢时，由于脆化、冷裂倾向小，对热输入没有严格限制，但热输入偏小些更有利。当焊接含碳量偏高的 Q355 钢时，为降低淬硬倾向，防止冷裂纹的产生，热输入应偏大一些。对于强度等级较高的低合金高强度结构钢，淬硬倾向增大，应选择较大的热输入，但热输入过大又会增大粗晶区脆化倾向，这时采用预热配合小的热输入更合理。

为防止热机械轧制钢热影响区出现软化现象，提高热影响区的韧性，应采用较小的热输入进行焊接。

表 12–5　低合金高强度结构钢的预热温度及焊后热处理温度和工艺

钢的牌号	预热温度	焊后热处理温度和工艺	
		电弧焊	电渣焊
Q355	100 ~ 150 ℃ （$\delta \geq 30$ mm）	600 ~ 650 ℃退火	900 ~ 930 ℃正火 600 ~ 650 ℃回火
Q390	100 ~ 150 ℃ （$\delta \geq 28$ mm）	550 ℃或 650 ℃退火	950 ~ 980 ℃正火 550 ℃或 650 ℃回火
Q420	100 ~ 150 ℃ （$\delta \geq 25$ mm）	600 ~ 650 ℃退火	950 ℃正火 650 ℃回火
Q460	≥ 200 ℃	600 ~ 650 ℃退火	950 ~ 980 ℃正火 600 ~ 650 ℃回火

§12-5 珠光体耐热钢的焊接

一、珠光体耐热钢简介

高温下具有足够的强度和抗氧化性的钢称为耐热钢。合金元素总含量在5%以下，在供货状态下具有珠光体（或珠光体加铁素体）组织的低合金耐热钢称为珠光体耐热钢。常用的珠光体耐热钢有15Mo、12CrMo、15CrMo、12Cr1MoV、12Cr2MoWVTiB等。

珠光体耐热钢是以铬、钼为主要合金元素的低合金钢。

铬（Cr）能形成致密的氧化膜，提高钢的抗氧化性能。钢中的碳与铬具有很大的亲和力，能形成铬的化合物，从而降低了钢中铬的有效浓度，这对高温抗氧化性是不利的，因此，珠光体耐热钢的含碳量一般都小于0.20%。

钼（Mo）是耐热钢中的强化元素，它的熔点高达2 610 ℃，固溶后可提高钢的再结晶温度，从而使钢的高温强度和抗蠕变能力得到提高，能在500 ~ 600 ℃时仍保持较高的强度。此外，耐热钢中还可以加入钒、钨、铌、铝、硼等合金元素，以提高其高温强度。

珠光体耐热钢由于具有较高的抗氧化性和热强性，现广泛应用于制造工作温度在350 ~ 600 ℃范围内的动力发电设备。同时，珠光体耐热钢还具有良好的抗硫化物和氢的腐蚀能力，在石油、化工和其他工业部门也得到了广泛的应用。

二、珠光体耐热钢的焊接性

焊接珠光体耐热钢时的主要问题是淬硬倾向大，易产生冷裂纹和再热裂纹等。

珠光体耐热钢中的Cr和Mo能显著提高钢的淬硬性，Mo的作用比Cr约大50倍，因此，热影响区具有较大的淬硬倾向。另外，珠光体耐热钢焊后在空气中冷却时易产生硬而脆的马氏体组织，并产生较大的内应力，易使热影响区出现冷裂纹。

耐热钢中由于含有铬、钼、钒、钛等强碳化合物形成元素，具有一定的再热裂纹的倾向，因此，V、Nb、Ti等合金元素的含量要严格控制到最低的程度。

此外，Cr-Mo耐热钢焊接接头在350 ~ 500 ℃温度区间长期运行时会产生回火脆性现象，其主要原因是钢中的P、As、Sb、Sn等杂质易在晶界偏析，导致晶间结合力下降，所以，应严格控制P、As、Sb、Sn等有害杂质元素的含量。

三、珠光体耐热钢的焊接工艺

1. 焊前准备

一般焊件的坡口加工可采用火焰切割法，但切割边缘会形成低塑性的淬硬层，往往会成为后续加工的开裂源。为了防止切割边缘开裂，可采取以下措施：

（1）对于所有厚度的2.25Cr-Mo、3Cr-Mo钢板和15 mm以上的1.25Cr-0.5Mo钢板，切割前应预热至150 ℃以上，切割边缘应进行机械加工，并用磁粉探伤法检查是否存在表面裂纹。

（2）对于15 mm以下的1.25Cr-0.5Mo钢板和15 mm以上的0.5Mo钢板，切割前应预热到100 ℃以上，切割边缘应进行机械加工，并用磁粉探伤法检查是否存在表面裂纹。

（3）对于厚度在15 mm以下的0.5Mo钢板，切割前不必预热，切割边缘最好进行机械加工。

2. 焊接方法

珠光体耐热钢的焊接可选用焊条电弧

焊、埋弧焊、熔化极气体保护焊、电渣焊、钨极氩弧焊和电阻焊等方法。通常以焊条电弧焊为主，埋弧焊和电渣焊也常用。

钨极氩弧焊也是珠光体耐热钢管道常用的焊接方法，既可作为打底焊以实现单面焊双面成形，也可用于整个焊缝的焊接，但因焊接效率低，生产中多用作打底焊，而填充及盖面焊采用其他焊接方法。由于钨极氩弧焊电弧气氛具有超低氢的特点，焊接珠光体耐热钢时可降低预热温度，有时甚至可以不预热。

3. 焊接材料

珠光体耐热钢焊接材料的选配原则是使焊缝金属的化学成分与母材相同或相近，焊条电弧焊一般应选用碱性型焊条，直流反接。

对珠光体耐热钢进行焊条电弧焊时，有时也可选用奥氏体不锈钢焊条，如E316-16、E309-16、E309Mo-16等，焊前仍需预热，焊后一般不进行热处理。这种方法特别适用于有些焊件焊后不能热处理，而含铬量又高的情况。

对珠光体耐热钢进行埋弧焊时，可选用与焊件化学成分相同的焊丝配HJ350或HJ250焊剂进行焊接，这在压力容器、管道、重型机械等领域已得到了广泛应用。常用珠光体耐热钢焊接材料的选用见表12-6。

必须注意的是，珠光体耐热钢所用的焊条和焊剂都容易受潮，必须严格按规定保存和烘干。

表12-6　常用珠光体耐热钢焊接材料的选用

钢材牌号	焊条电弧焊		埋弧焊	气体保护焊
	牌号	型号	牌号	型号（牌号）
15Mo	R102 R107	E5003-1M3 E5015-1M3	H08MnMoA+HJ350	ER55-D2 （H08MnSiMo）
12CrMo	R202 R207	E5503-CM E5515-CM	H10MoCrA+HJ350	ER55-B2 （H08CrMnSiMo）
15CrMo	R307	E5515-1CM	H08CrMoA+HJ350	ER55-B2 （H08CrMnSiMo）
12Cr1MoV	R317	E5515-1CMV	H08CrMoV+HJ350	ER55-B2-MnV （H08CrMnSiMoV）
12Cr2Mo	R406Fe R407	E6218-2C1M E6215-2C1M	H08Cr3MoMnA+HJ350	ER62-B3 （H08Cr3MoMnSi）
12Cr2MoWVTiB	R347	E5515-2CMWVB	H08Cr2MoWVNbB+HJ250	ER62-G （H08Cr2MoWVNbB）

4. 预热和焊后热处理

预热是焊接珠光体耐热钢的重要工艺措施。为了确保焊接质量，不论是在定位焊或焊接过程中都应预热，并且应控制道间温度，使道间温度略高于预热温度。

焊接时避免中断，如必须中断时，应保证焊件缓慢冷却，重新施焊时仍须预热。焊接完毕应将焊件保持在预热温度以上数小时，然后再缓慢冷却，这一点即使在炎热的夏季也必须做到。

为了消除焊接残余应力，改善组织，提高接头的综合力学性能，焊后一般应进行热处理。珠光体耐热钢焊后热处理方法主要是高温回火，即将焊件加热至 650 ~ 780 ℃（低于 Ac_1），保温一定时间，然后在静止空气中冷却。常用珠光体耐热钢预热及焊后热处理工艺参数见表 12–7。

表 12–7　常用珠光体耐热钢预热及焊后热处理工艺参数　℃

钢材牌号	预热温度	焊后热处理温度
15Mo	200 ~ 250	650 ~ 700
12CrMo	200 ~ 250	650 ~ 700
15CrMo	200 ~ 250	680 ~ 720
12Cr1MoV	250 ~ 300	710 ~ 750
12Cr3MoVSiTiB	300 ~ 400	740 ~ 760
12Cr2MoWVTiB	300 ~ 400	760 ~ 780

§12–6　低合金低温钢的焊接

一、低合金低温钢简介

通常把 –196 ~ –10 ℃的温度范围称为“低温”（我国从 –40 ℃算起），低于 –196 ℃的称为超低温。低温钢主要用于低温下工作的容器、管道和结构，如液化石油气储罐、冷冻设备、石油化工低温设备等。对低温钢的主要性能要求是保证在使用温度下具有良好的韧性及抵抗脆性破坏的能力。

低合金低温钢一般用于 –110 ~ –20 ℃的工况条件，按适用温度可分为 –40 ℃、–50 ℃、–60 ℃、–70 ℃、–90 ℃、–110 ℃等级别；按成分可分为不含 Ni 和含 Ni 两大类。不含 Ni 的低温钢一般工作温度在 –60 ℃以上，而含 Ni 的低温钢根据含镍量的高低，可以工作在较低温度，如含镍量为 2.5% 的钢可以用于 –60 ℃以下，含镍量为 3.5% 的钢可以用于 –110 ~ –90 ℃。

低合金低温钢一般是通过合金元素的固溶强化、晶粒细化，并通过正火或正火加回火处理细化晶粒，使组织均匀化，从而获得良好的低温韧性。在低温钢中常用的合金元素是 Mn、Ni、V、Nb 等，如我国的低温压力容器用钢 16MnDR、09Mn2VDR、15MnNiDR 及 09MnNiDR 等。为保证低温韧性，在低温钢中应尽量降低含碳量，并严格限制 S、P 的含量。

二、低合金低温钢的焊接性

低合金低温钢中含碳量低，合金元素含量也不高，碳当量较低，淬硬倾向较小，因此冷裂敏感性不大。薄板焊接时一般可不预热，但应避免在低温下施焊。当板厚超过 25 mm 或焊接接头的拘束较大时，应采用适当的预热措施，以防止产生焊接冷裂纹，但预热温度不能过高，一般控制在 100 ~

150 ℃；否则，会导致焊接接头组织粗化，降低接头韧性。低合金低温钢中的 Ni 可能会增大热裂纹倾向，但由于这类钢及焊接材料中 C、S 及 P 的含量控制较低，以及采用合理的焊接参数，增大焊缝成形系数，可以避免热裂纹的产生。因此，保证焊缝和过热区的低温韧性是低温钢焊接时的关键技术。

三、低合金低温钢的焊接工艺

1. 焊接方法及焊接热输入

低温钢常用的焊接方法有焊条电弧焊、埋弧焊、钨极氩弧焊和熔化极气体保护焊等。为保证接头的低温韧性，焊接时必须控制其热输入。焊条电弧焊焊接热输入应控制在 20 kJ/mm 以下，熔化极气体保护焊焊接热输入应控制在 25 kJ/mm 左右，埋弧焊焊接热输入应控制在 28 ~ 45 kJ/mm 之间较为合适。

2. 焊接材料

常用低温钢焊条电弧焊的焊条及焊接参数见表 12–8。进行埋弧焊时，为降低焊缝金属的含氧量，提高韧性，应选用氧化性低的碱性焊剂，通常选用高碱度的烧结焊剂。埋弧焊焊丝有两种，一是不含 Ni 的 C–Mn 钢焊丝，可加入微量合金元素 Ti、B，目的是细化晶粒；二是含 Ni 的焊丝，在 Mn 或 Mn–Mo 焊丝中加入 Ni，以保证焊缝获得良好的低温韧性。常用低温钢埋弧焊时焊丝和焊剂的选用见表 12–9。

表 12–8　常用低温钢焊条电弧焊的焊条及焊接参数

<table>
<tr><th>钢材牌号</th><th>焊条型号</th><th>焊条牌号</th><th>焊条直径（mm）</th><th>焊接电流（A）</th><th>电弧电压（V）</th><th>焊接速度（mm/s）</th></tr>
<tr><td rowspan="2">16MnDR</td><td>E5015–G</td><td>J507RH</td><td>3.2</td><td>90 ~ 120</td><td rowspan="14">22 ~ 26</td><td>1 ~ 3</td></tr>
<tr><td>E5016–G</td><td>J506RH</td><td>4</td><td>140 ~ 180</td><td>2 ~ 4</td></tr>
<tr><td>15MnNiDR</td><td>E5015–G</td><td>W607</td><td rowspan="12">3.2
4</td><td rowspan="12">80 ~ 110
140 ~ 160</td><td rowspan="12">2 ~ 3
2 ~ 4</td></tr>
<tr><td rowspan="2">09Mn2VDR</td><td>E5515–N5</td><td>W707Ni</td></tr>
<tr><td>E5015–G</td><td>W607</td></tr>
<tr><td rowspan="2">09MnNiDR</td><td>E5515–N5</td><td>W707</td></tr>
<tr><td>E5515–N5</td><td>W707Ni</td></tr>
<tr><td rowspan="2">2.5Ni</td><td>E5515–N5</td><td>W707Ni</td></tr>
<tr><td>E5015–G</td><td>W607</td></tr>
<tr><td rowspan="2">06MnNbDR</td><td>E5015–N7</td><td>W107</td></tr>
<tr><td>E5515–N7</td><td>W907Ni</td></tr>
<tr><td rowspan="2">3.5Ni</td><td>E5515–N7</td><td>W907Ni</td></tr>
<tr><td>E5015–N7</td><td>W107</td></tr>
</table>

表 12–9　常用低温钢埋弧焊时焊丝和焊剂的选用

钢材牌号	工作温度（℃）	焊剂	配用焊丝
16MnDR	–40	SJ101、SJ603	H10Mn2A、H06MnNiMoA
09MnTiCuREDR	–60	SJ102、SJ603	H08MnA、H08Mn2
09Mn2VDR	–60	HJ250	H08Mn2MoVA
2.5Ni	–70	SJ603	H08Mn2Ni2A
06MnNbDR	–90	HJ250	H05MnMoA
3.5Ni	–100	SJ603	H05Ni3A

3. 焊接工艺措施

为了避免焊缝金属及近缝区形成粗晶组织而降低低温韧性，焊接时要求采取以下工艺措施：

（1）采用小的热输入，控制焊接电流大小，焊条尽量不摆动，采用窄焊道，快速焊。

（2）采用多层多道焊，通过多道焊后续焊道的重热作用细化晶粒。

（3）当板厚较大或拘束较大时，可考虑预热。严格控制道间温度（层间温度），以减轻焊道过热，一般道间温度应不大于 300 ℃。

（4）为消除应力，提高焊接接头抗低温脆性断裂的能力，可采取焊后消除应力热处理。常用低温钢焊前预热与焊后热处理温度见表 12–10。

（5）避免产生焊接缺欠，确保焊缝中不存在弧坑、未焊透、咬边和成形不良等缺欠；否则，低温时容易因钢材对缺欠和应力集中的敏感性增大而增大接头低温脆性破坏倾向。

表 12–10　　常用低温钢焊前预热与焊后热处理温度

<table>
<tr><th rowspan="2">钢材牌号</th><th colspan="2">焊前预热</th><th rowspan="2">焊后热处理温度（℃）</th></tr>
<tr><th>板厚（mm）</th><th>预热温度（℃）</th></tr>
<tr><td>09MnD</td><td rowspan="3">≥ 30</td><td rowspan="3">≥ 50</td><td>500 ~ 620</td></tr>
<tr><td>16MnD、16MnDR</td><td>600 ~ 640</td></tr>
<tr><td>09MnNiD、09MnNiDR、15MnNiDR</td><td>540 ~ 580</td></tr>
<tr><td>3.5Ni</td><td>>25</td><td>100 ~ 150</td><td>600 ~ 625</td></tr>
</table>

§12–7　不锈钢的焊接

一、不锈钢简介

根据国家标准《不锈钢和耐热钢牌号及化学成分》（GB/T 20878—2007）的规定，以不锈、耐腐蚀为主要特性，且含铬量至少为 10.5%，含碳量最大不超过 1.2% 的钢，称为不锈钢。不锈钢现已在航空、化工、动力装置（汽轮机）、轨道交通、容器储罐、原子能及食品等工业中得到了广泛应用。

不锈钢按室温组织不同，分为铁素体型不锈钢、奥氏体型不锈钢、马氏体型不锈钢、奥氏体—铁素体（双相）型不锈钢及沉淀硬化型不锈钢。常用不锈钢新旧牌号对比见表 12–11。

奥氏体型不锈钢由于具有优良的耐腐蚀性、耐热性和塑性，且焊接性良好，是目前应用最广泛的一种不锈钢。

奥氏体型不锈钢是在高铬情况下添加质量分数为 8% ~ 25% 的镍而制成的。奥氏体型不锈钢以 Cr18Ni9 铁基合金为基础，在此基础上随着用途不同，现已发展成 12Cr18Ni9、06Cr18Ni11Ti、07Cr19Ni11Ti、06Cr23Ni13、06Cr25Ni20 等铬镍奥氏体型不锈钢系列。

表 12-11　常用不锈钢新旧牌号对比

不锈钢类型	新牌号	旧牌号
奥氏体型不锈钢	022Cr19Ni10	00Cr19Ni10
	06Cr19Ni10	0Cr18Ni9
	12Cr18Ni9	1Cr18Ni9
	10Cr18Ni12	1Cr18Ni12
	06Cr25Ni20	0Cr25Ni20
	06Cr23Ni13	0Cr23Ni13
	06Cr18Ni11Ti	0Cr18Ni10Ti
	07Cr19Ni11Ti	1Cr18Ni11Ti
	06Cr18Ni11Nb	0Cr18Ni11Nb
奥氏体—铁素体型不锈钢	022Cr18Ni5Mo3Si2N	00Cr18Ni5Mo3Si2
	14Cr18Ni11Si4AlTi	1Cr18Ni11Si4AlTi
	12Cr21Ni5Ti	1Cr21Ni5Ti
	022Cr25Ni6Mo2N	—
铁素体型不锈钢	10Cr17	1Cr17
	10Cr17Mo	1Cr17Mo
	008Cr27Mo	00Cr27Mo
马氏体型不锈钢	12Cr13	1Cr13
	20Cr13	2Cr13
	30Cr13	3Cr13

一些奥氏体型不锈钢还可作为耐热钢使用，用于工作温度高于 650 ℃的热强钢多以奥氏体型不锈钢为基础添加一些提高热强性的合金元素而成。它们既可作为耐蚀钢使用，也可作为耐热钢使用。列入我国国家标准牌号的奥氏体型不锈钢钢板有 06Cr18Ni11Nb、06Cr23Ni13 等。

二、奥氏体型不锈钢的焊接性

不锈钢含铬量为18%、含镍量为8%～10%时，便能得到均匀的奥氏体组织，称为奥氏体型不锈钢。奥氏体型不锈钢焊接性良好，焊接时一般不需采取特殊工艺措施。但若焊接材料选用不当或焊接工艺不正确，会产生晶间腐蚀、热裂纹及应力腐蚀开裂。

1. 晶间腐蚀

产生在晶粒之间的腐蚀称为晶间腐蚀。晶间腐蚀导致晶粒间的结合力丧失，强度几乎完全消失，当受到应力作用时，即会沿晶界断裂，这是不锈钢最危险的一种破坏形式。

（1）晶间腐蚀产生的原因

奥氏体型不锈钢产生晶间腐蚀的原因

是由于晶粒边界形成贫铬区（含铬量小于10.5%）造成的。当温度为450 ~ 850 ℃时，碳在奥氏体中的扩散速度大于铬在奥氏体中的扩散速度。当奥氏体中含碳量超过它在室温的溶解度（0.02% ~ 0.03%）后，就不断地向奥氏体晶粒边界扩散，并与铬化合形成碳化铬（$Cr_{23}C_6$）。但是铬的原子半径较大，扩散速度较慢，来不及向边界扩散，晶间附近大量的铬与碳化合成碳化铬，造成奥氏体边界贫铬，当晶界附近的金属含铬量低于10.5%时就失去了耐腐蚀的能力，在腐蚀介质作用下就会产生晶间腐蚀，如图12-2所示。

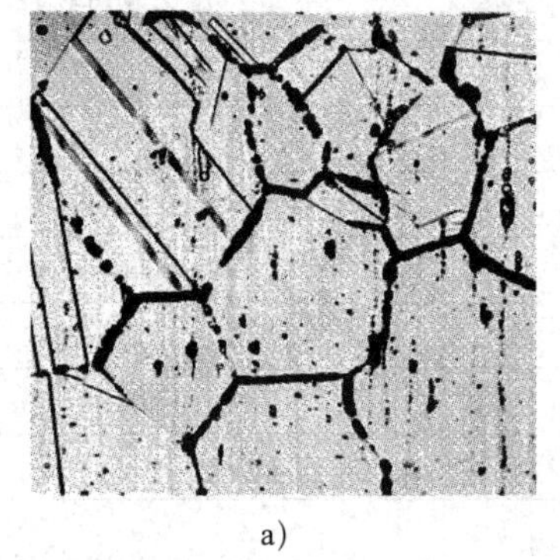

a）

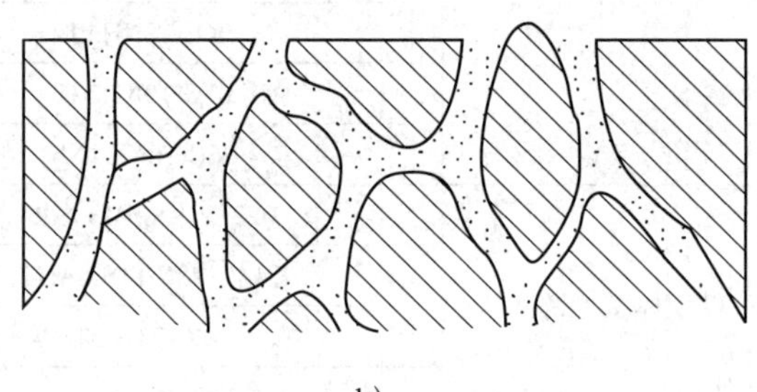

b）

图12-2　晶间腐蚀

a）金相图　b）示意图

当加热温度小于450 ℃或大于850 ℃时都不会产生晶间腐蚀。因为温度低于450 ℃时，原子扩散速度慢，不会形成碳化铬；温度高于850 ℃时，晶粒内铬的扩散速度快，有足够的铬扩散到晶界与碳化合，晶界也不形成贫铬区。所以，把温度区间450 ~ 850 ℃称为晶间腐蚀的危险温度区或敏化温度区。

奥氏体型不锈钢不仅在焊缝和热影响区造成晶间腐蚀，有时在焊缝和母材金属的熔合线附近也会产生如刀刃状的晶间腐蚀，称为刀状腐蚀。刀状腐蚀是晶间腐蚀的一种特殊形式，它只发生在含有铌、钛等稳定剂的奥氏体型不锈钢的焊接接头中。

需要注意的是，虽然奥氏体型不锈钢长期加热而导致晶间腐蚀的敏化温度区为450 ~ 850 ℃，但由于奥氏体型不锈钢焊接接头处在焊接的快速连续加热过程中，碳化铬的形成、析出必然会出现较大的过热，因此，焊接接头的实际敏化区温度为600 ~ 1 000 ℃。奥氏体型不锈钢焊接接头的晶间腐蚀如图12-3所示。

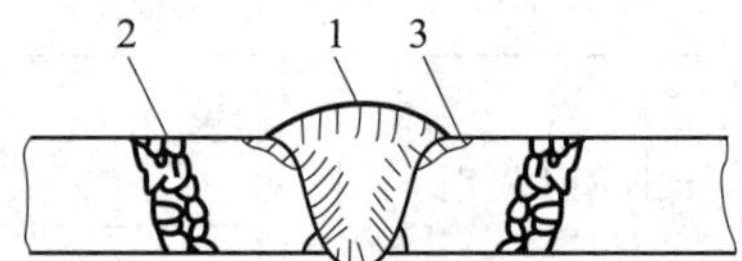

图12-3　奥氏体型不锈钢焊接接头的晶间腐蚀

1—焊缝晶间腐蚀　2—热影响区晶间腐蚀　3—刀状腐蚀

（2）防止晶间腐蚀的措施

1）控制含碳量。碳是造成晶间腐蚀的主要元素，含碳量越高，在晶界处形成的碳化铬越多，晶间腐蚀倾向增大，所以，焊接时应尽量采用超低碳（含碳量≤0.03%）不锈钢焊接材料。

2）添加稳定剂。在钢材和焊接材料中加入钛、铌等与碳亲和力比铬强的元素，能够与碳结合成稳定的碳化物，从而避免在奥氏体晶界造成贫铬现象。

3）进行固溶处理或均匀化处理。焊后把焊接接头加热到1 050 ~ 1 100 ℃，使碳化物又重新溶解入奥氏体中，然后迅速冷却，形成稳定的单相奥氏体组织。另外，也可以进行850 ~ 900 ℃保温2 h的均匀化处理，此时奥氏体晶粒内部的铬扩散到晶界，晶界处含铬量又重新达到了大于10.5%的水平，这样就不会产生晶间腐蚀。

4）采用双相组织。在焊缝中加入铁素体形成元素，如铬、硅、铝、钼等，使焊缝形成奥氏体加铁素体的双相组织。因为铬在铁素体中扩散速度比在奥氏体中快，所以铬在铁素体内较快地向晶界扩散，减轻了奥氏体晶界的贫铬现象。一般控制焊缝金属中铁素体含量为5% ~ 10%，如铁素体过多，会使焊缝变脆。

5）快速冷却。因为奥氏体型不锈钢不会产生淬硬现象，所以在焊接过程中，可以设法加快焊接接头的冷却速度，如焊件下面用铜垫板或直接浇水冷却。在焊接工艺上，可以采用小电流、大的焊接速度、短弧、多道焊等措施，缩短焊接接头在危险温度区停留的时间，以免形成贫铬区。

此外，还必须注意焊接顺序，与腐蚀介质接触的焊缝应最后焊接，尽量不使它受到重复的焊接热循环作用。

2. 热裂纹

奥氏体型不锈钢焊接时比较容易产生热裂纹，特别是含镍量较高的奥氏体型不锈钢更易产生。

（1）热裂纹产生的原因

1）奥氏体型不锈钢的导热系数大约只有低碳钢的一半，而线膨胀系数却大得多，所以，焊后在接头中会产生较大的焊接内应力。

2）奥氏体型不锈钢中的碳、硫、磷、镍等成分会在熔池中形成低熔点共晶。例如，硫与镍形成的NiS+Ni的熔点为644 ℃。

3）奥氏体型不锈钢液相线、固相线的区间较大，结晶时间较长，且奥氏体结晶方向性强，所以杂质偏析现象比较严重。

（2）防止热裂纹的措施

1）采用双相组织的焊缝。使焊缝形成奥氏体加铁素体的双相组织，当焊缝中有5%左右的铁素体时，可打乱奥氏体柱状晶粒的方向，细化晶粒。同时，铁素体可以比奥氏体溶解更多的杂质，从而减少了低熔点共晶物在奥氏体晶界上的偏析。

2）焊接工艺措施。在焊接工艺上采用碱性焊条，小电流，快速焊，收尾时尽量填满弧坑，以及采用氩弧焊打底等也可防止热裂纹的产生。

3）控制化学成分。严格限制焊缝中硫、磷等杂质的含量，以减少低熔点共晶。

3. 应力腐蚀开裂

应力腐蚀开裂是在拉应力和特定腐蚀介质共同作用下发生的一种破坏形式，是奥氏体型不锈钢非常敏感且经常发生的腐蚀破坏形式。

（1）应力腐蚀开裂产生的原因

奥氏体型不锈钢由于导热性差，线膨胀系数大，焊接时会产生较大的焊接残余拉应力，于是在腐蚀介质的作用下，焊接接头出现了应力腐蚀裂纹。

应力腐蚀裂纹首先发生在焊缝表面，然后从表面开始向内部扩展，通常表现为穿晶扩展，裂纹尖端常出现分枝，裂纹整体为树枝状。严重时裂纹可穿过熔合线进入热影响区。

（2）防止应力腐蚀开裂的措施

1）合理地设计焊接接头，避免腐蚀介质在焊接接头部位聚集，降低或消除焊接接头应力集中。例如，尽量采用对接接头，避免十字交叉焊缝，单V形坡口改用双Y形坡口等。

2）消除或降低焊接接头的残余应力。例如，焊后进行消除应力退火，喷丸和锤击焊缝等。

3）正确选用材料。根据介质的特性选用对应力腐蚀开裂敏感性低的母材和焊接材料。

三、奥氏体型不锈钢的焊接工艺

1. 焊前准备

（1）下料方法的选择

奥氏体型不锈钢用氧乙炔焰气割有困难，可用机械切割、等离子弧切割及碳弧气刨等方法下料或进行坡口加工。

（2）坡口制备

奥氏体型不锈钢线膨胀系数大，会加剧焊接接头的变形，所以可适当减小坡口角度。当板厚大于 10 mm 时，尽量选用焊缝截面较小的 U 形坡口。

（3）焊前清理

将坡口及其两侧 20 ~ 30 mm 范围内用丙酮擦净，并涂白垩粉，以避免奥氏体型不锈钢表面被飞溅金属损伤。

（4）表面保护

在搬运、制备坡口、装配及定位焊过程中，应注意避免损伤钢材表面，以免使产品的耐腐蚀性降低，例如，不允许用利器划伤钢材表面，不允许随意引弧等。

2. 焊接材料

奥氏体型不锈钢焊接材料的选用原则是使焊缝的合金成分与母材的成分基本相同，并尽量降低焊缝金属中的含碳量和硫、磷杂质的含量。奥氏体型不锈钢焊接性较好，可以采用焊条电弧焊、埋弧焊、钨极氩弧焊、熔化极氩弧焊、MAG 焊及等离子弧焊等焊接方法。奥氏体型不锈钢常用焊接方法及焊接材料的选用见表 12–12。

表 12–12　奥氏体型不锈钢常用焊接方法及焊接材料的选用

焊接材料 钢的牌号	焊条电弧焊		氩弧焊	埋弧焊	
	焊条牌号	焊条型号	焊丝	焊丝	焊剂
022Cr19Ni10	A002	E308L–16	H03Cr21Ni10	H03Cr21Ni10	HJ151 SJ601
06Cr19Ni10 12Cr18Ni9	A102 A107	E308–16 E308–15	H06Cr21Ni10	H06Cr21Ni10	HJ260 SJ601 SJ608、SJ701
07Cr19Ni11Ti 06Cr18Ni11Ti	A132 A137	E347–16 E347–15	H08Cr19Ni10Ti	H08Cr19Ni10Ti	HJ260 HJ151 SJ608、SJ701
06Cr18Ni11Nb			H08Cr20Ni10Nb	H08Cr20Ni10Nb	HJ260 HJ172
10Cr18Ni12	A102 A107	E308–16 E308–15	H08Cr21Ni10 H08Cr21Ni10Si	H08Cr21Ni10 H08Cr21Ni10Si	HJ260
06Cr23Ni13	A302 A307	E309–16 E309–15	H03Cr24Ni13	H03Cr24Ni13	HJ260
06Cr25Ni20	A402 A407	E310–16 E310–15	H08Cr26Ni21	H08Cr26Ni21	HJ260

3. 焊接方法及工艺

奥氏体型不锈钢常用的焊接方法有焊条电弧焊、埋弧焊、钨极氩弧焊、熔化极氩弧焊、MAG 焊和等离子弧焊。其工艺特点是热输入小、快速焊、不预热、不进行消除应力热处理（应力腐蚀开裂除外）。

（1）焊条电弧焊

奥氏体型不锈钢的电阻大，焊接时产生的电阻热大，所以同样直径的焊条，焊接电流值应比低碳钢焊条小 20% 左右，其焊接参数见表 12–13。焊接奥氏体型不锈钢即使采用酸性焊条，最好也采用直流反接。

焊接时采用窄焊道技术，焊条尽量不做横向摆动，焊道宽度不超过焊条直径的 3 倍；多层多道焊每道厚度应小于 3 mm，并控制道间温度在 60 ℃以下；与腐蚀介质接触的焊缝应最后焊接；焊后可采用水冷、风冷等措施强制冷却，焊后变形只能用冷加工矫正。焊接时，不要在焊件上随便引弧，以免损伤焊件表面，影响其耐腐蚀性。

（2）熔化极氩弧焊和 MAG 焊

熔化极氩弧焊一般采用喷射过渡，直流反接，适用于焊接焊件厚度大于 6.5 mm 的奥氏体型不锈钢，但不宜焊接厚度小于 3 mm 的不锈钢薄板。为了改善焊缝成形，常用 Ar+（0.5% ~ 1%）O_2 的 MAG 焊。不锈钢熔化极氩弧焊焊接参数见表 12–14。

表 12–13　不锈钢焊条电弧焊焊接参数

焊件厚度（mm）	焊条直径（mm）	焊接电流（A）		
		平焊	立焊	仰焊
<2	2	40 ~ 70	40 ~ 60	40 ~ 50
2 ~ 2.5	2.5	50 ~ 80	50 ~ 70	50 ~ 70
3 ~ 5	3.2	70 ~ 120	70 ~ 95	70 ~ 90
5 ~ 8	4	130 ~ 170	130 ~ 145	130 ~ 140
8 ~ 12	5	160 ~ 210	150 ~ 190	150 ~ 180

表 12–14　不锈钢熔化极氩弧焊焊接参数

焊件厚度（mm）	焊丝直径（mm）	焊接电流（A）	电弧电压（V）	焊接速度（m/h）	气体流量（L/min）
2.0	1.0	140 ~ 180	18 ~ 20	20 ~ 40	6 ~ 8
3.0	1.6	200 ~ 280	20 ~ 22	20 ~ 40	6 ~ 8
4.0	1.6	220 ~ 320	22 ~ 25	20 ~ 40	7 ~ 9
6.0	1.6 ~ 2.0	280 ~ 360	23 ~ 27	15 ~ 30	9 ~ 12
8.0	2.0	300 ~ 380	24 ~ 28	15 ~ 30	11 ~ 15
10	2.0	320 ~ 440	25 ~ 30	15 ~ 30	12 ~ 17

（3）埋弧焊

埋弧焊一般用于中等厚度以上的钢板，直流反接。埋弧焊由于热输入大，金属容易过热，对不锈钢耐腐蚀性有一定影响。因此，在奥氏体型不锈钢焊接中，埋弧焊不如在低合金钢焊接中那样普遍。

焊接奥氏体不锈钢时，必须选择适当的焊丝成分（含碳量不得高于母材，铬、镍含量高于母材）和焊接参数，使焊缝中有 5% 左右的铁素体。常用的焊剂有 HJ172、HJ151、HJ260、SJ601、SJ608、SJ701 等。18–8 型奥氏体型不锈钢双面埋弧焊焊接参数见表 12–15。

（4）钨极氩弧焊

钨极氩弧焊目前已普遍应用于不锈钢的焊接，主要用于焊接 0.5 ~ 3 mm 的不锈钢薄板及薄壁管件，焊丝的成分一般与焊件相同。焊接时速度应适当地快些，这样可以减少焊件的变形和焊缝中的气孔，但速度过快会造成焊缝不均匀和未焊透等缺欠。焊接时焊丝应尽量避免横向摆动。钨极氩弧焊焊接薄板的焊接参数见表 12–16。

（5）等离子弧焊

等离子弧焊已用于奥氏体型不锈钢的焊接。对于厚度在 10 mm 以下的奥氏体不锈钢，采用小孔效应时，热量集中，可不开坡口单面焊一次成形，尤其适用于不锈钢管的焊接。微束等离子弧焊对厚度小于 0.5 mm 的薄件尤为适宜。

表 12–15　　18–8 型奥氏体型不锈钢双面埋弧焊焊接参数

焊件厚度（mm）	装配间隙（mm）	焊丝直径（mm）	焊接电流（A）	电弧电压（V）	焊接速度（m/h）
8	≤ 1.5	5	500 ~ 600	32 ~ 34	46
10	≤ 1.5	5	600 ~ 650	34 ~ 36	42
12	≤ 1.5	5	650 ~ 700	36 ~ 38	36
16	≤ 2	5	750 ~ 800	38 ~ 40	31
20	2 ~ 3	5	800 ~ 850	38 ~ 40	25

表 12–16　　钨极氩弧焊焊接薄板的焊接参数

板厚（mm）	接头形式	钨极直径（mm）	焊丝直径（mm）	焊接电流（A）	焊接速度（mm/min）	氩气流量（L/min）	电流类型
1.0	对接	2	1.6	35 ~ 75	150 ~ 550	3 ~ 4	交流
1.0	对接	2	1.6	30 ~ 60	110 ~ 450	3 ~ 4	直流正极
1.2	对接	2	1.6	50	250	3 ~ 4	直流正极
1.5	对接	2	1.6	45 ~ 85	120 ~ 500	3 ~ 4	交流
1.5	对接	2	1.6	40 ~ 75	80 ~ 300	3 ~ 4	直流正极
1.0	角接	2	—	45	230	3 ~ 4	交流
1.5	T 形接头	2	1.6	40 ~ 60	60 ~ 80	3 ~ 4	交流

四、不锈复合钢板的焊接

不锈复合钢板是由覆层（不锈钢）和基层（碳钢、低合金钢）进行复合轧制、焊接（如爆炸焊或钎焊等）而成的双金属板，如图 12–4 所示。基层满足焊接结构强度、刚度要求，覆层满足耐腐蚀性要求。通常覆层只占总厚度的 10% ~ 20%，因此，可节省大量不锈钢，具有很大的经济意义。

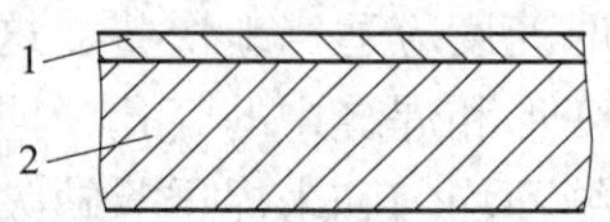

图 12–4　不锈复合钢板

1—覆层（不锈钢）　2—基层（碳钢、低合金钢）

1. 不锈复合钢板的焊接性

不锈复合钢板焊接时，要注意两方面的问题：一是对于基层要避免铬、镍等合金元素含量增高，因为铬、镍含量增高，基层焊缝中会形成硬脆组织，容易产生裂纹，影响焊缝强度；二是对于覆层要避免增碳，因覆层焊缝增碳就会大大降低其耐腐蚀性。因此，不锈复合钢板的焊接工作比单层钢板复杂得多，须采取特殊的焊接工艺。

2. 不锈复合钢板的焊接工艺

（1）焊接方法的选择

不锈复合钢板基层或覆层的焊接方法与焊接不锈钢、碳钢、低合金钢一样，可采用焊条电弧焊、埋弧焊、气体保护焊等方法，但过渡层常用焊条电弧焊。

（2）焊接材料的选择

由于复合钢板焊接的特殊性，要采用三种不同的焊接材料来焊接同一条焊缝，以保证焊缝质量。基层与基层焊接时，采用与基层同种材质相应的碳钢或低合金钢焊接材料；覆层与覆层焊接时，采用与覆层同种材质相应的不锈钢焊接材料；基层与覆层交界处——过渡层的焊接，实际上是异种钢的焊接，必须选用铬、镍含量比覆层高的不锈钢焊条，如 E309–16、E309–15 等，以减小碳钢、低合金钢对不锈钢合金成分的稀释作用及补充焊接过程中合金成分的烧损。

不锈复合钢板焊接材料的选用见表 12–17。

表 12–17　　不锈复合钢板焊接材料的选用

钢板牌号	焊条电弧焊焊条型号			埋弧焊（基层）	
	基层	过渡层	覆层	焊丝牌号	焊剂牌号
06Cr13+Q235	E4303 E4315	E309–16 E309–15	E308–16 E308–15	H08MnA H08A	HJ431
06Cr13+Q355	E5003 E5015	E309–16 E309–15	E308–16 E308–15	H10Mn2 H10MnSi	HJ431 HJ330
06Cr13+12CrMo	E5515–CM	E309–16 E309–15	E308–16 E308–15	H10MoCrA	HJ350
07Cr19Ni11Ti+Q235 06Cr18Ni11Ti+Q235	E4303 E4315	E309–16 E309–15	E347–16 E347–15	H08MnA H08A	HJ431
07Cr19Ni11Ti+Q355 06Cr18Ni11Ti+Q355	E5003 E5015	E309–16 E309–15	E347–16 E347–15	H10Mn2 H10MnSi	HJ431 HJ330
06Cr17Ni12Mo2Ti+Q235	E4303 E4315	E309Mo–16	E318–16	H08MnA H08A	HJ431
06Cr17Ni12Mo2Ti+Q355	E5003 E5015	E309Mo–16	E318–16	H10Mn2 H10MnSi	HJ431 HJ330

（3）焊接坡口与装配

不锈复合钢板的坡口形式多为 Y 形坡口，一般开在基层一侧，此外，还有双 Y 形坡口、U 形坡口等。装配焊件时，要求以覆层为基准对齐，以免产生错边而影响覆层的焊缝质量，所以错边量最好不要超过 1 mm。定位焊一定要焊在基层上，定位焊缝长度应控制在 10 ~ 30 mm。

（4）焊接顺序

为了保证焊缝与复合钢板具有相同的性能，对基层、覆层应分别进行焊接。一般先焊基层，后焊过渡层，最后焊覆层，以尽量减小覆层一侧的焊接量，避免覆层焊缝的多次重复加热，从而提高焊缝质量，如图 12–5 所示。

（5）焊接中应注意的问题

在不锈复合钢板的焊接操作过程中应注意以下几点：

1）在基层点焊时，必须用基层焊条，不可使用不锈钢焊条。

2）严禁用基层焊条和过渡层焊条焊在覆层表面。

3）当碳钢焊条的飞溅物落在覆层的坡口面上时，要将其仔细清除干净。

4）焊覆层焊缝时，为减小热影响区，降低合金稀释率，宜采用小电流、直流反接、多层多道焊，焊接时焊条不宜做横向摆动。

5）焊基层时的飞溅物若黏附在覆层表

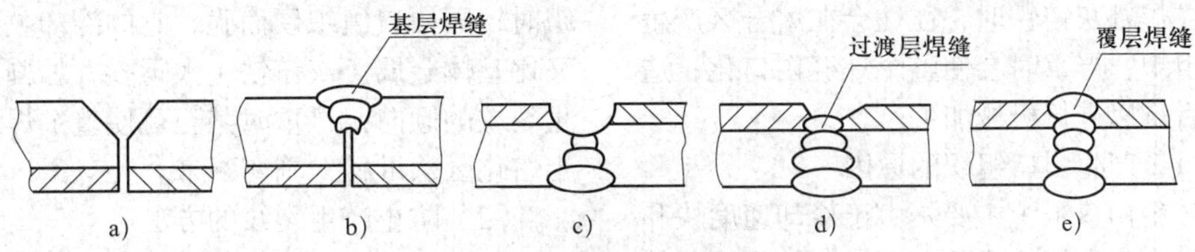

图 12–5　不锈复合钢板焊接顺序

a）装配　b）焊基层　c）清焊根　d）焊过渡层　e）焊覆层

面，将破坏其表面氧化膜，遇腐蚀性介质就会形成腐蚀点，所以，焊前可分别在坡口两侧 150 mm 范围内涂上白垩水溶液或飞溅物防黏剂，以防止飞溅物的黏附。

§12-8 铸铁的焊补

一、铸铁简介

含碳量大于 2.11%、小于 6.69% 的铁碳合金称为铸铁，铸铁中除了含铁和碳以外，还含有硅、锰、磷、硫等元素。为获得某些特殊性能，还分别加入铜、镁、镍、钼或铝等元素，形成合金铸铁。铸铁是一种成本低廉并具有许多优良性能的金属材料，与钢相比，铸铁虽然力学性能较低，但具有优良的耐磨性、减振性、铸造性和切削加工性，而且熔炼设备和生产工艺比较简单，因此在工业生产中得到了广泛的应用。铸铁焊接主要是对各种铸造缺欠或者损坏的铸铁件进行焊补。

铸铁按照碳在组织中存在的形式不同，主要分为白口铸铁、灰铸铁、可锻铸铁和球墨铸铁，其中灰铸铁和球墨铸铁应用较广泛。

二、灰铸铁的焊接性

灰铸铁由于含碳量高，杂质多，强度低，塑性差，因此焊接性差，在焊接中易产生白口组织和裂纹等缺欠。

1. 焊接接头产生白口组织

在焊补灰铸铁时，往往会在熔合区产生白口组织，严重时会使整个焊缝白口化，造成焊后难以进行机械加工。

（1）产生白口组织的原因

产生白口组织主要是由于冷却速度快和石墨化元素不足造成的。在一般的焊接条件下，焊补区的冷却速度比铸件在铸造时快得多，特别是在熔合线附近，是整个焊缝冷却速度最快的地方，而且其化学成分又与基体金属相接近，所以该处最易形成白口组织。另外，若焊接材料选用不当，使焊缝中石墨化元素不足，也会促使产生白口组织。

（2）防止产生白口组织的方法

1）降低焊缝的冷却速度。延长熔合区处于红热状态的时间，使石墨有充分的时间析出。通常采取将焊件预热后进行焊接的方法，也可在焊接后采取保温缓冷等措施。

2）改变焊缝化学成分。增加焊缝中石墨化元素的含量，也是防止焊缝金属产生白口组织的有效方法，如在焊条或焊丝中加入大量的碳、硅元素。也可采用非铸铁焊接材料（如镍基、铜钢、高钒钢等），以形成非铸铁组织焊缝，从而避免产生白口或其他淬硬组织的可能性。

2. 焊接接头产生裂纹

（1）产生裂纹的原因

由于灰铸铁的强度较低，塑性极差，而焊接时的局部快速加热和冷却又产生较大的内应力，故易产生裂纹。当接头存在白口组织时，因白口组织硬而脆，它的冷却收缩率又比基体金属（灰铸铁）大得多，加剧了产生裂纹的倾向，严重时甚至可使整个焊缝沿半熔化区从母材上剥离下来。

（2）防止产生裂纹的方法

1）焊前预热和焊后缓冷。焊前将焊件整体或局部预热和焊后缓冷，不但能减少焊缝的白口倾向，而且能减小焊接应力和防止焊件开裂。

2）采用电弧冷焊以减小焊接应力。选用塑性较好的焊接材料，如用镍、铜、镍铜合金、高钒钢等作为填充金属，形成塑性较好的非铸铁组织焊缝，使焊缝金属可通过塑性变形来松弛应力，防止裂纹；用细直径焊条、小电流、断续焊（间歇焊）或分散焊（跳焊）的方法可减少焊缝处和基体金属温度差，从而减小焊接应力；通过锤击焊缝可以消除应力，防止裂纹。

3）其他措施。如采用栽丝焊，在基体金属坡口内攻螺纹后，把螺钉拧在坡口上，如图 12–6 所示，然后进行焊补。这样使熔合区附近的应力主要由螺钉承受，从而防止焊缝处产生裂纹。

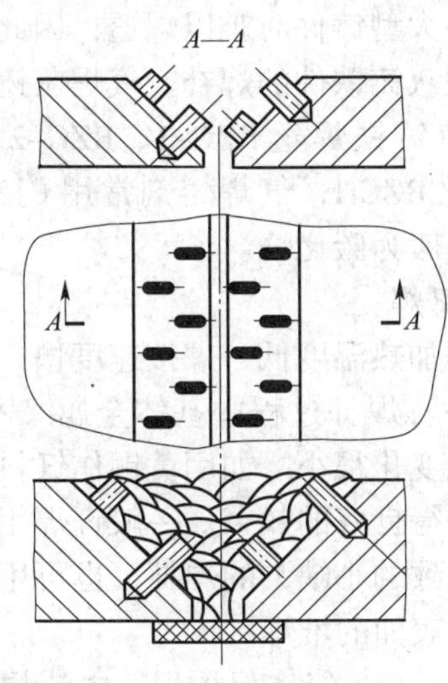

图 12–6 栽丝焊

三、灰铸铁的焊补工艺

铸铁焊补方法主要应根据铸件大小、焊补处情况、刚度高低及焊后的要求（如加工要求、致密性、颜色等）来选择。常用的是焊条电弧焊和气焊，有时也采用 CO_2 气体保护焊、钎焊或电渣焊。

1. 焊条电弧焊

根据焊件在焊接前是否预热，可把焊条电弧焊分为冷焊、半热焊（预热温度为 300 ~ 400 ℃）和热焊（预热温度为 600 ~ 700 ℃）。焊条电弧焊焊补铸铁时一般采用铸铁焊条，但焊补要求不高、刚度不高的非加工面时也可采用碳钢焊条，如 E4303、E5015 等。

（1）热焊法

热焊法是指焊接前将焊件全部或局部加热到 600 ~ 700 ℃，并在焊接过程中保持一定温度，焊后在炉中缓冷的焊接方法。用热焊法焊接时，焊件冷却缓慢，温度分布均匀，有利于消除白口组织，减小应力，防止产生裂纹。但热焊法成本高，工艺复杂，生产周期长，焊接时劳动条件差，因此应尽量少用。只有对缺欠被四周刚度高的部位所包围，在焊接时不能自由热胀冷缩，用冷焊法焊接易造成裂纹的焊件焊接时才采用热焊法。热焊时常用的铸铁焊条型号是 EZC（Z208、Z408）。热焊的工艺特点是采用大电流（焊接电流可为焊条直径的 50 倍），连续焊，焊后保温缓冷。

（2）冷焊法

冷焊法是指焊件在焊前不预热，焊接过程中也不辅助加热的一种方法，因此可以大大提高焊补生产效率，降低焊补成本，改善劳动条件，减少焊件因预热时受热不均匀而产生的变形和焊件已加工面的氧化。因此，在可能的条件下应尽量采用冷焊法。目前冷焊法正在我国推广使用，并获得了迅速的发展。但是冷焊法在焊接后因焊缝及热影响区的冷却速度很快，极易形成白口组织。此外，因焊件受热不均匀，常形成较大的内应力，会造成裂纹。目前铸铁冷焊常采用异质焊接材料，如纯镍铸铁焊条 EZNi（Z308）、镍铁铸铁焊条 EZNiFe（Z408）、镍铜铸铁焊条 EZNiCu（Z508）、高钒铸铁焊条 EZV（Z116）、普通低碳钢焊条等来获得非铸铁焊缝组织（如钢焊缝、有色金属焊缝等）。

异质焊接材料电弧冷焊工艺要点如下：

1）采用细焊条、小电流、快速焊，以减小铸铁母材在焊缝中的熔合比，降低焊缝中碳、硫的含量。同时减少了焊接热输入，减小焊接应力，防止裂纹。由于电流小，热影响区窄，使半熔化区的白口铸铁组织层变薄，有利于加工。

2）采用短段焊、断续焊、分散焊、分段退焊等，并在每焊 10 ~ 15 mm 长度后立即用小锤迅速锤击焊缝，待焊缝冷却到不烫手（50 ~ 60 ℃）时，再焊下一道，以减小焊接应力，防止产生裂纹。

3）选择合理的焊接方向和焊接顺序。合理的焊接方向和焊接顺序对降低焊接应力具有重要的意义。例如，对于裂纹的焊补，合理的焊接方向应是从裂纹两端向裂纹中心交替分段焊接，因为裂纹两端的拘束度大，中心部位的拘束度相对较小，先焊拘束度大的部位有利于降低焊接应力。焊接顺序也是如此，如图 12–7 所示为三种不同的焊接顺序，其中水平形的焊接顺序焊接应力最大，凹字形次之，斜坡形焊接应力最小。

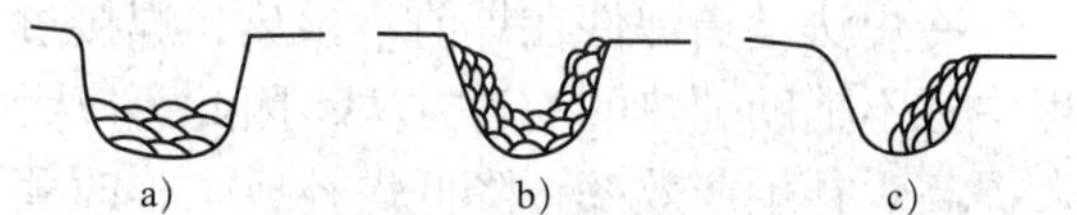

图 12–7 厚壁铸铁件焊补顺序
a）水平形 b）凹字形 c）斜坡形

4）采用栽丝焊等特殊工艺。对于受力较大的厚件（厚度大于 20 mm）开坡口焊接时，可采用栽丝焊，即在基体金属坡口内攻螺纹，然后拧入钢质螺钉，最后焊满坡口。这样，使熔合区附近的焊接应力主要由螺钉承受，从而防止剥离裂纹的产生。

（3）半热焊法

半热焊法是焊接前将焊件预热到 300 ~ 400 ℃时进行焊补的一种方法。该方法介于冷焊法与热焊法之间，常用于刚度不高的小结构件的焊补。

2. 气焊

气焊火焰温度比电弧温度低得多，因而焊件的加热和冷却比较缓慢，这对防止灰铸铁在焊接时产生白口组织和裂纹都很有利。因此，用气焊焊补的铸件质量一般都比较好，因而气焊已成为焊补铸铁的常用方法。但气焊与电弧焊相比，其生产效率低，成本高，焊工的劳动强度大，焊件变形也较大，并且焊补大型铸件时难以焊透，因此常用于中、小型灰铸铁件的焊补。气焊灰铸铁时用的焊丝有铸铁焊丝 RZC–1、RZC–2 或合金铸铁焊丝 RZCH，气焊熔剂常用 CJ201，气焊火焰一般为碳化焰。

3. 钎焊

钎焊加热温度低，焊接速度快，因此焊接应力小。焊补过程中基体金属又不熔化，所以组织变化很小。如用黄铜作钎料焊补铸铁时可获得良好的效果。一般钎焊用于不要求颜色一致的小缺欠的焊补，也可用于灰铸铁件磨损表面的堆焊。

此外，CO_2 气体保护焊、电渣焊也可以进行灰铸铁的焊补。

§ 12–9 铝及铝合金的焊接

一、铝及铝合金简介

铝是银白色的轻金属，密度小（2.7 g/cm^3），熔点低（658 ℃），具有良好的塑性、导电性、导热性和耐腐蚀性。由于纯铝的强度较低，在工业上应用不广泛。纯铝的纯度为98.8% ~ 99.7%，工业纯铝按其所含杂质的多少分级，常用的牌号为1070A（L1）、1060（L2）、1050A（L3）、1035（L4），其中1070A含杂质最少。

在纯铝中加入镁、锰、硅、铜及锌等元素，即形成铝合金。铝合金与纯铝相比，其强度显著提高，目前，已广泛应用于航空、造船、化工及机械制造工业。

根据合金化系列，铝及铝合金分为工业纯铝、铝铜合金、铝锰合金、铝硅合金、铝镁合金、铝镁硅合金、铝锌镁铜合金和其他铝合金八类。按强化方式分为非热处理强化铝合金（防锈铝）和热处理强化铝合金。按成材方式不同，可分为变形铝合金和铸造铝合金。铝合金的具体分类如图12-8所示。

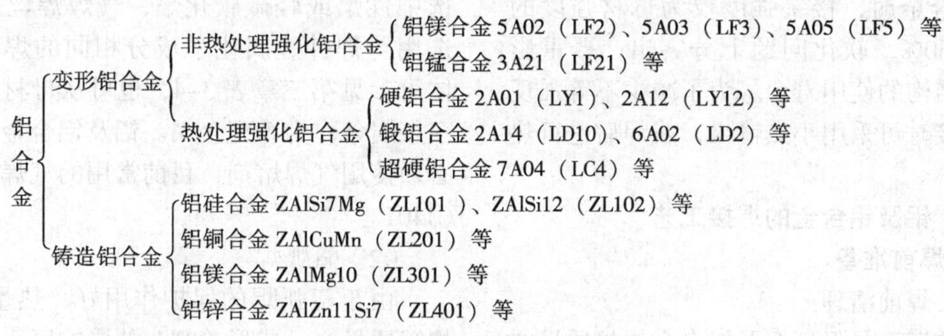

图12-8 铝合金的分类

非热处理强化铝合金的特点是强度中等，塑性和耐腐蚀性好，焊接性也较好，是目前铝合金焊接结构中应用最广泛的铝合金。热处理强化铝合金经处理后强度高，但焊接性差，特别在熔焊时裂纹倾向较大。

二、铝及铝合金的焊接性

1. 易氧化

铝和氧的亲和力很大，因此在铝合金表面总有一层难熔的氧化铝薄膜。氧化铝的熔点为2 050 ℃，远远超过铝合金的熔点（一般约为660 ℃）。在焊接过程中，氧化铝薄膜会阻碍金属之间的良好结合，造成熔合不良与夹渣。此外，在焊接铝合金时，除了铝的氧化外，合金元素也易被氧化和蒸发，它的氧化和蒸发减少了其在合金中的含量，会严重降低焊接接头的性能。因此，在焊接铝及铝合金时，焊前必须除去焊件表面的氧化膜，并防止在焊接过程中再次氧化。

2. 易产生气孔

氮不溶于液态铝，铝中也不含碳，因此不会产生氮和一氧化碳气孔。焊接铝合金时，使焊缝产生气孔的气体是氢气。因为氢能大量地溶于液态铝，但几乎不溶解于固态铝，熔池结晶时，原来溶于液态铝中的氢要全部析出，形成气泡。由于铝及铝合金的密度较小，气泡在熔池里上浮速度慢，加上铝的导热性好，结晶快，因此，在焊接铝时焊缝易产生氢气孔。

3. 易焊穿

铝及铝合金由固态转变成液态时，没有显著的颜色变化，所以不易判断熔池的温度。另外，温度升高时铝的力学性能降低（在370 ℃时仅为10 MPa）。因此，焊接时常因温度控制不当而导致烧穿。

4. 热裂纹

铝的线膨胀系数比钢约大1倍，凝固时的收缩率又比钢大2倍，因此铝焊件的焊接应力大。此外，合金的成分对热裂纹的产生有很大影响，当合金液相线和固相线的距离大或杂质过多而形成低熔点共晶时，都容易产生热裂纹。

实践证明，纯铝及大部分非热处理强化铝合金在熔焊时很少产生热裂纹，而热处理强化铝合金焊接时产生热裂纹的倾向比较大。

5. 接头不等强

铝及铝合金焊接时，由于热影响区受热而发生软化，强度降低而使焊接接头和母材不能达到等强度。特别是在焊接硬铝及超硬铝合金时，接头强度仅为母材强度的40% ~ 60%，软化问题十分突出，严重影响焊接结构的使用寿命。为了减少不等强现象，焊接时可采用小热输入，或焊后进行热处理。

三、铝及铝合金的焊接工艺

1. 焊前准备

（1）焊前清理

焊前清理是保证铝及铝合金焊接质量的重要工艺措施。在焊前应严格清除焊件坡口与焊丝的氧化膜和油污，清理的方法可采用化学清洗或机械清理。

化学清洗是用10%左右氢氧化钠水溶液，使氢氧化钠与氧化铝作用生成易溶的氢氧化铝［$Al(OH)_3$］。机械清理是先用有机溶剂（如丙酮、松香水或汽油等）擦拭表面以除油，随后用细的铜丝刷或不锈钢丝刷刷去氧化膜。

工件清洗后应及时装配及焊接；否则焊件表面会重新氧化。一般清理后的焊丝或焊件存放时间应不超过24 h，在潮湿条件下应不超过4 h。

（2）预热

由于铝的比热容比钢大1倍，导热性比钢大2倍，因此，为了防止焊缝区热量的大量流失，焊前可对焊件进行预热。薄、小铝件一般可不预热。厚度超过8 mm的铝件可预热至100 ~ 300 ℃。

2. 焊接方法及工艺要点

焊接铝及铝合金常用的方法有钨极氩弧焊、熔化极氩弧焊、等离子弧焊、电阻焊、电子束焊、气焊和焊条电弧焊等。气焊和焊条电弧焊在铝及铝合金焊接中已被氩弧焊取代，现仅用于修复和焊接不重要的焊接结构。

（1）气焊

由于气焊生产效率低，焊件变形大，焊接质量较差，故多用于焊接厚度不大的不重要结构、薄板和铸件焊补。气焊火焰一般选中性焰或轻微碳化焰，气焊焊丝一般可选用与焊件金属化学成分相同的焊丝，具体可参见第三章表3–4，也可从母材上切下窄金属条作为填充金属。铝及铝合金气焊时必须使用气焊熔剂，目前常用的气焊熔剂是CJ401。

（2）氩弧焊

由于氩弧焊的保护作用好，热量集中，焊缝质量好，成形美观，热影响区小，焊件的变形小，因此，焊接质量要求高的铝及铝合金构件时常用氩弧焊。

钨极氩弧焊由于受到钨极许用电流密度的限制，它的熔透能力小，所以，厚度大于6 mm的铝及铝合金厚板一般不宜采用。为了既产生阴极破碎作用，又防止钨极烧损，钨极氩弧焊采用交流电源。

由于钨极脉冲氩弧焊可以通过调节各种焊接参数来控制电弧功率和焊缝成形，因此，特别适用于焊接薄板和全位置焊接，以及焊接对热敏感性强的铝合金。

熔化极氩弧焊适用于焊接厚度在8 mm以上的铝及铝合金中、厚板，可选用大电流密度和高焊接速度，因此，生产效率比钨极氩弧焊提高3 ~ 5倍，焊件越厚，生产效率提高越显著。为了对熔池表面的氧化膜产生阴极破碎作用，熔化极氩弧焊一律采用直流反接电源。铝及铝合金氩弧焊焊丝的选用参见第三章表3–4。

（3）焊条电弧焊

用焊条电弧焊焊接铝，一般板厚在4 mm以上才采用。因铝焊条药皮成分中有氯、氟，焊条稳弧性不好，故要求使用直流反接电源。铝焊条极易吸潮，焊前必须严格烘干（150 ℃左右烘干 1 ~ 2 h）。焊接时焊条不宜摆动，尽量采用短弧焊，焊接速度比钢焊条快 2 ~ 3 倍。

3. 焊后清理

焊后留在焊缝及附近的残存焊剂和焊渣，在空气、水分的参与下会剧烈地腐蚀铝件，所以必须及时将其清理干净。

焊后清理的方法是将焊件在 10% 的硝酸溶液中浸洗，处理温度分为 15 ~ 20 ℃和 60 ~ 65 ℃两种。前者处理时间为 1 ~ 20 min，后者为 5 ~ 15 min。浸洗后用冷水洗一次，然后用热空气吹干或在 100 ℃干燥箱内烘干。

§12-10 铜及铜合金的焊接

一、铜及铜合金简介

根据所含的合金元素不同，铜及铜合金可以分为纯铜、黄铜、青铜及白铜四大类。纯铜（如 T1、T2、TU1、TU2 等）呈紫红色，故称紫铜；黄铜为铜和锌的合金，如 H68、ZCuZn16Si4 等；白铜为铜和镍的合金，如 B30 等；青铜是除铜—锌、铜—镍合金以外的所有铜基合金的总称，如锡青铜 QSn6.5-0.4、ZCuSn10Pb1、铝青铜、硅青铜等。

二、铜及铜合金的焊接性

1. 难熔合，易变形

铜及铜合金的导热性好，20 ℃时铜的导热系数是钢的 7 倍，随着温度的升高，差距还要大。焊接时热量迅速从加热区传导出去，使得填充金属与焊件难以熔合。因此，焊接时必须采用功率大、热量集中的热源，通常还要采取预热措施。另外，铜的线膨胀系数和收缩率都比钢大，加上铜的导热性好，使焊接热影响区加宽，焊接时易产生较大的变形。

2. 焊接接头性能低

铜在常温时不易被氧化，但是随着温度的升高，当超过 300 ℃时，其氧化能力很快增大，当温度接近熔点时，其氧化能力最强，氧化的结果是生成氧化亚铜（Cu_2O）。焊缝金属结晶时，氧化亚铜和铜形成低熔点（1 064 ℃）共晶物，分布在铜的晶界上，大大降低了焊接接头的力学性能。再加上合金元素的氧化蒸发、有害杂质的侵入、焊缝金属和热影响区组织的粗大以及焊接缺欠等问题。因此，铜的焊接接头的性能（如强度、塑性、导电性、耐腐蚀性等）一般低于母材。

3. 气孔

气孔是铜及铜合金焊接的一个主要问题，即氢造成的扩散气孔和水蒸气造成的反应气孔。一方面，由于铜及铜合金在高温液态时溶解很多氢，并且随着温度的下降，溶解度也大大降低。而铜及铜合金的导热系数大，焊缝的凝固速度又快，所以氢来不及逸出便形成氢气孔，即扩散气孔。另一方面，铜氧化生成的 Cu_2O 在高温时与氢反应生成的水蒸气不溶于液态铜，所以若来不及逸出也会形成气孔，即反应气孔。

4. 热裂纹

铜及铜合金焊接时，在焊缝及熔合区易

产生热裂纹，其原因如下：

（1）铜及铜合金的线膨胀系数比低碳钢大50%，由液态转变成固态时的收缩率也较大，对于刚度高的焊件，焊接时会产生较大的内应力。

（2）熔池结晶时，过饱和氢向金属的显微缺欠中扩散，或者它们与偏析物（如Cu_2O）反应生成的水蒸气在金属中造成很大的压力。

（3）熔池结晶时，在晶界易形成低熔点的铜与氧化亚铜的共晶物（$Cu+Cu_2O$），以及焊件中的铋、铅等低熔点杂质在晶界形成偏析。

焊接黄铜时，还有一个问题就是锌的蒸发。锌的蒸发在焊接区会产生一层白色烟雾，不但使操作困难，而且影响焊工身体健康。此外，锌的蒸发还使黄铜的力学性能降低。为防止锌的蒸发可采用含硅焊丝，因为硅氧化后会在熔池表面形成一层氧化物薄膜，可阻止锌的蒸发。

三、铜及铜合金的焊接工艺

铜及铜合金的焊接方法很多，其中熔焊是应用最广泛、最易实现的一类工艺方法。除了传统的气焊、焊条电弧焊、埋弧焊外，钨极氩弧焊、熔化极氩弧焊、等离子弧焊和电子束焊等也已应用于铜及铜合金的焊接，其中钨极氩弧焊和熔化极氩弧焊应用最广泛。

1. 纯铜的焊接工艺

（1）气焊

焊丝可用含有脱氧剂的SCu1898（HS201）焊丝、一般的纯铜丝或基体金属的剪条，气焊熔剂采用CJ301。

气焊火焰应选用中性焰，因为氧化焰会使熔池氧化，在焊缝中形成脆性的氧化亚铜，碳化焰则会产生一氧化碳和氢气，进入焊缝形成气孔。

由于纯铜的导热性高且热容量大，焊前焊件应预热。中、小焊件的预热温度为400 ~ 500 ℃，厚大焊件的预热温度为600 ~ 700 ℃。为了防止热量散失，焊件最好放在绝热的材料，如石棉板类的衬垫上焊接。

高温铜液容易吸收气体，并且焊缝热影响区的晶粒粗大，会使焊接接头的力学性能降低，所以焊缝的焊接层数越少越好，最好进行单道焊。

（2）焊条电弧焊

焊条可选用ECu（T107）或ECuSnB（T227），其中ECu是纯铜焊芯，ECuSnB的焊芯成分是锡青铜，药皮都是碱性低氢型，电源采用直流反接。

焊件厚度大于4 mm时，焊前必须预热，随着焊件厚度和尺寸增大，预热温度应相应提高，预热温度一般在300 ~ 500 ℃之间。

焊接时应采用短弧，焊条不宜做横向摆动，焊条做往复直线运动可改善焊缝的成形，焊后用平头锤锤击焊缝，可消除应力和改善焊缝质量。

（3）氩弧焊

用氩弧焊焊接纯铜可以得到高质量的焊接接头。这是因为氩气对熔池的保护作用好，空气中的氧和氢不易进入熔池，并且氩弧的温度高，热量集中，焊缝的热影响区小，因而焊缝的强度高，焊件变形小。

氩弧焊焊丝的选用与气焊相同，钨极氩弧焊电源采用直流正接，适用于薄板焊接；熔化极氩弧焊电源采用直流反接，适用于中、厚板的焊接。

为了消除气孔，保证焊透，提高焊接速度和减少氩气消耗量，焊件必须预热，但预热温度不宜过高；否则不仅使劳动条件恶化，并使焊接热影响区扩大，还会降低焊接接头的力学性能。

2. 黄铜的焊接工艺

（1）气焊

由于气焊的火焰温度低，焊接时黄铜中锌的蒸发要比电弧焊少，因此气焊是最常用的焊接方法。焊丝可采用 SCu4700（HS221）、SCu6800（HS222）、SCu6810A（HS223）等。这些焊丝中含硅、锡、铁等元素，能够防止及减少熔池中锌的蒸发和烧损，有利于保证焊缝的力学性能，防止焊缝中产生气孔。也可用母材剪条作填充金属。黄铜气焊所用熔剂为 CJ301。

黄铜的导热系数比纯铜小，其预热温度比纯铜低。焊接较厚的焊件应预热到 400 ~ 500 ℃，厚度在 15 mm 以上的焊件应预热到 550 ℃左右，黄铜铸件焊补前也须局部或全部预热。

为了减少锌的蒸发，气焊火焰应采用轻微的氧化焰，因为采用含硅焊丝时会使熔池表面覆盖一层氧化硅薄膜，可防止锌的蒸发。气焊后，可在 550 ~ 650 ℃温度下进行退火，以消除焊接应力和改善焊缝的性能。

（2）焊条电弧焊

焊接黄铜时一般不用黄铜芯焊条，因其工艺性能差，焊接时锌大量蒸发且随之引起严重的飞溅，故一般采用青铜芯的焊条， 如 ECuSnB（T227）、ECuAl（T237），对焊补要求不高的黄铜铸件可采用纯铜焊条。

焊接电源应采用直流反接。焊件厚度大于 14 mm 时，需预热到 150 ~ 250 ℃。操作时采用短弧，不做摆动，只做沿焊缝的直线移动。此外，焊接时会产生严重烟雾，会影响焊工健康和妨碍操作，故应有通风装置。

（3）氩弧焊

黄铜的氩弧焊和焊纯铜相似，但由于黄铜的导热系数和熔点比纯铜低，以及含容易蒸发的锌元素等特点，因此，在填充焊丝和焊接参数等方面有所不同。

由于采用 SCu4700（HS221）、SCu6800（HS222）、SCu6810A（HS223）作填充焊丝时，含锌量较高，焊接过程中烟雾很大，不仅影响焊工身体健康，而且还妨碍操作的顺利进行，因此一般采用青铜焊丝 SCu6560（HS211）和 SCu5210（HS212）。

钨极氩弧焊可以用直流正接，也可以用交流电。用交流电时，锌的蒸发较少。由于熔化极氩弧焊功率大，熔深大，是焊接中、厚板的理想方法。熔化极氩弧焊采用直流反接。

焊接黄铜时通常不预热，但对板厚大于 12 mm 的焊件和焊接边缘厚度相差比较大的接头仍需预热。焊接速度应尽可能快些，板厚小于 5 mm 的接头最好一次焊成。焊件在焊后应加热到 300 ~ 400 ℃进行退火，以消除焊接应力，防止在使用时产生裂纹。

§12-11 钛及钛合金的焊接

一、钛及钛合金简介

钛及钛合金性能优良，其密度（约 4.5 g/cm^3）比钢小，熔点高（工业纯钛的熔点为 1 668 ℃），抗拉强度高（350 ~ 1 400 MPa），比强度大，在 300 ~ 500 ℃时仍具有足够高的强度和良好的塑性，因而在航天、航空、化工、造船等工业部门应用广泛。

纯钛的牌号用“TA+ 顺序号”表示，工业纯钛的牌号有 TA0、TA1、TA2、TA3 等，顺序号越大，杂质含量越多。钛及钛合金按室温组织状态分为 α 相、β 相和 α+β 相三类，其牌号分别用 TA、TB 和 TC 表示。TA2、TA7、TB2、TC4、TC10 分别是钛及钛合金三类组织的典型代表。

在所有的钛及钛合金中用量最大的是 TC4，其次是工业纯钛和 TA7。

二、钛及钛合金的焊接性

工业纯钛和 α 钛合金焊接性较好，但大多数 α+β 和 β 组织的钛合金焊接性较差，焊接时易出现以下几个方面的问题：

1. 焊接接头的污染脆化

常温下钛及钛合金比较稳定，与氧生成致密的氧化膜，具有高的耐腐蚀性。但在 540 ℃以上生成的氧化膜则较疏松。高温下钛与氧、氮、氢反应速度较快，试验表明，钛从 300 ℃快速吸收氢，从 600 ℃快速吸收氧，从 700 ℃快速吸收氮。由于吸收氧、氮、氢、碳等杂质，从而导致焊接接头塑性和韧性的降低。

氧在 600 ℃高温下会与钛发生强烈作用；温度高于 800 ℃时，氧化膜开始向钛溶解、扩散。为了保证焊接接头的性能，除在焊接过程中严防焊缝及热影响区发生氧化外，还应限制母材金属及焊丝中的含氧量。

氮溶入钛中能形成间隙固溶体，在 700 ℃以上的高温下氮与钛的作用迅速增强，如含氮量较高，便形成易溶于钛的脆性氮化钛，使焊接接头塑性显著下降。

焊缝吸入氢后，可在焊缝中析出一种强度极低的片状或针状 TiH_2。TiH_2 的作用类似缺口，显著降低焊缝的冲击韧度。

总之，防止气体等杂质污染脆化是焊接钛材的关键技术。常用的气焊或焊条电弧焊工艺，因难以防止气体等杂质污染引起的脆化，均不能满足焊接钛材的质量要求。采用氩弧焊工艺，也对氩气的纯度要求很高。焊枪上要采用拖罩，以便对焊缝正面、反面及其附近 400 ℃以上高温区进行保护。对于结构复杂的零件可在充氩箱内进行焊接。只有采取这些技术措施才可以保证钛及钛合金的焊接质量。

2. 焊接接头裂纹

在钛及钛合金焊缝中含氧量和含氮量比较多时，就会使焊缝及热影响区性能变脆，如果焊接应力比较大，就会出现低塑性脆化裂纹，这种裂纹是在较低温度下形成的。在焊接钛合金时，有时也会出现延迟裂纹，其原因是氢由高温熔池向较低温度的热影响区扩散，随着含氢量的提高，该区析出 TiH_2 的量增加，使热影响区的脆性增大。同时，析出氢化物时由于体积膨胀而引起较大的组织应力，再加上氢原子的扩散与聚集，导致最后形成裂纹。

延迟裂纹的防止方法主要是减少焊接接头的氢，必要时进行真空退火，以减少焊接接头的含氢量。

钛及钛合金由于含碳、硫杂质少，故对热裂纹是不敏感的，因此，焊接钛材时可采取与母材成分相同的焊丝进行氩弧焊，而不至于产生热裂纹。

3. 焊缝气孔

在钛及钛合金焊缝中形成的气孔主要是氢气孔和一氧化碳气孔。氢气孔是由于焊缝金属冷却过程中，氢的溶解度发生变化，使氢不易扩散逸出而形成的。

当钛材焊缝中的含碳量大于0.1%、含氧量大于0.133%时，由氧与碳反应生成的一氧化碳气体也会导致气孔的产生。

为防止气孔，必须严格控制母材金属、焊丝、氩气中氢、氧、碳等杂质的含量，正确选择焊接规范，缩短熔池处于液态的时间，焊前将坡口和焊丝表面的氧化皮、油污等有机物清除干净。

4. 焊接接头晶粒粗化

由于钛的熔点高，导热性差，焊接时易形成较大的熔池，热影响区金属高温停留时间长，从而使焊缝及近缝区晶粒易长大，导致塑性和韧性降低。因此，焊接钛及钛合金时宜用小电流、快速焊。

三、钛及钛合金的焊接工艺

1. 焊前清理

钛及钛合金焊前应进行清理，根据不同的情况选用不同的清理方法，常用的清理方法有机械清理和化学清理，见表12–18。

表12–18　钛及钛合金焊前清理方法

清理方法	清理内容及操作方法
机械清理	对于焊接质量要求不高或酸洗有困难的焊件，可用砂布或不锈钢丝刷擦拭，或用硬质合金刮刀刮削待焊边缘，深度约为0.025 mm，则可去除氧化膜，然后用丙酮等有机溶剂去除坡口两侧的手印、油污等
化学清理	1. 对于热轧后已经过酸洗，但由于存放太久又生成新的氧化膜的钛板，可在2% ~ 4%氢氟酸+30% ~ 40%硝酸+H_2O（余量）溶液中浸泡15 ~ 20 min（室温），然后用清水冲洗干净并烘干 2. 对于热轧后未经过酸洗，氧化膜较厚的钛板，应先碱洗（在含烧碱80%、碳酸氢钠20%，温度为40 ~ 50 ℃的浓碱水溶液中浸泡10 ~ 15 min），取出冲洗后再酸洗（硝酸5% ~ 6%、盐酸34% ~ 35%、氢氟酸0.5%、余量为水），在室温下浸泡10 ~ 15 min，取出后分别用热水与冷水冲洗，并用白布擦拭后晾干

经酸洗的焊件与焊丝应在4 h内用完，同时对焊件应用塑料布遮盖，以防沾污，如发生了沾污现象，则应用丙酮或酒精擦洗。

2. 焊接方法

钛及钛合金性质非常活泼，与氧、氮和氢的亲和力大，普通的焊条电弧焊、气焊及CO_2气体保护焊都不适于其焊接。目前应用最多的是钨极氩弧焊、等离子弧焊、真空电子束焊、电阻焊、钎焊、激光焊等。

（1）钨极氩弧焊工艺

由于钛及钛合金对空气中的氧、氮、氢等气体具有强的亲和力，因而要求使用一级氩气（即纯度为99.99%以上，露点在–40 ℃以下，杂质总含量小于0.02%，相对湿度小于5%，水分小于0.001 mg/L），同时采取保护措施，见表12–19。

对钛及钛合金进行钨极氩弧焊时，焊丝应选用与母材相同的材质，如TA1、TA2、TA3、TA4等，但为了提高塑性，也可选用强度比母材金属稍低的焊丝。焊接时采用直流正接。选择焊接参数时，既要防止焊缝在电弧作用下晶粒粗化，同时也要避免焊后冷却时产生淬硬组织。

表 12-19　　钨极氩弧焊焊接钛及钛合金的保护措施

类别	保护位置	保护措施	用途及特点
局部保护	熔池及其周围	采用保护效果好的圆柱形或椭圆形喷嘴，相应增加氩气流量	适用于焊缝形状规则、结构简单的焊件，灵活性大，操作方便
	温度≥ 400 ℃的焊缝及热影响区	1. 附加保护罩或双层喷嘴 2. 焊缝两侧吹氩气 3. 适应焊件形状的各种限制氩气流动的挡板	
	温度≥ 400 ℃的焊缝背面及热影响区	1. 通氩气垫板或焊件内腔充氩气 2. 局部通氩气 3. 紧靠金属板	
充氩箱保护	整个工件	1. 采用柔性箱体（如尼龙薄膜、橡胶等），不抽真空，多次充氩气，提高箱内氩气纯度，焊接时仍需喷嘴喷出氩气对焊接区域进行保护 2. 采用刚性箱体或柔性箱体带附加刚性罩，抽真空［1×（10^{-4} ~ 10^{-2}）Pa］，再充氩气	适用于结构和形状复杂的焊件，焊接可达性较差
增强冷却	焊缝及热影响区	1. 冷却块（通水或不通水） 2. 用适应焊件形状的工艺装备导热 3. 减小热输入	配合其他保护措施以增强保护效果

（2）等离子弧焊工艺

等离子弧焊由于能量集中，单面焊双面成形，弧长变化对熔透程度影响小，无夹钨，气孔少，接头性能好，因此非常适合钛及钛合金的焊接。等离子弧焊常用方法有穿透法（即小孔法）和熔透法，3.2 ~ 12.7 mm 厚的钛及钛合金可采用“小孔法”一次焊透，并可有效地防止气孔的产生；熔透法适用于各种板厚，但一次焊透的厚度较小，3mm 以上需开坡口并填丝多层焊。等离子弧焊的电源仍为直流正接，保护方式与钨极氩弧焊相同，只是用小孔法焊接时，为了保证小孔的稳定性，工件背面不使用垫板而采用充氩沟槽。

思考与练习

1. 什么是焊接性？影响焊接性的因素有哪些？
2. 评定焊接性的方法主要有哪些？分别说明是如何进行评定的。
3. 金属材料常用的焊接工艺措施有哪些？应如何选用？
4. 低碳钢的焊接方法有哪些？应如何选择焊接材料？
5. 中碳钢的焊接性如何？焊接时应采取哪些措施？
6. 试述低合金高强度结构钢的焊接性及其焊接工艺。
7. 焊接 Q355 钢时可采用哪些焊接方法？如何选择焊接材料？
8. 焊接珠光体耐热钢时应注意哪些问题？焊接时应采取哪些工艺措施？
9. 对低温钢的性能主要有哪些要求？其焊接性如何？焊接工艺有什么特点？
10. 什么是晶间腐蚀？防止晶间腐蚀的措施有哪些？
11. 焊接奥氏体型不锈钢时产生热裂纹的原因是什么？防止措施有哪些？

12. 什么是不锈复合钢板？焊接时应如何选用焊条？其焊接顺序如何？
13. 焊接铸铁时易出现什么问题？应如何防止？
14. 灰铸铁电弧冷焊法的工艺要点是什么？
15. 焊接铝及铝合金时容易出现什么问题？其常用焊接方法有哪些？
16. 焊接铜及铜合金时容易出现什么问题？其常用焊接方法有哪些？
17. 焊接钛及钛合金时容易出现什么问题？其常用焊接方法有哪些？

第十三章

焊接缺欠及检验

焊接缺欠的存在将直接影响焊接结构的安全使用。分析焊接结构发生事故的原因，归纳起来都是由于焊接结构中的缺欠所引起的，因此，必须了解焊接缺欠的性质、产生原因和防止措施以及焊缝质量的检验方法。通过对焊接接头进行必要的检验和评定，能及时消除各种缺欠，从而保证焊接质量。

§13-1 焊接缺欠分析

一、焊接缺欠的分类

焊接过程中在焊接接头产生的金属不连续、不致密或连接不良的现象称为焊接缺欠，超过规定值的缺欠称为焊接缺陷。

焊接缺欠的种类很多，按其在焊缝中的位置不同，可分为外部缺欠和内部缺欠两大类。

1. 外部缺欠

外部缺欠位于焊缝外表面，用肉眼或低倍放大镜就可以看到，例如，焊缝形状、尺寸不符合要求，以及咬边、焊瘤、烧穿、凹坑与弧坑、表面气孔和表面裂纹等。

2. 内部缺欠

内部缺欠位于焊缝内部，这类缺欠可通过无损探伤检验或破坏性检验来发现，如未焊透、未熔合、夹渣、内部气孔和内部裂纹等。

国家标准《金属熔化焊接头缺欠分类及说明》（GB/T 6417.1—2005）规定，金属熔化焊焊缝缺欠可分为6大类，即裂纹、孔穴（气孔、缩孔）、固体夹杂、未熔合及未焊透、形状和尺寸不良（如咬边、下塌、焊瘤等）及其他缺欠。

二、焊接缺欠的危害

焊接接头中的缺欠不仅破坏了接头的连续性，而且还引起了应力集中，缩短结构使用寿命，严重的甚至会导致结构的脆性破坏，危及生命及财产安全。焊接缺欠的危害主要包括以下两个方面：

1. 引起应力集中

在焊接接头中，凡是结构截面有突然变化的部位，其应力的分布就特别不均匀，在某点的应力值可能比平均应力值大许多倍，这种现象称为应力集中。在焊缝中存在的焊接缺欠是产生应力集中的主要原因。如焊缝中的咬边、未焊透、气孔、夹杂、裂纹等，不仅减小了焊缝的有效承载截面积，削减了焊缝的强度，更严重的是在焊缝或焊缝附近造成缺口，由此产生很大的应力集中。当应力值超过缺欠前端部位金属材料的抗拉强度时，材料就开裂，接着新开裂的端部又产生应力集中，使原缺欠不断扩展，直至产品破裂。

2. 造成脆断

从国内外大量脆性断裂事故的分析中可以发现，脆断部位是从焊接接头中的缺欠开始的。这是一种很危险的破坏形式，因为脆性断裂是结构在没有塑性变形情况下产生的快速突发性断裂，其危害性很大。防止结构脆断的重要措施之一就是尽量避免和控制焊接缺欠。

焊接结构中危害性最大的缺欠是裂纹和未熔合等。

三、焊接缺欠产生的原因及防止措施

1. 焊缝形状和尺寸不符合要求

焊缝形状和尺寸不符合要求主要是指焊缝外形高低不平，波形粗劣；焊缝宽窄不均匀，太宽或太窄；焊缝余高过高或高低不均匀；角焊缝焊脚不均匀及变形较大等，如图 13–1 所示。

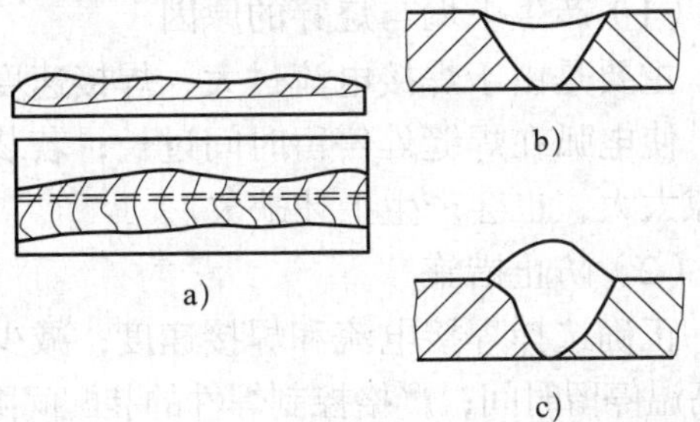

图 13–1　焊缝形状和尺寸不符合要求

a）焊缝高低不平，宽窄不均匀，波形粗劣
b）焊缝低于母材　c）余高过高

焊缝宽窄不均匀，除了造成焊缝成形不美观外，还影响焊缝与母材的结合强度；焊缝余高太高，使焊缝与母材交界突变，形成应力集中，而焊缝低于母材，就不能得到足够的接头强度；角焊缝的焊脚不均匀，且无圆滑过渡也易造成应力集中。

（1）焊缝形状和尺寸不符合要求的原因

主要是由于焊接坡口角度不当或装配间隙不均匀；焊接电流过大或过小；运条速度或手法不当以及焊条角度选择不合适。埋弧焊时主要是由于焊接参数选择不当。

（2）防止措施

选择正确的坡口角度及装配间隙；正确选择焊接参数；提高焊工操作技术水平，正确地掌握运条手法和速度，随时适应焊件装配间隙的变化，以保持焊缝均匀。

2. 咬边

由于焊接参数选择不当或操作方法不正确，母材（或前一道熔敷金属）在焊趾处因焊接而产生的不规则缺口称为咬边，如图 13–2 所示。

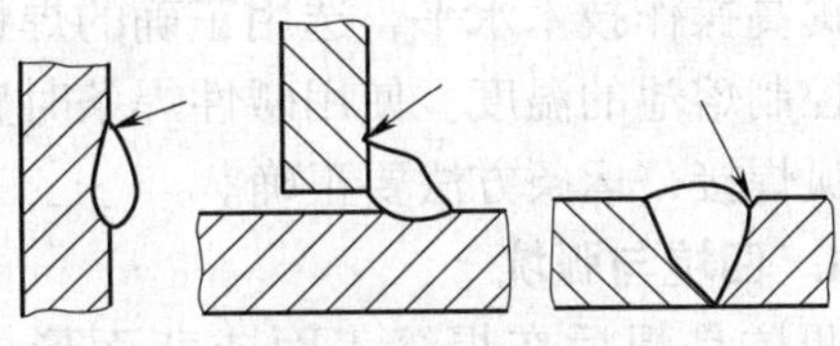

图 13–2　咬边

咬边减小了母材的有效面积，降低了焊接接头强度，并且在咬边处受载易形成应力集中，容易引发裂纹。

（1）产生咬边的原因

主要是由于焊接电流过大以及运条速度不合适；角焊时焊条角度或电弧长度不适当；埋弧焊时焊接速度过快等。

（2）防止措施

选择适当的焊接电流，保持运条速度均匀；角焊时焊条要采用合适的角度并保持一定的电弧长度；埋弧焊时要正确选择焊接参数。

3. 焊瘤

焊瘤是指焊接过程中熔化金属流淌到焊缝之外未熔化的母材上所形成的金属瘤，如图 13–3 所示。

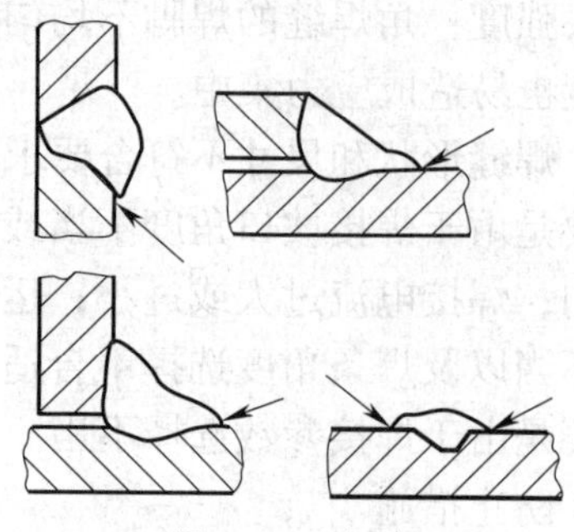

图 13–3　焊瘤

焊瘤不仅影响焊缝的成形，而且在焊瘤的部位往往还存在着夹渣和未焊透缺欠。

（1）产生焊瘤的原因

主要是由于焊接电流过大，焊接速度过慢，引起熔池温度过高，液态金属凝固较慢，在自重作用下形成焊瘤。操作不熟练和运条不当也易产生焊瘤。

（2）防止措施

提高操作技术水平，选用正确的焊接电流，控制熔池的温度。使用碱性焊条时宜采用短弧焊接，运条方法要正确。

4. 凹坑与弧坑

凹坑是焊后在焊缝表面或背面形成的低于母材表面的局部低洼部分。弧坑是在焊缝收尾处产生的下陷部分，如图 13–4 所示。

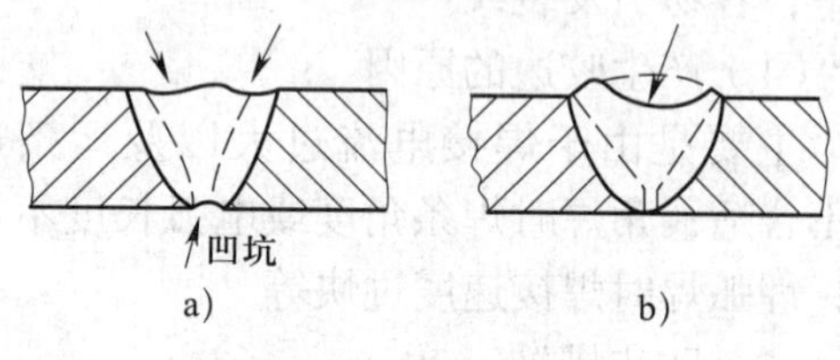

图 13–4　凹坑与弧坑

a）凹坑　b）弧坑

凹坑与弧坑使焊缝的有效截面积减小，削弱了焊缝强度。对弧坑来说，由于杂质集中，会产生弧坑裂纹。

（1）产生凹坑与弧坑的原因

主要是由于操作技能不熟练，电弧拉得过长；焊接表面焊缝时，焊接电流过大，焊条又未适当摆动，熄弧过快；过早进行表面焊缝焊接或中心偏移等会导致凹坑；埋弧焊时，导电嘴压得过低，造成导电嘴黏渣，也会造成表面焊缝两侧凹陷等。

（2）防止措施

提高焊工操作技能；采用短弧焊接；填满弧坑，如焊条电弧焊时，焊条在收尾处做短时间的停留或做几次环形运条；使用收弧板；进行 CO_2 气体保护焊时，选用有“火口处理（弧坑处理）”装置的焊机。

5. 下塌与烧穿

下塌是指单面熔焊时，由于焊接工艺不当，造成焊缝金属过量而透过背面，使焊缝正面塌陷、背面凸起的现象。烧穿是在焊接过程中，熔化金属自坡口背面流出，形成穿孔的缺欠，如图 13–5 所示。

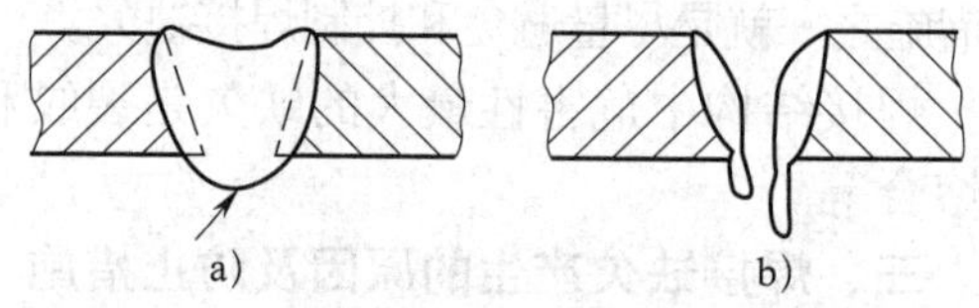

图 13–5　下塌与烧穿

a）下塌　b）烧穿

下塌与烧穿是在焊条电弧焊和埋弧焊中常见的缺欠，前者削弱了焊接接头的承载能力；后者则使焊接接头完全失去了承载能力，是一种绝对不允许存在的缺欠。

（1）产生下塌与烧穿的原因

主要是由于焊接电流过大，焊接速度过慢，使电弧在焊缝处停留时间过长；若装配间隙太大，也会产生上述缺欠。

（2）防止措施

正确选择焊接电流和焊接速度；减少熔池高温停留时间；严格控制焊件的装配间隙。

6. 裂纹

在焊接应力及其他致脆因素共同作用下，焊接接头局部地区的金属原子结合力遭到破坏而形成的新界面所产生的缝隙称为焊接裂纹。它具有尖锐的缺口和大的长宽比特征。裂纹不仅会降低接头强度，而且还会引起严重的应力集中，使结构断裂破坏。所以裂纹是一种危害性最大的焊接缺欠。裂纹按其产生的温度和原因不同可分为热裂纹、冷裂纹、再热裂纹等。按其产生的部位不同又可分为纵裂纹、横裂纹、焊根裂纹、弧坑裂纹、熔合线裂纹、热影响区裂纹等，如图 13–6 所示。

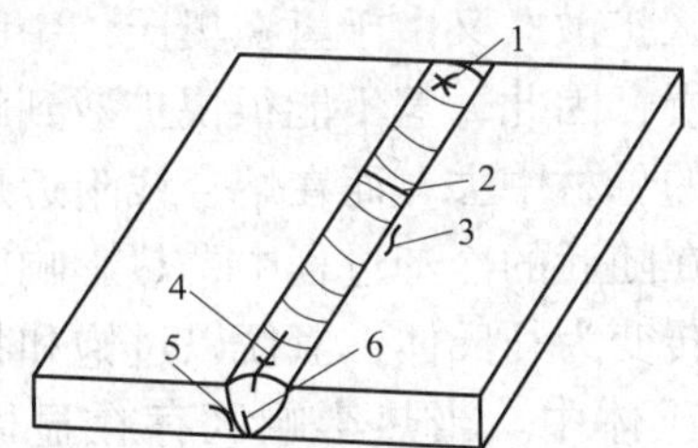

图 13–6　各种部位的焊接裂纹

1—弧坑裂纹　2—横裂纹　3—热影响区裂纹
4—纵裂纹　5—熔合线裂纹　6—焊根裂纹

（1）热裂纹

在焊接过程中，焊缝和热影响区金属冷却到固相线附近的高温区产生的裂纹称为热裂纹。

1）热裂纹产生的原因。由于焊接熔池在结晶过程中存在着偏析现象，偏析出的物质多为低熔点共晶和杂质。在开始冷却结晶时，晶粒刚开始生成，如图 13–7a 所示，液态金属比较多，流动性比较好，可以在晶粒间自由流动，而由焊接拉应力造成的晶粒间的间隙都能被液态金属所填满，所以不会产生热裂纹。当温度继续下降时，柱状晶体继续生长。由于低熔点共晶的熔点低，往往最后结晶，在晶界以“液体夹层”形式存在，如图 13–7b 所示，这时焊接应力已增大，被拉开的“液体夹层”产生的间隙已没有足够的低熔点液态金属来填充，因而就形成了裂纹。

因此，热裂纹可看成是焊接拉应力和低熔点共晶两者共同作用而形成的，增大任何一方面的作用，都可能促使在焊缝中形成热裂纹。

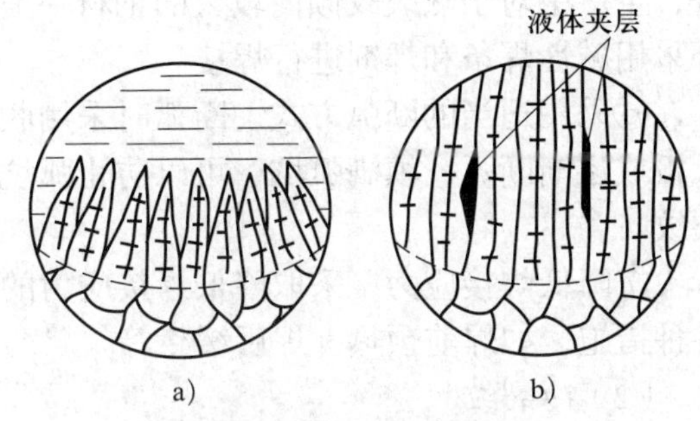

图 13–7　热裂纹的形成

a）结晶初期　b）结晶后期

2）热裂纹的特征

①热裂纹多贯穿在焊缝表面，并且断口被氧化，呈氧化色。一般热裂纹宽度为 0.05 ~ 0.5 mm，末端略呈圆形。

②热裂纹大多产生在焊缝中，有时也出现在热影响区。

③热裂纹的微观特征一般是沿晶界开裂，故又称晶间裂纹。

3）热裂纹的防止措施。热裂纹的产生与冶金因素和力学因素有关，故防止热裂纹主要从以下几个方面来考虑：

①限制钢材和焊材中硫、磷等元素的含量。例如，焊丝中硫、磷的含量一般应小于 0.04%。焊接高合金钢时要求硫、磷的含量必须限制在 0.03% 以下。

②降低含碳量。从实践可知，当焊缝金属中的含碳量小于 0.15% 时产生裂纹的倾向很小。一般碳钢焊丝含碳量应控制在 0.11% 以下。

③改善熔池金属的一次结晶。由于细化晶粒可以提高焊缝金属的抗裂性，因此，广泛采用的方法是向焊缝中加入细化晶粒的元素，如钛、铝、锆、硼或稀土金属铈等，进行变质处理。

④控制焊接参数。适当提高焊缝成形系数；采用多层多道焊，避免偏析集中在焊缝中心，防止产生中心线裂纹。

⑤采用碱性焊条和焊剂。由于碱性焊条和焊剂脱硫能力强，脱硫效果好，抗热裂性

好，生产中对于热裂纹倾向较大的钢材一般都采用碱性焊条和焊剂进行焊接。

⑥采用适当的断弧方式。断弧时采用收弧板或逐渐断弧，填满弧坑，可以防止弧坑裂纹。

⑦降低焊接应力。采取降低焊接应力的各种措施，如焊前预热、焊后缓冷等。

（2）冷裂纹

焊接接头冷却到较低温度［对钢来说，即在 *Ms*（马氏体转变开始温度）以下］时产生的焊接裂纹属于冷裂纹。

冷裂纹和热裂纹不同，它是在焊接后较低的温度下产生的，冷裂纹可以在焊后立即出现，也可能经过一段时间（几小时、几天甚至更长）才出现。这种滞后一段时间出现的冷裂纹称为延迟裂纹，它是冷裂纹中比较普遍的一种形态。它的危害性比其他形态的裂纹更为严重。冷裂纹有焊道下冷裂纹、焊趾冷裂纹和焊根冷裂纹三种形式，如图 13–8 所示。

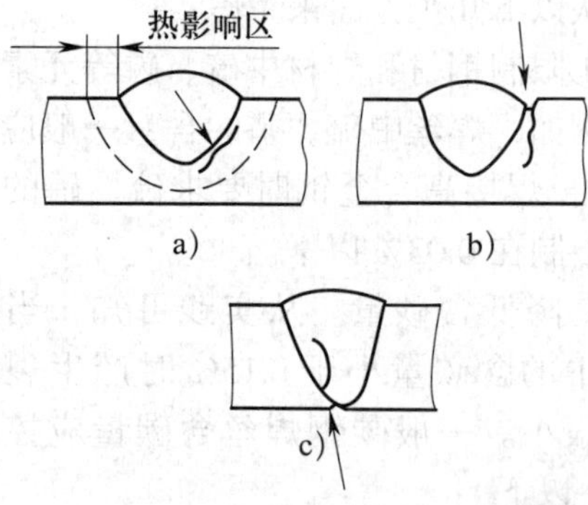

图 13–8　冷裂纹

a）焊道下冷裂纹　b）焊趾冷裂纹　c）焊根冷裂纹

1）冷裂纹产生的原因。冷裂纹主要发生在中碳钢、高碳钢、低合金或中合金高强度钢中。产生冷裂纹的主要原因有三个方面：钢的淬硬倾向、焊接应力、较多氢的存在和聚集。这三个因素共同存在时，就容易产生冷裂纹。一般钢的淬硬倾向越大，焊接应力越大，氢的聚集越多，越易产生冷裂纹。在许多情况下，氢是诱发冷裂纹的最活跃因素。下面简要分析氢引起冷裂纹的机理。

在焊接过程中，高温的焊缝金属中存在较多的氢，由于焊缝金属含碳量通常比母材低，从铁碳合金相图可知，冷却时焊缝金属比热影响区先发生相变，由奥氏体转变为铁素体、珠光体等。由于氢在奥氏体中的溶解度比铁素体大，因此，相变时氢的溶解度突然降低，氢就会迅速从焊缝越过熔合线向热影响区扩散；又由于氢在奥氏体中的扩散速度较慢，因此，氢不能很快扩散到距熔合线较远的母材中去，而在熔合线附近形成富氢带。在随后的冷却过程中，热影响区的奥氏体将转变为马氏体，氢便以过饱和状态残存在马氏体中。当热影响区存在显微缺欠时，氢便会在这些缺欠处聚集，并由原子状态转变为分子状态，造成很大的局部应力，再加上焊接应力的作用，促使显微缺欠扩大，从而形成裂纹。氢引起冷裂纹的机理如图 13–9 所示。

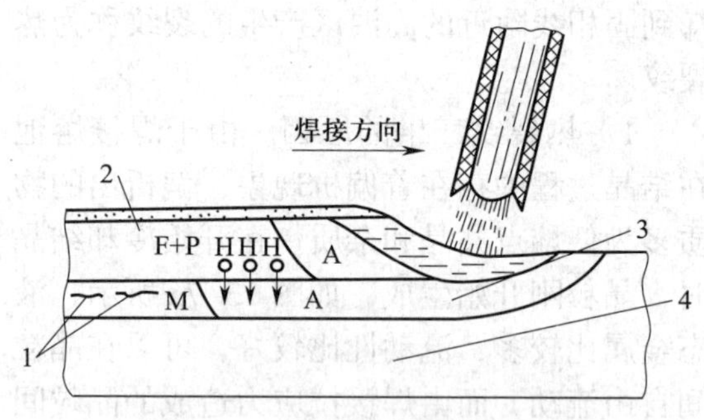

图 13–9　氢引起冷裂纹的机理

1—裂纹　2—焊缝　3—热影响区　4—母材

2）冷裂纹的特征

①冷裂纹的断裂表面没有氧化色，这表明冷裂纹与热裂纹不一样，它是在较低温度（200 ~ 300 ℃）下产生的。

②冷裂纹多产生在热影响区或热影响区与焊缝交界的熔合线上，但也有可能产生在焊缝上。

③冷裂纹一般为穿晶裂纹，少数情况下也可能沿晶界发生。

3）冷裂纹的防止措施。防止冷裂纹主要应从降低扩散氢含量、改善组织和降低焊接应力等几个方面来解决，具体措施如下：

①选用碱性低氢型焊条，可减少焊缝中的氢。

②焊条和焊剂应严格按规定进行烘干，随用随取。应控制保护气体的纯度，严格清理焊丝和工件坡口两侧的油污、铁锈、水分，控制环境湿度等。

③改善焊缝金属的性能，加入某些合金元素，以提高焊缝金属的塑性，例如，使用新 J507MnV 焊条可提高焊缝金属的抗冷裂能力。此外，采用奥氏体组织的焊条焊接某些淬硬倾向较大的低合金高强度结构钢，可有效避免冷裂纹的产生。

④正确选择焊接参数，采取预热、缓冷、后热以及焊后热处理等工艺措施，以改善焊缝及热影响区的组织，去氢和消除焊接应力。

⑤改善焊接结构的应力状态，降低焊接应力等。

7. 气孔

焊接时，熔池中的气泡在凝固时未能及时逸出而残留下来所形成的空穴叫作气孔。产生气孔的气体主要有氢气、氮气和一氧化碳。气孔有球形、条虫状和针状等多种形状；有时是单个分布的，有时是密集分布的，也有连续分布的，如图 13-10a、b 所示；有时在焊缝内部，有时暴露在焊缝外部，如图 13-10c、d 所示。

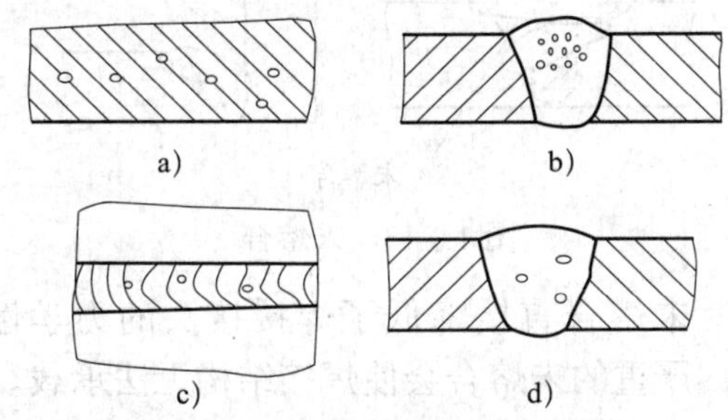

图 13-10　焊缝中的气孔

a）连续气孔　b）密集气孔　c）外部气孔　d）内部气孔

气孔的存在会削弱焊缝的有效工作断面，造成应力集中，降低焊缝金属的强度和塑性，尤其是冲击韧度和疲劳强度降低得更为显著。

（1）产生气孔的原因

焊接时，高温熔池内存在着各种气体，一部分是能溶解于液态金属中的氢气和氮气。氢和氮在液态、固态焊缝金属中的溶解度差别很大，高温液态金属中的溶解度大，固态焊缝中的溶解度小。另一部分是冶金反应产生的不溶于液态金属的一氧化碳等。焊缝结晶时，由于溶解度突变，熔池中就有一部分超过固态金属溶解度的“多余的”氢和氮。这些“多余的”氢和氮与不溶解于熔池的一氧化碳就要从液态金属中析出形成气泡上浮，由于焊接熔池结晶速度快，气泡来不及逸出而残留在焊缝中形成了气孔。

1）氢气孔。焊接低碳钢和低合金钢时，氢气孔主要发生在焊缝表面，断面为螺钉状，从焊缝表面看呈喇叭口形，气孔的内壁光滑。有时氢气孔也会出现在焊缝内部，呈小圆球状。焊接铝、镁等有色金属时，氢气孔主要发生在焊缝内部。

2）氮气孔。氮气孔大多发生在焊缝表面，且成堆出现，呈蜂窝状。一般产生氮气孔的机会较小，只有在熔池保护条件较差，较多的空气侵入熔池时才会发生。

3）一氧化碳气孔。焊接熔池中产生一氧化碳的途径有两个：一是碳被空气中的氧直接氧化而成；二是碳与熔池中 FeO 反应生成。一氧化碳气孔主要发生在碳钢的焊接中，这类气孔在多数情况下存在于焊缝内部。气孔沿结晶方向分布，呈条虫状，表面光滑。

（2）防止措施

1）焊前将焊丝和焊接坡口及其两侧 20 ~ 30 mm 范围内的焊件表面清理干净。

2）焊条和焊剂按规定进行烘干，不得使用药皮开裂、剥落、变质、偏心或焊芯锈蚀的焊条。进行气体保护焊时，保护气体纯度应符合要求，并注意防风。

3）选择合适的焊接参数。

4）碱性焊条施焊时应采用短弧焊，并采用直流反接。

5）若发现焊条偏心，要及时调整焊条角度或更换焊条。

8. 夹渣

夹渣是指焊后残留在焊缝中的熔渣，如图 13–11 所示。

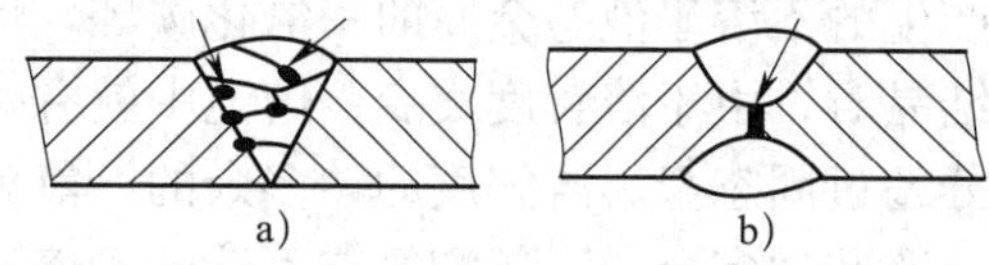

图 13–11 夹渣
a）单面焊缝 b）双面焊缝

夹渣削弱了焊缝的有效工作断面，降低了焊缝的力学性能，还会引起应力集中，易使焊接结构在承载时遭受破坏。

（1）产生夹渣的原因

主要是由于焊件边缘及焊道、焊层之间清理不干净；焊接电流太小，焊接速度过快，使熔渣残留下来而来不及浮出；运条角度和运条方法不当，使熔渣和铁液分离不清，以至于阻碍了熔渣上浮等。

（2）防止措施

采用具有良好工艺性能的焊条；选择适当的焊接参数；焊前、焊间要做好清理工作，清除残留的锈皮和熔渣；操作过程中注意熔渣的流动方向，调整焊条角度和运条方法，特别是在采用酸性焊条时，必须使熔渣在熔池的后面，若熔渣流到熔池的前面，就很容易产生夹渣。

9. 未焊透

未焊透是焊接时接头根部未完全熔透的现象，对于对接焊缝，也指焊缝厚度未达到设计要求的现象，如图 13–12 所示。根据未焊透产生的部位，可分为根部未焊透、边缘未焊透、中间未焊透和层间未焊透等。

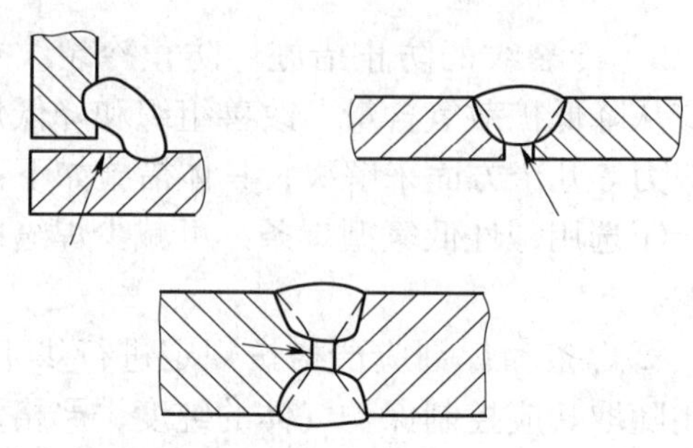

图 13–12 未焊透

未焊透是一种比较严重的焊接缺欠，它使焊缝的强度降低，引起应力集中，因此，重要的焊接接头不允许存在未焊透现象。

（1）产生未焊透的原因

主要是由于焊接坡口钝边过大，坡口角度太小，装配间隙太小；焊接电流过小，焊接速度过快，使熔深浅，边缘未充分熔化；焊条角度不正确，电弧偏吹，使电弧热量偏于焊件一侧；层间或母材边缘的铁锈或氧化皮、油污等未清理干净。

（2）防止措施

正确选用坡口形式及尺寸，保证装配间隙；正确选用焊接电流和焊接速度；认真操作，防止焊偏，注意调整焊条角度，使熔化金属与母材金属充分熔合。

10. 未熔合

未熔合是指熔焊时焊道与母材之间或焊道与焊道之间未完全熔化结合的部分，如图 13–13 所示。对于电阻点焊，母材与母材之间未完全熔化结合的部分也称为未熔合。

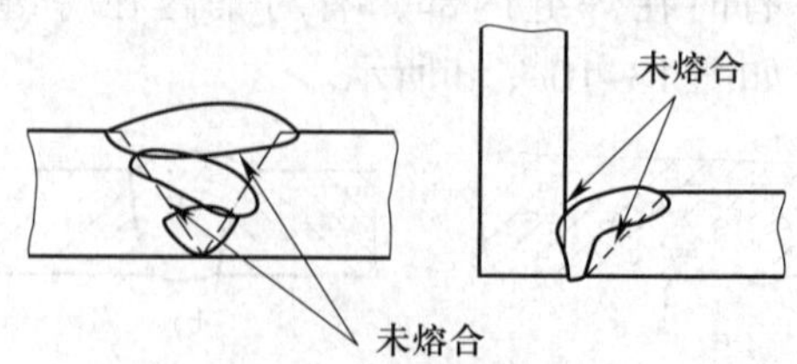

图 13–13 未熔合

未熔合直接降低了焊接接头的力学性能，严重的未熔合会使焊接结构无法承载。

（1）产生未熔合的原因

主要是由于焊接热输入太低；焊条、焊

丝或焊炬火焰偏于坡口一侧，使母材或前一层焊缝金属未得到充分熔化就被填充金属覆盖；坡口及层间清理不干净；单面焊双面成形焊接时，第一层的电弧燃烧时间短等。

（2）防止措施

焊条、焊丝和焊炬的角度要合适，运条摆动应适当，要注意观察坡口两侧的熔化情况；选用稍大的焊接电流和火焰能率，焊接速度不宜过快，使热量增加，足以熔化母材或前一层焊缝金属；发生电弧偏吹时应及时调整角度，使电弧对准熔池；加强坡口及层间清理。

11. 夹钨

进行钨极惰性气体保护焊时，由钨极进入焊缝中的钨粒称为夹钨。

（1）产生夹钨的原因

主要是由于当焊接电流过大或钨极直径太小时，使钨极端部强烈地熔化烧损；氩气保护不良引起钨极烧损；炽热的钨极触及熔池或焊丝而产生飞溅等。

（2）防止措施

根据工件的厚度选择相应的焊接电流和钨极直径；使用符合标准要求纯度的氩气；施焊时采用高频振荡器引弧，在不妨碍操作的情况下尽量采用短弧，以增强保护效果；操作要仔细，不使钨极触及熔池或焊丝产生飞溅；经常修磨钨极端部。

§13-2 焊接质量检验

焊接质量检验是保证焊接产品质量的重要措施，是及时发现、消除焊接缺欠并防止缺欠重复出现的重要手段。焊接质量检验自始至终贯穿于焊接结构的制造过程中。

一、焊接质量检验的过程和分类

焊接质量检验过程由焊前检验、焊接过程中的检验和焊后成品检验三个阶段组成。完整的焊接质量检验能保证不合格的原材料不投产，不合格的零件不组装，不合格的组装不焊接，不合格的焊缝必返修，不合格的产品不出厂，层层把住质量关。

1. 焊前检验

焊前检验是焊接质量检验的第一个阶段，包括检验焊接产品图样和焊接工艺规程等技术文件是否齐备；检验母材及焊条、焊丝、焊剂、保护气体等焊接材料是否符合设计及工艺规程的要求；检验焊接坡口的加工质量和焊接接头的装配质量是否符合图样要求；检验焊接设备及其辅助工具是否完好；检验焊工是否具有上岗资格等内容。焊前检验的目的是预先防止及减少焊接时产生缺欠的可能性。

2. 焊接过程中的检验

焊接过程中的检验是焊接质量检验的第二个阶段，它包括检验在焊接过程中焊接设备的运行情况是否正常，焊接参数是否正确；焊接夹具在焊接过程中的夹紧情况是否牢固，以及多层焊过程中对夹渣、气孔、未焊透等缺欠的自检等。焊接过程中检验的目的是防止缺欠的形成和及时发现缺欠。

3. 焊后成品检验

焊后成品检验是焊接质量检验的最后阶段，它通常在全部焊接工作完毕（包括焊后热处理），将焊缝清理干净后进行。

焊接检验的方法很多，可分为无损检验和破坏性检验两类，其具体分类如图 13–14 所示。通常所指的焊接质量检验主要是指焊后成品检验。至于具体产品检验方法的选用，应根据产品的使用条件和图样的技术要求进行。

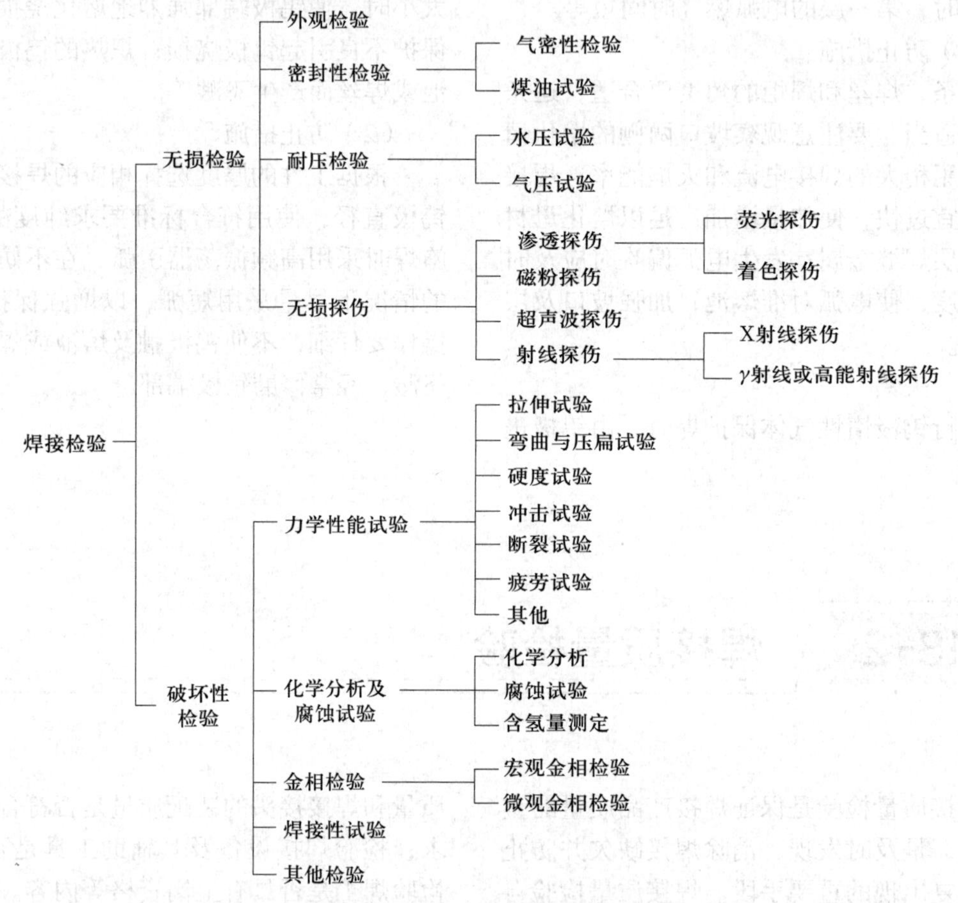

图 13–14　焊接检验方法的分类

二、无损检验

无损检验是指不损坏被检查材料或成品的性能和完整性而检测缺欠的方法。它包括外观检验、密封性检验、耐压检验、无损探伤（渗透探伤、磁粉探伤、超声波探伤、射线探伤）等。

1. 外观检验

外观检验是一种简便而又实用的检验方法。

它是指用肉眼或借助于标准样板、焊缝检验尺、量具或用低倍（5 倍）放大镜观察焊件，以发现焊缝表面缺欠的方法。外观检验的主要目的是发现焊接接头的表面缺欠，如焊缝的表面气孔、表面裂纹、咬边、焊瘤、烧穿及焊缝尺寸偏差、焊缝成形不良等。检验前须将焊缝附近 10 ~ 20 mm 内的飞溅和污物清除干净。焊缝检验尺用法举例如图 13–15 所示。

2. 密封性检验

密封性检验是用来检查有无漏水、漏气和渗油、漏油等现象的试验。密封性检验的方法很多，常用的有气密性检验、煤油试验等。主要用来检验焊接管道、盛器、密闭容器上焊缝或接头是否存在不致密缺欠等。

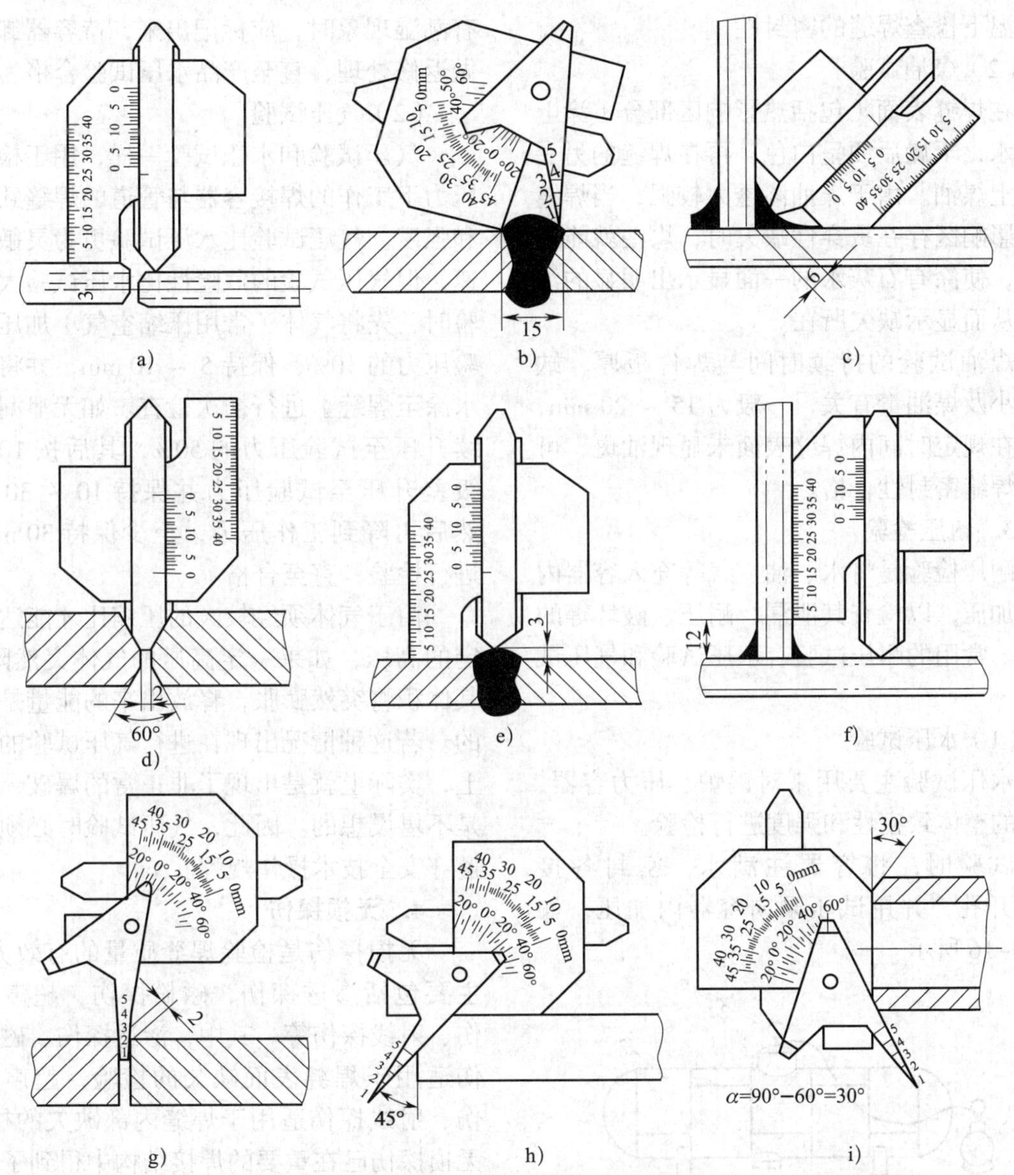

图 13–15　焊缝检验尺用法举例

a）测量错边　b）测量焊缝宽度　c）测量角焊缝厚度　d）测量双 Y 形坡口角度
e）测量焊缝余高　f）测量角焊缝焊脚尺寸　g）测量焊缝间隙　h）测量坡口角度　i）测量管道坡口角度

（1）气密性检验

常用的气密性检验是将低于容器工作压力的压缩空气压入容器，利用容器内外气体的压力差来检查有无泄漏。检验时，在焊缝外表面涂上肥皂水，当焊接接头有穿透性缺欠时，气体就会逸出，焊缝表面就有气泡出现而显示缺欠。这种检验方法常用于受压容器接管、加强圈的焊缝。

若在被试容器中通入含 1%（体积分数）氨气的混合气体来代替压缩空气，则效果更好。这时应在容器的外壁焊缝表面贴上一条比焊缝略宽、用含 5% 硝酸汞的水溶液浸过的试纸。若焊缝或热影响区有泄漏，氨气就会透过这些地方与硝酸汞溶液起化学反应，使该处试纸呈现出黑色斑纹，从而显示出缺欠所在。这种方法比较准确、迅速，同时可在低温下检查焊缝的密封性。

（2）煤油试验

在焊缝表面（包括热影响区部分）涂上石灰水，干燥后便呈白色；再在焊缝的另一面涂上煤油。由于煤油渗透力较强，当焊缝及热影响区存在贯穿性缺欠时，煤油就能透过去，使涂有石灰水的一面显示出明显的油斑，从而显示缺欠所在。

煤油试验的持续时间与焊件板厚、缺欠大小及煤油量有关，一般为 15 ~ 20 min，如果在规定时间内焊缝表面未显现油斑，可认为焊缝密封性合格。

3. 耐压检验

耐压检验是将水、油、气等充入容器内慢慢加压，以检查其泄漏、耐压、破坏等的试验。常用的耐压试验有水压试验和气压试验。

（1）水压试验

水压试验主要用来对锅炉、压力容器、管道的整体致密性和强度进行检验。

试验时，将容器注满水，密封各接管及开孔，并用试压泵向容器内加压，如图 13–16 所示。

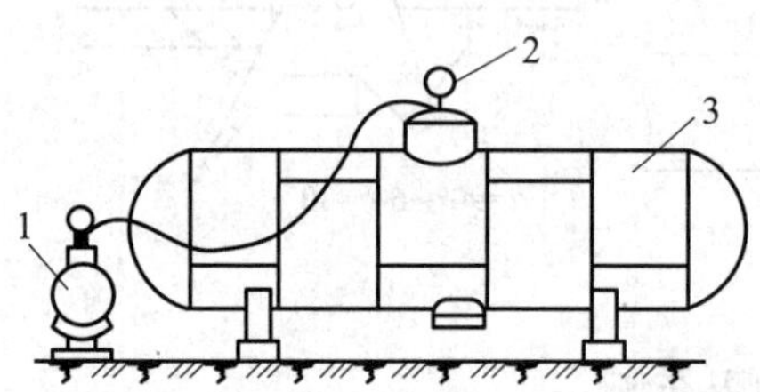

图 13–16　锅炉汽包的水压试验

1—水压机　2—压力计　3—锅炉汽包

试验压力一般为产品工作压力的 1.25 ~ 1.5 倍，试验温度一般高于 5 ℃（低碳钢）。在升压过程中，应按规定逐级上升，中间做短暂停压，压力达到试验压力后，应恒压一定时间，一般为 10 ~ 30 min，随后再将压力缓慢降至产品的工作压力。这时在沿焊缝边缘 15 ~ 20 mm 的地方用圆头小锤轻轻敲击检查，当发现焊缝有水珠、水雾或有潮湿现象时，应标记出来，待容器卸压后做返修处理，直至产品水压试验合格为止。

（2）气压试验

气压试验和水压试验一样，用于检验在压力下工作的焊接容器与管道的焊缝致密性和强度。气压试验比水压试验更为灵敏和迅速，但气压试验的危险性比水压试验大。试验时，先将气体（常用压缩空气）加压至试验压力的 10%，保持 5 ~ 10 min，并将肥皂水涂至焊缝上进行初次检查。如无泄漏，继续升压至试验压力的 50%，其后按 10% 的级差升压至试验压力并保持 10 ~ 30 min，然后再降到工作压力，至少保持 30 min 并进行检验，直至合格。

由于气体须经较大的压缩比才能达到一定的高压，如果一定高压的气体突然降压，其体积将突然膨胀，释放出来的能量是很大的。若这种情况出现在进行气压试验的容器上，实际上就是出现了非正常的爆破，后果是不堪设想的。因此，气压试验时必须严格遵守安全技术操作规程。

4. 无损探伤

无损探伤是检验焊缝质量的有效方法，主要包括渗透探伤、磁粉探伤、超声波探伤、射线探伤等。其中，渗透探伤、磁粉探伤适用于焊缝表面缺欠的检验，超声波探伤、射线探伤适用于焊缝内部缺欠的检验。无损探伤已在重要的焊接结构中得到了广泛应用。

（1）渗透探伤

渗透探伤是指利用带有荧光染料（荧光法）或红色染料（着色法）的渗透剂的渗透作用，显示缺欠痕迹的无损检验法。它可用来检验铁磁性和非铁磁性材料的表面缺欠，但多用于非铁磁性材料焊件的检验。渗透探伤有荧光探伤和着色探伤两种方法。

渗透探伤时，将溶有着色染料或荧光染料的渗透剂施加于试件表面，在润湿和毛细现象的作用下，渗透剂渗入表面开口的缺陷中，然后清除附着于试件表面多余的渗透剂，经干燥后再在试件表面涂上显像剂，这时缺欠中的渗透剂在毛细现象的作用下重新被吸附到试件表面，形成了缺欠的显示（在白光或黑灯下观察，缺欠处可呈红色或发出黄绿色荧光），观察缺欠痕迹就可做出缺欠的评定。渗透探伤工作原理如图 13–17 所示。

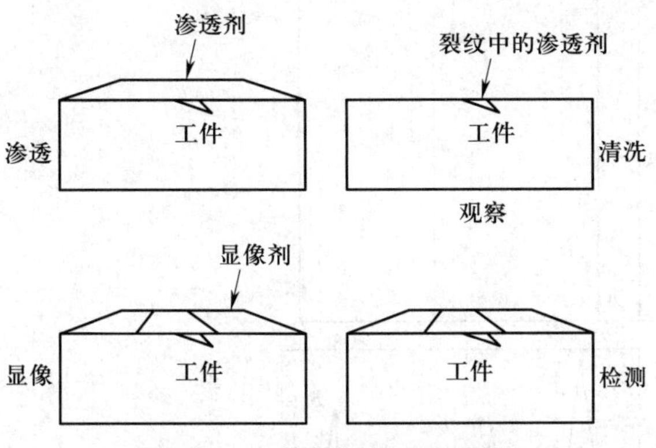

图 13–17　渗透探伤工作原理

渗透检测的原理简明易懂，设备简单，方法灵活，缺陷显示直观，检测灵敏度高，检测费用低，并可以同时显示各不同方向的各类缺陷。但是，渗透检测受被检物体表面粗糙度的影响较大，只能检测表面开口缺陷的分布，难以确定缺陷的实际深度，而且检测结果受操作者技术水平的影响较大。

（2）磁粉探伤

磁粉探伤是指利用在强磁场中，铁磁性材料表面缺欠产生的漏磁场吸附磁粉的现象而进行的无损检验方法。磁粉探伤仅适用于检验铁磁性材料的表面和近表面缺欠。

检验时，首先将焊缝两侧充磁，焊缝中便有磁感应线通过。若焊缝中没有缺欠，材料分布均匀，则磁感应线的分布是均匀的。当焊缝中有气孔、夹渣、裂纹等缺欠时，则磁感应线因各段磁阻不同而产生弯曲，磁感应线将绕过磁阻较大的缺欠。如果缺欠位于焊缝表面或接近表面，则磁感应线不仅在焊缝内部弯曲，而且将穿过焊缝表面形成漏磁，在缺欠两端形成新的 S 极、N 极而产生漏磁场，如图 13–18 所示。当焊缝表面撒有磁性粉末时，漏磁场就会吸引磁粉，在有缺欠的地方形成磁粉堆积，探伤时就可根据磁粉堆积的图形情况等来判断缺欠的形状、大小和位置。进行磁粉探伤时，磁感应线的方向与缺欠的相对位置十分重要。如果缺欠长度方向与磁感应线平行，则缺欠不易显露；如果磁感应线方向与缺欠长度方向垂直，则缺欠最易显露。因此，进行磁粉探伤时，必须从两个以上不同的方向进行充磁检验。

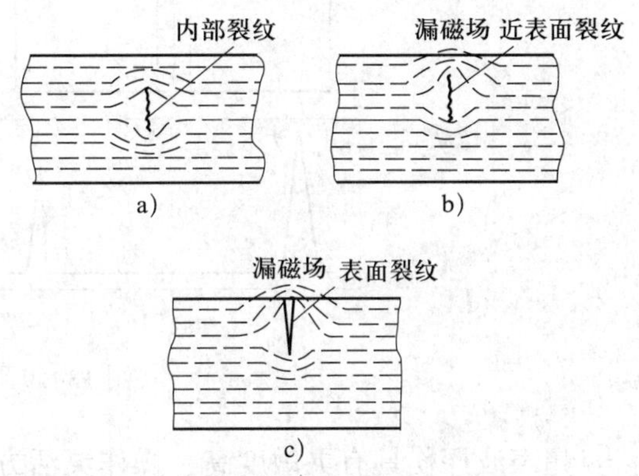

图 13–18　焊缝中有缺欠时产生漏磁场的情况
a）内部裂纹　b）近表面裂纹　c）表面裂纹

磁粉探伤有干法和湿法两种。干法是当焊缝充磁后，在焊缝处撒上干燥的磁粉；湿法则是在充磁的焊缝表面涂上磁粉的混浊液。

（3）超声波探伤

利用超声波探测材料内部缺欠的无损检验法称为超声波探伤。它是利用超声波（即频率超过 20 kHz，人耳听不见的高频率声波）在金属内部直线传播时，遇到两种介质的界面会发生反射和折射的原理来检验焊缝缺欠的。

检验时，超声波由工件表面传入，并在工件内部传播。如果被检工件没有缺欠，超声波直达底面，在探伤仪荧光屏上则显示有

一个始脉冲波 T 和底脉冲波 B，如图 13–19a 所示。若被检工件存在缺欠，超声波在遇到工件表面、内部缺欠和工件的底面时均会反射回探头，并在探伤仪荧光屏上出现三个脉冲信号，即始脉冲波 T（工件表面反射波）、缺欠脉冲波 F（缺欠反射波）、底脉冲波 B（工件底面反射波），如图 13–19b 所示。通过观察，由缺欠脉冲波与始脉冲波间的距离可知缺欠的深度，并由缺欠脉冲波的高度可确定缺欠的大小。

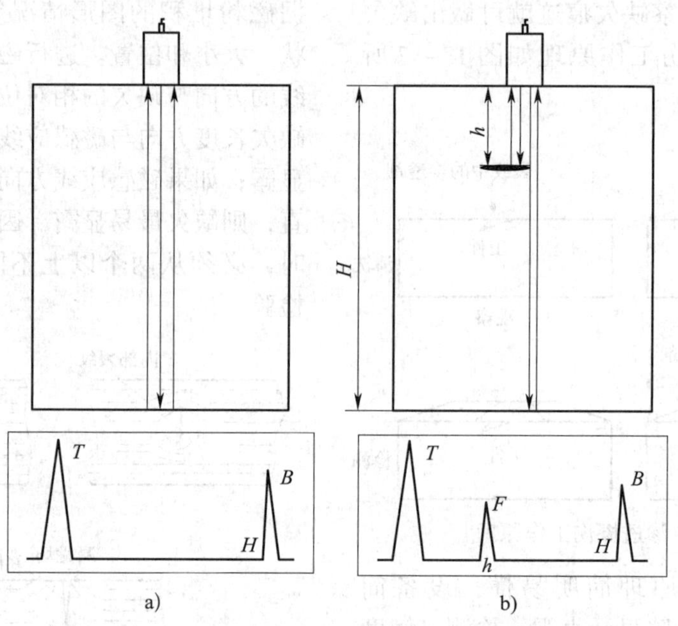

图 13–19　超声波探伤原理

超声波探伤具有灵敏度高、操作灵活方便、探伤周期短、成本低、安全等优点。缺点是要求焊件表面粗糙度较低（光滑），判断缺欠性质直观性差，对缺欠尺寸判断不够准确，对操作人员技术水平要求较高。超声波探伤适用于焊缝中的面积型缺欠（如裂纹、未焊透、未熔合等）检验，焊缝厚度较大时（≥ 20 mm）优点更明显。

（4）射线探伤

射线探伤是指采用 X 射线或 γ 射线照射焊接接头，检查内部缺欠的一种无损检验法。它可以显示出缺欠在焊缝内部的种类、形状、位置和大小，并可做永久记录。目前 X 射线探伤应用较多，一般只应用在重要焊接结构上。

1）射线探伤的原理。它是利用射线透过物体并使照相底片感光的性能来进行焊接检验的。当射线通过被检验焊缝时，在缺欠处和无缺欠处被吸收的程度不同，使得射线透过接头后，射线强度的衰减有明显差异，在底片上相应部位的感光程度也不一样。如图 13–20 所示为 X 射线探伤原理，当射线通过缺欠时，由于被吸收较少，穿出缺欠的射线强度大（$J_e>J_a$），对软片（底片）感光较强，在冲洗后的底片上，缺欠处颜色就较深。无缺欠处则底片感光较弱，冲洗后颜色较淡。通过对底片上影像的观察、分析，便能发现焊缝内有无缺欠及缺欠的种类、大小与分布。

焊缝在进行射线探伤前，必须进行表面检查，表面存在的不规则程度应不妨碍对底片上缺欠的辨认；否则事先应加以修整。

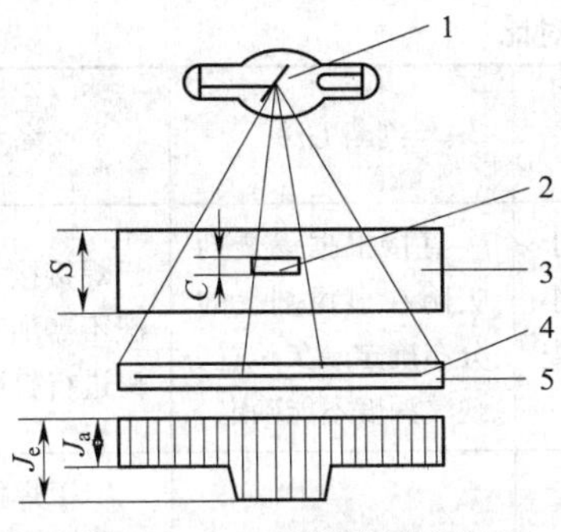

图 13-20　X 射线探伤原理

1—X 射线管　2—缺欠　3—工件　4—软片　5—暗盒

2）射线探伤时缺欠的识别与评定。用 X 射线和 γ 射线对焊缝进行检验，一般只应用在重要结构上。这种检验由专业人员进行，但作为焊工应具备一定的评定焊缝底片的知识，并且能够正确判定缺欠的种类和部位，做好返修工作。经射线照射后，在底片上的一条淡色影像即为焊缝，在焊缝部位中显示的深色条纹或斑点就是焊接缺欠，其尺寸、形状与焊缝内部实际存在的缺欠相当。如图 13-21 所示为几种常见焊接缺欠在底片中显示的典型影像。常见焊接缺欠的影像特征见表 13-1。

射线探伤焊缝质量的评定可按国家标准《焊缝无损检测　射线检测　第 1 部分：X 和伽玛射线的胶片技术》（GB/T 3323.1—2019）的规定进行。按此标准，焊缝质量分为四级：Ⅰ级焊缝内不应有裂纹、未熔合、未焊透、条状缺欠；Ⅱ级焊缝内不应有裂纹、未熔合、未焊透；Ⅲ级焊缝内不应有裂纹、未熔合及双面焊和加垫板的单面焊中的未焊透。焊缝缺欠超过Ⅲ级者为Ⅳ级。同时，在标准中，将缺欠长宽比小于或等于 3 的缺欠定义为圆形缺欠，包括气孔、夹渣和夹钨。圆形缺欠用评定区进行评定，将缺欠换算成计算点数，再按点数确定缺欠分级，评定区应选在缺欠最严重的部位。将焊缝缺欠长宽比大于 3 的气孔、夹渣和夹钨定义为条形缺欠，圆形缺欠评级和条形缺欠评级详见 GB/T 3323.1—2019。表 13-2 对常用无损探伤检验方法进行了对比。

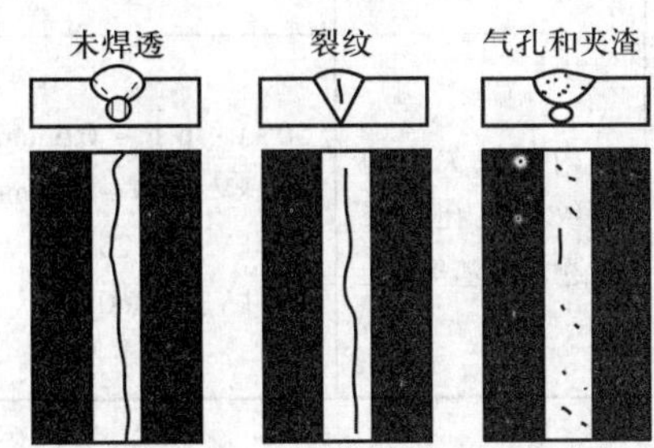

图 13-21　底片中焊接缺欠的影像

表 13-1　常见焊接缺欠的影像特征

焊接缺欠	缺欠影像特征
裂纹	裂纹在底片上一般呈略带曲折的黑色细条纹，有时也呈现直线细纹，轮廓较为分明，两端尖细，中部稍宽，很少有分枝，两端黑度逐渐变浅，最后消失
未焊透	未焊透在底片上是一条断续或连续的黑色直线。在不开坡口对接焊缝中的未焊透，在底片上常是宽度较均匀的黑直线；V 形坡口对接焊缝中的未焊透，在底片上多是偏离焊缝中心、呈断续的线状，即使是连续的也不太长，宽度不一致，黑度也不太均匀；V 形、双 V 形坡口双面焊中的底部或中部未焊透，在底片上呈黑色较规则的线状；角焊缝的未焊透呈断续线状
气孔	气孔在底片上多呈现为圆形或椭圆形黑点，其黑度一般是中心处较大，向边缘处逐渐减少；黑点分布不一致，有密集的，也有单个的
夹渣	夹渣在底片上多呈不同形状的点状或条状。点状夹渣呈单独黑点，黑度均匀，外形不太规则，带有棱角；条状夹渣呈宽而短的粗线条状；长条状夹渣的线条较宽，但宽度不一致
未熔合	坡口未熔合在底片上呈一侧平直，另一侧有弯曲，颜色浅，较均匀，线条较宽，端头不规则的黑色直线表示伴有夹渣；层间未熔合影像不规则，且不易分辨
夹钨	夹钨在底片上多呈圆形或不规则的亮斑点，轮廓清晰

表 13–2　　常用无损探伤检验方法的对比

检验方法	能探出的缺欠	可检验的厚度	灵敏度	判断方法	备注
渗透探伤	贯穿表面的缺欠（如细微裂纹、气孔等）	表面	缺欠宽度小于 0.01 mm、深度小于 0.04 mm 者检查不出来	直接根据渗透剂吸附在显像剂上的分布确定缺欠位置。缺欠深度不能确定	焊接接头表面一般不需加工，有时需进行打磨
磁粉探伤	表面及近表面的缺欠（如细微裂纹、未焊透、气孔等），被检验表面最好与磁场正交	表面及近表面	比荧光法高；与磁场强度大小及磁粉质量有关	直接根据磁粉分布情况判定缺欠位置。缺欠深度不能确定	（1）焊接接头表面一般不需加工，有时需进行打磨 （2）其母材及焊缝金属均为铁磁性材料
超声波探伤	内部缺欠（如裂纹、未焊透、气孔等）	焊件厚度上限几乎不受限制，下限一般为 8 mm	能探出直径大于 1 mm 以上的气孔、夹渣。探裂纹较灵敏；探表面及近表面的缺欠不太灵敏	根据荧光屏上信号的指示，可判断有无缺欠及其位置和大小。判断缺欠的种类较难	检验部位的表面需加工至 Ra12.5 ~ 3.2 μm，可以单面探测
X 射线探伤	内部缺欠（如裂纹、气孔、未焊透、夹渣等）	50 kV：0.1 ~ 0.6 mm 100 kV：1.0 ~ 5.0 mm 150 kV：≤ 25 mm 250 kV：≤ 60 mm	能检验出尺寸大于焊缝厚度 1% ~ 2% 的缺欠	从照相底片上能直接判断缺欠种类、大小和分布，对裂纹探测不如超声波法灵敏度高	焊接接头表面不需加工；正、反两面都必须是可接近的（如无金属飞溅粘连及明显的不平整）

三、破坏性检验

破坏性检验是从焊件或试件上切取试样，或将产品（或模拟体）的整体破坏做试验，以检查其各种力学性能、耐腐蚀性等的试验法。它包括力学性能试验、化学分析及腐蚀试验、金相检验、焊接性试验等。

1. 力学性能试验

力学性能试验是用来检查焊接材料、焊接接头及焊缝金属的力学性能的。常用的有拉伸试验、弯曲与压扁试验、硬度试验、冲击试验等。一般是按标准要求，在焊接试件（板、管）上相应位置截取试样毛坯，再加工成标准试样后进行试验。焊接试样的截取位置如图 13–22 所示。

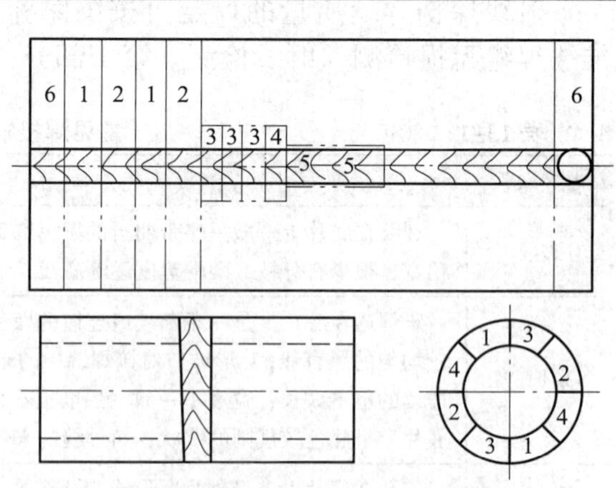

图 13–22　焊接试样的截取位置

1—拉伸　2—弯曲　3—冲击
4—硬度　5—焊缝拉伸　6—舍弃

（1）拉伸试验

拉伸试验是为了测定焊接接头或焊缝金属的抗拉强度、屈服强度、断后伸长率和断面收缩率等力学性能指标。在进行拉伸试验时，还可以发现试样断口中的某些焊接缺欠。焊缝金属拉伸试样的受试部位应全部取在焊缝中，焊接接头拉伸试样则包括母材、焊缝、热影响区三部分。典型的三种焊接拉伸试样如图 13–23 所示。

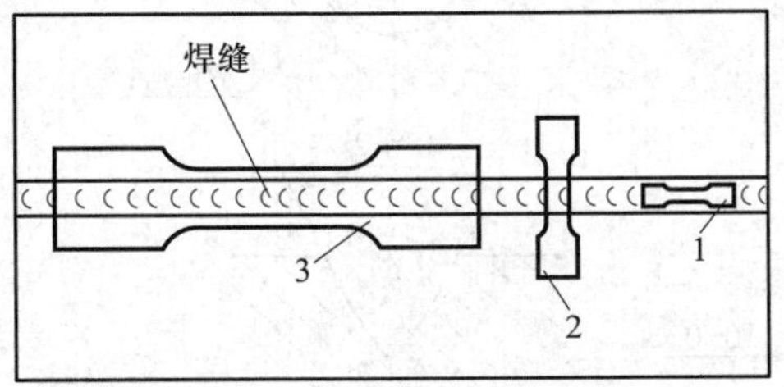

图 13–23　典型的三种焊接拉伸试样

1—焊缝金属拉伸试样　2—接头横向拉伸试样　3—接头纵向拉伸试样

（2）弯曲与压扁试验

1）弯曲试验。弯曲试验又称冷弯试验，是测定焊接接头塑性的一种试验方法。弯曲试验还可反映焊接接头各区域的塑性差别，考核熔合区的熔合质量及暴露焊接缺欠。弯曲试验分横弯、纵弯和侧弯三种，横弯、纵弯又可分为正弯和背弯。背弯易于发现焊缝根部缺欠，侧弯则能检验焊层与焊件之间的结合强度。

弯曲试验是以弯曲角度的大小及产生缺欠的情况作为评定标准的，如锅炉、压力容器的冷弯角一般为 50°、90°、100°或 180°，当试样达到规定角度后，试样拉伸面上任何方向最大缺欠长度均不大于 3 mm 为合格。弯曲试验如图 13–24 所示。

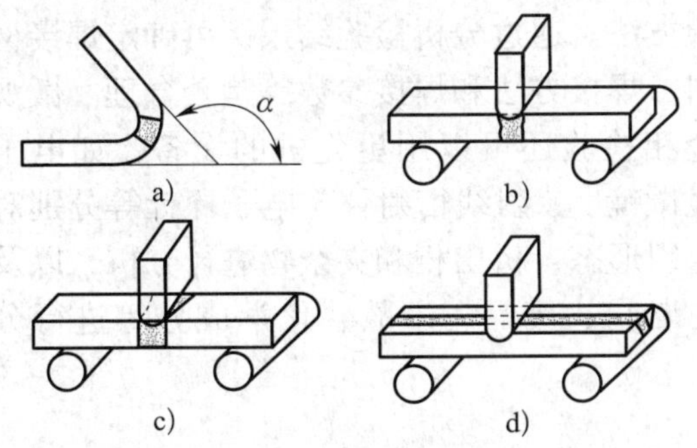

图 13–24　弯曲试验

a）弯曲角度　b）横弯　c）侧弯　d）纵弯

2）压扁试验。对于带纵焊缝和环焊缝的小直径管接头，不能取样进行弯曲试验时，可将管子的焊接接头制成一定尺寸的试管，在压力机下进行压扁试验。试验时，采用将管子接头外壁压至一定值（H）时焊缝受拉部位的裂纹情况作为评定标准，如图 13–25 所示。

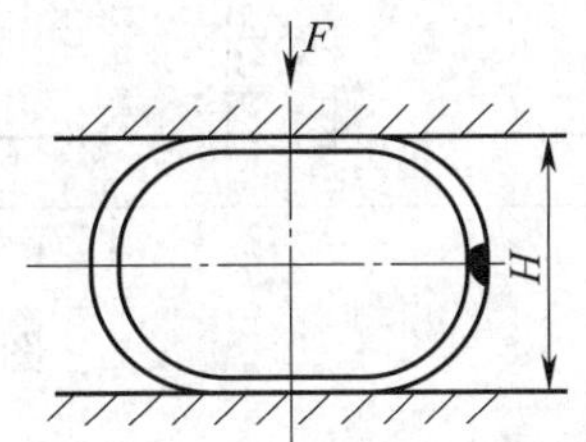

图 13–25　管接头纵缝压扁试验

（3）硬度试验

硬度试验是用来测定焊接接头各部位硬度的试验。根据硬度结果可以了解区域偏析和近缝区的淬硬倾向，可作为选用焊接工艺时的参考。常见的测定硬度方法有布氏硬度法（HBW）、洛氏硬度法（HR）和维氏硬度法（HV）。

（4）冲击试验

冲击试验是用来测定焊接接头和焊缝金属在受冲击载荷时，不被破坏的能力（韧性）及脆性转变的温度。冲击试验通常是在一定温度下（如 0 ℃、–20 ℃、–40 ℃），把有缺口的冲击试样放在试验机上，测定焊接接头的冲击吸收功，以冲击吸收功作为评定标准。试样缺口部位可以开在焊缝、熔合区上，也可以开在热影响区上。试样缺口形式有 V 形和 U 形，V 形缺口试样为标准试样。如图 13–26 所示为焊接接头的冲击试样。

2. 化学分析及腐蚀试验

（1）化学分析

焊缝的化学分析是指检查焊缝金属的化学成分。通常用直径为 6 mm 的钻头在焊缝中钻取试样，一般常规分析需试样 50 ~ 60 g。

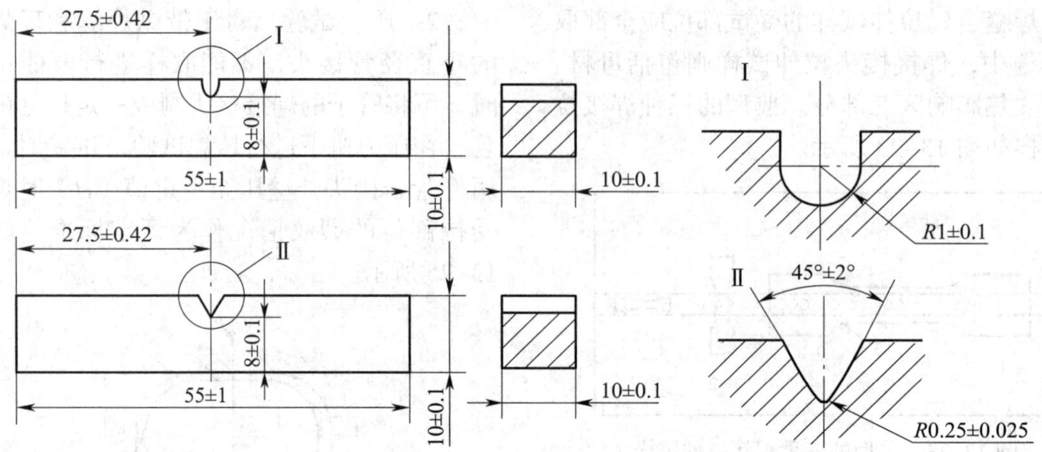

图 13–26　焊接接头的冲击试样

经常被分析的元素有碳、锰、硅、硫和磷等。对一些合金钢或不锈钢还需分析镍、铬、钛、钒、铜等元素，但需要多取一些试样。

（2）腐蚀试验

金属受周围介质的化学和电化学作用而引起的损坏称为腐蚀。焊缝和焊接接头的腐蚀破坏形式有总体腐蚀、晶间腐蚀、刀状腐蚀、点腐蚀、应力腐蚀、海水腐蚀、气体腐蚀和腐蚀疲劳等。腐蚀试验的目的在于确定在给定的条件下金属抗腐蚀的能力，估计产品的使用寿命，分析腐蚀的原因，找出防止或延缓腐蚀的方法。

腐蚀试验的方法应根据产品对耐腐蚀性的要求而定，常用的方法有不锈钢晶间腐蚀试验、应力腐蚀试验、腐蚀疲劳试验、大气腐蚀试验、高温腐蚀试验等。

3. 金相检验

焊接接头的金相检验用来检查焊缝、热影响区和母材的金相组织情况及确定内部缺欠等。金相检验分为宏观金相检验和微观金相检验两大类。

（1）宏观金相检验

宏观金相检验是用肉眼或借助低倍放大镜直接进行检查。它包括宏观组织（粗晶）分析（如焊缝一次结晶组织的粗细程度和方向性），熔池形状和尺寸、焊接接头各区域的界限和尺寸、各种焊接缺欠分析，断口分析（如断口组成、裂源及扩展方向、断裂性质等），硫、磷和氧化物的偏析程度分析等。

对于宏观金相检验的试样，通常焊缝表面保持原状，而将横断面加工至 Ra3.2 ~ 1.6 μm，经过腐蚀后再进行观察。通常，还常用折断面检查的方法对焊缝断面进行检查。

（2）微观金相检验

微观金相检验是用 1 000 ~ 1 500 倍的显微镜来观察焊接接头各区域的显微组织、偏析、缺欠及析出相的状况等的一种金相检验方法。通过分析检验结果，可确定焊接材料、焊接方法和焊接参数等是否合理。微观金相检验还可以用更先进的设备，如电子显微镜、X 射线衍射仪、电子探针等分别对组织形态、析出相和夹杂物进行分析，以及对断口、废品、事故、化学成分等进行分析。

§13-3 焊接缺陷返修

到目前为止，世界上还没有任何一种焊接方法、焊接工艺能做到完全不产生焊接缺欠。若焊接接头中发现不符合技术要求或检验标准的超标缺陷，就要对其进行返修。所谓返修，是指为修补工件的缺陷而进行的焊接，又称补焊。

对于焊缝表面缺陷，如余高过大、焊缝高低不一、宽窄不均匀、较浅的咬边（小于0.5 mm）、焊缝与母材过渡不良等，一般可采用打磨或电弧整形（如 TIG 重熔）等方法解决。对于内部缺陷，就必须采取特殊的工艺措施进行返修。通常指的返修主要是指对无损探伤超标的内部焊接缺陷的补焊。

一、返修前的准备

1. 根据无损探伤（主要是 X 射线探伤）的结果，正确确定焊接缺陷的种类、位置、数量等，并分析其产生的原因。

2. 根据缺陷的性质及产生原因，制定有效的返修工艺。返修工艺包括：缺陷清除及坡口的制备；补焊方法的选择；焊接材料的选用；预热、后热及道间温度的控制；焊后热处理参数的确定；补焊顺序及焊接参数、焊接质量检验方法及合格标准的确定等内容。

二、返修工艺

1. 清除缺陷，制备坡口

常用碳弧气刨或角向磨光机等清除缺陷及制备坡口。坡口的形状、尺寸主要取决于缺陷尺寸、性质及分布特点。所挖坡口的角度或深度应越小越好，只要将缺陷清除且便于操作即可。一般缺陷靠近哪侧就在哪侧清除，如缺陷较深，清除到板厚的三分之二时还未清除，则应先在清除处补焊，然后再在另一面清除至补焊金属后再补焊。如缺陷有数处，且相互位置较近，深浅相差不大，为了不使两坡口中间金属受到补焊应力与应变过程影响，则宜将这些缺陷连接起来打磨成一个深浅均匀一致的大坡口；反之，若缺陷之间距离较远，深浅相差较大，一般按各自的状况开坡口逐个焊接。如果材料脆性大，焊接性差，打磨坡口前还应在裂纹两端钻止裂孔，以防止在挖制坡口和焊接过程中裂纹扩展，如图 13–27 所示。此外，对于抗裂性差或淬硬倾向严重的钢，碳弧气刨前应预热，清除缺陷后，还要用角向磨光机打磨掉碳弧气刨造成的铜斑、渗碳层、淬硬层等，直至露出金属光泽。坡口制备后，应用肉眼、放大镜或磁粉探伤、着色探伤进行检验，确保坡口面无裂纹（新裂纹、老裂纹）等缺陷存在。

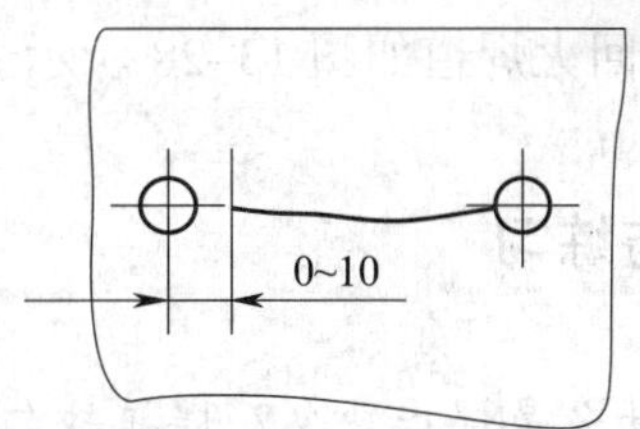

图 13–27　在裂纹两端钻止裂孔

2. 焊接方法与焊接材料的选择

焊缝返修一般采用焊条电弧焊进行，这是由焊条电弧焊操作方便、位置适应性强等特点所决定的。但若坡口宽窄、深浅基本一致，尺寸较长，并可处于平焊或环焊位置时，也可采用埋弧焊来返修。当采用焊条电弧焊返修时，对原焊条电弧焊焊缝，一般选用焊接原焊缝所用的焊条。对原埋弧焊焊缝，一般采用与母材相适应的焊条。但若返修部位刚度高、坡口深、焊接条件恶劣时，尽管原焊缝采用的是酸性焊条，此时则需选用同一级别的碱性焊条。当采用埋弧焊返修时，一般选用与原工艺相同的焊丝和焊剂。采用钨极氩弧焊返修时，填充焊丝一般为与母材相类似的材料，该方法一般用于补焊时的打底焊。

3. 返修工艺措施

焊缝返修应控制焊接热输入，并采用合理的焊接顺序等工艺措施来保证质量。

（1）采用小规格直径、小电流等小焊接参数焊接，降低返修部位塑性储备的消耗。

（2）采用窄焊道、短段、多层多道、分段跳焊等焊接方法，减小焊接应力与变形，但每层接头要尽量错开。

（3）每焊完一道后，须将熔渣清除干净，填满弧坑，把电弧后引再熄灭，起附加热处理作用，并立即用带圆角的尖头小锤锤击焊缝，以松弛应力。但打底焊缝和盖面焊缝不宜锤击，以免引起根部裂纹和表面加工硬化。

（4）加焊回火焊道，但焊后需磨去多余的金属，使其与母材圆滑过渡或采用 TIG 焊重熔法。回火焊道如图 13–28 所示。

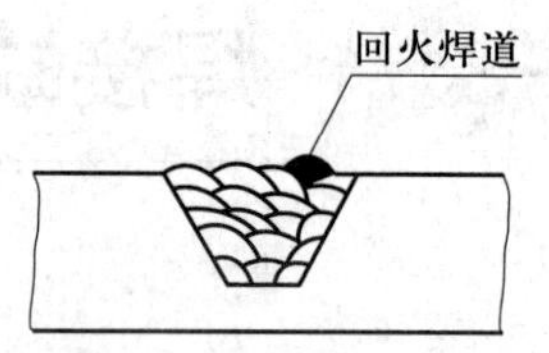

图 13–28　回火焊道

（5）凡需预热的材料，其预热温度要比原焊缝提高 50 ℃左右，并且其道间温度不应低于预热温度；否则，需加热到要求的温度后方可焊接。

（6）要求焊后热处理的锅炉、压力容器应在热处理前返修；否则，返修后应重新进行热处理。

（7）同一部位的焊缝返修次数一般不超过 3 次。

4. 检验

返修完毕，应修磨返修焊缝，使其与母材圆滑过渡，然后按原焊缝要求进行同样内容的检验（如外观、无损探伤等），验收标准不得低于原焊缝标准。检验合格后方可进行下道工序；否则，应重新返修，在允许次数内直至合格为止。

思考与练习

1. 什么是焊接缺欠？焊接缺欠是如何分类的？有什么危害？
2. 常见的外部缺欠和内部缺欠有哪些？
3. 什么是咬边？什么是焊瘤？什么是弧坑？它们产生的原因是什么？防止措施有哪些？
4. 防止产生冷裂纹、热裂纹的措施有哪些？
5. 防止焊接过程中产生气孔的措施有哪些？
6. 什么是夹渣？其对焊接质量有什么影响？产生原因是什么？防止措施有哪些？
7. 焊接检验全过程包括哪几个阶段？简述其检验内容。
8. 什么是无损检验？它包括哪些内容？
9. 什么是破坏性检验？它包括哪些内容？
10. 焊缝返修中，清除缺陷、制备坡口的原则是什么？
11. 焊缝返修中，如何选择焊接方法和焊接材料？
12. 焊缝返修的工艺措施有哪些？